U0397345

国家自然科学基金资助项目（50878104）
江苏省新闻出版广播影视产业发展专项资金项目
汪永平　主编　西藏藏式传统建筑研究系列丛书

西藏藏东乡土建筑

EASTERN TIBET VERNACULAR ARCHITECTURE

བོད་ལྗོངས་ཤར་བརྒྱུད་ཀྱི་དམངས་ཁྲོད་བཟོ་བསྐྲུན།

汪永平　侯志翔　等著

东 南 大 学 出 版 社
·南 京·

内容提要

本书从建筑史学和建筑技术的视角，在藏东地区（西藏昌都）进行实地考察、搜集资料和建筑测绘的基础上，对藏东特殊地理、气候条件下的村落和乡土建筑加以深入研究。追溯藏东聚落起源、建筑形式、结构体系和装饰特点，发现其营造方式和营造技术，发掘其建筑文化和艺术价值，并对文化遗产加以保护和利用。全书共分九章，列举了大量典型村落和实例，并附有详细的测绘图纸，均为宝贵的一手资料，是目前有关藏东地区乡土建筑研究的代表性专著。

本书可供国内外建筑工作者、文物工作者、历史学者和藏学研究者参考，也可供建筑、旅游爱好者阅读和收藏。

图书在版编目（CIP）数据

西藏藏东乡土建筑 / 汪永平等著 . —南京：东南大学出版社，2019.7
（西藏藏式传统建筑研究系列丛书 / 汪永平主编）
ISBN 978-7-5641-6271-9

Ⅰ . ①西… Ⅱ . ①汪… Ⅲ . ①乡村 – 建筑艺术 – 研究 – 西藏 Ⅳ . ① TU-881.2

中国版本图书馆 CIP 数据核字（2015）第 313706 号

西藏藏东乡土建筑
XiZang Zangdong Xiangtu Jianzhu

著　　者：汪永平　侯志翔　等
责任编辑：戴　丽　唐　允
文字编辑：贺玮玮
责任印制：周荣虎

出版发行：东南大学出版社
社　　址：南京市四牌楼 2 号　　邮编：210096
网　　址：http://www.seupress.com
出 版 人：江建中

排　　版：南京布克文化发展有限公司
印　　刷：上海雅昌艺术印刷有限公司
开　　本：787mm × 1092mm　1/16　印张：17.25　字数：400 千字
版　　次：2019 年 7 月第 1 版　2019 年 7 月第 1 次印刷
书　　号：ISBN 978-7-5641-6271-9
定　　价：160.00 元

经　　销：全国各地新华书店
发行热线：025-83790519　83791830

本书研究人员与编写人员

●**主编**

汪永平

●**编写人员**

统　稿：汪永平

第 1 章：侯志翔

第 2 章：侯志翔

第 3 章：侯志翔

第 4 章：侯志翔

第 5 章：赵盈盈

第 6 章：梁　威

第 7 章：王　璇

第 8 章：沈　飞

第 9 章：姜　晶

附　录：汪永平

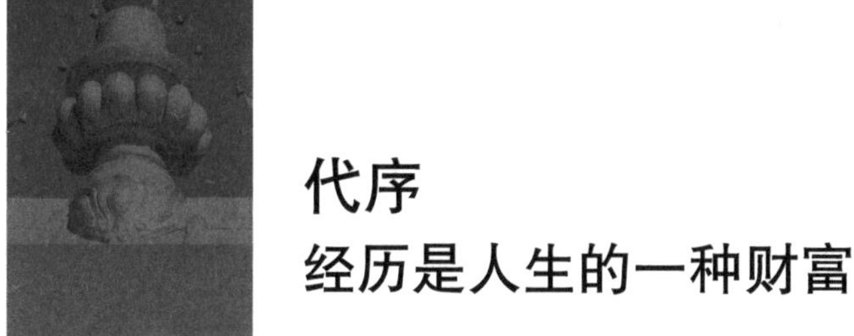

代序
经历是人生的一种财富

古人云“十年磨一剑”，距离《拉萨建筑文化遗产》一书的出版（2005年东南大学出版社出版）已经过去十几年了。在这十几年里，西藏自治区在城市建设、道路交通、人民生活和经济建设上发生了历史上前所未有的巨大变化。当年我们做过测绘和调研的著名寺庙、宫殿、园林、民居都得到地方各级政府和宗教、文物部门的精心保护和维修，党的宗教政策得到很好的落实，寺庙成为西藏文化传承和宗教信仰的场所。回首往日，我们为此所做的工作见到了成效，我们的努力融入今天的发展成果，西藏文化遗产保护得到提升在国内外有目共睹。合作共事过的老朋友正在西藏文化保护的各级岗位上发挥自己的才干，我和学生们的西藏经历很愉快，令人回味，历久弥新，成为无法磨灭的永恒记忆。

本次出版的《西藏藏式传统建筑》《拉萨藏传佛教建筑》《西藏藏东乡土建筑》《西藏苯教寺院建筑》合计4本，连同《拉萨建筑文化遗产》一书形成“西藏藏式传统建筑研究”的系列丛书。此系列书的出版圆了我和学生多年的梦，只是出版间隔的时间长了一点。从1999年暑期进藏，测绘拉萨的罗布林卡（成为申报世界文化遗产增补名录的图纸资料）、山南桑耶寺的调研和测绘，到今天2019年丛书的出版，算算已有20年的时间。当年一起进藏的学生已经人到中年，成为单位的技术骨干；在高校工作的博士、硕士也已经成长起来，独立开展研究工作，好几位拿到了国家自然科学基金项目资助，如同20年前的我，在西藏这块土地播下研究的种子、洒下辛勤的汗水，收获丰硕的学术成果。

本丛书利用了多年来我们与西藏文物部门合作调研和测绘成果，其中有第三次全国文物普查的资料，有拉萨老城区的调研资料，更多的是研究生的硕士和博士学位论文的总结。从现场踏勘、测绘草图再转化为电脑图纸，汇集了一手资料。基于集体和个人的努力，蹒跚负重，师生们风尘仆仆，一路走来，深入青藏高原腹地，山南边境、藏东三江，西行阿里，北上那曲，几乎走遍了西藏的重要城镇和文物古迹，在宫殿、寺庙、宗山、园林、民居的调研中既领略了高原的湖光山色，也体验了不一样的人生。后期的研究工作我们未敢懈怠，一步一个脚印，十几年积累下来，最终转化为几十篇研究生论文，为本丛书的撰写奠定了基础。

我是徽商的后代，父亲是读书人，依靠自己的努力，后来成为高校数学教师。小的时候，家里兄妹多，条件差，没有机会外出旅行，只能从古人旅行的诗词中去体会、感受不一样的经历，梦想有一天会走出家乡，周游世界。长大以后，经历“文革”、上山下乡，在1977年恢复高考后，成为77级本科建筑学专业学生。大学求学期间受到中国营造学社梁思成、刘敦桢前辈的启发和影响，走上中国建筑史学研究的道路。我的本科毕业设计选择在苏州太湖东、西山，做古村落调研和撰写相关论文；在硕士研究生时选择明代建筑琉璃、南京大报恩寺琉璃塔研究作为论文选题，在山西乡间调研建筑达 3 个月，当时，正值隆冬严寒，缺衣少食，回到南京，体重减了 10kg，其中甘苦是今天的年轻人不可想象的。毕业后在高校从事中国建筑历史理论教学和研究，这使我有了更多走出去的机会，进而更深入地做文物保护工作。教学和研究拓宽了自己的眼界和视野，有机会去看看祖国的名山大川、古都老城、名人古宅、寺庙道观，旅行也逐渐成为个人的一种爱好、一种生活。与学生一起旅行、一块读书，进而在一起做研究，查资料写论文，成为自己信手拈来所熟悉的一种治学方式。南京晓庄师范的创始人陶行知秉承的“知行合一”的理念对我也有一定的影响，“读万卷书、行万里路”便成为人生的座右铭。

在西藏经历的 20 年是自己人生最为丰富的 20 年，算下来我带学生去西藏前后加起来已有 20 多趟，加上喜马拉雅南坡的印度、尼泊尔 10 多趟，还有斯里兰卡、缅甸、泰国、柬埔寨等东南亚南传佛教的国家，基本上跑了个遍。通过旅行，了解西藏，透析藏传佛教建筑的精髓；通过旅行，了解印度，追寻佛教建筑的源头；通过旅行，了解东南亚，厘清部派佛教的渊源和联系。可以说，我的多半知识是在这 20 年的旅途和经历中学习的。毛主席曾经说过“读书是学习，使用也是学习，而且是更重要的学习”。一分耕耘，一分收获，20 年的经历奠定了我们在中国西藏、南亚印度、东南亚诸国建筑文化和遗产保护研究的基础。

在此套丛书（4 本）出版之际，衷心感谢西藏自治区文物局、拉萨市文物局的领导和同仁多年的合作，感谢昌都地区行署、贡觉县人民政府对我们在藏东调研时的支持，感谢东南大学出版社戴丽副社长多年的支持和积极努力申报国家出版项目。2005 年戴丽老师与我们研究生同行，考察西藏雍布拉康的宫殿、姐德秀镇的围裙织娘机坊的场景犹在眼前。感谢贺玮玮编辑不辞辛苦，精心整理与编校。最后用一首小诗，与我的学生们同贺新书的出版。

经历是人生的一幅长卷，王希孟笔下的《千里江山图》；
经历是人生的一首诗，充满乡愁和记忆；
经历是人生的一首歌，对酒当歌，人生几何；
经历是人生的一张没有回程的船票，为登彼岸难回首；
经历是个人的感悟，酸甜苦辣尽在其中。
跨过千山万水，走进青藏高原，圆了我们多年的梦想……
萨迦的夜空满天星斗，如此明亮，坚持统一，八思巴功垂青史，千古咏唱；
拉萨河畔，想当年，文成公主进藏，松赞干布英姿勃勃，汉藏友谊谱新章。
冈底斯山雄伟悲壮，芸芸众生，一路等身长头磕来，无惧风霜，只为信仰。
心中只要有理想，千难万险等闲看；
长缨在手缚苍龙，人生的追求，终身的梦想。

汪永平

初稿完成于泰国曼谷 Le FENIX 酒店，修改于南京家中

目 录

1 藏东民居建筑起源与发展

1.1 昌都地区概况

昌都地区位于西藏东部、金沙江以西、伯舒拉岭以东横断山脉的三江流域。东面以金沙江为界与四川省甘孜藏族自治州隔江相望; 东南与云南省迪庆藏族自治州接壤; 西南、西北分别与西藏林芝、那曲地区毗邻；北与青海省玉树藏族自治州交界（图 1-1）。昌都地区首府所在地昌都城关镇海拔 3 250 m。

昌都地区地处青藏高原的东南边缘部分，是云贵高原向青藏高原的过渡地带，地处青藏高原东南部横断山脉之中。昌都地区自 1950 年解放以来，经过多次政治改革，至 2005 年，昌都地区辖 11 个县、24 个镇、118 个乡、1 315 个行政村。其中县包括昌都县、江达县、贡觉县、芒康县、左贡县、察雅县、八宿县、类乌齐县、丁青县、洛隆县和边坝县。其中昌都县一直是昌都地区的政治、经济、文化和交通的中心，素有“藏东门户”的美称。

1.1.1 地理概况

昌都地区属于横断山西部的三江地区。三条大江与诸列山脉相间排列，南北纵贯。自东向西依次是金沙江、达马拉山、宁静山、澜沧江、他念他翁山和怒山、怒江、伯舒拉岭和念青唐古拉山。怒江在洛隆县嘉玉桥以上为东西流向。昌都地区的总地势为西北部高，东南部低，并自西北向东南倾斜，且谷地自北向南显著加深。西北部山体较完整，分水岭地区保存着宽广的高原面，即丁青、类乌齐、洛隆、边坝等地，海拔均在 4 000 m 以上。南部岭谷栉比，山势陡峻，河谷深切，

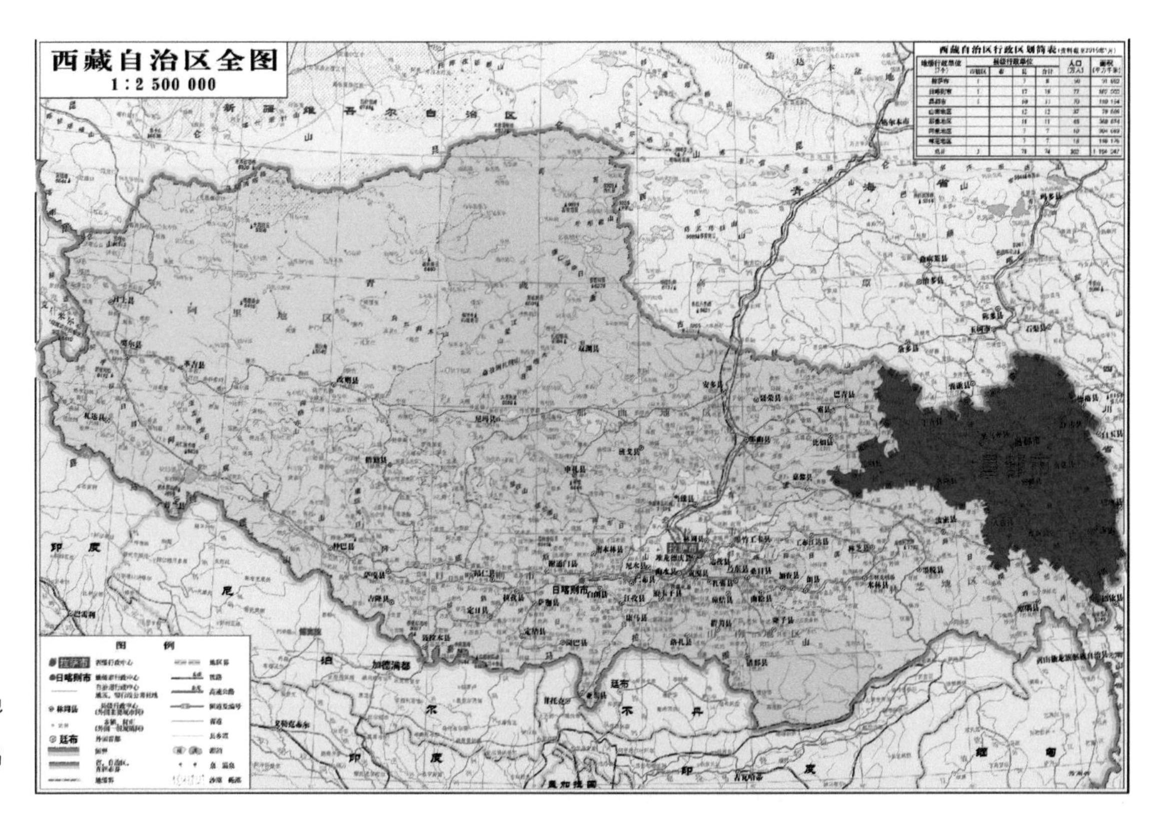

图 1-1 昌都地区地理位置，底图来源：国家测绘地理信息局（2015 年 4 月）

图 1-2 昌都地区地貌图，图片来源：侯志翔根据谷歌地图绘制

支流众多，山体分割较为破碎，分水岭狭窄，仅有零星残存的高原面（图 1-2）[1]。

昌都地区的地貌类型复杂多样，有高山又有高原，有谷地平坝又有山坡阶地，但基本地貌类型为山地和高原。海拔 5 000 m 以上的极高山，主要分布在西北他念他翁山南段、念青唐古拉山东端和伯舒拉岭，极高山区域内普遍发育为现代冰川。寒冻风化、冰川侵蚀和雪崩等冰雪作用是其地貌作用的主要外营力。高原主要分布在他念他翁山北段和宁静山，海拔在 4 000~4 500 m 以上，分丘状高原和山原两类，前者起伏在 500 m 以内，后者高差在 500 ~ 1 000 m，有的超过 1 000 m。

图 1-3 然乌湖，图片来源：侯志翔摄

图 1-4 邦达草原，图片来源：汪永平摄

昌都地区河流众多，水网密布，主要河流自东向西排列为金沙江、澜沧江和怒江，即为藏东“三江”。金沙江为长江的上游段，澜沧江为南亚湄公河的上游段，金沙江和澜沧江为太平洋水系，怒江为印度洋水系。“三江”均以降水为主要补给，严冬季节上游水流平缓，上游及其支流上有冰冻出现。

昌都地区境内的湖泊星罗棋布，大小不等，种类不一，均为淡水湖，绝大多数是高山湖泊，主要分布在海拔 3 800 m 以上的高山地带，多数是冰雪消融后形成的冰蚀湖、冰斗湖或高山洼地积水湖。这些湖泊因海拔较高，气候严寒，且缺少水文地质资料，因而未被开发利用，但湖泊中鱼类资源丰富。大的湖泊主要有然乌湖（图 1-3）、莽措湖以及边坝普玉三色湖、布托湖、拉塔玛湖等。

1.1.2 气候特征

昌都地区地处中纬度，由于青藏高原大地形作用，打破了地球陆面自然地域纬向分异的一般规律和分布格局，突出了气候变化的垂直地带性特点。从自然景观和实际气候的反映看，立体气候居主导性地位，改变了应属的亚热带气候。从南到北，随着海拔高度的升高和纬度的增加，区域内依次出现山地亚热带、山地暖温带、高原温带、高原寒温带和永冻带等气候带（图 1-4）。

昌都地区气候以寒冷为其基本特点，无霜期短，年温差较小而日温差大。日照充足，太阳辐射强烈，降水量少，季节分布不均匀，干旱突出。此外，风大雪多，霜冻冰雹等灾害性天气频繁。由于昌都地区所处的地理位置受地形地势差异以及太阳辐射、大气环流的影响，形成地区内气候垂直分带明显。境内复杂的地形、地势又造成同一时期各地区域差异大的特点。

昌都地区各地年平均日照时数在 2 100 ~

2 700 小时之间，其分布不均匀，但整个地区差异不大。八宿县是本地区日照时数最多的地区，为 2 698.9 小时，类乌齐县为日照相对较少区域，为 2 067.9 小时。而昌都地区降水量各地差异较大，年平均降水量为 249.9~ 636.4 mm。降水量多集中在下半年的雨季，主要为五月至九月。雨季和十月至次年四月的干季极为明显：雨季降水集中，温和湿润；干季严寒干冷，降水稀少。雨季降水量占全年降水量的 78% ~ 89%。各地区中八宿县年平均降水最少，为 249.9 mm，而丁青县最多，为 636.4 mm[1]。

1.1.3 文化特征

据第五次全国人口普查数据，昌都地区总人口 58.36 万人，占西藏自治区总人口的 12%，人口密度为平均每平方米 4.8 人，人口和城镇主要沿澜沧江和其支流分布。在人口的民族构成上，藏族占总人口的 95% 以上，是主体民族，此外还有汉族、纳西族等民族。

多样化的宗教文化是昌都地区典型的文化现象。昌都地区的宗教文化类型有原始的苯教，还有藏传佛教、伊斯兰教和天主教。在藏传佛教内部，存在不同教派，如宁玛派、噶举派、萨迦派和格鲁派。多样化的宗教文化，对应的是众多的寺院和具有神秘色彩的寺院文化。民主改革以前，昌都地区共有藏传佛教寺庙 703 座。其中昌都县的强巴林寺是格鲁派在昌都地区最大的寺庙。孜珠寺是昌都地区最大的苯教寺院。噶玛乡的噶玛寺是噶举派的祖寺，类乌齐寺也是仅存不多的噶举派著名寺庙之一。位于昌都县城的清真寺和芒康县盐井地区的天主教堂，是外来宗教对昌都宗教文化影响的具体表现。

自古以来，一妻多夫制的特殊婚俗制度一直是藏东地区特有的形式，直至今日，在昌都地区的传统家庭中，仍然存在这种婚俗方式，并且在老一辈人身上更多有体现。康巴人生性好斗，为了克服恶劣的自然条件和抵御外来敌人，一妻多夫制能够更好地维系家庭的稳定。此外，避免了兄弟分家、分财产等一系列问题，在生产力相对落后的地区，这样的习俗，更有利于家族的延续以及发展。

图 1-5 民族舞蹈，图片来源：侯志翔摄

此外，昌都地区的民间艺术也是历史悠久、丰富多彩的，包括民间文学、民间音乐舞蹈（图 1-5）、藏戏艺术、绘画雕塑艺术等。代表作说唱《格萨尔王传》、锅庄舞蹈等都反映了藏东康巴文化的多姿多彩，为康巴人打下了鲜明的烙印，也为中华文化宝库增添了更多的光彩。

1.2 藏东民居建筑的起源与发展

1.2.1 藏东民居建筑的发展历史

藏东地区民居建筑的发展，如同整个西藏的建筑发展历史一样，依然有较多空缺的部分，然而根据现有发现的遗存以及历史记载等，可以大致将藏东民居的发展历史进行归纳与总结。除了参考大量文献以外，西藏自治区昌都地区行署的著名学者土呷对昌都地区民居发展也有较为深入的研究，对笔者有较多的帮助。

（1）起源

到目前为止，对整个西藏旧石器时代的考古工作，仅仅限于一些简单的地面采集工作，真正意义上的考古发掘工作还没有进行过，因此对于旧石器时代的古人类居住情况

图 1-6 卡若遗址总平面，图片来源：侯志翔根据谷歌地图绘制

也了解甚微，仅从一些传说中大概认识。

而在新石器时代，西藏自治区同我国其他地区一样，开始了人类发展史上极为重要的时期。这一时期发现的遗迹也较多，藏东地区的遗迹主要是小恩达遗址和卡若遗址。

图 1-7 卡若遗址，图片来源：百度图片

图 1-8 a 卡若遗址现状，图片来源：戚瀚文摄

图 1-8 b 全国重点文物保护单位标识，图片来源：侯志翔摄

小恩达遗址是昌都镇西昂曲河西的一个阶地，出土较多的生活遗存，建筑遗存相对较少。而卡若遗址的发现则是藏东地区乃至整个藏族聚居区的重要发现。

卡若遗址位于昌都县西南约 12 km，澜沧江西南岸卡若镇附近的昌都水泥厂附近（图 1-6），海拔约 3 100 m，遗址面积约 10 000 m^2，距今为 2 700~4 000 年。卡若遗址中的建筑遗存十分密集，有房屋、烧灶、圆形台面、道路、石墙、石围墙、灰坑等（图 1-7、图 1-8）。遗址内共发现房屋遗址 28 座，分半地穴和地面建筑，半地穴式又分三种：圜底、平底、石墙房屋。这三种形式建筑的共同特点是：其面积在 25 m^2 左右，房屋中央有灶，居住面都做了一定的平整和加工。地面房屋，有方形或长方形，面积为 20~30 m^2，最大的一座双室房屋近 70 m^2。与此同时，位于昌都城北 5 km 的小恩达遗址，也属于新石器时代的遗址。该遗址中也发现了不少房屋遗址，房基周围有明础，墙壁以柱为骨，编缀枝条，内外涂草拌泥而成木胎泥墙，居住面中央有灶坑。这些特征基本与卡若房屋遗址相似，说明卡若遗址中出土的建筑遗址，基本上是当时昌都地区民居建筑甚至整个西藏民居建筑的雏形[2]。

卡若遗址的挖掘和发现，是藏东乃至西藏考古界具有划时代意义的重要发现，填补了藏东以及西藏新石器时代建筑历史的空白。从遗址已发掘的部分建筑遗构来看，在平面形式、结构构造、墙身砌筑、房屋选址等方面，都可以反映出当时藏东地区原始文化已经具有较高的营造水平。而遗址中聚落之规模，建筑遗构之完整程度，房屋种类之丰富，层叠关系之清晰，在我国中原文化中尚属少见，在少数民族地区更是首次。尽管卡若遗址的发现，仅仅在昌都县周边，然而其对于藏东民居的起源，甚至整个藏族聚居区及周边民居的研究都有着重要的意义。

（2）发展

整个西藏在新石器时代末至公元前那段时间时，我国内地普遍进入了奴隶制社会，但是西藏地区当时处于一种什么样的社会状态，至今并没有一个特别明确的研究成果。目前学者对于当时西藏的社会形态、经济结构以及所有制和政治制度了解甚少。这段历史时期只能从当地的一些藏文史书或者佛教著作里面寻找部分记录，并加以推敲和认知。然而对于当地建筑情况以及民居建筑的状况，则了解更少，因此这段时期的建筑发展基本上相对空缺。

公元7世纪，吐蕃赞普松赞干布在西藏建立了统一的奴隶制政权——吐蕃王朝。对于整个西藏的建筑史来说，吐蕃时期是具有里程碑式的建筑发展时期，许多著名的建筑都在这一时期完成。与西藏其他地区相比，昌都地区的建筑发展则较为缓慢，并没有出现具有影响力的建筑，民居建筑的发展也少有记录。

在藏文佛教典籍中，把吐蕃王朝时期的佛教发展期称之为“前弘期 ”，把公元10世纪以后经上路和下路弘扬，重新兴起的佛教发展时期称之为“后弘期”，在后弘期内，藏传佛教逐渐成形。宗教文化在不同时期内，都对藏族的物质文化和精神文化产生了重大而深远的影响。而在建筑艺术上的影响也较为深刻。进入后弘期后，昌都地区修建了不少具有影响力的佛教建筑，如噶玛寺等，而佛教建筑对于民居建筑的影响也开始出现。由此，掀起了昌都地区建筑发展的第一次高峰[3]。

吐蕃时期的藏东民居建筑，虽然少有典籍记载，然而通过不同历史时期建筑样式可以推断，其民居建筑形式已经开始逐步形成。典型的藏族碉房式民居已经开始广泛地出现在了青藏高原的土地上。由于受到不同的地域影响，西藏不同地区的碉房式民居，也开始演化成不同的类型，藏东地区由于地势险要，战乱较多，可以推断三层以上的碉房也是在这一时期逐渐出现并形成。

图 1-9 今天的卡若镇民居，图片来源：侯志翔摄

（3）成型

明末清初的西藏地区，随着格鲁派的逐渐兴起，青藏高原开始大规模地兴建寺庙。这一时期的寺庙建筑呈现出雄伟庄严、富丽堂皇的特点，与昌都地区当代的佛教建筑已经非常类似。随着寺庙营造活动的再度兴起，昌都地区迎来了建筑艺术发展的第二次高峰。而在这一时期内，民居建筑发展则遗存较少，仅从民居建筑发展的模式可以推断，当时民居建筑依然受到宗教建筑影响较大，家里出现经堂等功能的房间，室内陈设也开始吸取宗教建筑的元素，逐渐发展成为一种固定的模式。

1950年，鲜艳的五星红旗第一次在昌都上空飘扬，从此昌都的历史揭开了新的篇章。随着东部技术人员进藏，带来了先进的生产力，昌都地区建筑发展有了翻天覆地的变化。各种新材料的运用、新结构形式的加入，使民居建筑逐渐符合更加舒适的使用功能。然而随着铝合金门窗、轻质楼梯等构件的引入，传统藏东民居建筑也开始逐渐演变，渐渐失去了原来鲜明的藏东特征（图 1-9）。

1.2.2 藏东民居建筑形制的演化

卡若遗址中的遗存，可以分为三个等级。第一种是最简单的木棚式构架；第二种是半地穴的砾石墙建筑；第三种则是地上房屋遗

图 1-10 卡若遗址中藏东民居平面布局的演化，图片来源：侯志翔根据江道元《西藏卡若文化的居住建筑初探》绘制

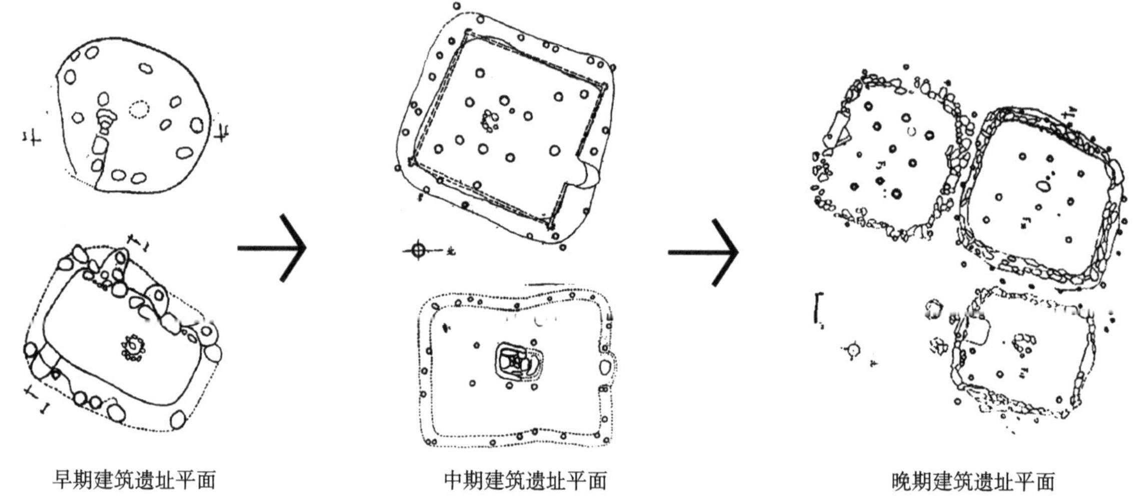

址。到了地上房屋遗址，藏东地区民居建筑的雏形基本上已经形成。这类建筑已经开始采用柱网承重，并出现了平屋顶，藏族传统民居发展至今并成为举世瞩目的独特建筑，其设计思路以及基本手法还是一脉相承的。从四千多年前的藏族原始村落，到如今的藏文化繁荣发展的岁月里，藏东民居建筑在建筑沿革、技术营造等方面均有较大的发展。

（1）建筑布局

根据卡若遗址地层的层叠关系，可以将建筑遗存分为早、中、晚三个时期。早期的藏东原始民居类似于内地出土遗址民居形制，多以穴居窝棚式为主。由树枝草木简易制作，上部空间通过构筑而成，下部空间则通过挖土得到，入口处设置有土埂，防止雨水倒灌，平面多为圆形或者矩形，面积也相对较小，仅能提供基本的御寒等作用。中期的民居建筑开始逐渐出现棚屋式的做法，不再是简易的窝棚，居住空间也由地下或者半地下逐渐转到地面；藏式墙体开始逐渐形成，为了防止墙身受到雨雪冲刷，屋顶挑出于墙体；平面除了矩形、方形以外，也有一些矩形或者方形的组合。到了晚期，随着建筑技术的不断发展，在建筑平面上开始出现组合以及楼居式的建筑，也由此开始出现两层以上的民居建筑，平面布局也开始在矩形的基础上多样化，功能不断完善。卡若遗址晚期的平面布局，已经非常接近今天的藏东民居建筑平面（图 1-10）。由此可以推断，而后藏东民居建筑平面的发展，均在卡若遗址晚期平面的基础上不断演化，成为今天较为成熟的平面布局形式。

（2）建筑结构

藏东民居建筑的结构形式也随着时间经历了多次演化，发展成了今天这种独特的结构形式。早期藏族原始民居以窝棚式和窝棚构架式为主。窝棚式民居，通过砍伐的树枝相互搭接成为一个拱架，形如伞架，拱架上铺小树枝、藤条等，最后覆盖植物或泥土。这种窝棚多为圆形平面，面积相对较小。为了增加空间，在拱架结构中又演变出窝棚构架式，通过竖向支撑增大原来拱架的跨度，并保证足够的稳定性。而后出现了梁柱式的房屋和井干式等结构形式，通过合理的承重结构营造出更加宽阔的空间。藏式梁柱结构的出现，也是如今藏式民居结构的雏形，而随着梁柱结构体系的出现，原来窝棚的坡顶也逐渐变为平顶。随着结构体系的进一步演化，两层的民居建筑开始出现，而藏东民居也开始逐渐演化为碉房式民居，民居建筑的承重形式也逐渐多样（图 1-11）。这一时期的藏东民居建筑结构体系已经初步形成相对

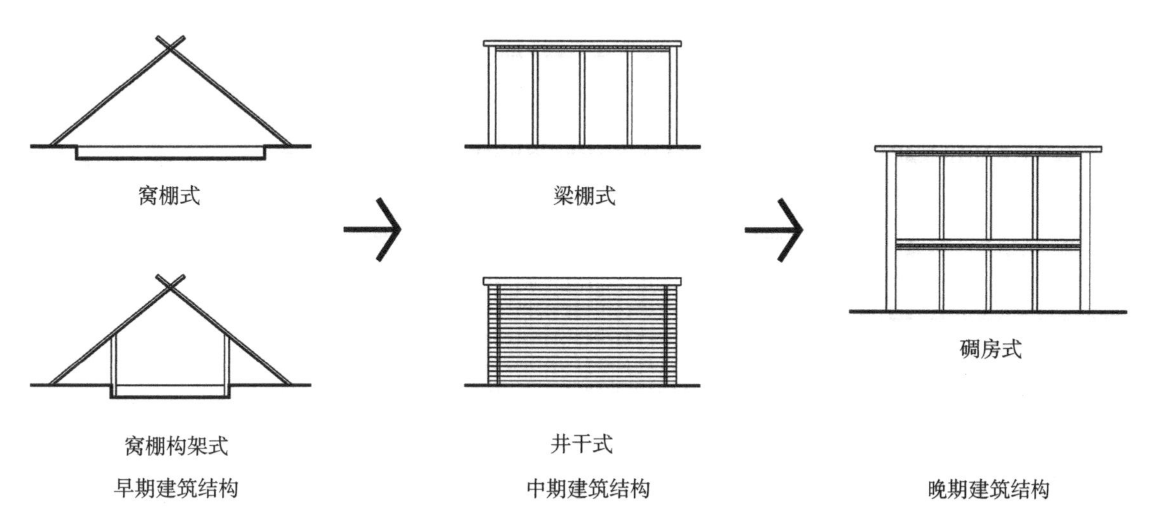

图 1–11 藏东民居平面布局的演化，图片来源：侯志翔根据江道元《西藏卡若文化的居住建筑初探》绘制

固定的模式，并为后来藏东民居建筑丰富的结构形式奠定了基础。

（3）营造技术

随着藏东地区生产力水平的提高，建筑的营造技术也随之不断提高。从最早的窝棚式的屋顶墙体不分，到梁柱式民居的平屋顶、夯土墙、砾石墙体，以及井干式结构的木质墙体，营造技术都有较大的进步。到了藏式传统的碉房式民居逐渐形成时期，除了在木结构的处理上有了更大的进步以外，在其他建筑营造技术上，均有着较大的提高。

首先在建筑外墙围合材料上，从最初的窝棚构架，发展成为现在的藏式夯土墙、毛石墙体，在施工工艺及砌筑方式上，均有着显著的提高；其次在地基处理上，从最初的单层建筑，不做地基处理，到晚期采取垫石块、增加柱础等措施，用以保证建筑的稳定；第三，在梁柱形式上，替木的演化也是营造技术发展的重要体现，从最早的没有替木（至今仍有部分老房子梁柱之间没有替木），到后期雀替的出现，也是藏东民居建筑营造技术的重要进步（图 1–12）。此外，在基础的处理、房屋的防潮技术以及室内的陈设等方面，也有较大的发展。这些建筑营造技术均在一定程度体现了藏东民居在营造技术方面的进步。

1.3 多种因素对藏东民居建筑的影响和制约

1.3.1 独特的地理环境

昌都地区位于横断山脉三江流域，境内多高山峡谷，自然条件相对恶劣。由于三江水系的切割作用，昌都地区形成了多层次的高原特征，有着复杂的地貌结构和不同的地形、气候类型以及植物生长层次。昌都地区有辽阔的牧场草原，也有一望无际的翠峰林

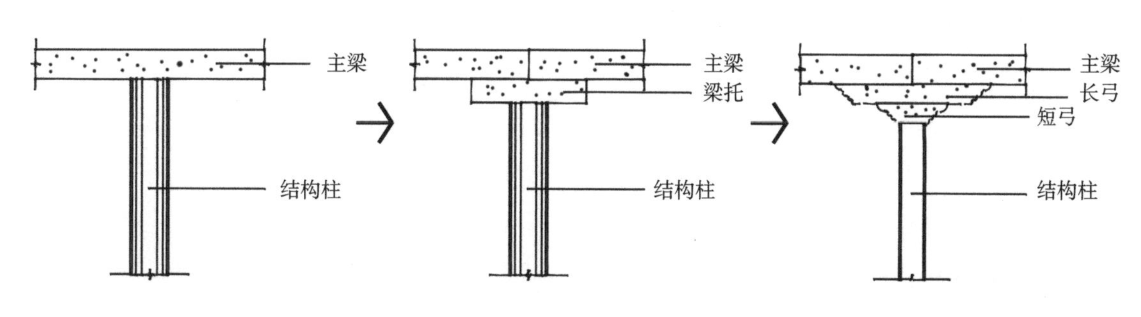

图 1–12 替木形式的演化，图片来源：侯志翔绘制

图 1-13 美玉草原单层民居建筑，图片来源：汪永平摄

图 1-14 然乌镇坡顶的民居建筑，图片来源：汪永平摄

图 1-15 海拔较低的怒江峡谷通透的民居建筑，图片来源：侯志翔摄

海，还有险峻的高山峡谷。不同的地理环境对当地的民居建筑又有着不同的影响。

峡谷地带较多的地区，如贡觉县三岩地区、左贡县东坝乡以及洛隆县和边坝县部分地区等，民居多选择在山坡上较为平缓的地带上修建，并有稳定的水源，方便种植一些简单的农作物，建筑多为三层以上，以充分利用有限的土地资源。而地势较为平坦的草原牧场，如八宿县邦达草原、左贡县美玉草原以及类乌齐县部分地区，民居建筑则选择距离水源和牧场较近的地方以方便放牧，由于地势平坦，场地不受限制，因而建筑多以一层或两层为主（图 1-13）。大量养殖的牲畜则采用圈养的方式，养于房屋外部，一层多作为堆积粮草的场所。自然条件恶劣的地区，房屋多采用夯土砾石砌筑。而森林茂密的地区，房屋则大量使用木材作为建筑材料，以实现就地取材。

1.3.2 特殊的气候条件

昌都地区属于藏东南高原温带半干旱季风气候区。夏季气候温和湿润，冬季气候干冷，年温差小，日温差大。年平均日照数为 2 100~2 700 小时，年无霜期为 46~162 天，年降水主要集中于 5~9 月，7 月与 8 月通常是雨季。独特的气候特征在昌都地区民居建筑发展的过程中影响着民居建筑的形态。

由于昌都地区日照强烈，早晚温差大，为了保证较为稳定的室温，建筑多采用较厚的墙体构筑，一般在 80 cm 以上，以确保室内有较为稳定的温度来抵御恶劣的气候。然而由于昌都各个县地理位置的差异，导致了气候差异较为明显，不同的地区建筑也显示出不同的特征。如八宿县然乌镇，由于靠近林芝地区，雨水较多，民居建筑采用坡顶与木质结构的墙体，与林芝地区民居建筑较为相似（图 1-14）。而海拔不同导致的温差，对民居建筑也有不小的影响：海拔较高的地区，温差大，平均气温较低，房屋修筑相对较为严实；而低海拔地区，平均温度会相对较高，因此房屋的通透性也较高海拔地区的建筑要好一些（图 1-15）。

1.3.3 特有的民俗习惯

藏族地区群众信仰藏传佛教，昌都地区也不例外，各种佛教宗教活动与藏族居民的生活息息相关。藏族群众除了需要经常去寺庙做一些宗教活动以外，平时在家里也同样需要进行转经、念经等一些简单的信仰活动。家里有重大事件的时候还需要从寺庙请僧人到家里念经祈福。在这样的宗教氛围下，专门在家从事宗教活动的空间就成为每个藏族家庭的基本要求。即使房间再小,空间再有限,藏族人家里都有经堂。经堂的作用除了存放一些与佛教相关的物品,平时念经祈福以外,还可以作为家里来贵宾的休息场所,例如寺庙僧人等留宿的场所。

除了宗教信仰以外,藏东独特的帕措[4]制度以及一妻多夫制度,也影响着当地的民居建筑布局形制。帕措作为藏东康巴地区独特的家族单位,在修筑房屋的时候也需要考虑到帕措制度的影响,通常一个帕措内部的房屋联系会比较紧密,房屋朝向相对一致(图1-16、图1-17),许多建筑屋顶相互连通,或者相距很近,有利于共同抵御外敌。还有说法称同一帕措内部的房屋之间有暗道相通,以增强帕措内每栋房屋之间的联系与沟通。而一妻多夫制度下兄弟之间是不分家、不分财产的,也不必新修房屋。兄弟可以继承父辈的房屋居住,一来可以节约开销成本,二来在用地较为紧张的峡谷地区,亦可以发挥最大的土地使用效率。

图 1-16 三岩地区民居连续的屋顶,图片来源:侯志翔摄

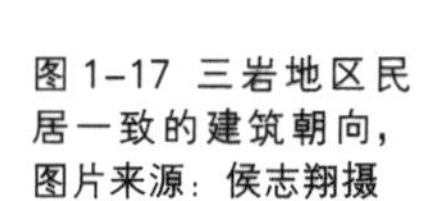

图 1-17 三岩地区民居一致的建筑朝向,图片来源:侯志翔摄

小结

任何一种民居样式的存在,都由多种因素共同决定,藏东民居作为一种极具地域性质的民居样式,其形成也与藏东地区独特的自然条件以及文化根基密不可分,与当地人特有的生产生活方式息息相关。在这样的背景之下,藏东民居从石器时代开始发展并演化,结合了当地特殊的地理环境、气候条件以及民风民俗,逐渐发展演化成为今天这种较为成熟的民居形式。

注释:

1 西藏昌都地区地方志编纂委员会 . 昌都地区志 [M]. 2005

2 江道元 . 西藏卡若文化的居住建筑初探 [J]. 西藏研究,1982(03):105-128

3 土呷 . 昌都地区建筑发展小史 [J]. 昌都内部发行,2010

4 帕措,意为父系群体或父系制氏族部落,是指在特定的历史条件和特殊的地理环境中为了维护自身的利益,以父系为纽带延续而形成的一种父系氏族群体。

2 藏东民居建筑形式

2.1 建筑形制

我国的建筑千姿百态，形形色色，数不胜数。在中国建筑中，民居建筑无疑是其中重要的一支。作为一个多民族的国家，各民族的民居建筑各领风骚，百花齐放。藏族是我国少数民族的重要一支，地处雪域高原，独特的地理位置和气候特点以及民俗文化，使得藏族民居成为少数民族民居建筑的一朵奇葩，藏东的民居建筑在藏族建筑中又体现出独特的韵味和浓郁的地域色彩。

各地民居建筑的形成和发展，如同其他类型建筑一样，在满足其基本功能要求的同时，也受到了自然条件、经济基础、社会需要以及人工技巧等因素的影响。西藏藏东地域辽阔、地形复杂、气候多变，多民族混居，民族文化交融共生，孕育了藏东地区丰富的民居建筑形式。

2.1.1 空间组合

空间组合是指居民按照社会制度、家庭组合、信仰观念、生活方式等社会人文因素安排出的民居建筑空间形制。根据孙大章先生在《中国民居研究》中对民居建筑形制的分类，民居建筑的空间组合可以分为六大类：庭院类、单幢类、集居类、移居类、密集类和特殊类。一般观点认为藏族碉房式民居属于单幢类民居，而根据笔者走访藏东多地，藏东昌都地区的民居，根据空间组合大致可以分为庭院类、集居类、移居类和单幢式四种[1]。

图 2–1 察雅县香堆镇庭院类民居，图片来源：侯志翔摄

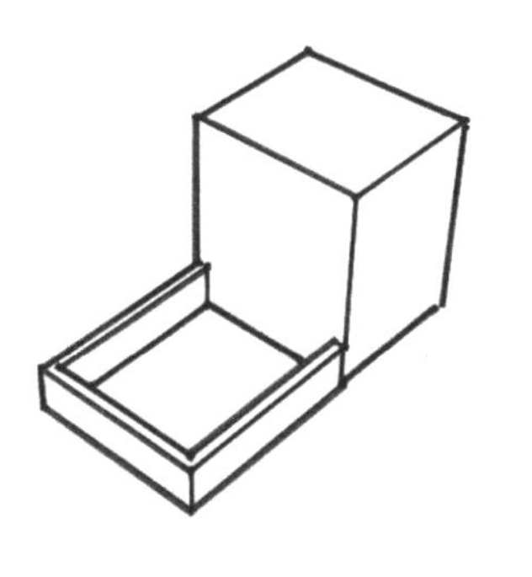
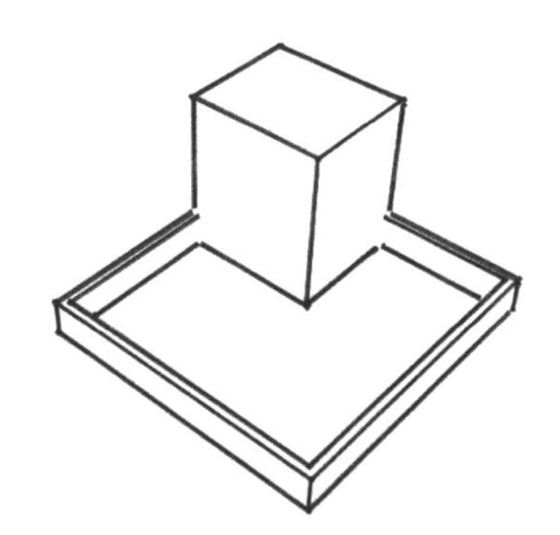
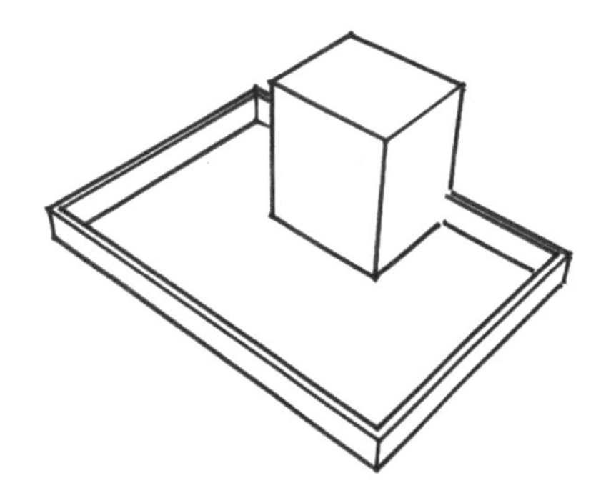

图 2-2 藏东常见的院落形式，图片来源：侯志翔绘制

(1)庭院类

庭院类民居是我国广泛存在于各个民族的民居形式，范围极其广泛，可以称为中国传统民居的主流。庭院式民居除了居住的建筑以外，还有一个或者几个家庭合用的院落，这类院落是由建筑物以及院墙合围而成的，而非西方开放式的府邸院落。庭院类民居在藏东康巴地区分布相对比较广泛，基本上在各县都可以看到(图 2-1)。

与内地庭院类民居有所不同的是，藏东庭院类民居较少出现有合院，一般一户人家一个庭院，采用围墙进行围合(图 2-2)，也有几户合用围墙的方式。庭院为矩形或者不规则多边形，根据周围地势变化以及用地限制自由围合。在用地相对紧张的地区，院墙通常沿着山墙面延长，空间相对有限，而用地较为宽敞的地区,围合形态也相对自由。庭院内也经常会有一些附属结构，例如草料间、牲畜棚等。

(2)集居类

集居类民居是指出于某种客观因素而全族人居住在一起的居住组群，这些因素包括防御外敌入侵、加强宗族血缘联系等。集居类民居有自己独特的构图模式，体量较大的建筑外形，打破了一般院落式民居的习惯模式，形成一种极具特色的民居类型。内地的集居类民居通常共用生活资源，以形成一个相对封闭的小社会。而藏东康巴地区的集居类民居每个单体都保持相对的独立，依靠建筑屋顶或者内部的专用通道来形成联系(图 2-3、图 2-4)。

图 2-3 贡觉县三岩地区集居类民居一，图片来源：汪永平摄

图 2-4 贡觉县三岩地区集居类民居二，图片来源：侯志翔摄

这种集居类民居主要分布于贡觉县的三岩地区，三岩地区地势险峻，为了防止外敌入侵，居民以血缘联系形成以帕措为单位的小型社会群体，同一帕措的碉楼通常建在一起，屋顶相互贯通联系。这样的民居组合方式符合当地的习俗，既可以保证每户的相对独立性，又强调了血缘之间的凝聚性，可以在需要时组成团体。组团内单元形式统一，体现了公平性的原则，又能更好地增强团体的稳定性。三岩集居类民居在建筑组合上相对自由，根据地势、建筑规模等进行组合(图 2-5)。

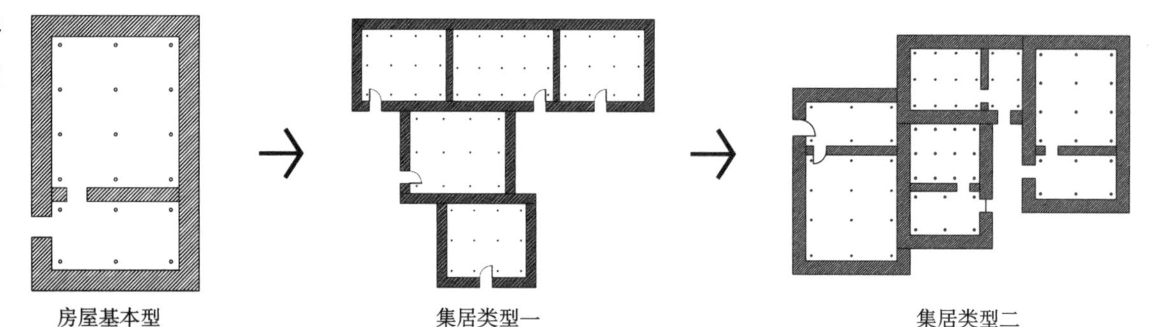

图 2-5 贡觉县三岩地区集居类民居形态，图片来源：侯志翔绘制

图 2-6 a 藏东帐房式民居，图片来源：侯志翔摄

图 2-6 b 藏东牦牛毛帐房，图片来源：汪永平摄

（3）移居类

在《中国民居研究》一书中，对于移居类民居的定义是指某些以游猎、渔业为生的居民的住屋，因其生产特点决定了其必须随时移动迁建，而不固定于一地。移居类民居的特点是规模小、重量轻，便于移动、运输、搭建。移居类民居多为蒙古族、藏族、鄂温克族等牧民习用。此类住宅以木条做成轻骨架，外边覆以毛毡，适用于随时移居的游牧民族。这类民居主要指毡房、帐房、舟居等[2]。

藏东康巴地区的移居类民居主要是指帐房。但是由于藏东地区气候的特殊性，不像蒙古草原等其他牧区，此地只有固定的放牧季节。生活在牧区的居民，每年到了放牧季节，便赶着牲畜前往牧场进行游牧，帐房作为居住场所是不可或缺的。藏东地区帐房通常使用普通棉质布料作为材料，轻质且成本低，也有使用编织过的牦牛毛作为帐布的，比布帐篷有更好的保暖抗寒效果（图 2-6）。

（4）单幢式

单幢式民居是指将生活起居的各类房屋集合在一起所建成的单幢建筑物的民居类型。单幢式建筑其实是藏东康巴地区最为常见的一种建筑形式。前面描述的庭院式以及集居式民居，均由单幢式民居根据不同的空间组合演化而成。典型的藏东单幢式民居集合了生活起居的各种功能，一层用于储藏草料、圈养牲畜，二层以上作为生活起居空间，包括起居室、经堂、厕所等，屋顶则作为存储、处理粮食草料等空间。

根据建筑材料以及结构方式的不同，单幢式民居通常分为干阑式、窑洞式、碉房式、井干式、木拱架式和下沉式六种形式。而在藏东地区，窑洞式、木拱架式和下沉式均已消失，仅在卡若遗址中可以见到部分木拱架式建筑残存。其他几种形式的建筑，将在下一节详细描述。

2.1.2 建筑类型

碉房式民居是中国西南部青藏高原以及内蒙古部分地区常见的藏族人民居形式，采用砾石或夯土砌筑而成，层高从一层到四层，因外观像碉堡，故称碉房。传统概念将青藏高原上分布的民居统称为碉房，其实在藏东广袤的大地上，分布的碉房式民居，受到当地自然条件制约、人文因素影响、建筑材料的不同和结构方式的差异，以及受到外来建筑的影响，又可以分为多种。这些藏东碉房式民居主要可以分为传统碉房、井干式碉房和干阑式碉房等。碉房式建筑又相互融合，相互影响，成为藏东康巴地区特有的建筑形式。

（1）传统碉房

碉房式建筑是青藏高原分布最为广泛的一种民居形式，也是西藏地区最为悠久的一种民居建筑形式。经过长达数百年探索，当地人民根据自然条件、气候特点以及当地的建筑材料，熟练地掌握了材料的受力特性，不断地完善碉房式民居的功能。此种民居类型甚至广泛流传到周边地区，如四川羌族等地也有碉房式民居的身影。

传统碉房是青藏高原上藏族人民普遍采用的一种民居形式，外墙多采用较厚的夯土或者砾石垒砌，屋顶为平顶，由于形体高大厚实，远观犹如碉堡一样，故称碉房式民居。传统碉房式民居首层一般不住人，用作草料棚和牲畜棚，几乎不开窗或者仅开小窗透气。二层以上为起居空间，包括起居室、卧室、经堂、卫生间等。屋顶层一般均可以上人，当地居民一般选择在屋顶晾晒青稞谷物等。传统碉房式民居基本上为 2~3 层，有少数地区为单层或者四层。

传统碉房式民居由于防御性较强，在自然环境恶劣的藏东地区，能够有效地保护房间内居民的安全，同时较厚的墙身也保证了室内的冬暖夏凉，即便是早晚温差较大，室内仍可以保持一个相对稳定的温度。碉房内部功能相对完善，居民不出家门即可以完成许多日常家务。传统碉房式民居在藏东分布较广，主要集中在昌都地区南部，昌都县周边、八宿县、左贡县、芒康县和察雅县等县境内（图 2-7）。

（2）井干式碉房

井干式结构是一种不需要立柱和大梁的房屋结构。这种房屋的结构用圆木、矩形、

图 2-7 a 荣周乡传统碉房式民居，图片来源：侯志翔摄

图 2-7 b 察雅县传统碉房式民居，图片来源：侯志翔摄

图 2-7 c 芒康县传统碉房式民居，图片来源：侯志翔摄

六角形等木料平行向上层层叠置而成，在结构的转角处木料端部相互咬合，形成了房屋的四壁。通过这些互相咬合的木料作为支撑整个建筑的承重墙体，如同古代井上的木围栏。井干式建筑在我国历史悠久，从原始社会便开始使用，如东北、云南等地区都有井干式建筑的身影。藏东地区的民居也有井干式构造，多见于两层的民居建筑。井干式和碉房式建筑相结合形成了独特的井干式碉房，井干房部分粉刷成为暗红色，为藏东地区特有的民居建筑样式。

井干式民居建筑的通透性和居住的舒适

图 2-8 a 江达县井干式碉房民居，图片来源：侯志翔摄

图 2-8 b 八宿县井干式碉房民居，图片来源：侯志翔摄

度较传统碉房式民居有较大的提高。井干式建筑在木料的咬合处使用细泥土或者麦壳皮混合物甚至牛粪掺和泥作为填充，此种做法的建筑被认为有较强的防潮保湿效果。同时由于建筑密封性较好，修建周期相对较短，大户人家以及富裕人家一般把井干式房屋作为粮食仓库等临时用房。此外，木料相互咬合形成的结构具有较强的抗震性能。1973 年四川甘孜藏族自治州发生了以炉霍为中心的里氏 7.9 级大地震，整个康巴藏族聚居区建筑均受到地震影响，然而井干式建筑多数均安然无恙，体现出较强的房屋抗震性能。

图 2-9 a 类乌齐县干阑式碉房民居 ，图片来源：侯志翔摄

图 2-9 b 八宿县干阑式碉房民居，图片来源：侯志翔摄

藏东井干式碉房便是结合了井干式民居的优点与碉房式民居的特色。一层采用夯土墙围合架空，保证居住安全；二层以上采用井干房作为起居室或者经堂，保证生活起居舒适。井干式民居建筑虽然在使用上有诸多优点，但是在康巴地区并不多见，主要由于建造过程中需要大量的木材，因此对地域性要求较高，在木材较为缺乏的地区，比较难以实现。此外，井干式建筑的防火性通常较差，一旦着火后果将不堪设想，因此在井干式碉房中，井干式部分通常作为经堂和卧室等远离火源的房间。井干式碉房的分布也较为广泛，主要分布于昌都地区中部和东部地区，贡觉县、江达县和昌都县境内等，其他地区也有分布（图 2-8）。

（3）干阑式碉房

干阑式民居原来是指位于广西、贵州、云南等地的少数民族，由于地处炎热潮湿多雨地带，为了通风防潮以及防止野兽侵入等因素，而将下部架空的一种住宅形式。藏东碉房建筑中亦存在干阑式建筑的身影。他们通过木结构将一层架空，结合藏东碉房式建筑的立面处理和屋顶做法等，形成了独特的干阑式碉房。

干阑式民居建筑下层由木结构架空，居住起居一般都在二层，通过楼梯贯穿上下层的空间。下层一般作为牲畜棚或者堆放草料等的空间，上层住人。在藏东，结合了碉房式民居的干阑式碉房，建筑下层架空，圈养牲畜、堆放草料，上层使用普通碉房式构造形成起居空间。藏东的干阑式碉房民居使用夯土外墙进行围合，或者使用藤条等作为外

图 2-10 a 柴维乡混合式碉房，图片来源：侯志翔摄

墙围合材料，也有使用井干式构造上部空间的，有些甚至将一层的牲畜棚和草料间也使用外墙进行围合，以保护所饲养的牲畜。

干阑式碉房相对于传统碉房式民居，层数较低，外墙较为轻盈通透，防御性较弱，多分布在海拔较低以及多雨的地区。因为其建造周期较短，也常常作为临时房屋出现，例如堆放青稞的草房，以及盐田边的一些存盐的临时建筑等。干阑式碉房主要分布于昌都地区中部，包括昌都县周边，怒江拐弯附近，以及类乌齐县境内等地（图 2-9）。

（4）其他类型

除了以上三种主要建筑类型以外，在藏东康巴地区，还分布着一些其他类型的建筑。如井干式碉房和干阑式碉房相结合的混合式碉房，还有一些临时用房。这些建筑在当地发挥着特殊的作用，也是藏东居民生活中密不可分的一部分（图 2-10）。

2.1.3 建筑形态

藏东康巴地区民居建筑千姿百态，形态各异，然而又相互联系，形成较为统一的民居风格，其实这些民居都是由一些基本形态

图 2-10 b 芒康县井干式临时用房，图片来源：侯志翔摄

图 2-10 c 察雅县临时用房，图片来源：侯志翔摄

不断改变，并受到其他地区民居影响而逐渐演化而成。

（1）基本布局形态

藏东民居建筑的基本形态均为矩形以及矩形的变形组合。在藏东地区还没有见到矩形以外的民居形态，如圆形、圆弧以及异形等，最基本的藏东碉房式民居空间为矩形。建筑

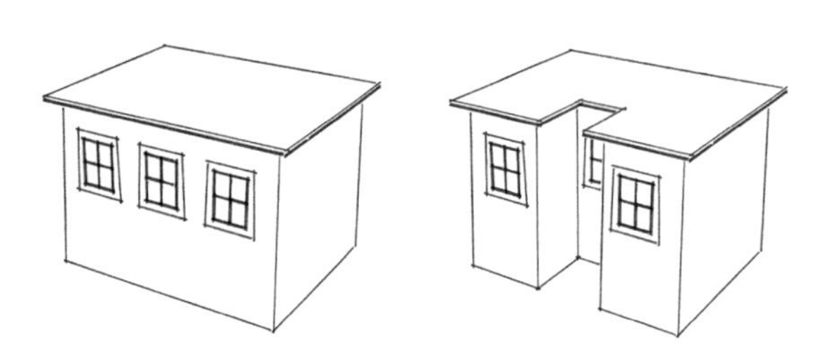
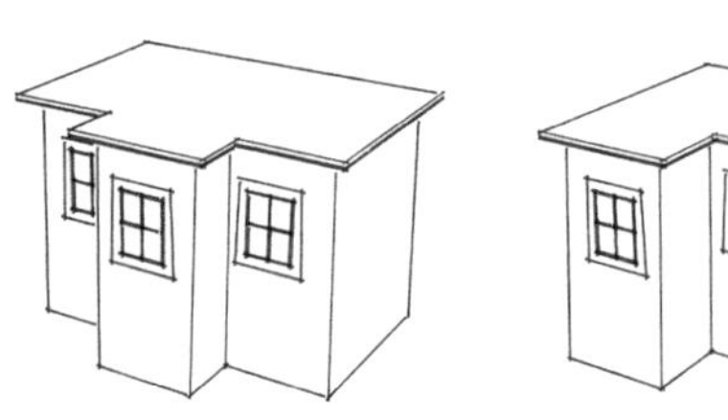

图 2-11 藏东民居的四种基本形态，图片来源：侯志翔绘制

体量各异，有些民居基底面积不到 30 m²，而有些民居则体型巨大，整栋面积上千平方米。藏东康巴地区碉房式民居的平面形态主要为“口”形、“凹”形、“凸”形以及“L”形等（图 2-11）。

在平面布置上，以矩形平面为例，建筑底层一般不住人，在功能上主要圈养牲畜以及堆积草料。入口通常只有一个，底层不提供客人停留的空间，通过楼梯直接到达二层，也有的建筑入口直接开在二层，一层通过楼梯到达，从而实现了人和牲畜的分流。而且底层采用外墙围合以后通常不设置窗户等洞口，因此一般采光较弱。在藏东民居建筑的传统中，建筑的防御性是非常重要的，这样的一层布局对于建筑的防御性也有积极的作用。

建筑中间层为日常起居活动的重点。一般都有直接采光，方便生活使用。通常设置家庭起居室、客厅、卧室、厨房和储藏室等（图 2-12）。客厅一般设置有火炉，以方便来客人的时候喝茶。根据家庭条件不同和房屋面积大小不同，功能布局会有所不同，但是基本功能不变。

顶层一般为屋顶平台层，包括屋顶的晾晒空间和由于设置顶棚所形成的灰空间。顶棚空间一般用来堆放粮食作物，而屋顶晾晒空间则正好与堆放粮草的顶棚空间功能上相适应。藏东民居通常为三层，也有地方超过三层的，三层则设置储藏间、经堂等，也有部分半开敞的空间。四层为屋顶层，并架设顶棚，功能与前述相似。藏族是个全民信教的民族，经堂是一家中最神圣、庄严的地方，设置于较高的楼层以保证不易受到外界的干扰，从而确保经堂在一户人家中的地位。

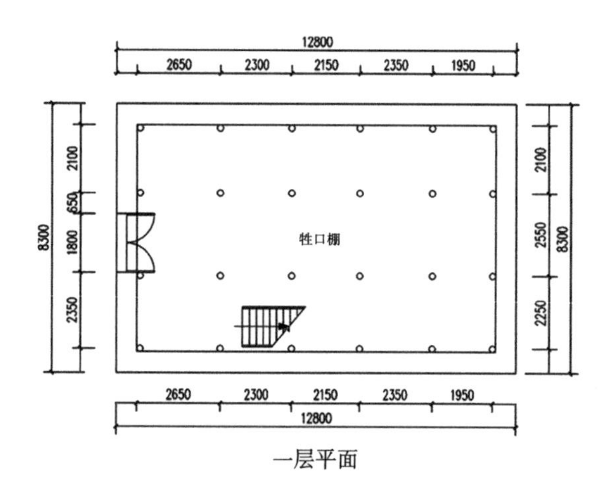

一层平面

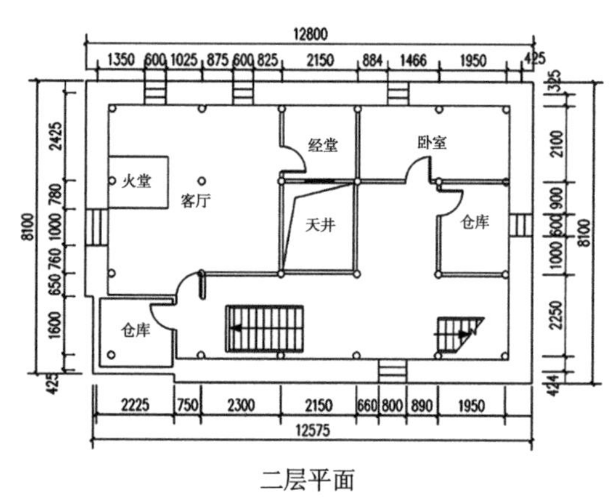

二层平面

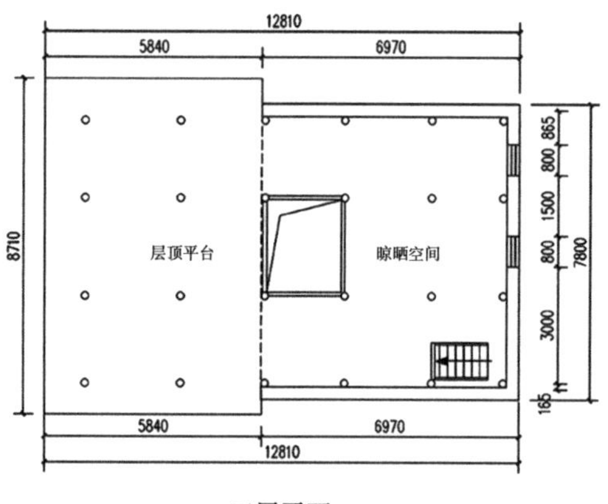

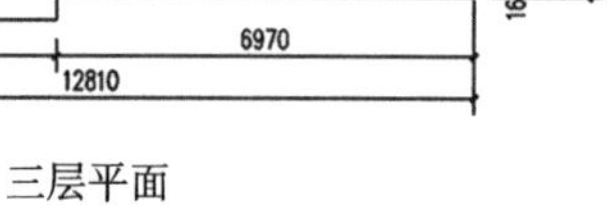

三层平面

图 2-12 左贡县典型民居平面图，图片来源：沈尉测绘，侯志翔绘制

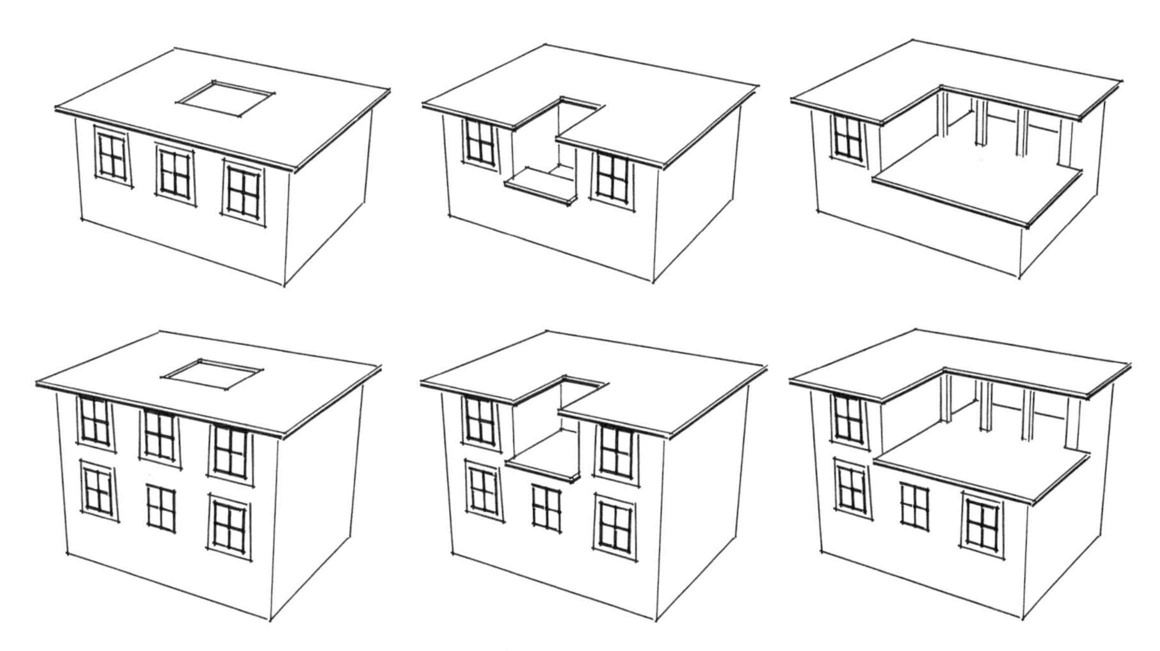

图 2-13 传统碉房式民居的基本形态，图片来源：侯志翔绘制

（2）传统碉房式布局形态

如今的藏东传统碉房式民居，多为二到三层。一层和四层都较少见，一层的民居仅在地域相对辽阔的地区见到，如八宿县邦达草原和左贡县美玉草原。而四层以上的碉房式民居则几乎没有，顶多是在三层上部加盖顶棚，形成灰空间，实则只能算屋顶层。

传统碉房式民居平面多为规则的矩形，其他形状比较少见，而上部空间则根据室内功能不同变化收为“凹”形和“L”形，形成较为丰富的建筑形体，较少出现“凸”形（图 2-13）。

（3）井干式碉房布局形态

井干式主要由木材构建，考虑到防御性的要求一般置于二层（图 2-14），少数地区置于三层，如贡觉县三岩地区的碉房，通常将井干房置于三层。井干房置于二层的局部时，多为单侧或者双侧。也有部分地区井干式碉房占满一层，甚至挑出楼面，这种井干式碉房的形态则较少见（图 2-15）。

井干式碉房则是在传统碉房的基础上，加上井干房所演变而成的。井干房整体为木结构，因此井干房部分一般置于两层以上，用于防潮，通常置于碉房的局部。根据井干房在碉房中的位置不同，井干式碉房又可以演化成许多不同的形态（图 2-16）。

图 2-14 柴维乡二层与三层均为井干式的民居，图片来源：侯志翔摄

图 2-15 三岩地区出挑的井干式碉房民居，图片来源：侯志翔摄

（4）干阑式碉房布局形态

干阑式碉房民居底层由木结构架空，外墙较为通透，墙体变化也相对较少，承重体系为矩形的木框架，因此在形体上也较为单

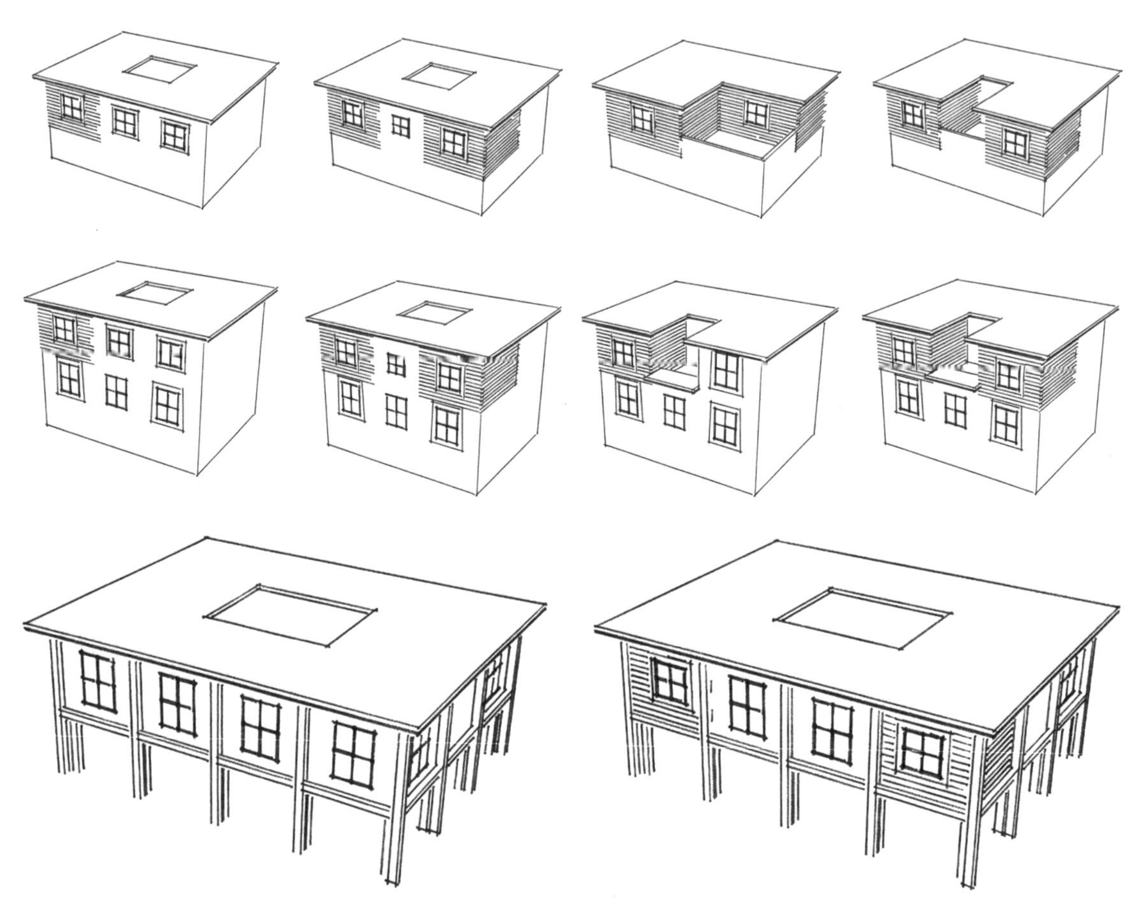

图2-16 井干式碉房民居的基本形态，图片来源：侯志翔绘制

图2-17 干阑式碉房民居的基本形态，图片来源：侯志翔绘制

一，基本以两层结构和矩形平面为主，较少有其他变化。在干阑式碉房中，常常出现与井干房相结合的样式，井干房通常置于房屋的二层，由底层结构支撑，井干房与干阑式碉房的结合，也是一种特殊的干阑式碉房形态（图2-17）。

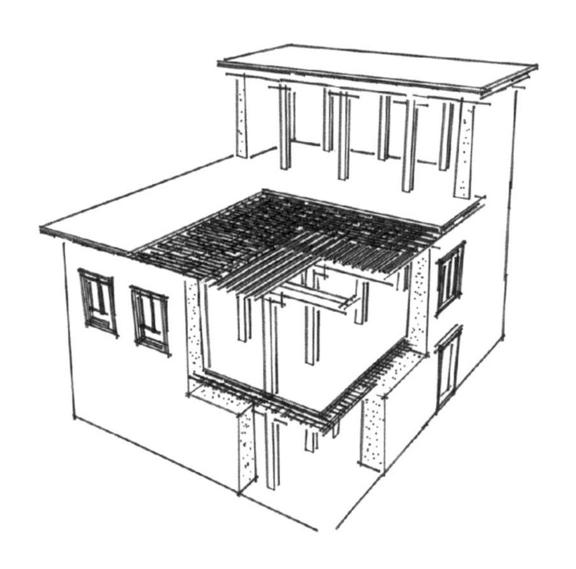

图2-18 藏东民居结构示意图，图片来源：侯志翔绘制

2.2 建筑结构

碉房式建筑是青藏高原分布最为广泛的一种民居形式，也是西藏地区历史最为悠久的一种民居建筑形式。碉房式民居主要通过内部木结构承重，外部用较厚的矩形外墙进行围合，对整个建筑起到围护以及结构的稳定作用。而藏东地区碉房式民居屋顶独特的顶棚结构和女儿墙构造，也有别于其他地区的碉房式民居。

2.2.1 结构类型

根据不同的承重结构，碉房式民居可以分为木框承重式碉房、墙承重式碉房以及墙柱混合承重式碉房。在藏东康巴地区，木框承重式碉房和墙柱混合承重式碉房较多，极少见到由墙体单独承重的房屋。根据其木框架承重体系的不同，又可以分为叠柱式碉

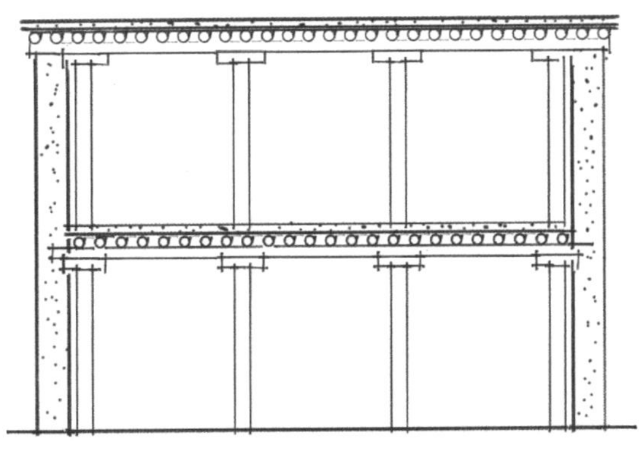

图 2-19 叠柱式碉房结构示意图（左），图片来源：侯志翔绘制

图 2-20 叠柱式传统碉房结构（右），图片来源：侯志翔摄

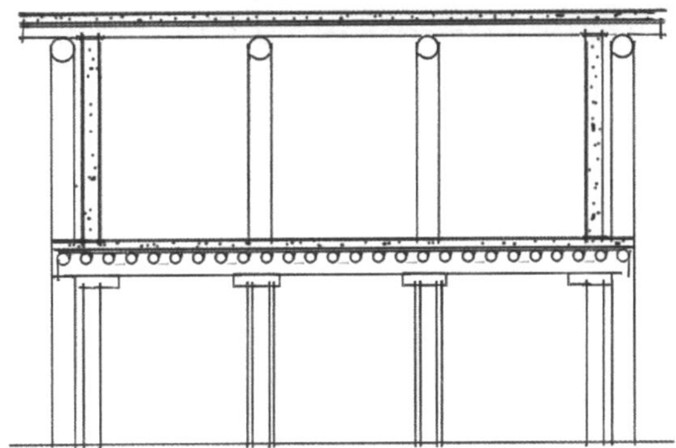

图 2-21 使用叠柱式的干阑式碉房（左），图片来源：侯志翔摄

图 2-22 双柱式碉房结构示意图（右），图片来源：侯志翔绘制

房、双柱式碉房和通柱式碉房。这些不同类型的碉房式民居，广泛分布于藏东各地（图 2-18）。

（1）叠柱式

藏东康巴地区最为常见的一种民居结构形式，碉房各层的柱子上下重叠，荷载由上而下贯通传至地基处，这种碉房结构被称为“叠柱式碉房”（图 2-19）。这种结构各层分别承担荷载，总荷载由上层传至下层，使得整个层数可以突破柱子长度的限制，达到两层甚至三层。外墙同时采用土石材料进行保护，除对建筑起围合作用之外，对整体稳定性和抗震性能也有积极的作用。叠柱式碉房广泛存在于藏东各个地区，为分布最广的藏东民居结构形式。在各类民居建筑中都有叠柱式结构的存在（图 2-20、图 2-21）。

（2）双柱式

当碉房的各层分别设置柱子来承重，上层采用通柱承重，下层另外设置柱子承重时，被称为双柱式碉房，也有说法称这种结构为“擎檐柱式碉房”，但并不准确，因为擎檐柱一般指用以支撑屋面出檐的柱子，多用于重檐或者带平座的建筑物上，用来支持挑出较长的屋檐等。而藏东地区民居的通柱则用以承担整个上部屋盖的荷载，而非屋檐处。双柱式碉房上层采用较长的通柱来承托屋盖部分，下层则另外使用较短的柱子来承担楼面部分（图 2-22）。这种通过上下层分设柱子来解决上层结构支撑的思路，具有施工简单、加扩建灵活、对下层结构干扰小、抗震性能好、结构稳定性好的优点。但是由于边柱外露容易受到损坏，因此通常会采用土石外墙围合的方法对边柱进行围护，也可以增

图 2-23 双柱式碉房结构，图片来源：侯志翔摄

图 2-24 双柱式结构支撑的屋顶，图片来源：侯志翔摄

强房屋整体抗侧移性能以及抗震性能。这种结构的房屋通常在干阑式碉房中较为常见，因为干阑式碉房通常为两层，亦有部分传统碉房采用双柱式结构（图 2-23、图 2-24）。

（3）通柱式

当碉房的各层采用一根通柱进行承重时，这种结构形式的碉房被称为“通柱式碉房”。通柱式结构在西藏地区很少见到，类似汉式建筑的榫卯做法（图 2-25）。各层的荷载通过穿斗构件，传递到各承重柱子上，从而解决整个建筑的承重问题。由于各层采用通柱承重，从而使整体结构稳定性和房屋抗震性能增加了许多。通柱式碉房对木材要求较高，同时穿斗结构对施工工艺要求也较高。

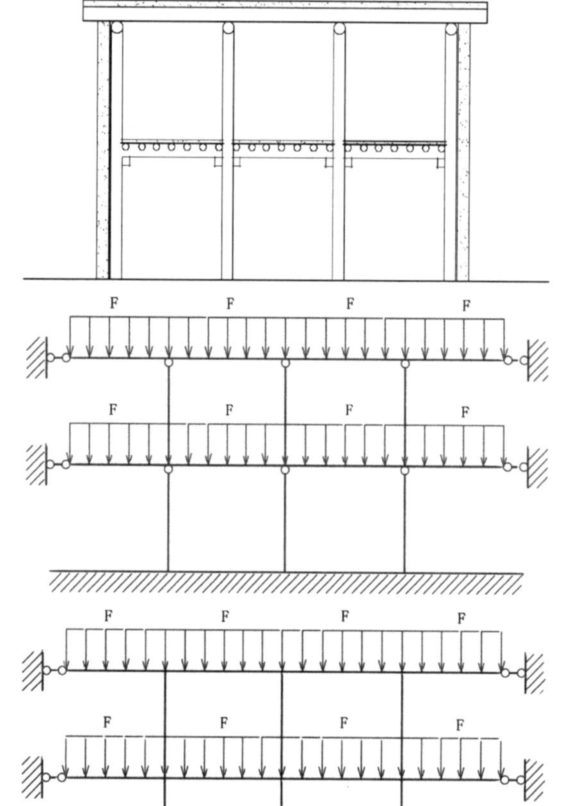

图 2-25 通柱式碉房结构示意图，图片来源：侯志翔绘制

图 2-26 模型 1 受力示意图，图片来源：侯志翔绘制

图 2-27 模型 2 受力示意图，图片来源：侯志翔绘制

以上三种承重方式为藏东碉房式民居的主要承重方式，也有说法称藏东地区亦有采用墙体承重的民居，只是笔者调研过程中尚未遇到。而以上三种承重方式，组成了藏东康巴地区碉房式民居的几种基本承重方式，这些承重方式的优缺点，下文将详细分析。

2.2.2 结构分析

为了方便对比计算，现将结构模型进行简化。墙体可以被看作不承重，仅起围合作用，对于整个结构连接判定为铰接。叠柱式和双柱式，在柱与梁的交接处，由于没有较强的约束，也判定为铰接，因此叠柱式结构与双柱式结构承重方式类似，采用统一模型“模型 1”进行计算（图 2-26）。木结构尽管无法完全刚性连接，但为了区别计算，这里把约束较强的通柱式结构判定为刚接，采用另一模型“模型 2”进行计算分析（图 2-27）。

对于模型的荷载，仅考虑均布荷载下的恒载对于模型的影响，而活荷载则暂不予以考虑。对模型 1 和模型 2 分别采用均布荷载 F，对两层楼面分别施加竖向压力，以代替两种结构建筑的自重，以及日常生活中各种较为恒定的荷载对于结构的作用。横向荷载较少出现，如风荷载、地震荷载对于结构的影响较为少见，因此暂不做分析。现取一榀框架的受力情况对整个建筑进行模拟，不考虑门窗以及楼面各种洞口对于结构的影响。对于压力 F 下的模型，进行弯矩、剪力、轴力以及位移的分析，分析结果如下（图 2-28~ 图 2-33）。

通过对模型受力分析可以看出，在弯矩图上模型 1 相对于模型 2 竖向没有弯矩，因此竖向承重柱没有弯矩荷载约束。在剪力图

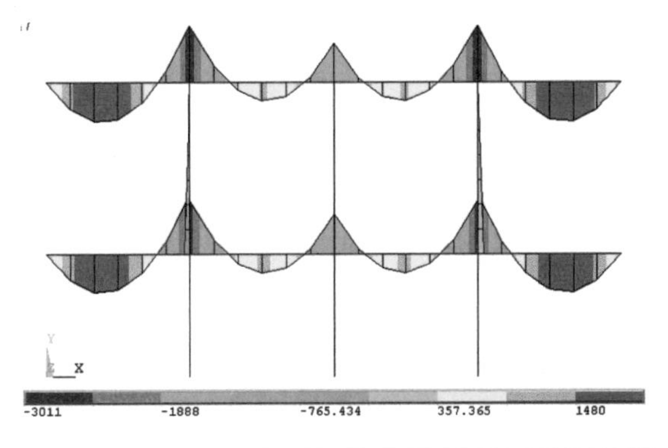

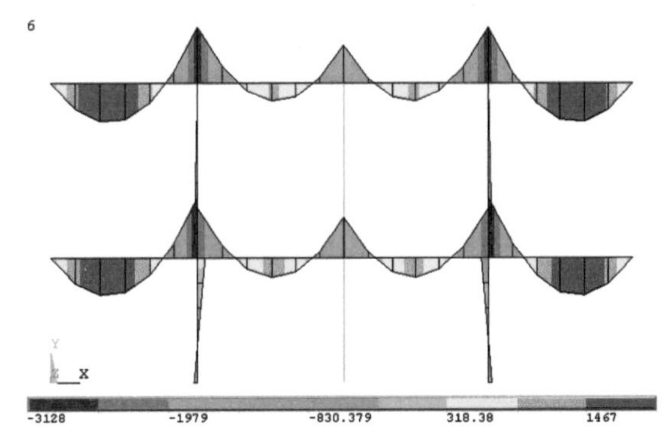

图 2-28 模型 1 弯矩示意图（左），图片来源：侯志翔绘制

图 2-29 模型 2 弯矩示意图（右），图片来源：侯志翔绘制

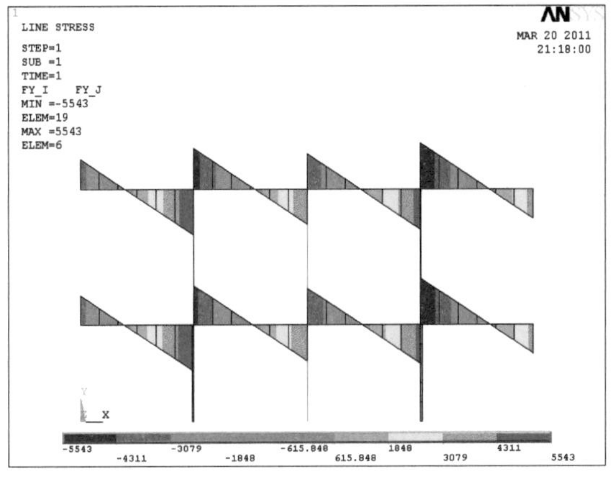

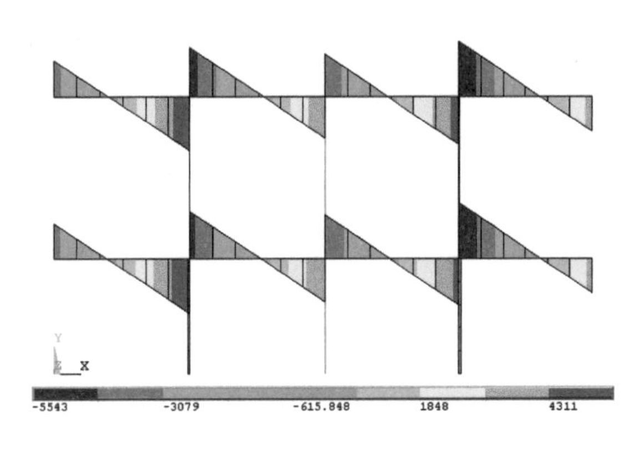

图 2-30 模型 1 剪力示意图（左），图片来源：侯志翔绘制

图 2-31 模型 2 剪力示意图（右），图片来源：侯志翔绘制

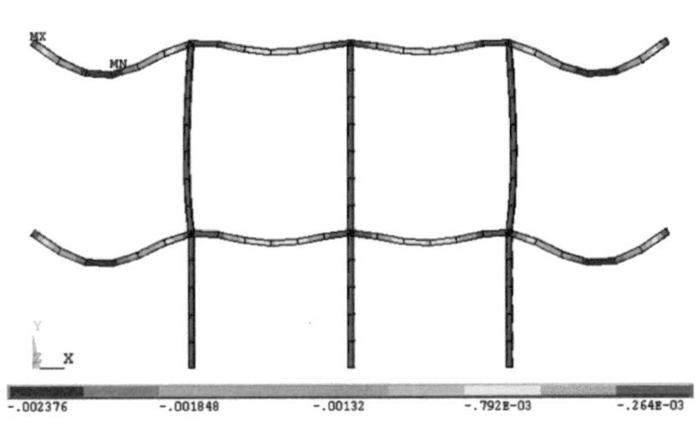

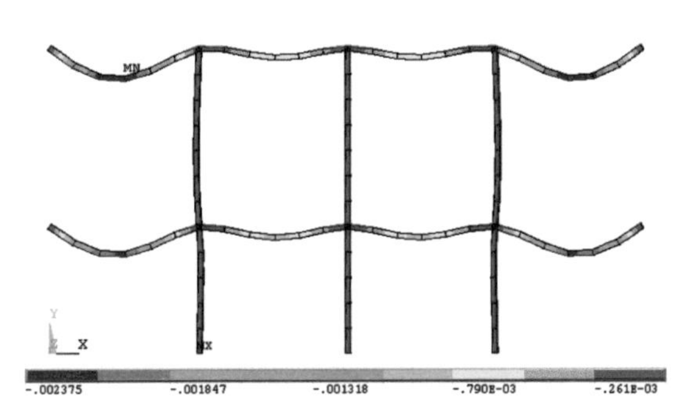

图 2-32 模型 1 位移变形示意图（左），图片来源：侯志翔绘制

图 2-33 模型 2 位移变形示意图（右），图片来源：侯志翔绘制

上模型 1 相对于模型 2 而言，也是竖向没有剪力，因此竖向承重柱没有剪力约束。而从位移图上可以看出，由于模型 2 的竖向约束较多，因此模型 2 相对于模型 1 在受到荷载时的位移较小，因此整体性更强，而节点所承担的应力则更大。

2.2.3 结构对比

（1）叠柱式结构

作为藏东康巴地区分布最为广泛的一种民居结构形式，由以上模型 1 可以看出叠柱式结构的受力特点：由于上下柱子相叠，没有横向约束，因此在铰接的节点上没有弯矩影响，亦没有剪力。这种结构的相对自由度较高，而整体性较弱，因此抗震能力相对较差。而碉房式结构的特殊性则有效地解决了这种问题，由于结构的外围有较厚的墙体进行围合，并与结构相互连接，对结构起到了稳定的作用，因而整体的抗震性能也大大得到了提高，而且此种结构的碉房，加层非常方便，没有材料的制约。

（2）双柱式结构

双柱式结构在进行结构分析时，和叠柱式采用的是同样一种模型，因为其受力特征相似，仅仅结构处理方式不同。因此这种结构的碉房，与叠柱式结构的碉房一样，结构自由度相对较高，但抗震能力较差。而相对于叠柱式碉房，双柱式结构的碉房，由于长柱尺寸较大，对于材料要求相对较高，加层也比较困难，因此通常均为两层式的碉房。在干阑式碉房的结构形式中，也常常使用双柱式的结构。这种做法相对于传统碉房墙体薄弱了许多，对于结构的横向约束较少，因而干阑式碉房的抗震性，相对于传统碉房要差。然而由于上下分设承重柱，因此施工较为简单。

（3）通柱式结构

通柱式结构有点类似于现在的框架结构，节点处为刚接，完全约束。通过模型 2 的受力特征可以看出，与模型 1 不同的地方在于柱子的受力，通柱式由于一层节点处使用刚接,在一层荷载的作用下,出现了弯矩和剪力，对于材料本身来说，有一定的影响。但是这种连接整体性较强，可以在不需要外部围合支撑的条件下，给结构提供足够的刚性和抗震能力。然而通柱式结构由于需要在木材上进行榫卯连接，对于木材要求较高，木材不仅要粗直，更要质地坚硬，便于加工，因此这种结构地域性比较强，适用不广泛。

表 2-1　三种承重体系对比

结构体系	优点	缺点
叠柱式结构	结构自由度较高 加层方便 对材料要求较低	结构整体性较弱
双柱式结构	施工过程较为简单	对材料要求较高 加层较为不便 抗震性能较弱
通柱式结构	结构整体性较强 抗震性能较强	施工要求较高 对材料要求高 加层不方便

表格来源：侯志翔绘制

通过表格 2-1 的对比分析，可以看出，藏东康巴地区建筑的结构形式，不仅有着很强的地域性，而且在经历了漫长的演化发展过程中，也逐渐具有适合地区要求、相对合理经济、简便易行、极具地域特色的特征。尽管通柱式结构在整体性和抗震性上都具有较大的优势，但是其施工复杂，取材要求高；而叠柱式尽管在整体性上相对较差，但是通过外墙的辅助承重，依然构成一个稳固的结构体系，因此成为藏东地区分布最广的一种结构形式。

2.3　建筑修饰

藏东康巴地区民居建筑除了在建筑形制和结构类型上有别于其他民居，在其建筑的表面修饰上也有独到之处。与四川地区的康巴民居相比，藏东民居在建筑材料上有所区别，而与西藏其他地区相比，屋顶的顶棚和女儿墙亦有区别。而正是这些建筑的修饰，形成了藏东民居独特的风貌。

2.3.1　墙体材料

民居建筑的外墙材料通常是一种民居的符号。作为一种典型的地域性民居，藏东民居的墙体材料也有着较为显著的特征。藏东地区民居建筑的墙体材料通常包括木材、夯土、砾石等。

（1）木材

藏东康巴地区所有民居建筑的承重材料均为木材，这点与中国传统建筑相似。 选择木结构作为房屋的承重体系，遵循着取材方便、施工便捷的原则。我国大部分地区木结构建筑，节点处榫卯穿插严丝合缝；而在藏东地区，由于木材相对较少，选材要求相对较低，做工相对粗糙。一般对房屋的立面装饰部分比较重视，而内部结构只要保证稳定即可。室内装饰较少对承重结构尤其是承重柱进行装饰，多数碉房式民居的结构节点裸露，少数居民经济情况较好时，会对室内做较多装饰，包括结构柱、梁等部位。

除了作为承重结构的重要材料以外，在井干式碉房民居中，木材也是重要的外墙材料。这类民居较多分布在气候较为湿润的河滩平原或者草场地区，如昌都县的噶玛乡以及周边地区，相对于其他地区，这类地区气候相对适宜，空气比较湿润，采用木材作为外墙围合材料可以增强房屋的通透性（图2-34），但在耐候性能上相对于夯土材料和砾石材料均显得欠缺。

（2）夯土

藏东碉房式民居建筑中，较为常见的建筑围合材料是夯土材料。夯土材料可就地取材，加工简单，便于施工，被广泛应用于西藏各地,甚至其他周边少数民族地区,如云南、四川等地。外墙围合所使用的夯土材料一般会掺杂一些小石块、木条、树枝等，以增强夯土材料的黏结力。经过较长时间的积累，藏东居民已经掌握了一套加工夯土材料的工艺。使用夯土墙修筑的碉房式民居,牢固结实、抗震能力较强,夯实质量较好的夯土墙碉房，可以使用一百年以上。藏东夯土墙民居通常会在外墙面粉刷一层白色涂料作为装饰（图2-35），也有少数地区夯土墙保持原有色泽，不进行任何处理（图2-36）。

（3）砾石

除了夯土墙以外，砾石材料也是藏东地区较为常见的民居建筑围合材料。砾石外墙通过对大小砾石有规则的堆砌，形成较为美观的建筑外墙。在这些有规则堆砌的砾石中，较大的砾石承受主要荷载，缝隙中填充较小的砾石，或者填充一些夯土材料以增强墙体的整体性和黏结力，形成一个较为完整的墙面（图2-37）。相对于夯土材料的外墙，砾石材料的外墙面，耐雨水冲刷的能力更加优秀，需要投入的维护相对于夯土墙较少，而砾石外墙的抗震性能，则相对于夯土墙稍弱，主要是由于石块之间黏结得不够紧密。

（4）其他

除了以上三种主要的外墙围合材料以外，木骨泥墙也是较为常见的一种外墙材料，在泥墙内部使用木材作为骨架，混合了夯土成为一种特殊的外墙材料（图2-38）。相对于夯土墙，这种材料通透性较强、自重小。此外藏东地区还分布着许多使用其他材料的建筑，例如夯土砌块、藤条，甚至砖块。采用夯土砌块作为外墙围合材料，通过使用夯土材料制作而成的砌块，累积起来形成外墙，这种类型的墙体在施工上相对于普通夯土墙

图2-34 井干式碉房以木材作为主要外墙材料，图片来源：侯志翔摄

图2-35 察雅县粉刷过的夯土墙民居，图片来源：汪永平摄

图2-36 香堆镇原色夯土墙民居，图片来源：侯志翔摄

图2-37 察雅县使用砾石墙体的碉房，图片来源：侯志翔摄

图 2-38 a 柴维乡使用木骨泥墙的民居建筑（左），图片来源：侯志翔摄

图 2-38 b 木骨泥墙细部（右），图片来源：侯志翔摄

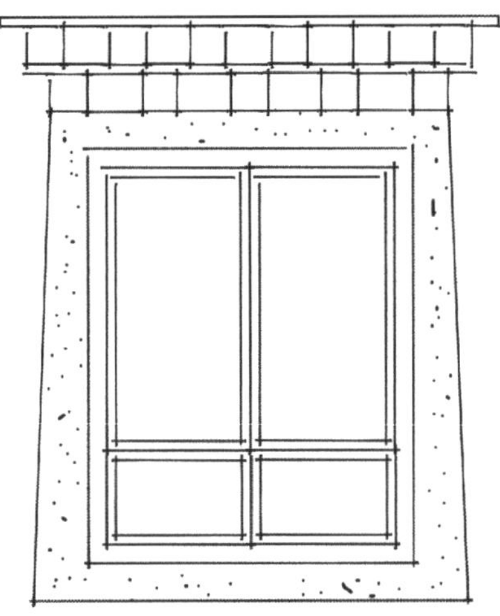

图 2-39 藏东典型窗户样式，图片来源：侯志翔绘制

要简单，而整体性则稍弱。也有部分干阑式建筑外墙围合材料使用藤条等材料，以增强房屋的通透性。但是这类材料的外墙仅仅作为粮食谷物堆放空间的外墙，一般不会被使用在起居空间中。西藏和平解放以后，藏族聚居区与其他区域交流越来越多，部分建筑，使用砖块修筑填充，以方便施工，渐渐地失去了藏式建筑的原有风格。

2.3.2 门窗

藏东民居建筑中最为典型的部件，就是窗户。内部使用木框架，外面通过涂料绘制黑色或者白色的等腰梯形装饰图案。这种类型的窗户从四川甘孜地区康巴藏区开始，一直到西藏藏东地区均有分布。窗楣使用传统的藏式“波洛”[3]等符号进行装饰（图 2-39）。

在碉房式民居中较多使用这种梯形窗户样式，而其他类型的例如井干式和干阑式民居建筑中也有所出现。这类窗户的窗楣起到装饰的作用，窗楣通常采用波洛装饰，以及一些彩绘图案等，与下面的窗体部分形成两个对接的梯形。开窗大小各有不同，制作工艺也有差异，有些地区窗户制作精美，而有部分地区碉房建筑，窗洞较小，几乎不采光。根据家庭财力，有的窗体有精美的雕工，而有些则较为简单，仅用于采光通风用。而外部梯形构造则相差无几（图 2-40）。

在藏东民居中，门通常不处于特别醒目的位置。内地的民居，一般开门的位置相对明显，甚至有院子的专门设置门楼等。而藏东地区民居门的位置通常比较隐蔽，主要还是出于防御的目的，虽然现在社会治安情况

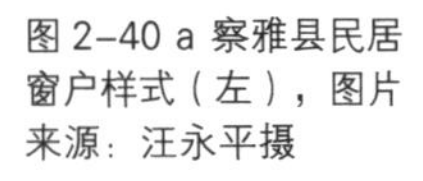

图 2-40 a 察雅县民居窗户样式（左），图片来源：汪永平摄

图 2-40 b 贡觉县民居窗户样式，图片来源：汪永平摄（右）

图 2-40 c 贡觉县民居窗户样式（左），图片来源：汪永平摄

图 2-41 左贡县碧土乡民居门样式（右），图片来源：沈蔚摄

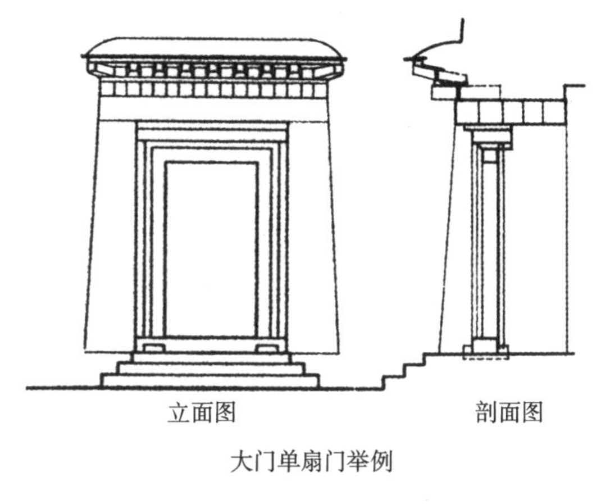

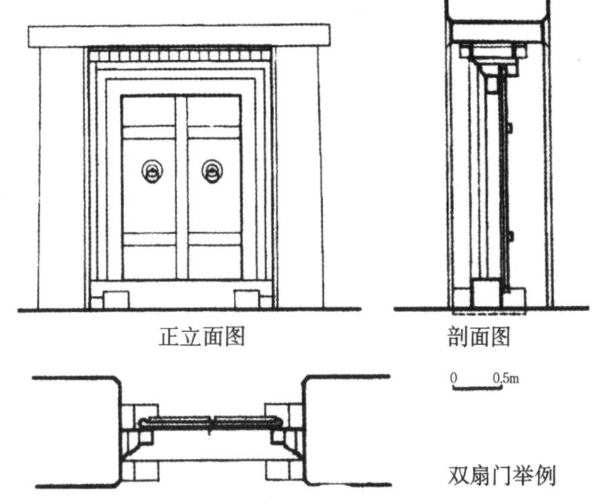

图 2-42 藏族常见门样式，图片来源：侯志翔绘制

已经很好，但是这种习俗还是被流传了下来。很多民居不在正面开门，也有些民居直接设置楼梯至二层开门，以实现一层圈养牲畜、人畜分流的效果（图 2-41、图 2-42）。

2.3.3 顶棚

藏东民居建筑中几乎没有坡屋顶，而平屋顶通常都为可上人屋面。由于藏东多数地区自然环境恶劣，较少有大面积的空场，因此平屋顶所构筑起的空间可以正好弥补这些不足。屋顶上可以进行劳作，处理粮草，也可以作为休闲场所，招待宾客。为了更好地利用屋顶平台，顶棚也作为藏东民居的一个重要特点应运而生。顶棚的产生，为屋顶提供了一个可以避雨、休息以及暂时存储的重要空间。而造型各异的顶棚，也成为藏东民居的一种重要的建筑修饰物（图 2-43）。

顶棚作为藏东碉房式民居的一种附属结构，通常不一定与建筑同时完成。顶棚结构简单，加盖方便，仅需要将外墙升起，并以简单的木结构支撑，即可以完成，施工简单，同时对于建筑亦有一定的修饰作用，丰富了建筑空间的层次。顶棚的形态通常为“一”字形、“凹”字形、“L”字形等几种（图 2-44）。

由于屋顶的形态不同，所加盖的顶棚也形态各异。藏东地区，除了矩形屋顶以外，还有“凹”字形、“L”字形屋顶等，在其屋顶上所加盖的顶棚也根据屋顶的形态而各不相同，传统碉房的顶棚形式还有如图 2-45 所

图 2-43 三岩民居形态各异的顶棚，图片来源：汪永平摄

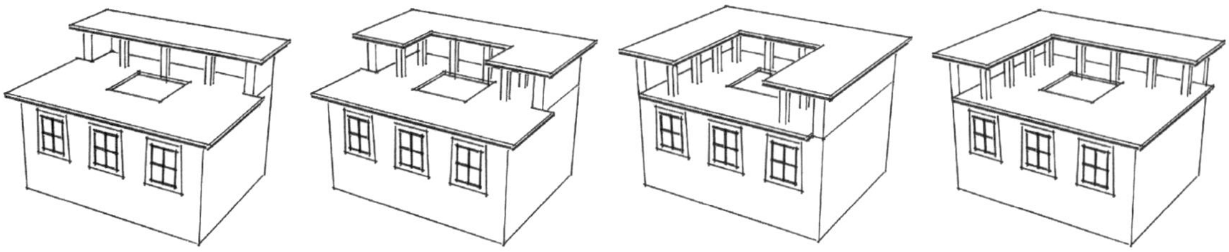

图 2-44 藏东地区常见的顶棚形式，图片来源：侯志翔绘制

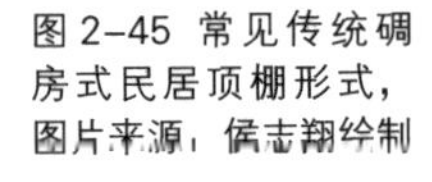

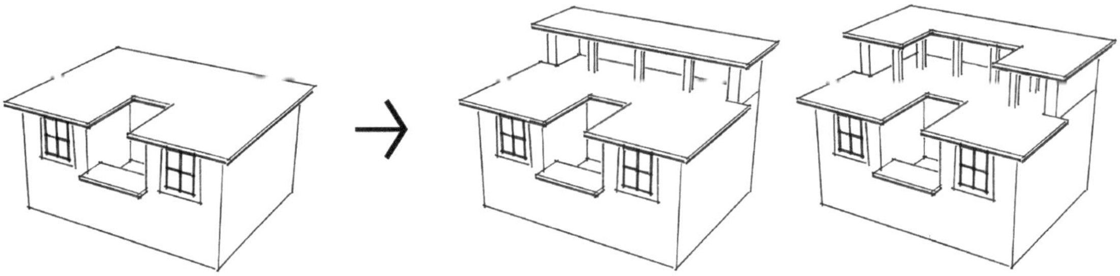

图 2-45 常见传统碉房式民居顶棚形式，图片来源：侯志翔绘制

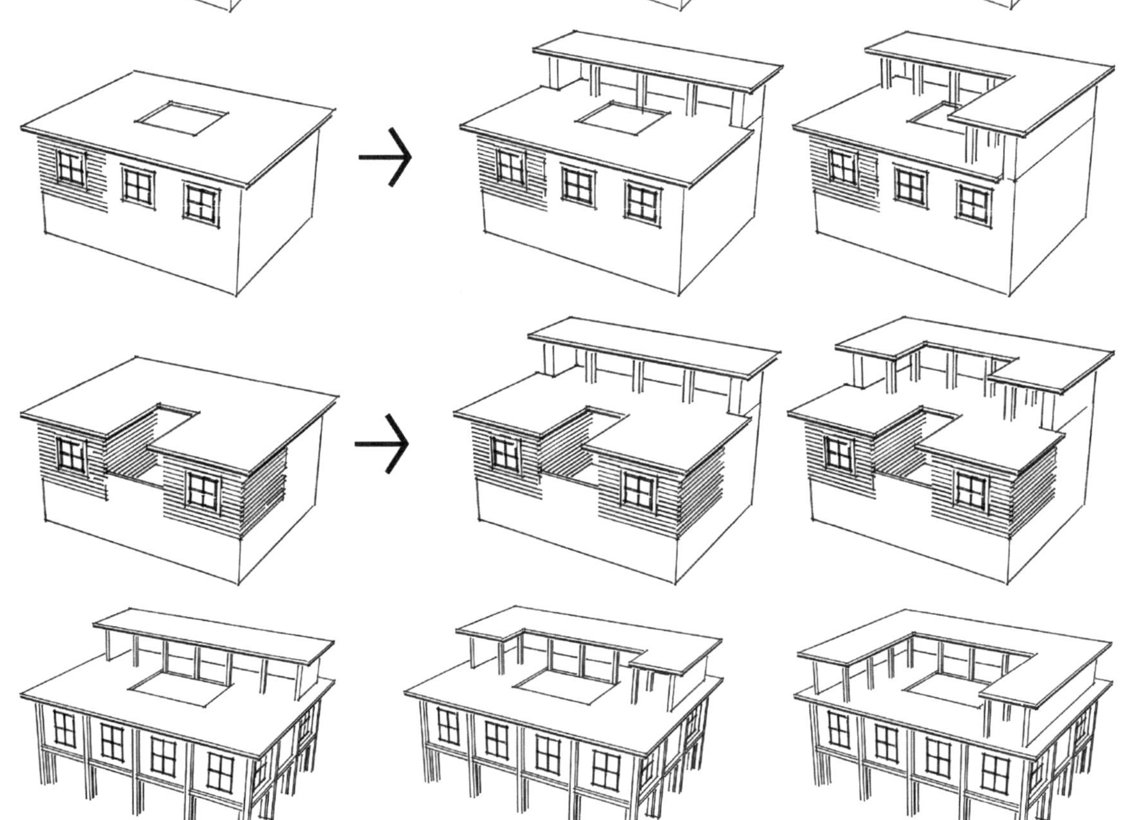

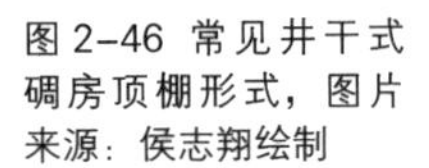

图 2-46 常见井干式碉房顶棚形式，图片来源：侯志翔绘制

图 2-47 常见干阑式碉房顶棚形式，图片来源：侯志翔绘制

示的几种类型。

不同类型的碉房所加盖的顶棚形式也有所不同。井干式碉房由于木楞结构处没有夯土墙，因此无法向上升起形成顶棚，因此井干式碉房顶棚形式通常有图 2-46 所示类型。而干阑式碉房的顶棚通常有图 2-47 所示的几种形式。

2.3.4 女儿墙

藏东民居以平屋顶为主，也有类似卫藏地区的女儿墙，这种女儿墙高一般在 60 cm 以下，仅对立面起到一定修饰作用。在女儿墙外沿，通常采用传统藏式波洛风格。由于井干房没有夯土墙，因此无法做女儿墙，另外有顶棚的屋顶一般也不做女儿墙。也有地方会重复使用顶棚和女儿墙，增加建筑的层次丰富立面效果（图 2-48）。常见的女儿墙形式与建筑屋顶形式相关，主要有六种，如图 2-49 所示。

图 2-48 碉房式民居屋顶的女儿墙，图片来源：侯志翔摄

2.3.5 廊道

带廊道的建筑也是藏东民居的一种形式，这种廊道一般都是半开敞式的外廊。也有少数地区有内天井以及内廊，但这种民居体量

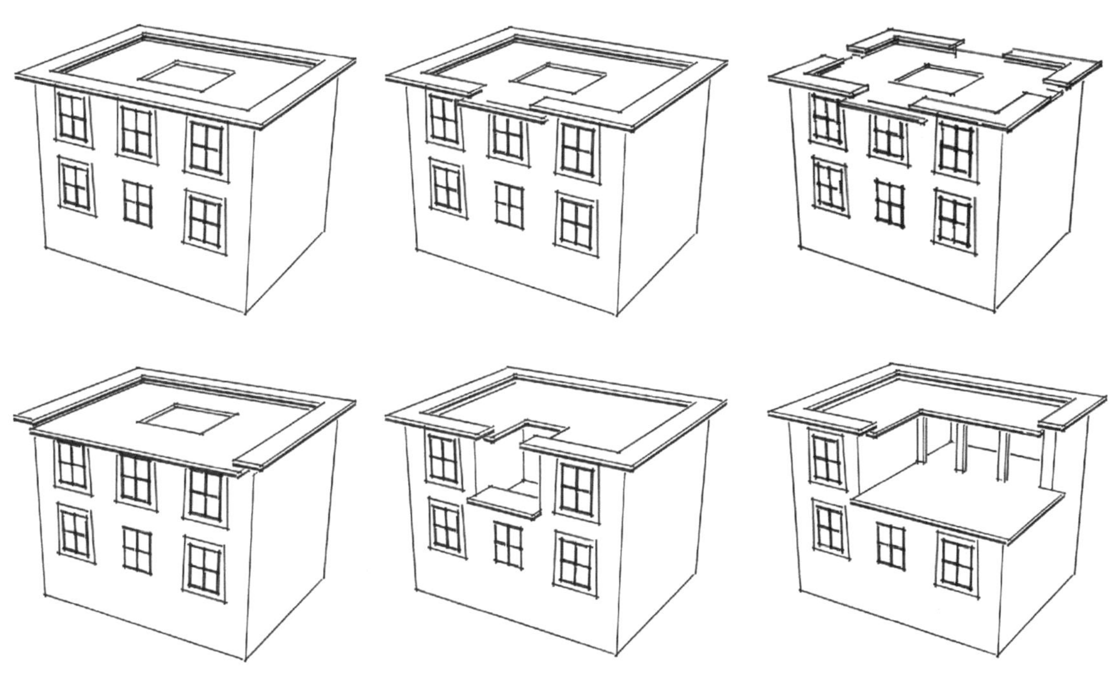

图 2-49 常见的几种女儿墙形式，图片来源：侯志翔绘制

一般较大，笔者仅在左贡县东坝乡见过。外廊通过木结构进行支撑，以增加一定的交通空间。这种形式的民居由于防御性较弱，在藏东地区出现较少，昌都县周边有少数分布，而主要在左贡县碧土乡较多（图 2-50）。这种外廊与碉房式民居相结合，外廊的形式也与碉房式民居的建筑形式相对应，不同的建筑形态，相对应的外廊道形式也有所不同（图 2-51）。

图 2-50 左贡县碧土乡带廊道的碉房式民居，图片来源：侯志翔摄

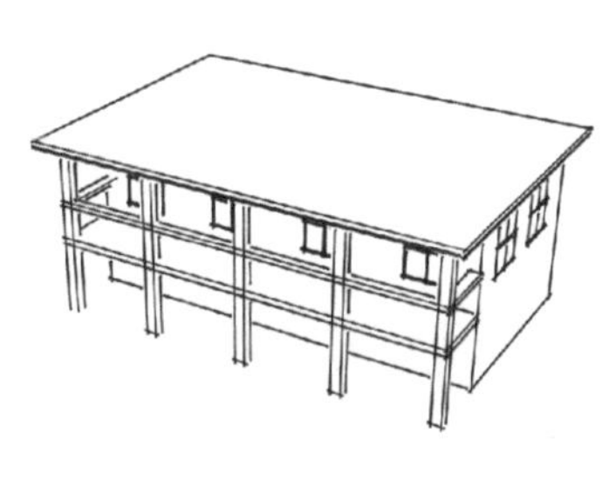

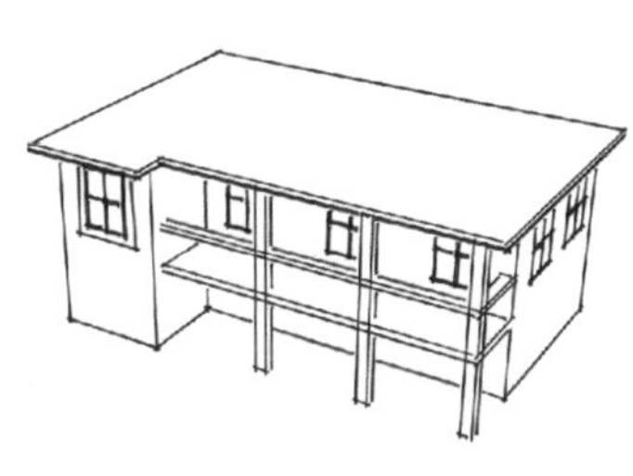

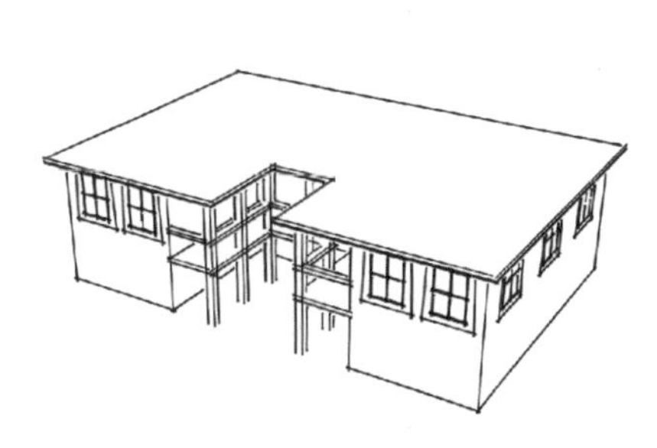

图 2-51 常见的几种廊道形式，图片来源：侯志翔绘制

小结

通过对藏东民居建筑形式的梳理，可以看出，作为一种地域性很强的民居建筑，藏东民居在建筑形制、结构类型以及建筑修饰等方面，都体现了少数民族建筑独特的风貌。通过研究可以看出，藏东民居在建筑选材上，建筑类型的变化上以及结构方式的选择上，经历了长期的发展和演化，已经形成了一套相当完整的体系，而正是这些建筑要素，构成了独特的藏东民居。

注释：

1 孙大章．中国民居研究[M]．北京：中国建筑工业出版社，2004

2 孙大章．中国民居研究[M]．北京：中国建筑工业出版社，2004

3 波洛，藏式建筑檐口装饰的一种构建方式，使用木块交错叠合而成，藏东地区口语称“波洛”．

3 藏东民居营造与修缮

3.1 藏东民居营造前期准备

在藏东，房屋在营造之前，通常都会有一段准备时间，其中包括资金准备、材料工具准备，以及其他一些包括宗教活动在内的准备。这些前期工作中，有与内地新建房屋所类似的工作，也有当地地域性较强的准备工作。

在藏东地区，一座老的碉房甚至可以供几代人居住一两百年。随着生活条件的改善和国家对当地安居工程的落实，每年还是有很多家庭选择建新房或者对旧房进行修缮改建等。

3.1.1 材料及工具准备

当地居民在修建民居建筑时，会根据家庭经济条件等多方面因素来决定。通常经济条件较好的和人口较多的家庭会选择新建规模较大的房屋，而家庭经济条件较差的，则通常会出于财力和物力的考虑，选择规模较小的房屋。

（1）建筑材料

在各类民居式建筑中，木材大多作为最重要的结构材料甚至围合材料出现。然而藏东地区由于地理环境等因素，实际木材的产量较低，很多地区并无过多森林植被，或者只有类似青冈木之类的不适宜作为结构材料的树木。加之国家对长江上游地区的生态保护，真正适合建造房屋的松木和杉木等实际产量相对较少。多数居民在建房准备木材的时候，都需要从外地购买运输回来（图 3-1）。在备足所需的木材之后，会对木材稍作加工，也有部分直接使用原木。而这些木材的使用，除了作为房屋营造的材料以外，还有部分作为施工过程中需要的工具，如夯土锤、木模板等。

图 3-1 营造前准备的木材，图片来源：侯志翔摄

作为建筑的主要围合材料，夯土和砾石通常都是就地取材。而对于夯土和砾石的选择，除了家主本人的主观意愿外，还受到当地自然地理条件的限制。部分地区块石较多，土壤较少，因此选择砾石建造房屋的可能性就相对较大；而对于土质较好的地区，选择夯土建房的相对较多。夯土墙的材料准备通常是就近取材，以方便加工及施工，有些甚至在房屋边上开挖取土；而砾石材料则需对取回的砾石做一定加工，进行大小分类，以使其适合于房屋的砌筑。

（2）工具

藏东民居建筑在建筑施工过程中所需要用到的工具一般较为简单，多数与内地木工的工具相同。其中包括刨、锯、锤等基本工具，也有少数工具在内地较为少见，如打夯土墙时使用到的木质夯棰（图 3-2）。此外，在夯实墙体的过程中还需要使用到木柱、木板作为墙体夯实的模板。建造主体结构的工具以上述工具为主，而室内装修、窗户檐口等部位的精致装修则需另请工匠进行处理。

图3-2 营造前准备的夯榧等工具，图片来源：汪永平摄

3.1.2 房屋选址

藏东多数地区地理环境较为恶劣，村落在选址的时候，通常较多地考虑到环境方面的因素，峡谷地区的房屋通常选择在山腰和山脚靠近水源的地区以及地势较为平缓的区域修建，以方便正常的生产生活及农牧作业（图3-3）。平原地区则多数选址交通便捷，距离草场较近的区域修建房屋，以方便放牧。在某些村落，如三岩地区，由于特殊的民风民俗，单体建筑在选址时还需要考虑到帕措制度的影响，选择在相同帕措的区域内，靠近自家亲戚的位置修建房屋，以方便相互之间的沟通，另外在防御外敌入侵方面也有比较明显的优势，相同帕措房屋之间甚至屋顶都保持连通，以增强房屋的防御性能。

3.1.3 营造时间及周期

藏东地区属高原气候，早晚温差较大，一年之中冰雪覆盖时期较长，通常海拔4 000 m以下地区四、五月份才会停止下雪，而十月以后又开始降雪，这对房屋的修建制约较大。六月份通常为虫草期，几乎举家上山挖虫草，前后近一个月时间；七八月份是放牧期，需要带牛羊去草场放牧，之后还有青稞收获等。因此每年四月份左右，天气刚刚转暖的时候，藏族人通常会比较闲，这个时期为新建或者修缮房屋的高峰时间，多数居民都选择在四月份左右修建房屋。

内地房屋自修建开始，除了特殊原因，一般会一直修筑到房屋整体竣工为止；而藏东地区则有所不同，由于工匠多数为当地居民，因此一般到了虫草期和放牧期，房屋修筑工程必须停止，如果九月之前无法完工的话，冬季通常会选择停工，因此房屋修建必须顺延至下一年继续，这种现象在藏东地区也较为普遍。除了气候和习俗的原因之外，经济也是很重要的方面。中原地区通常投入

图3-3 选址于山腰的三岩民居，图片来源：侯志翔摄

资金一气呵成，而藏东地区则是每年投入一部分资金修筑一部分建筑，即使家庭经济条件较为宽裕，也较少有一年完工的。通常一年修筑一层，第二年再修一层，周而复始，直至修筑完工，需要五年左右的周期。而一般修筑到二层的时候便可以入住，甚至有些家庭经济条件较为紧张的，室内装饰先不做，直到经济条件允许了再进行室内装修。

3.1.4 其他准备工作

前面一些准备工作主要体现了当地的自然地理条件以及当地特有的民风民俗。然而藏东康巴人作为藏族群众的重要组成部分，同样全民信教，宗教仪式对房屋修建的影响也是必不可少的。

较为常见的宗教仪式就是喇嘛念经祈福。当地每个乡基本都有寺庙，居民家里发生重大事件如结婚、生子、葬礼等，都需要请喇嘛念经祈福，修建房屋也属此范畴。当房屋即将开工之际，到寺庙请喇嘛到新建的房屋区域进行念经祈福等仪式，对于当地人来说还是必不可少的过程，整个过程需要进行一些简单的仪式。

除此之外，还需要准备工匠和人力。当地人在修筑房屋的时候，由于房屋本身形态较为简单，很多体力活都由自己家族的人在打理，只有一些木工的技术活需要聘请专业的木工。

3.2 藏东民居营造工序

在藏东地区，当地居民新建房屋通常有着较为固定的工序。也会有设计人员，但更多的是按照家主的意思对房屋进行修筑，因而多数民居建筑形制也都大同小异，能与当地民居风格保持一致，房屋的营造工序也沿用着当地传统工序。

前面对藏东民居的建筑进行了分类，各种类型的民居营造方式虽然有所不同，然而最具代表性的依然是藏东传统碉房式民居。故此处介绍的营造工序也是以碉房式民居的营造为例（图 3-4）。

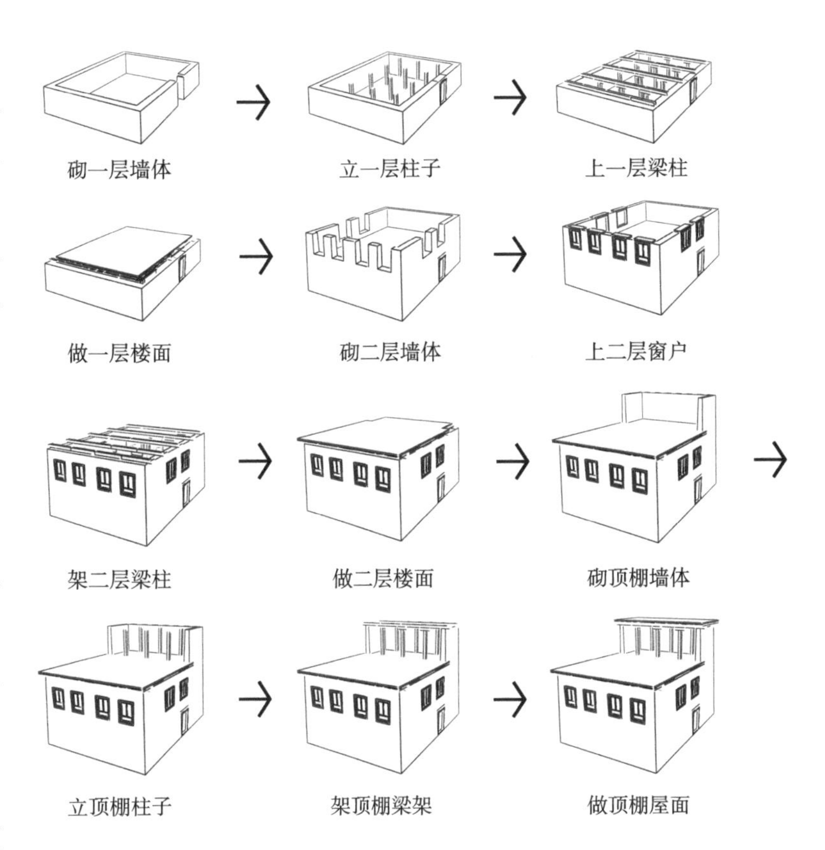

图 3-4 碉房式民居营造过程示意图，图片来源：侯志翔绘制

3.2.1 定向，做基础

藏东碉房式民居尽管形态多样，但整体以矩形为主，结构规整，较少出现异型。房屋在考虑定向时通常把地形地势作为定向标准，也与周围房屋的朝向保持一致。藏东地区的传统度量工具较少，通常使用成年人张开双臂的长度作为度量尺寸的标准。尽管精度相对较差，但是当地碉房建筑较少按照图纸放样施工，施工精度要求也相对较低。

藏东民居建筑的地基处理方式较为简单，甚至有部分地区根据当地土壤条件选择不进行地基处理。由于首层几乎没有内墙，只有结构柱和围合墙体，因此多数建筑在处理地基时，仅仅对墙体下方进行基础开挖处理。通常挖深不超过 1 m、宽度在 0.8 m 左右的基础，略窄于墙体宽度。基坑开挖至硬土层以

图3-5 墙底垫入石块，图片来源：汪永平摄

图 3-6 挖土与夯墙分工，图片来源：汪永平摄

下即可，对土壤条件较弱的地区进行土壤夯实处理并填以较大的砾石以增强基础强度。

3.2.2 砌墙体

在完成定向以及基础处理之后，便开始修筑外墙。外墙的砌筑占整个房屋修筑过程的大半工序，施工难度也是整个房屋修筑过程中最高的。比较常见的外墙主要有夯土墙、砾石墙等。

（1）夯土墙做法

作为在藏东地区最为普遍的外墙形式，夯土墙的砌筑技术也在当地广为流传。夯土墙的制作需要使用专门的模具完成，墙体厚度通常为 0.8~1.5 m，由下向上收分。制作过程中一般不使用铅垂线来确定垂直，而多由目测来确定，由于墙体本身较厚，不易出现重心偏离的情况。

图 3-7 分段夯实的墙体，图片来源：汪永平摄

首先是取材，通常采取就近原则，即在房屋周围开挖夯土，土质较差地区除外；其次是工具准备，基本以木质工具为主，木质模板、木质夯槌、木柱等，其中木质夯槌是制作夯土墙中较为关键的工具；最后是人员分配，较为常见的是男人夯墙，女人挖土，当然具体情况也可能有所不同。

支模要根据房屋定向情况，采用模板确定墙体位置，两块模板之间的距离则决定了墙体的厚度，通常越高的房子，墙体也会越厚并向上收分。在模板外沿，采用较细的木柱，插于地面固定，其作用类似于脚手架。夯土墙的最下层通常填入一层大砾石作为垫层，用于持力层，以提高房屋的稳定性（图 3-5）。

支模完成后就将加工过的土倒入模板中进行夯实，刚从地下挖出的土壤都会带有一些水分，利于夯土之间黏结，为了增强夯土的黏结力，夯土之中常常也会掺杂一些小石块、小树枝和草木等。有些地区土壤较干，为了便于密实，施工过程中也会加一些水倒入模板，以便于夯实。倒入模具后，便开始使用木质夯槌进行夯实。为了保证墙体完全密实，夯墙的过程中必须非常仔细，保证每一处墙体都完全夯实（图 3-6）。

受到木材制约，模具尺寸通常不会很大，宽度都在 50 cm 以内，这就导致了每次夯墙的高度都在 30~50 cm，当模具内的墙体已经夯实时，就要把模具继续往上提升。这就需要通过两边的木柱脚手架来固定，将模具移至合适的高度，然后用绳把模具固定于木柱上，有点类似于现代建筑施工中的滑模施工，模板高度随着施工进度不断往上升。当下一段墙再夯完时继续升高模具进行施工，从而让夯土墙的高度不断上升（图 3-7）。

当上面墙体在夯实的过程中，下面墙体

随着水分的蒸发，其整体的强度也渐渐增强。尽管描述起来似乎过程并不十分繁琐，然而实际操作过程中，却需要投入大量的人力和时间。如此工艺做成的夯土墙，也才能保证一两百年不倒。

（2）砾石墙做法

相对于夯土墙在藏东康巴地区民居建筑的地位，砾石墙同样占据了相当的分量，而且砾石墙体的施工工艺本身也独具特色。相对于夯土墙体，砾石墙体耐雨水冲刷的能力更强，施工相对于夯土墙更加简单，建造周期更短，但是对于取材要求相对较高。

砾石墙体的厚度多在 0.6 m 以内，砌筑方式多种多样，有大砾石中间填以小砾石，也有大砾石中间加夯土填充的；有经过处理的方形砾石堆砌，也有未经处理的毛石直接堆砌。用方形砾石砌筑房屋时，先将处理好的较大的砾石进行垒砌，和内地砖砌房屋的施工过程较为类似，所不同的是，这里所用的砾石大小不一，规则各异，在砌筑过程中需要保证外墙的整体性和平整性，技术难度比较大。在大的砾石缝隙间填以小砾石，形成牢固的整体，也有的是一层大砾石、一层小砾石地间隔砌筑，使得整个外墙看起来协调有致，充分体现出藏东康巴民族在修建房屋过程中的精湛技艺（图 3-8）。

（3）夯土砌块墙

相对于夯土墙和砾石墙，夯土砌块墙的施工过程则相对较为简单，因为之前已经做好了标准尺寸的夯土砌块，只需将夯土砌块如砌砖一样垒砌而成即可。夯土砌块所砌筑的墙体厚度通常也在 0.6 m 以内（图 3-9）。使用夯土砌块最大的优点即为施工简单、周期短，但砌块准备工作则相对较为麻烦。夯土砌块由于整体性和稳定性都较差，抵御雨雪天气的能力又不及砾石墙体，因此使用相对较少，更多被用于临时性的一层房屋的墙体砌筑。

图 3-8 a 砾石墙砌筑方式一，图片来源：侯志翔摄

图 3-8 b 砾石墙砌筑方式二，图片来源：侯志翔摄

图 3-8 c 砾石墙砌筑方式三，图片来源：侯志翔摄

图 3-9 使用夯土砌块的墙体，图片来源：侯志翔摄

3.2.3 做门窗

当地居民的门窗多使用木质材料制作，在墙体砌筑的同时，木工同时已经开始制作门窗。在墙体砌筑过程中，会预留门窗位置，待墙体砌筑完成后再将事先已经做好的门窗

图3–10 门窗的修筑，图片来源：姜晶摄

图 3–11 柱子之间使用木板固定，图片来源：侯志翔摄

图 3–12 主梁与墙体相连固定，图片来源：侯志翔摄

图 3–13 主梁与次梁之间的交接，图片来源：王旋摄

固定在墙体预留位置上，然后使用夯土等围合材料进行填充压实，保持门窗位置固定不变形（图 3–10）。在门窗上部将过梁置于门窗上框，稍宽于门窗的宽度，既承担了上部墙体传下来的荷载，又可以美化立面。

由于墙体尺寸较厚，因此木质门窗通常也有较厚的尺度。门窗式样根据家主的要求进行加工。通常室内的门窗装饰较少，而面对室外的门窗，在窗台、窗沿处都要进行装饰处理，加上特有的藏式波洛，形成独特的藏式门窗形制。家庭经济条件较为宽裕的家主，还会请专门的工匠对门窗进行彩绘处理；而经济能力较差的家庭，对于门窗的处理则相对简单，没有过多修饰。

在较为贫困的地区，窗户处理则较为简单，仅仅做开合状，不做任何装饰处理，甚至有些地区窗户为一个三角形洞口，通过三片木块围合而成，类似于射击枪眼。这种窗户施工过程极其简单，不需要繁琐的工序，但在实际使用过程中效果也相对较差，采光性能和通风性能都相对较弱，而防御性能则提高。

3.2.4 架梁柱

藏东地区最常见的碉房结构类型为叠柱式碉房，双柱式碉房施工与叠柱式碉房类似，而通柱式则在藏东较少出现，这里以叠柱式碉房梁柱的营造方式为例进行论述。

首先将准备好的木柱置于柱础之上，柱子一般选用直径 20~40 cm 之间的木材，有将木材加工处理为方形的，以便今后装饰，也有直接使用原木的。首层层高一般为 2 m 左右，柱子也基本截至一样长短。由于施工过程中没有脚手架，导致营造时柱子的稳定性无法保证，因此在立柱时，常将两根柱子用木板临时固定起来，或者在地面采用斜撑的方式，暂时保证柱子的稳定性（图 3–11）。

当房屋外墙砌至一层高时，需同时将梁搭于外墙之上，再用钉将梁与柱连接在一起，对柱起到稳定的作用（图 3–12）。尽管是框架结构的承重体系，竖向荷载通过梁传到柱再传至地面，然而由于没有斜撑，支点为铰接，刚性较差，因此房屋整体抗侧移能力较弱，而将梁搭接至外墙，则对整个房屋的稳定性有较为明显的提升。为了保证房屋的整体稳定性，直接传递荷载至结构柱的主梁通常为一根整木，或者首尾相连进行搭接；而主梁上的次梁则相对自由放置，通常不会首尾对接（图 3–13）。

3.2.5 做楼面

梁柱结构成型之后，需要做的是楼面。因为材料以及施工工艺限制，不能有类似于整浇楼面的做法，所以采用藏东地区所特有的楼面处理方式营造楼面。

在次梁施工完成之后，就开始处理楼面。由于次梁之间的间距已经较小，因此不再需要较大尺寸木材进行辅助操作，转而使用小木块，在次梁上面均匀铺上一层，这样可以使上面的荷载均匀传递至次梁，再由次梁传给主梁至结构柱。这层木板之上并不是直接开始铺楼面，而是再铺一层草木，效果类似于保温隔热层。考虑到荷载的要求无法使用较厚的夯土，因此选择一层草木以减轻自重，在草木之上再铺上一层 5~10 cm 的土层，夯实作为最终的楼面层（图 3–14）。

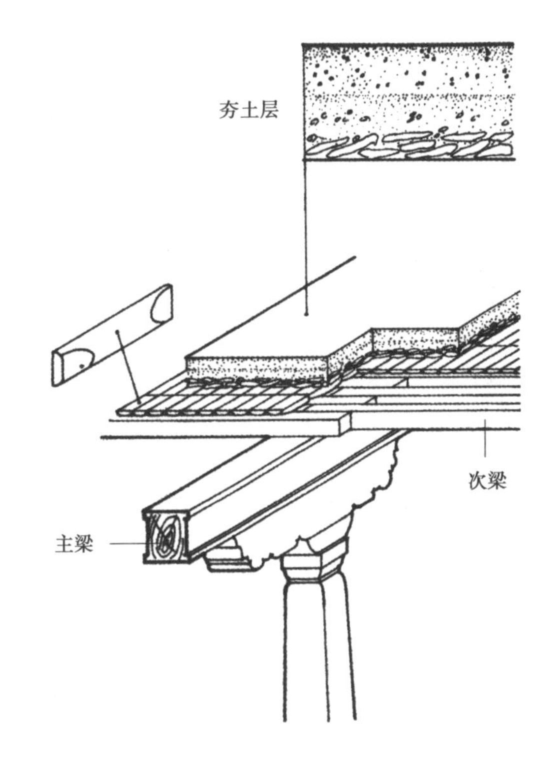

图 3–14 藏式楼面做法示意，图片来源：《西藏民居》

3.2.6 内装修

楼面层完成之后，整个一层营造工程也已完成。二层的营造过程与一层类似，首先继续做外墙以及窗户洞口，当墙体修筑至二层顶时，继续开始架梁柱，而在整个结构向

图 3–15 东坝民居奢华的内装修，图片来源：汪永平摄

图 3-16 通过次梁构成的波洛形态，图片来源：侯志翔摄

上施工的过程中，内装修工作也已经可以开始，以节约整个工期。室内装修的程度，主要取决于家庭的经济能力。

内装修的范围包括门窗檐口处理、梁柱雕花、室内彩绘、家具设计、地板处理等。经济条件较好的家庭都会对室内陈设做一些装饰处理，例如请木匠对梁柱、门窗檐口进行雕刻，起到美观的作用，家具也是如此（图 3-15）。考虑到成本因素，木质地板并非每家都有，很多家庭起居室等仍然采用夯土地面。 室内彩绘更是未必每家都有，这与当地习俗也有关系。有的村几乎家家都进行室内彩绘装饰，即使家主当年资金不够，隔几年依然会请工匠把家里已经雕刻好的室内陈设进行彩绘美化。而有些村落，即使家里经济不紧张，也不投资过多的财力在装修上，长年累月地生火烧柴，把整个室内的陈设熏成了黑色，反而防止虫蚀，延长了使用寿命。

通常处理室内陈设的工匠都为手艺精湛的工匠世家，在一个地区内数量并不多，很多要从云南等地请来，因此工期都非常有限，这在一定程度上也影响到整个房屋营造的周期。因此房屋内装修往往成为整个房屋营造过程中周期最长的一个环节。

3.3 特殊做法和构造

前面介绍了藏东民居营造的整个工序过程，这种营造的方式在整个藏东地区基本相似，部分做法与周边地区甚至内地一些民居建筑都有高度的相似之处。然而藏东民居建筑还是有部分特殊的做法，在整个西藏也是绝无仅有的。

3.3.1 藏式屋顶做法

在之前的民居营造工序中介绍了楼面的做法，其实在藏东民居中，楼面做法与屋面做法相类似，亦为结构柱支撑起主梁和次梁，上铺木块与草木，最后加上夯土完成。然而与楼面有所不同的是，藏式屋顶通常都是挑出墙体之外的，这也是藏东康巴地区民居建筑的一个显著特点。而挑出屋面的部分也构成了藏式建筑独特的“波洛”元素。

通常第一次进入藏族聚居区的人都比较容易注意到藏式建筑檐口的波洛形式。其实这种波洛元素，原本就是由屋面的特殊做法演化而来的。与其他地区建筑有圈梁不同，藏式建筑整体结构的稳定主要依靠夯土墙来实现。当主梁挑出墙体时，在山墙面的立面上就会出现很多主梁的端头，为了不使这些梁头显得过于突兀，通常会做一些装饰，例如将梁做成方形，再配以彩绘，带来一定的视觉效果。而另两侧，次梁悬挑的密度则比主梁高，因此带来的视觉效果也更强于主梁。这也是多数民居建筑选择在方形的房屋里，采用山墙面来架主梁的原因，即为了正立面可以有更好的视觉效果（图 3-16）。

这种屋面檐口的处理方法就是波洛最初的形式。然而我们现在在藏族聚居区看到很多藏式建筑的檐口、窗户等处波洛的处理方式，并非按照主次梁受力关系和结构关系，而是上下错落地布置。这也是演化出来的更加美观的波洛做法，这种做法属于纯装饰的效果，而与整个房屋的结构体系无关。此波洛做法通常由木工完成，在特制的檐口处上下错落地凿出方形的凹槽，最后再将准备好的长木块置于其中，完成檐口的做法（图 3-17）。此做法在窗户与门的檐口上同样适用，

图 3-17 使用装饰构件构成的波洛形态（左），图片来源：侯志翔摄

图 3-18 屋顶边缘的石块覆盖（右），图片来源：侯志翔摄

可以带来美观的效果。藏式波洛的处理手法，在藏东康巴地区，甚至整个藏族聚居区，包括云南、四川藏族聚居区等较为普遍，也是藏式传统建筑的精华。

藏式屋顶，除了其独特的波洛檐口处理方式以外，屋顶排水系统也较为特别。尽管藏东地区降雨不如林芝地区频繁，然而每年7、8月份雨季来临时，降水量依然较多。藏东民居建筑一般使用平屋顶，由于经常受到雨水冲刷，屋顶的夯土层通常较楼面层要厚，最厚甚至可达 20 cm 左右。而为了防止雨水侵蚀较为薄弱的屋顶边缘部位，通常在屋顶边缘采取保护措施，例如垫一些瓦片或者扁平状的石头覆盖在夯土之上，用以保护边缘的夯土层（图 3-18）。而屋面整体的坡度是偏向于中心，即屋面四周高，中间低，雨水来时都向屋面中间积蓄，并在靠近中心的区域埋置一个排水管，利用屋面夯土层的厚度从檐口处伸出，以达到屋面排水的作用。也有制作简单的排水系统，直接将凹形木板埋置于屋顶，伸出屋面排水。由于夯土本身具有一定的吸水性能，只有当雨量到达一定程度时，排水系统才能发挥作用，而且由于气候干燥，空气收水较快，雨停之后屋面也很快能恢复干燥。

3.3.2 井干房的做法

尽管井干式民居以独立的民居样式在藏东康巴地区较少存在，然而在混合的井干式

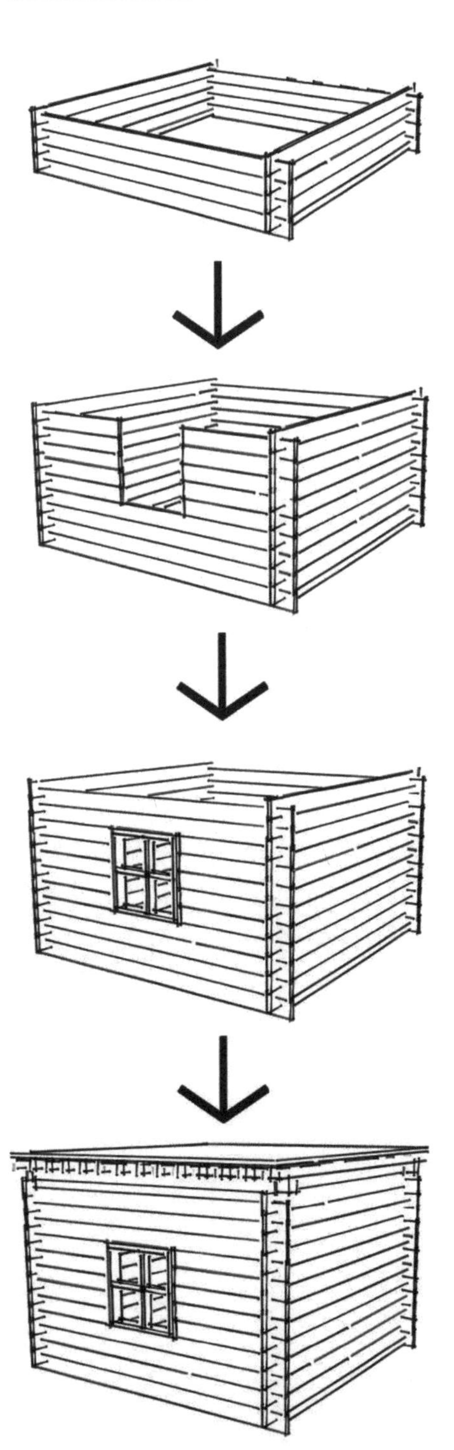

图 3-19 井干房修筑过程示意，图片来源：侯志翔绘制

图 3-20 井干房咬合细部，图片来源：侯志翔摄

碉房中，还是较为常见的。在藏东康巴地区可以看到碉房式民居的二层或者三层的经堂、起居室等功能房间，为井干式结构，并且广泛分布于藏东各个地区。井干房的具体施工过程如图 3-19 所示。

藏东地区的井干式房屋在选材上主要有两种，一种由圆形木材咬合而成，一种由矩形木材咬合而成，通过木材之间的相互咬合保证房屋的稳定性。为了保证房屋的严密性，此两种做法都需要对材料进行较为仔细的加工。圆形的木材，需要将木材从中间一分为二，平面朝里，弧面朝外。再分别在两块木材靠近端头的位置用刀砍出互相咬合所需要的缺口，缺口大小需要根据现场使用的木材确定。为了保证建成的井干式房屋整齐美观，在处理木材时还需要将各方向的木材保证长度相同，并且咬合缺口位置大致相同，这样才可以保证建成的房屋在木材端头保持整齐（图 3-20）。整个处理调试的过程并不是在碉房上进行的，而是在地面空场完成后，再将木料运至楼上安装完工。而为了保证安装顺序为之前所确定的顺序，会在处理好的木料上予以编号，以防止在安装工程中将顺序打乱，影响整个效果。

井干式房屋中没有结构柱，因此荷载由木质墙体承担，而房屋的稳定性则通过木材之间的相互咬合达到。由于井干房的尺寸一般较小，因此屋顶会采用较密集的梁用以传递上层屋面的荷载，再用木料满布，达到密闭的效果。有些井干房屋在檐口处另外采用藏式波洛进行装饰，形成别具一格的具有浓郁藏东气息的井干式房屋。

3.3.3 细部构造及做法

（1）基础节点

藏东地区建筑的基础设置较为简单，墙体一般只使用砾石作为垫层。而作为主要承重的结构柱，柱础的设置也较为简单。通常分为直接夯实土层架设结构柱和设置柱础架设结构柱两种。而根据柱础位置，又可以分为明础和暗础两种。直接置于夯土层的结构柱，持力面较小，容易产生较大沉降；而设置柱础则可以相对减小沉降。挖坑设置暗础的做法最为合理，通过挖坑，回填土并夯实，既可以有效减少沉降，也可以增强结构稳定性，减少结构侧移（图 3-21）。

（2）梁柱与楼面做法

藏东地区民居建筑的屋面和楼面做法相似，均为夯土层面。通常在次梁之上铺一层木板和草料等，作为持力垫层。木板的铺设

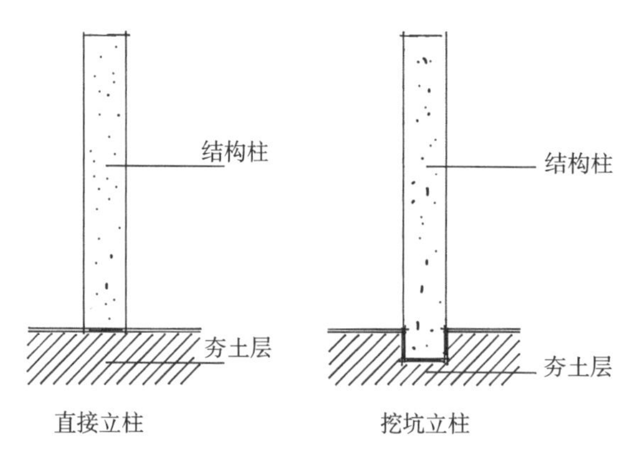

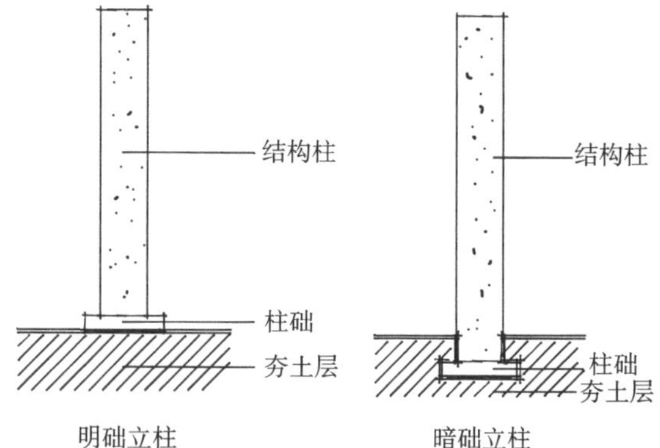

图 3-21 常见的几种柱础形式，图片来源：侯志翔绘制

图 3-22 a 屋面节点细部一（左），图片来源：侯志翔绘

图 3-22 b 屋面节点细部二（中），图片来源：侯志翔绘

图 3-22 c 屋面节点细部三（右），图片来源：侯志翔绘

方式很多，有使用木片层叠铺的，也有使用规则的小木棍交叉铺的，显得更加美观。再在此垫层之上铺上夯土层，夯实作为楼面（图 3-22）。由于房屋建造周期较长，通常楼面和屋面区别较小，二层楼面建成时，即作为屋面使用。

梁柱与楼面的交接方式有多种，常见的有结构柱承梁托、梁托上放置主梁、主梁上放置次梁、次梁上铺木板，做楼面，其他形式如图 3-23 所示。

（3）檐口波洛

藏式波洛一直是藏式建筑中最重要的民族元素之一。前面说了屋面檐口处的波洛做法，是通过延长次梁挑出檐口实现的，这是最基本的波洛形态。但是随着生活水平的提高以及对房屋美观的要求，使用装饰性的檐口波洛做法越来越多。一般在营造房屋的时候由专业木工工匠完成。屋面檐口处和门窗檐口处的波洛做法一致，有一层、两层甚至三层以上的重叠，以达到美观的效果（图 3-24）。

（4）女儿墙

藏东康巴地区平屋顶也有女儿墙，这种女儿墙的做法与西藏其他地区有较大的区别。女儿墙的做法类似藏东民居的顶棚，通过对升起的墙体再用木结构予以支撑，搭起女儿墙形态。通过女儿墙可以抬高建筑外墙高度，达到立面错落的效果。同时还可以在女儿墙

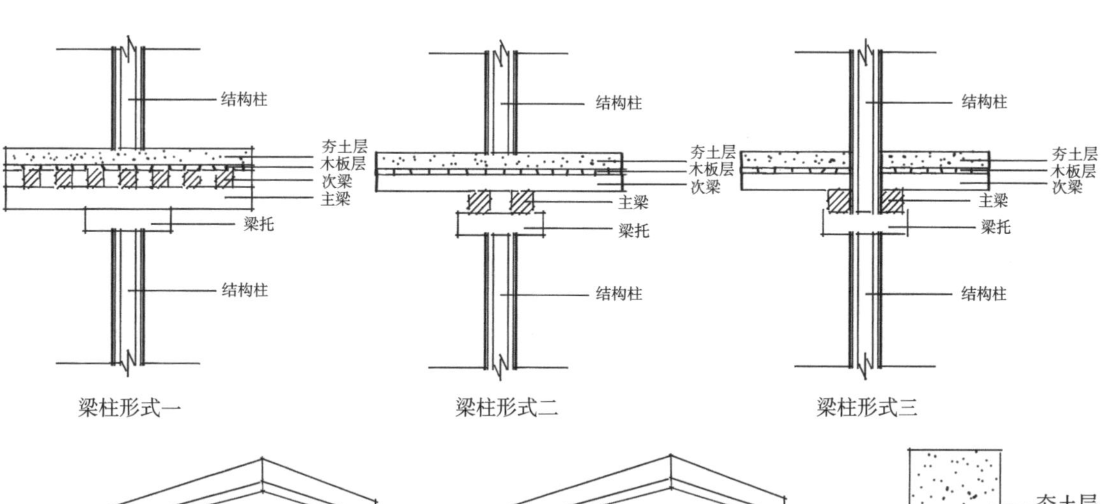

图 3-23 常见的梁柱形式示意图，图片来源：侯志翔绘制

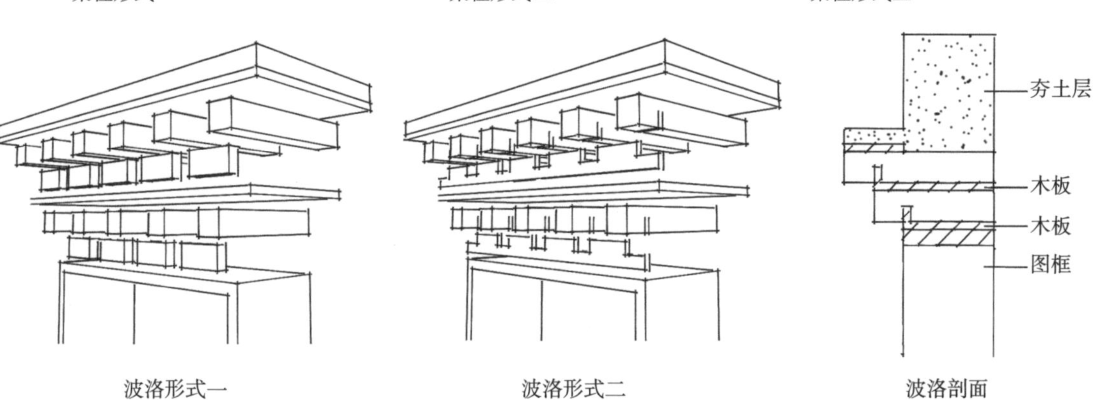

图 3-24 藏式波洛大样示意图，图片来源：侯志翔绘制

图 3–25 彩绘的女儿墙，图片来源：侯志翔摄

处采用波洛、彩绘等进行装饰，既美化了建筑，又对墙体起到了一定的保护作用（图 3–25）。女儿墙具体构造如图 3–26 所示。

3.4 修缮及维护

藏东民居建筑不仅修筑时间长，投入的精力也同样巨大，很多家庭倾尽积蓄修筑房屋，作为自己宝贵的财产。一座修筑良好的碉房式民居，其正常的使用寿命可达上百年。然而由于当地气候环境恶劣，且房屋施工质量也常常不尽如人意，因此对房屋进行必要的修缮和维护，也是不可缺少的。

由于房屋主要由夯土和木材修筑而成，因此较容易出现问题的也通常在夯土墙、屋顶等位置。每年到了 4、5 月份，天气转暖，当地居民较为空闲的时候，如果没有新建房屋的话，通常会选择对现有房屋进行一些必要的修缮措施，以保证房屋长期的使用安全。

3.4.1 墙体维护

墙体是整个民居建筑中直接与外部环境相接触面积最大的部位。无论是夯土墙还是砾石墙，在长期受到雨雪冲刷、阳光暴晒等恶劣气候以后，墙体的耐久性多少会受到一定程度的影响。

在砾石墙体的大砾石中间所填充的小石头和黏土等，常常会由于雨水冲刷而被损失，因此需要及时补充。而夯土墙由于墙体厚度大，即使雨水冲刷几十年，依然可以保证房屋的正常使用。但是由于雨水冲刷，加之气候干燥，夯土墙的黏结力会逐年下降。很多墙体在经过几十年以后，会出现剥落、开裂等情况，影响房屋安全。加之施工过程中没有铅垂线定向，部分房屋墙体可能出现倾覆现象。由于房屋内部有梁柱承重系统，向内倾覆的可能性较小，因此在墙体维护时，多会在房屋外墙增加斜撑，以防止墙体向外倾覆，房屋墙体之间也使用锚固措施，以保证房屋稳定（图 3–27）。

3.4.2 屋面维护

屋面作为另一个受雨水侵蚀较为严重的部位，每年都要承担大量的雨水和冰雪等，因此屋顶维护自然也是房屋修缮过程中的重点。

藏东民居屋顶均为平屋顶，材料使用夯土，而夯土本身具有一定的吸水性，为了保证屋顶的防雨性能，屋面夯土材料通常都较楼面厚一倍以上。尽管如此，雨水对于屋面的侵蚀仍然较为严重，除了前面提到的在屋面边缘处用石片压实予以保护外，夯土本身在长期风吹雨淋之下，容易产生风化和松动

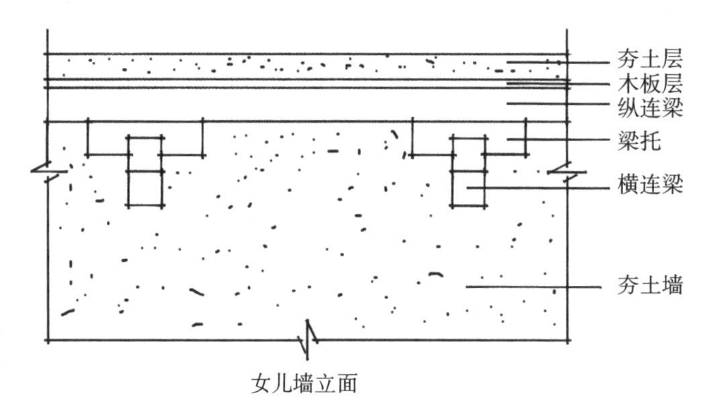

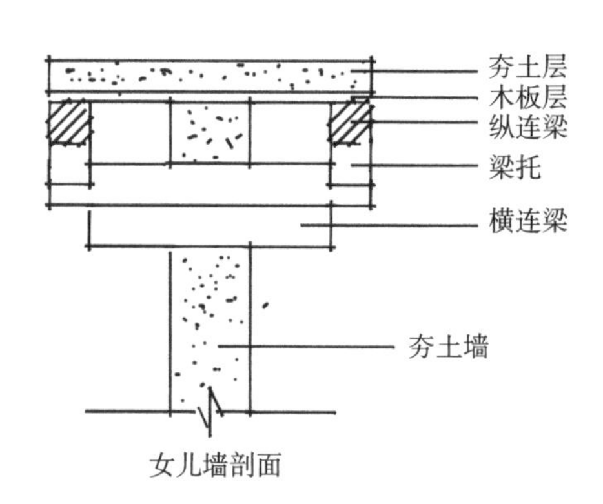

图 3–26 女儿墙大样示意图，图片来源：侯志翔绘制

等现象。因此对屋面夯土进行再夯实是必不可少的。不仅仅在春天营造季节，夏季下小雨时，也常常可以看到当地人在雨中，使用木夯趁着小雨将屋顶夯土再次夯实，以延长屋顶寿命、增强防雨性能（图 3-28）。

3.4.3 室内维护

除了外部墙体等需要维护之外，室内结构也需要经常维护，以保证安全。房屋承重体系以梁柱的木框架承重为主，因此梁柱的结构稳固性常常危及整个房屋的安全。梁柱搭接处不牢固，或者变形，都会引起结构变形。而落地柱子下面土地的不均匀沉降，更是整个房屋的安全隐患（图 3-29）。通常在柱子出现安全问题时，都会额外增加一根柱子，以保证局部的稳定。此外，室内陈设多以木质材料为主，防火是重中之重。发生火灾的话，整个房屋除了外墙以外的地方都容易被焚毁，会造成重大的人员和财产损失。藏东地区居民较少使用防火涂料来保护室内陈设，而是通过室内火炉产生的油烟，把室内梁柱等陈设反复熏烤，使木料外形成一层保护层，形成一定的防火性，而且使木料免于被虫蛀腐蚀。

以上对藏东民居进行维护的方法，尽管治标不治本，但是在当地仍然被广泛使用。近些年国家对西部投资加大，随着安居工程的深入，不少年久失修的房屋，在政府的支持下，得到了较好的修缮，而不再采用简易手法进行维护，对当地居民的生活安全也有了较好的保障。

图 3-27 a 房屋外墙使用斜撑防止墙体倾覆，图片来源：侯志翔摄

图 3-27 b 房屋墙体之间使用锚固措施，图片来源：侯志翔摄

图 3-28 三岩地区民居屋面的维护，图片来源：侯志翔摄

图 3-29 香堆镇民居室内沉降引起的结构变形，图片来源：侯志翔摄

小结

藏东民居建筑在营造和修缮时，充分发挥了当地独特的地域性特色，使用当地特有的材料和施工工艺，在就地取材和因地制宜上，展示了藏东康巴文化的独特魅力。其独特的营造技术也被代代相传，在恶劣的自然环境中，在没有复杂工具的制约下，修筑出了一幢幢牢固的民居建筑。因此，对藏东康巴民族民居建筑营造过程进行一定的整理与总结，有助于展示民族文化与智慧。

4 典型民居建筑对比分析

4.1 藏东地区典型民居

4.1.1 察雅民居

察雅县位于西藏自治区昌都地区中部，东接贡觉县，南接芒康县和左贡县，西隔怒江与八宿县相望，北面与昌都县毗邻。察雅县总面积 8 250 km^2，总人口 5 万人，平均海拔约 3 500 m。察雅县位于昌都地区的中部，自古为茶马古道的途经地，其中香堆镇的向康寺大殿，因供奉强巴佛而远近闻名。由于察雅县不处于国道周边，因此整体经济较为落后，为昌都地区贫困县之一。而正因为如此，察雅县也保留了大量较为古老的传统藏式民居，这些民居也是昌都地区最为典型的藏东民居形式（图 4-1）。

察雅民居建筑形式为藏东典型的建筑形式，外墙多为夯土墙和砾石墙，根据所处的地理环境不同，就地取材选择不同的建筑材料。建筑的底层为牲畜棚以及草料间，几乎不开窗采光；二层为日常起居空间，包括客厅、厨房等空间，有窗户进行采光；三层为卧室、经堂等较为私密的空间。各层之间通过藏族特有的独木梯进行连接，以贯通竖向空间。

在建筑结构上，察雅地区的民居采用藏东地区较为普遍的传统碉房的叠柱式承重方式，辅以夯土外墙或者砾石外墙对整体结构起到稳定的作用。建筑以三层的碉房为主，屋顶加顶棚或采用女儿墙装饰。整个建筑面积平均在 600~800 m^2，也有部分当地地主豪绅家的庄园，单体建筑面积超过 1 000 m^2 甚至更多。

图 4-1 察雅民居，图片来源：侯志翔摄

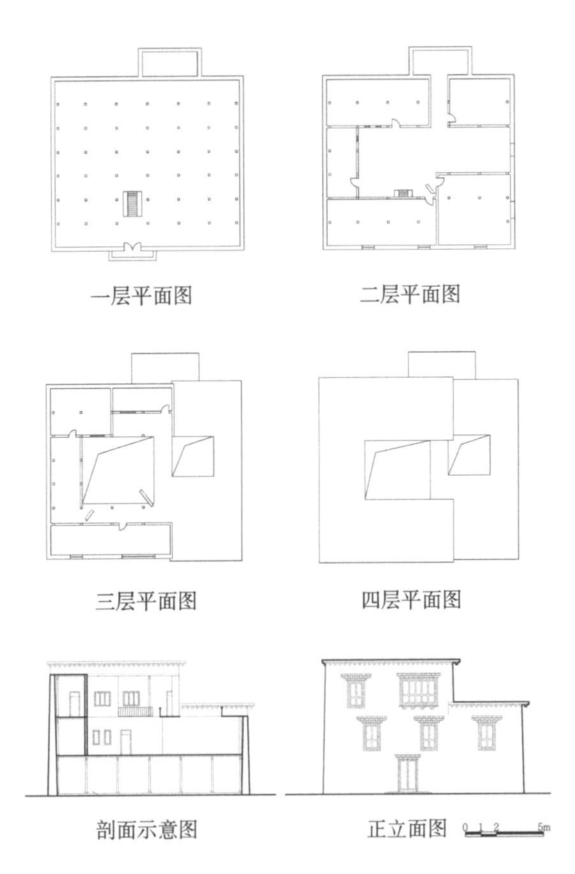

图 4-2 察雅县香堆镇荣舟之家测绘图（左），图片来源：石沛然测绘，侯志翔绘制

图 4-3 察雅县香堆镇荣舟之家外墙（右上），图片来源：侯志翔摄

图 4-4 察雅县香堆镇荣舟之家内景（右下），图片来源：侯志翔摄

总体来说，察雅地区的民居代表了藏东民居的主要特征，属于较为典型的藏东民居。右边为典型察雅民居调研测绘图（图 4-2~ 图 4-4）。

4.1.2 三岩地区民居

三岩地区位于西藏自治区昌都地区贡觉县，地处四川与西藏交界处，金沙江峡谷地区的天险地带，自然环境恶劣。贡觉县有史以来与境外的交通基本上都是骡马驿道，尤以三岩地区交通最为艰难。三岩地区重山叠嶂，深林绝谷，山道崎岖，交通方式基本上都是处于人背和畜驮的原始状态。

三岩地区的民居，也与其地理位置一样，有着其特殊的一面。三岩地区民居基本以井干式碉房的形式为主，以村落为单位，分布于峡谷山腰上。而在村落里，又以帕措为依据，各个帕措民居聚集比较集中，相同帕措房屋朝向通常保持一致，有利于共同抵御外敌入侵（图 4-5）。

相对于藏东其他地区民居而言，三岩民居有几个较为显著的特点：首先最大特点之一即墙厚，通常采用夯土墙，厚度一般在 1 m 以上，除了结构安全的考虑之外，更重要的是出于防御考虑，较厚的墙体不容易被攻破，防御性极强；其次，三岩民居的高度相对其他地区碉房式民居要高很多，三岩民居通常为 3~4 层左右，三层设置“布瓦房”，即我们所称的井干房，作为经堂以及重要宾客来访的休息场所，室内功能与其他碉房无异，而层高却要高很多，尤其二层层高达 4 m 以上，整个建筑高度约 10 m；最后，三岩民居

图 4-5 贡觉县三岩民居鸟瞰，图片来源：侯志翔摄

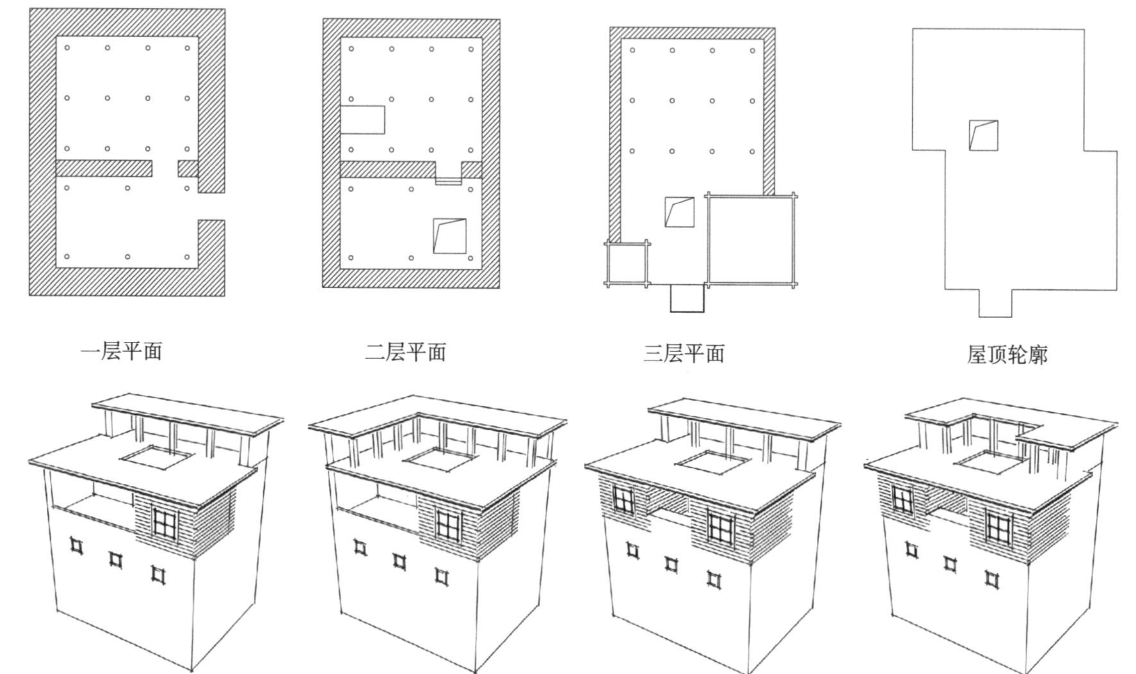

图 4-6 贡觉县三岩民居平面示意图，图片来源：侯志翔绘制

图 4-7 三岩地区常见的几种民居形态，图片来源：侯志翔绘制

还有一个显著的特征，即开窗小且开窗少，除了井干式的经堂部分有较为正常的开窗以外，其他夯土墙体上很多为三角形开窗，面积很小，有些类似射击孔，采光效果很弱，仅能勉强起到通风的作用。然而这些类似于枪眼的窗户，配上较厚的墙体，带来的则是很强的防御性能。三岩地区民居平面示意图如图 4-6 所示。

三岩民居尽管相对于普通藏东民居形态有其不同的一面，但是究其本质，依然为传统藏东碉房式民居的演化形式。通常为三层加顶棚的形态，根据“布瓦房”在三层的布置不同，以及顶棚形态的不同，三岩民居的形态，通常有图 4-7 所示的几种。

图 4-8 东坝民居，图片来源：侯志翔摄

4.1.3 左贡县东坝民居

东坝乡位于左贡县城西北面 82 km 外，距 318 国道 22 km 处。全乡平均海拔 3 700 m，乡政府驻地海拔 2 700 m；全乡面积 1 680 km^2。[1] 东连本县田妥镇，南接本县中林卡乡，西临八宿县林卡乡，北与本县美玉乡相接。怒江自八宿县境内流经乡境。

东坝乡地处怒江峡谷地带，尽管交通并不便利，但由于当地人善于经商，依然相对富足。当地本就有重视修筑民居的习俗，把房屋作为家中最重要的财富，投入一生的财力和精力，甚至有些居民将几代人的积蓄都投入到房屋修筑中。对民居建筑的如此重视，带来的也是与众不同的民居特色（图 4-8）。

（1）面积大

东坝乡地处峡谷地带，在有限的土地资源里，当地人发挥了最大的土地利用率。首层的面积通常能达到 200 m^2 左右，而整个房屋面积也可超过 500 m^2。在东坝乡军拥行政村，有一户人家房屋面积近 2 000 m^2，享有“藏东第一家”之称。而这样的房屋规模，对于人力物力的消耗也是相当可观的。

（2）空间复杂

与其他地区民居建筑相比，东坝民居由于面积大，因此室内空间相对复杂。一层将纯牲畜棚改成由仓库、入户门厅等其他空间相组合的功能区，而牲畜则在室外单独设置牲畜棚，实现了人和牲畜的分离。此外，东坝民居还引入了内采光天井，更好地满足了房屋采光需求（图 4-9）。

（3）内装修豪华

东坝民居还有一个最为显著的特点，即内装修极其奢华。其奢华的程度，丝毫不亚于寺庙的装修水平。房屋室内，无论对门窗檐口、梁柱端头，还是天井扶手，首先对木头进行精雕细琢，然后再进行彩绘美化。整个室内雕梁画栋，有如宫殿一般（图 4-10）。室外装饰与一般藏式民居差距不大。这些装修的工匠通常是从云南等地请来的，由于工作量巨大，而每年工期有限，因此要完成整栋楼的内装修，需要几年甚至几十年的时间。笔者在东坝乡调研期间，“藏东第一家”房屋建成已有多年，至今尚未完全完成内装修，因此说东坝人投入毕生的积蓄甚至几代人修筑一个房子的说法，在此处可见一斑。

东坝民居不仅在内部有着复杂的空间和奢华的装饰，其外部形态，相对于藏东其他地区的民居，也是极尽可能地营造出丰富的造型。在立面上，对夯土墙进行粉刷，在窗户檐口等处，除了精致的雕刻以外，还有如同室内一般的彩绘。此外，屋顶之上通常设置有较为复杂的顶棚，为了继续增加建筑形态的层次，还有层叠的女儿墙，甚至顶棚也

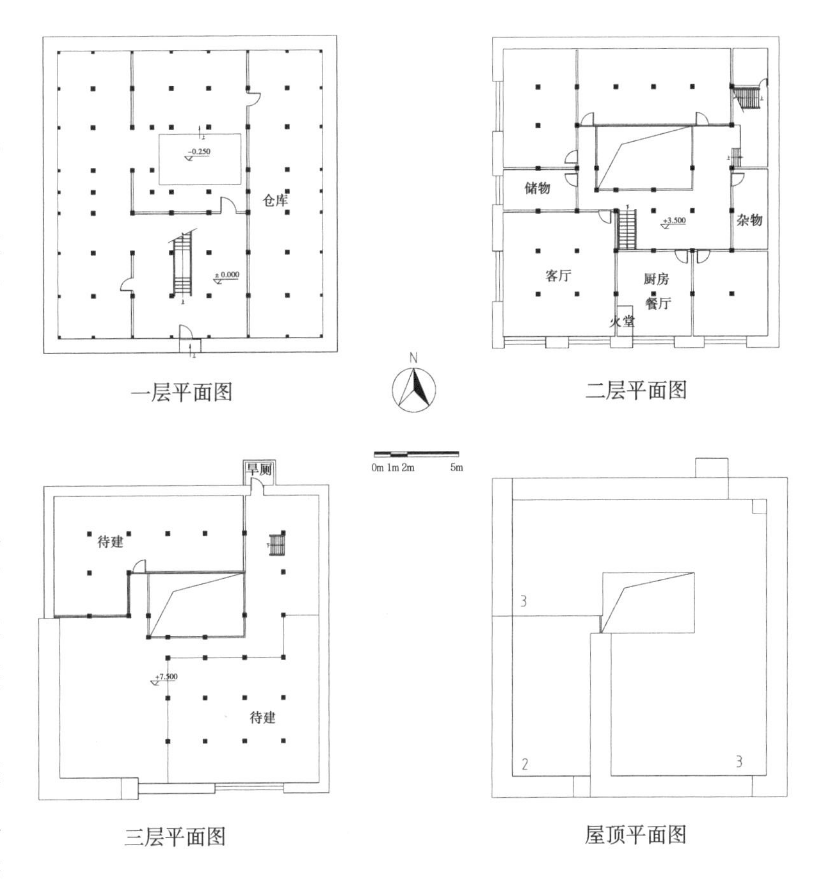

图 4-9 东坝民居平面示意图，图片来源：侯志翔绘制

图 4-10 东坝民居豪华的室内装修，图片来源：侯志翔摄

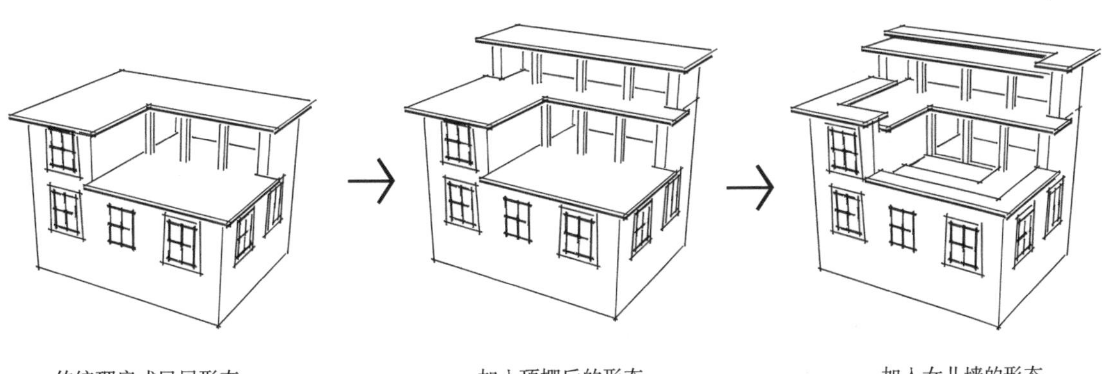

图 4-11 东坝民居形态的演变，图片来源：侯志翔绘制

用女儿墙进行装饰。图 4-11 所示为东坝民居建筑形态演变的分析。

4.2 藏东周边地区的民居

4.2.1 四川甘孜地区民居

四川省甘孜藏族自治州地理独特，属横断山北段川西高山高原区，是青藏高原的一部分。境内山峰高耸，河谷幽深，大雪山和沙鲁里山纵贯全境。地势由西北向东南倾斜，北高南低，中部突起，地面平均海拔 3 500 m。最高峰贡嘎山 7 556 m，其东坡的大渡河谷地，宽仅 29 km，而两侧山峰与谷底相对高差达 6 400 m。[2]

四川省甘孜州自古也是康藏的一部分，康巴文化在这里传承和发展。这里有古朴厚重的民俗风情，流派纷呈的藏戏，风格各异的锅庄、弦子和踢踏舞蹈，独树一帜的藏族绘画和雕塑，神奇奥妙的藏传佛教等，为甘孜州独具特色的民族传统文化蒙上了一层神秘色彩，为世人所关注。而甘孜地区的民居建筑相对于其他少数民族地区也是别具一格的。

图 4-12 炉霍县碉房式民居，图片来源：汪永平摄

图 4-13 炉霍县正在修建的碉房式民居，图片来源：汪永平摄

（1）炉霍县民居

炉霍县位于甘孜州中北部。国道 317 线从东南至西北贯通全境，历来为去西藏之要衢和茶马古道之重镇。炉霍县尽管没有直接与西藏接壤，但仍然是四川甘孜州康巴地区的核心，当地的民居依然保留了康巴民居的特色，并体现了与西藏康巴地区截然不同的风格。

炉霍县的民居建筑以两层为主，建筑形式为井干式结合干阑式的碉房，承重结构有双柱式和通柱式，新建房屋以通柱式为主。道孚、炉霍地区的民居建筑材料主要以木材为主，外墙面使用木材、砾石和夯土材料。其中正立面以木质材料为主，山墙面使用砾石材料或者夯土材料。房屋一层架空，用以堆砌草料木材等杂物，二层为起居空间。

道孚、炉霍地区民居具有鲜明的特点：首先民居立面选色相对大胆，除了砾石和夯土的原色之外，主要使用朱红色、白色，木质外墙使用朱红色的饰面，檐口波洛等地方配以白色作为跳色，整个颜色搭配具有较强的视觉冲击力。此外，整个民居建筑细部较多使用锐角符号，无论是房屋立面彩绘，或者是屋顶檐口四角处，还是窗户的窗框处理，都采用较多的锐角形状。

在川藏 317 国道上，炉霍地区的民居建筑以其独特的建筑风格，在大山中显得分外醒目，也成为川藏线上一道独特的风景（图 4-1、图 4-13）。

（2）白玉县山岩地区民居

白玉县地处青藏高原向云贵高原的过渡地带，属横断山脉北段，金沙江上游东岸。东与新龙县接壤，南与巴塘、理塘两县毗邻，西隔金沙江与西藏贡觉、江达县相望，北与甘孜、德格两县交界。白玉县的山岩地区与西藏昌都地区贡觉县的三岩地区隔金沙江相望[3]。

由于白玉地区紧邻西藏昌都的三岩地区，因此民居建筑形式上基本与三岩地区保持一致。白玉县山岩地区的民居也是相对较高，拥有较厚的墙体，外墙开窗较小，同样帕措的碉房聚集在一起，以便抵御外敌入侵。相对于炉霍地区而言，白玉县的民居相对粗犷，缺少装饰，更加强调功能防御性，类似于昌都地区三岩民居（图 4-14）。

图 4-14 白玉县山岩地区碉房式民居，图片来源：侯志翔摄

图4-15 纳西族民居，图片来源：姜晶摄

4.2.2 云南迪庆藏族自治州民居

云南省迪庆藏族自治州地处青藏高原的东南缘，横断山的腹地，处于云贵高原向青藏高原的过渡带，位于云南省的西北部，滇、藏、川三省的交界处，总面积 23 870 km^2。这里地貌独特，有大山、大川、大峡谷等地貌，是世界著名景观三江并流的地带。

迪庆藏族自治州居住着藏族、纳西族、汉族等多个民族，民族间的融合，使得迪庆藏族自治州的文化极其丰富。迪庆藏族自治州平均海拔 3 380 m，为云南省最高，境内梅里雪山主峰卡瓦格博海拔 6 740 m，为云南省最高山，也是藏东人心中的第一神山[4]。迪庆藏族自治州不仅是康巴地区的重要组成之一，更是香格里拉地区的核心，迪庆藏族自治州犹如一颗明珠，闪耀在我国西部。迪庆藏族自治州的民居建筑更是融合了多民族的特征，展现出其特有的风貌。

（1）纳西族民居

云南迪庆藏族自治州主要由藏族和纳西族组成，因此纳西族的民居对于藏式民居的影响也较为深远。纳西族民居建筑一般是高约 7.5 m 的两层木结构楼房，也有少数三层楼房，为穿斗式构架、垒土坯墙、瓦屋顶，设有外廊（即“度子”）。根据构架形式及外廊的不同，可分为平房、明楼、两步厦、骑厦楼、蛮楼、闷楼、两面厦等七大类[5]。

纳西族民居（图 4-15）大多为土木结构，比较常见的形式有以下几种：三坊一照壁、四合五天井、前后院、一进两院等。其中，三坊一照壁是丽江纳西民居中最基本、最常见的民居形式。在结构上，一般正房一坊较高，方向朝南，面对照壁，主要供老人居住；东西厢略低，由晚辈居住；天井供生活之用，多用砖石铺成，常以花草美化。如有临街的房屋，居民常将它作为铺面。农村的三坊一照壁民居在功能上与城镇略有不同。一般来说三坊皆两层，朝东的正房一坊及朝南的厢房一坊楼下住人，楼上作仓库，朝北的一坊楼下当畜厩，楼上贮藏草料。天井除供生活之用外，还兼供生产（如晒谷子或加工粮食）之用，故农村的天井稍大，地坪光滑，不铺砖石[6]。

（2）德钦县民居

德钦县是云南省与西藏芒康县直接相接壤的地区，有 214 国道经过，可以从芒康县的木许乡直接到达云南省德钦县。德钦县的民居建筑既保留了部分云南迪庆藏式建筑的特点，又包含了部分西藏藏东民居建筑的特点，是民居建筑之间相互交流、融合的典范。

图4-16 德钦县民居，图片来源：汪永平摄

与纳西族民居风格不同，德钦县的民居保留了较多的藏东民居的元素，例如较厚的夯土墙体、开窗的样式以及建筑的空间形态等。然而德钦地区民居建筑与藏东地区民居建筑最大的区别在于屋顶形式，即坡屋顶的出现。采用木构架搭起的坡屋顶在藏东地区几乎见不到，而现存的藏东地区的坡屋顶建筑，也都为后期建造。但德钦地区的民居建筑屋顶形式并不完全为坡屋顶，也有建筑依然采用类似藏东民居建筑的平屋顶形制，甚至有些采用平屋顶结合坡屋顶的做法（图4-16）。

4.2.3 西藏其他地区民居

（1）林芝地区民居

林芝地区是直接与昌都地区接壤的西藏另一地区，位置上位于昌都地区的西南方向。林芝地区历史上与昌都地区就紧密相连，林芝地区波密县曾经属昌都地区管辖，后划归林芝地区，而林芝地区的察隅县也一直属昌都地区管辖，直到20世纪末才划归林芝地区。

图4-17 林芝地区民居，图片来源：侯志翔摄

相对于昌都地区，林芝地区海拔较低，气候适宜，雨水较多，素有“西藏江南”之称。尽管与昌都地区相邻，然而在民居建筑上，却有着较为明显的差异。

林芝地区的民居建筑属于林区建筑，以防水作为主要的建筑处理措施。林芝地区海拔低，雨水较多，湿度较大，故西藏其他地区所采用的平屋顶形态在林芝地区已经不再适用，因此采用坡顶的形态，更加利于排水（图4-17）。屋顶主要使用木板瓦或者石板瓦作为材料，新建建筑由于考虑到了国家退耕还林保护生态的因素，开始使用彩钢板屋面，防水性和使用寿命都更长，然而彩钢板鲜艳的颜色却与当地环境格格不入，失去了传统风貌[7]。

林芝地区民居建筑布局以矩形空间为主，一层至两层居多。外墙材料主要有夯土、石头、木材和干草四种。其中石头墙体最适宜在林芝地区修建，因为石墙抗雨水冲刷能力较强因而寿命更长。然而林芝地区很多地方石材资源相对缺乏，因此采用夯土墙的民居依然随处可见。木结构的房屋主要采用井干式，加上当地特有的建筑坡顶。

（2）卫藏地区民居

整个藏族聚居区旧时分为卫藏、安多、康巴三个地区，其中卫藏地区的拉萨和山南地区称为“前藏”，日喀则地区称为“后藏”。在历史上，“前藏”是达赖的管辖区，“后藏”是班禅的管辖区。由于卫藏地区是整个藏族聚居区的政治、经济和文化中心，因此卫藏地区的建筑形式，也对整个藏族聚居区有着深远的影响，而卫藏地区的民居建筑也属于西藏地区最具代表性的。

拉萨地区虽然长期处于政治经济的中心，但西藏和平解放前一直为农奴制，因此民居建筑两极分化较为严重。拉萨地区民居建筑包括了较多的贵族庄园、地方政府公房等，而普通农民房的建筑形式，则与日喀则地区以及山南地区的民居建筑相类似。由于地主庄园等缺乏代表性，因此这里主要以农民住房作为比较对象。

卫藏地区民居依然是以平顶的碉房为主，层数以一至两层为主。平面形态以矩形布局为主，也有“T”形、“L”形等形式，平面不追求对称，只根据地形以及生活需要修筑。卫藏地区民居承重形式为木结构和承重墙混合承重，平面上通过承重柱和墙体组成正方形的基本单元，每个单元有一个、两个和四个柱子在房间内部，其中以一个柱子组成的单元最为常见，藏族人称这种结构形式为“一把伞”[8]。拉萨的碉房属于城市型藏居（图4-18），故一般不设牲畜圈，日喀则、山南等地，通常都有院落对民居进行围合，用以圈养牲畜（图4-19）。

4.3 藏东民居与周边民居的对比

4.3.1 藏东民居与周边民居的差异

昌都地区藏东民居与周边地区的民居建筑相比，既保留了藏式民居特有的元素，如门窗的样式、彩绘以及佛教元素等，又体现出了康巴地区所特有的风俗风貌。

在建筑层数上，其他地区民居建筑多以一层或者两层为主，部分地区民居有局部三层，或者局部顶棚，而藏东地区民居多为两层以上，有三层甚至四层。在平面布局上，除了纳西族民居与藏式民居差距较大以外，其他地区藏式民居多半保持了碉房式民居的基本功能特征。一层基本上不住人，二层以上开始作为生活起居空间。在结构上，以拉萨为代表的卫藏地区民居为墙体和柱混合承重的“一把伞”结构；纳西民居多为木结构木墙承重；而甘孜地区民居则与昌都地区民居相似，也是墙柱混合承重，然而承重方式与卫藏地区不同，空间内部采用较为规整的柱网，以获得更加自由的空间分隔（图4-20）。

图4-18 拉萨地区民居，图片来源：侯志翔摄

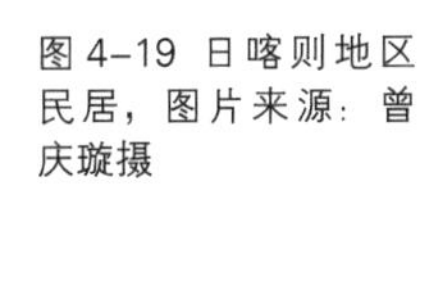

图4-19 日喀则地区民居，图片来源：曾庆璇摄

在建筑表面修饰处理上，藏东民居除了保留传统藏式民居的特点之外，也有当地独特的色彩。在建筑材料上，藏东民居以夯土为主，砾石材料为辅；卫藏地区传统民居也是根据当地地理条件选择夯土或者砾石，新式民居也有使用砖石砌筑的；林芝地区、甘

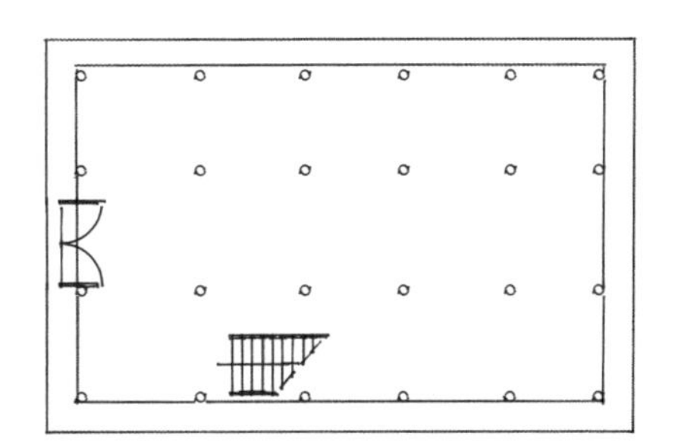

藏东民居平面示意图

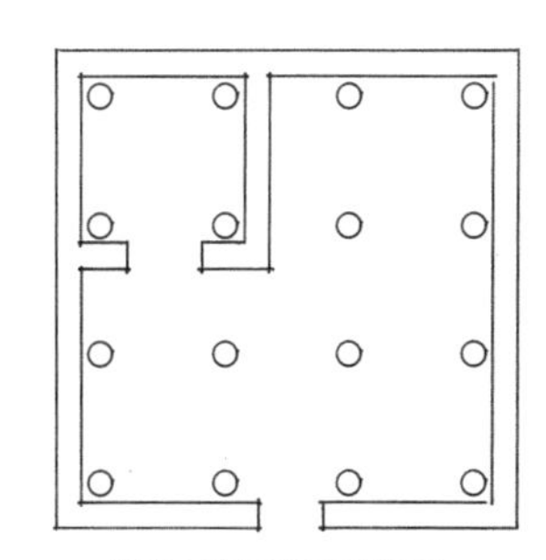

甘孜民居平面示意图

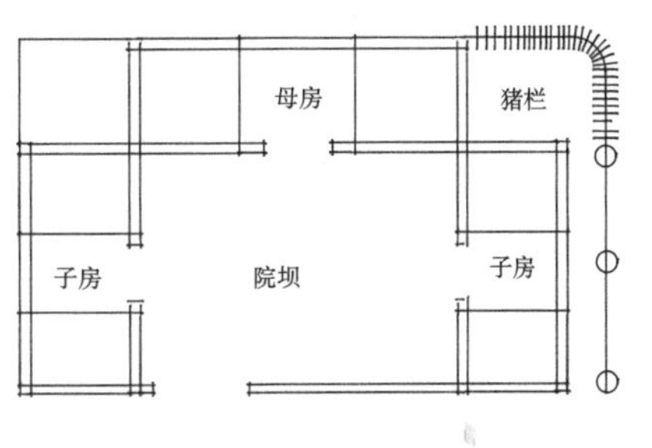

纳西族民居平面示意图

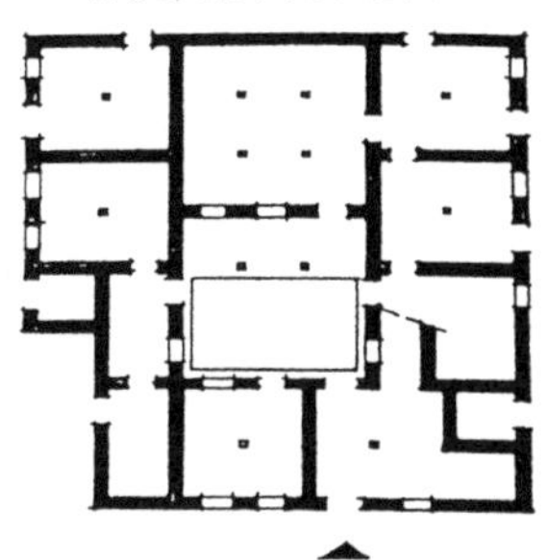

拉萨民居平面示意图

图4-20 藏东民居与周边民居平面示意图对比，图片来源：侯志翔绘制

图 4-21 藏东民居与周边民居屋顶对比，图片来源：侯志翔摄

藏东民居顶形式

甘孜地区民居屋顶形式

拉萨地区民居屋顶形式

林芝地区民居屋顶形式

孜州以及迪庆藏族自治州的民居，以木材作为建材修筑的民居较多，出于当地地理环境的限制，也有使用土石材料的。传统藏式民居除了素夯土外墙以外，多会采用白色粉刷饰面。而康巴地区的民居建筑色彩则较为鲜艳，有较强的感染力，尤其是甘孜地区的民居，多以红色、白色和黑色相搭配；藏东民居的颜色则介于两者之间，兼有白色与红色。差距最大的还是在屋顶形式上，藏东民居最显著的特点是出檐的平屋顶，这种平顶形式，与周边民居都有较大的差异；卫藏地区民居多有女儿墙，四角高起；林芝地区民居和纳西族民居则以坡顶为主，只是形式有所不同；甘孜藏族自治州的民居也有较为明显的女儿墙，与卫藏地区不同，将四角做成尖角，有较强的视觉冲击力（图 4-21）。

4.3.2 周边民居对藏东民居的影响

尽管藏东民居作为一种独立的民居形式出现在康巴藏族聚居区，然而这种民居的形成依然受到了较多其他地域文化的影响。而在整个藏东地区民居形式的分布中，也呈现出一定的地域性特点。

（1）西藏其他地区民居对藏东民居的影响

卫藏地区是西藏的政治和经济中心，因此卫藏地区对整个藏族聚居区的文化影响都是最为深远的。由于地域上相距较远，藏东民居与卫藏地区民居在建筑形式上并没有直接的联系，然而在宗教文化上的渗透还是无处不在的，例如室内的陈设、彩绘图案、经堂布置，以及一些典型的藏式元素，都体现出卫藏地区民居对藏东民居的影响。

由于气候条件的差异，导致林芝地区民居多采用坡顶，然而这种坡顶形态，依然对与林芝接壤的昌都地区八宿县民居产生了一定的影响。尽管八宿县海拔、气候特征都与林芝地区有所不同，然而在八宿县依然可见坡顶的民居建筑，而且坡顶的做法也是林芝地区所特有的木板瓦坡顶（图 4-22）。

（2）甘孜地区民居对藏东民居的影响

甘孜州与藏东昌都地区同为康巴藏族聚居区的核心地区，民居建筑形式也是相互影响。由于1949年后甘孜州划归四川省，经济交通等条件均优于藏东地区，因此民居建筑的发展和研究速度也较快。在木结构处理的手法上相对于藏东地区也更为成熟。通柱式结构使得甘孜地区民居拥有较强的抗震性能，其木作方式也对藏东地区有着较强的影响。

甘孜州道孚县、炉霍县等地民居多有井干房，并涂上红色涂料，这点与藏东民居中的井干式碉房相似，只是做法上稍有不同。藏东地区的井干式碉房的井干房通常被称为“布瓦房”，也沿袭了甘孜地区的做法，粉刷成红色。藏东地区井干式碉房的分布也以与甘孜州接壤的贡觉县和江达县为主，昌都县东北部的噶玛乡和柴维乡也有较多分布，体现出两地文化之间的交融（图4-23）。

（3）纳西文化对藏东民居的影响

从历史溯源上，纳西族是康巴地区的世居民族之一，当纳西文化进入了康巴地区之后，对康巴文化产生了一定的影响，而现在已经成了康巴文化的组成部分。从文化上来说，纳西文化对康巴文化的影响，主要体现在语言文字和生活习俗上，而对于建筑上的直接影响，由于地理环境的差异，表现不明显。

纳西族主要分布在川、滇、藏等地，在西藏则主要是昌都地区的芒康县和左贡县两个与云南迪庆藏族自治州毗邻的县，芒康县有纳西民族乡。纳西文化对藏文化在生活习俗上的影响主要体现在祭祀、饮食、服饰、礼仪等方面，对于建筑形式的直接影响较少，而由于生活习俗所带来的建筑特征，也有一定的体现。例如芒康县和左贡县民居多有天井采光，为纳西文化影响所致，左贡县碧土乡以及芒康南部地区民居带外廊的形态，也是受到纳西文化影响的具体体现之一（图4-24）。

图4-22 八宿县然乌镇的坡顶民居，图片来源：侯志翔摄

图4-23 江达县红色井干房的民居，图片来源：侯志翔摄

图4-24 左贡县碧土乡受纳西文化影响的民居，图片来源：侯志翔摄

小结

通过对藏东康巴地区典型民居以及周边地区民居建筑的分析可以看出，藏东地区民居建筑与周边民居建筑有着较为显著的共性特征。在建筑形态上，藏东康巴地区与四川康巴地区较为接近，在碉房式民居的建筑形式、承重方式上都有一定的关联；而在建筑装饰上，与政治、经济中心的卫藏地区建筑又有较大的关联。尽管如此，藏东康巴地区的民居建筑，依然保持了特有的地域性和民族性，成为康巴文化的代表。

注释：

1 左贡县地方志编纂委员会 . 左贡县志（初稿）[M]. 内部发行，2008

2 百度百科 http://baike.baidu.com/view/408971.htm

3 百度百科 http://baike.baidu.com/view/662671.htm

4 百度百科 http://baike.baidu.com/view/686789.htm

5 百度百科 http://baike.baidu.com/view/5152772.htm

6 百度百科 http://baike.baidu.com/view/5152772.htm

7 木雅・曲吉建才 . 西藏民居 [M]. 北京：中国建筑工业出版社，2009

8 陈耀东 . 中国藏族建筑 [M]. 北京：中国建筑工业出版社，2006

5 藏东民居建筑构件的装饰分析

藏东民居建筑的装饰主要集中在屋顶、墙体、门窗、梁柱等部位。由于民居建筑装饰既要有艺术感染力又要做到经济节约，因此必须突出重点，那么具体的方法就是将装饰用于民居中最易集中人们视线的地方，如大门、墙面。藏东民居中有些地方的装饰是出于藏拙的目的，如梁架的出挑部分，经过恰当的装饰不但不会有碍观瞻，反而会成为引人注目的一个焦点。此外，在一些木材、石砖等材料的连接处，也多有装饰，既美观又起到过渡的实际作用。在木材上进行彩绘除了装饰还可以防腐防蛀。

5.1 藏东民居的建筑装饰特征

在漫长的历史长河中，西藏人民逐步创造了独特实用的柱网结构、收分墙体、梯形窗套、松格门框等建造技术和建筑文化。

藏东建筑有着十分独特和优美的建筑形式与风格，与雪域高原壮丽的自然景观浑然一体，给人以古朴、神奇、粗犷之美感，形成了自己独有和鲜明的基本特征。

5.1.1 造型独特

由于自然和历史等条件限制，藏东建筑使用的木梁较短，在两个木梁接口下面用一个拱木，再用柱子支起拱木，连续使用几个柱拱梁构架，形成了柱网结构。藏东建筑使用柱网结构扩大了建筑空间，其柱网结构基本已经形成了 3 m×3 m 的形制，增强了建筑物的稳定性。

墙体的砌筑采用了三种方法，有效地提高了建筑的稳定性。一是收分墙体，这是藏东建筑在视觉与构造上坚固稳定的重要因素。墙体下面宽、上面窄，墙体收分角度一般在 5° 左右，建筑物重心下移，保证了建筑物的稳定性。二是加厚墙体。由于历史上砌筑材料主要是以生土和毛石为主，为增加建筑高度，采用了加厚墙体的做法，增强建筑物的坚固性，有的大型寺庙的墙厚可达 3~4 m。三是做边玛墙。即在墙的上部用一种当地生长的边玛草做一段墙，既减轻了墙体荷载，又有很好的装饰效果。这些都对藏东民居建筑起到了很好的坚固和稳定的作用，提高了建筑物的安全性和抵御自然灾害的能力。

5.1.2 装饰华丽

藏东建筑装饰艺术是藏东地区宗教艺术、文化艺术和建筑艺术的综合体现。藏东建筑装饰运用了平衡、对比、韵律、和谐和统一等构图规律和审美思想，艺术造诣深厚，工艺技术达到了很高的水平。在藏东建筑装饰中使用的主要艺术形式和手法，有铜雕、泥塑、石刻、木雕和绘画等。室内柱头的装饰、室内墙壁的装饰和室外屋顶的装饰，是藏东建筑装饰的主要部分。室内柱头多采用雕刻和彩绘，室内墙壁多用宗教题材的绘画，室外屋顶多放置经幡、法轮、经幢、宝伞等装饰和铜雕，檐口用石材、刺草、黏土等不同材质装饰，门饰中用窗格、窗套和窗楣等装饰，这些都是藏东建筑装饰艺术的集中表现。藏东建筑既有坚固粗犷的一面，也有精雕细刻、流光溢彩、富丽堂皇的一面，置身其中仿佛走进建筑艺术的殿堂。

5.1.3 色彩丰富

藏东建筑的色彩运用，手法大胆细腻，构图以大色块为主，表现效果简洁明快。通常使用的色彩有白、黑、黄、红等，每一种色彩和使用方法都被赋予某种宗教和民俗的含义。白色有吉祥之意，黑色有驱邪之意，黄色有脱俗之意，红色有护法之意，等等。外墙的色彩，民居、庄园、宫殿以白色为主，寺院以黄色和红色为主，而窗户一般都使用黑色窗套。门框、门楣、窗框、窗楣、墙面、屋顶、过梁、柱头等则同时采用多种色彩，表现得十分细腻和艳丽。在藏东的各个县，由于宗教和民俗的影响，对建筑墙面和建筑构件细部的色彩运用和处理，各地做法有所差异，但都表现出艳丽明快和光彩夺目的色彩效果。

5.1.4 文化表象

藏东建筑不同程度地融合和渗透着藏传佛教的文化和宗教思想。居室中的木柱代表着人们对世界中心的敬仰；屋顶上的五色经幡代表着人们对宇宙万物的崇拜；墙壁上以宗教故事为主题的壁画，更明确表达着人们对神灵的崇敬；多层建筑的最高层多设有经堂或佛龛，这反映出建筑空间的安排也是为宗教思想和宗教活动服务的。从建筑布局到建筑功能，从建筑结构到建筑装饰，都渗透和反映着宗教思想和理念，使得藏东建筑的形式和风格具有强烈的宗教氛围。

多样的宗教文化是昌都地区典型的文化现象。昌都地区的宗教文化类型有原始宗教苯教、藏传佛教、伊斯兰教和天主教。在藏传佛教内部，又存在不同教派，诸如宁玛派、噶举派、萨迦派、格鲁派等。

孜珠寺是昌都地区最古老的苯教寺院之一，保留着许多古老的宗教和文化习俗。强巴林寺是格鲁派在昌都地区最大的寺院。噶玛寺是噶玛噶举派的祖寺，该派的黑帽系高僧最早采取活佛转世来解决其寺院住持的继承问题，开启了活佛转世的先河。类乌齐寺是现存不多的达垅噶举派的寺院。位于昌都县城的清真寺和芒康县盐井地方的天主教堂，是外来宗教对昌都宗教文化的影响和具体表现。

很多寺庙的建造，更是吸收和融合了多民族建筑文化的杰作，一些大型和重要建筑使用的金顶和歇山构架等建筑构件和建造技艺是借鉴和吸收中原建造技术的具体表现。柱网结构是藏东建筑最主要和使用最普遍的结构形式，其中柱和梁之间使用拱木或替木，形成的柱拱梁形式是藏汉建筑文化结合的最巧妙和完美的典范。

5.2 屋顶装饰

藏东民居的房顶上一般插有蓝、白、红、黄、绿五色经幡，五色经幡亦称“风马”经幡，有五种颜色，色彩鲜艳。藏语中称为“塔觉”，在藏东民居建筑中起到装饰作用。在西藏人民的宗教色彩观里，蓝色表示天，白色代表云，红色寓意火，黄色象征土，绿色寓意水，以此表达对世界万物的崇敬和对吉祥的愿望。藏族群众通常将五色经幡置于民居屋顶，以表达对世界万物的崇敬。每逢藏历新年，家家户户都要换置新的经幡。

藏东民居顶层的前面一部分是晒坝，也就是较大的二层或三层的平屋顶。这里有充足的阳光，可以打晒粮食、晾晒杂物，既不受邻近房屋的遮挡，也不担心牲畜偷吃。屋顶上置有经幡和做焚香的炉灶，都是举行宗教仪式所需物品。这一带的人家也有在院墙上和房顶四角上安放白色石头的习俗，保留了古人崇拜白石的风俗习惯。

5.3　墙体装饰

藏东民居建筑中的墙体装饰主要有彩绘、壁画，部分建筑还装饰有铜雕、石刻等。主要特色有：

①墙体多为土墙、毛石、块石墙，本身具有质感美。

②外墙多涂以白、黄、红等颜色，色彩明快，内墙多绘制以历史故事、人物传说、宗教题材等为主的壁画。

③庄园、寺院等重要建筑外墙还装饰有铜雕、木雕、石刻等，图案大多为护法神、法轮、佛塔、吉祥图等。

5.3.1　外墙面装饰

藏东民居建筑的外墙主要以白色为主，外墙彩绘是民居建筑通常使用的装饰手法，外墙彩绘的主要内容为宗教和当地习俗中的符号。藏东民居大门两侧或门扇上常绘有日月、盘长等图案。这些图案随意夸张，表达了主人驱魔避害的愿望。门两侧院墙面画有辟邪的蝎子图案，其造型简洁粗犷、气势威武，如同守门的卫士。这种具有原始崇拜心理的建筑装饰艺术，最初虽然不是为了美观而装饰，但实际效果却造就了具有地方特色的建筑装饰形式。

图 5-1 驭虎图，图片来源：赵盈盈摄

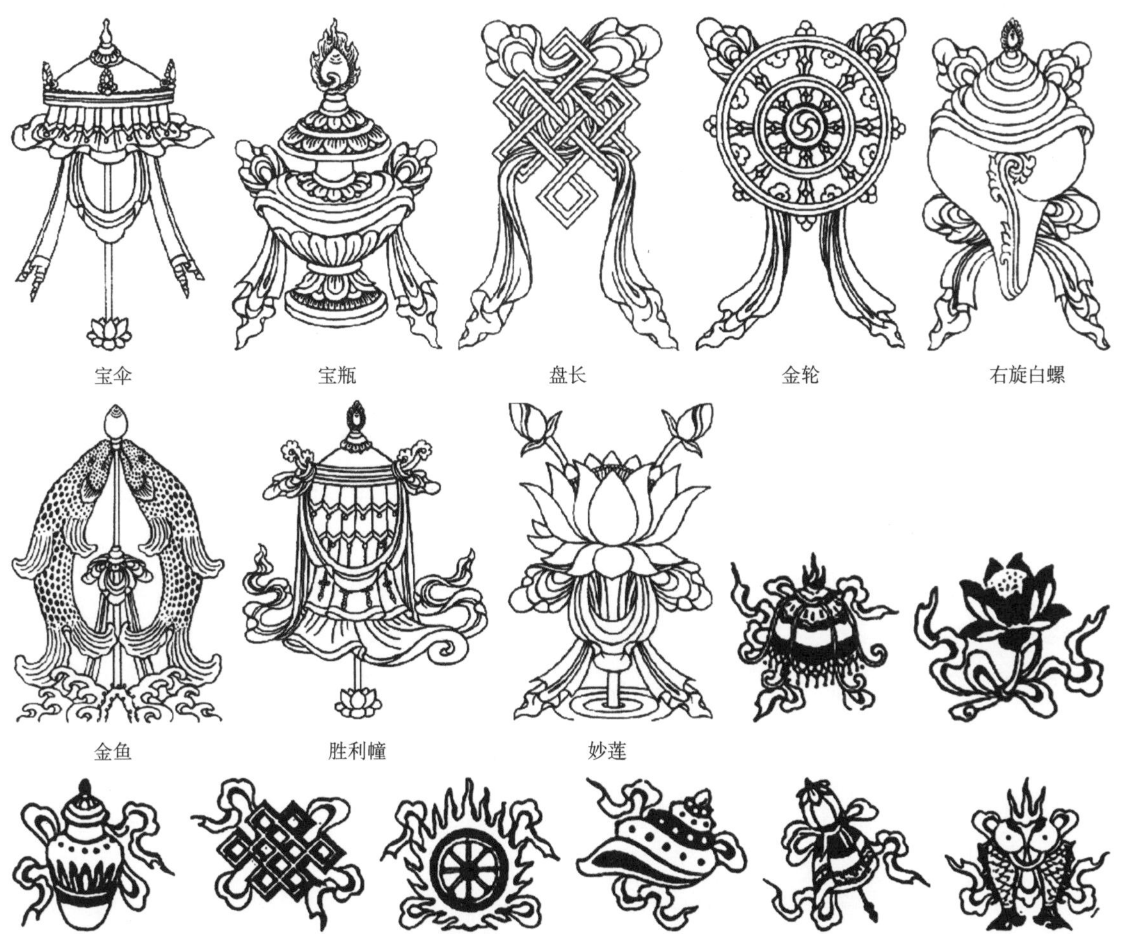

图 5-2 八瑞物组合，图片来源：赵盈盈参考资料绘制

图 5-3 绘在梁上的六字真言，图片来源：赵盈盈摄

图 5-4 风景题材，图片来源：赵盈盈摄

图 5-5 壁画上的神山，图片来源：赵盈盈摄

图 5-6 民居建筑内墙面装饰，图片来源：赵盈盈摄

5.3.2 内墙面装饰

藏东民居的内墙面装饰相比于外墙面更为华丽和完整，在经济状况允许的情况下，通常会采用整面墙的壁画形式。由于受到民居使用功能的限制，民居的室内往往没有太多完整的墙面，在这样的情况下，民居的内墙面采用分区域进行彩绘的方式进行装饰，彩绘方式相比于壁画，更为经济合理，运用广泛。

1. 装饰题材

民居建筑在内墙面装饰上的主要特点是柔和而又艳丽。按照装饰的题材主要分为以下几种：

（1）宗教题材

藏东民居建筑内墙面宗教题材的彩画有表明自己的信仰派别的蒙人驭虎[1]（图 5-1），有象征藏传佛教的八瑞相或八瑞物组合（图 5-2），还有代表藏传佛教的六字真言等等（图 5-3）。

（2）自然风景题材

藏东民居装饰的彩绘题材除了最主要的宗教以外，还有大量取之于生活的自然风景（图 5-4），这除了表现出藏东居民热爱大自然，与大自然和谐相处的一面外，也表现出藏族群众对于大自然的敬畏。很多藏东民居的室内彩画里都会出现山，这些山除了风景优美以外，还有很大的原因是由于这是些让藏族群众所信奉的神山（图 5-5）。

（3）吉祥图案题材

藏东民居的室内彩绘除了各种花草、动物、宗教图案以外，还有大量的吉祥图案，如云纹、彩带等都是被普遍运用的装饰彩绘图案。（图 5-6）

（4）建筑题材

民居室内彩画中出现的建筑画通常都是寺庙建筑，除布达拉宫外，也会出现本地的寺庙（图 5-7）。

2. 壁画制法

（1）颜料来源

藏东建筑壁画中使用的主要是矿物颜料，来源于昌都周边，矿物岩石经过一段时间的研磨成粉后，加入水、牛胶即可使用。

（2）壁面处理

制作一幅壁画，首先要进行壁面处理，然后在壁面上作底色，再设计布局，确定画面轮廓，着色上光，最后按照宗教仪轨灌顶开光。

（3）壁画布局

根据壁画的内容、要求以及墙壁的高低宽窄，按照比例确定画面轮廓。一般按照从上到下的步骤绘制，具体可以分为椽间花工序，在藏式房屋的椽子木间的空格内做花纹；领边工序，在椽间花下边绘条带状装饰花纹；香布（帘）工序，在领边之下绘比较宽的条带状装饰花纹；主画工序，在墙壁中央部分绘壁画；彩带工序，在壁画下绘制蓝、红、绿三色带状花边。壁画一般留有离地约 1 m 左右的空白墙。

（4）壁画绘制

按照造像的度量规定放格线；格线上用炭笔勾草图；草图上用毛笔勾出黑线，藏语音译“介”（即定稿），然后上色，描绘天、地，涂蓝、草绿色（图 5–8）。描绘水、树、岩石、云彩和草木等物，先涂黄色，随之涂浅红、橘黄、大红等颜色，最后涂白色（图 5–9）。上色完毕，擦“巴其”（即青稞面的糌粑团），用以清除脏物，再勾勒蓝线，描清黑线等（图 5–10）。最后用亮漆刷两遍画面，使画面上光，壁画的绘制工序才算完成。

5.4 门装饰

宫殿和寺院的门较高大，装饰讲究，民居和庄园的门普遍低矮，装饰较少。门洞低矮有多方面的原因：青藏高原气候寒冷，

图 5–7 壁画上的岗达寺，图片来源：赵盈盈摄

图 5–8 打底色，图片来源：赵盈盈摄

图 5–9 壁画上色，图片来源：赵盈盈摄

图 5–10 勾边线，图片来源：赵盈盈摄

图 5–11a 门一，图片来源：汪永平摄

图 5-11b 门二，图片来源：汪永平摄

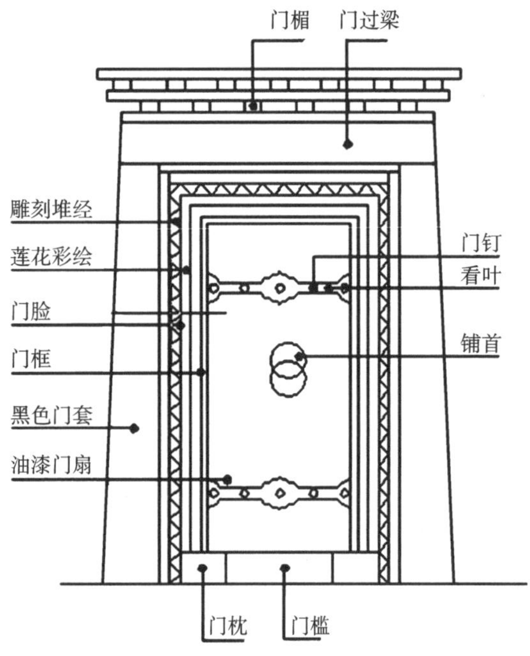

图 5-12 门的构成元素，图片来源：《西藏传统建筑导则》

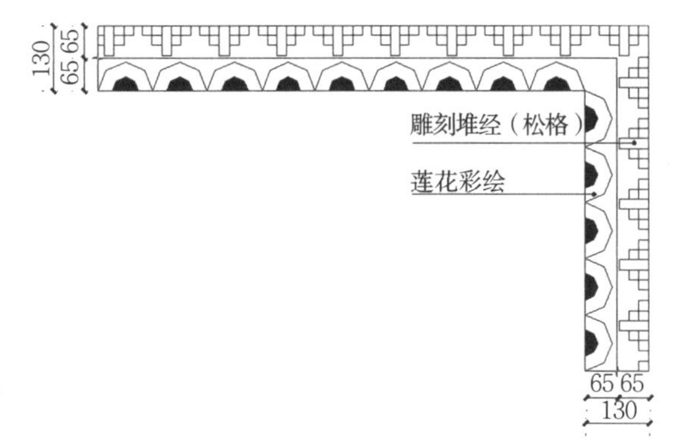

图 5-13 门脸示意图，图片来源：《西藏传统建筑导则》

较小的门洞利于保温；古时候各部落、地区之间经常发生纷争，洞口较小利于防御；洞口尺寸小还涉及驱鬼辟邪等民俗原因（图 5-11）。

门的装饰主要包括：门框、门楣、门扇等（图 5-12）。门框的木构件多则 6~7 层，雕刻的图案有莲花花瓣、堆经、动物、人物等。门洞两侧做黑色门套装饰。门楣大多用木雕、彩绘等手段加以装饰，门楣间隔方木装饰有四季花、动物面部图案，也有挂门楣帘装饰的，每年藏历新年门楣帘要弃旧换新。门扇主要装饰为门环、门扣、门箍等鎏金铜饰，也有木雕、彩绘。为了表达对神的尊敬和崇拜，藏东民居建筑大多在门上设置宗教题材装饰。雕刻内容大多为堆经、云彩等；绘画以莲花、云彩、龙凤为主，兼有各种怪兽头像。

门的材料为木材，取材容易，制作方便，部分门用金属装饰，主要是铁皮和铜皮。开启方式以平开为主，形式大多为拼板门，门扇自重较大，用材较多，但构造简单、坚固耐用。门的构成元素包括门扇、门框、门枕、门脸、门斗拱、门楣、门帘、门套、门头等。

5.4.1 门脸

门脸由木料制成，位于门框之外，大部分宽度为 6~15 cm。门脸一般由两部分组成（图 5-13），内层靠近门框处做彩绘或莲花雕刻；外层雕刻堆砌的小方格，按照一定的规律排列，组成凹凸图案，称为“堆经”（也称松格、叠经）。

5.4.2 门扇

普通民居多为单扇门，门扇宽 0.6~0.8 m；寺院多为双扇门、多扇门，单扇门宽在 0.8~1 m，有的在 1 m 以上。门扇一般由几块木板拼合而成，拼合办法就是在门板后面加几条横向木条，再用铁钉由外向里将木板和横木固定。

为了外形美观，钉头做得较大而光滑，于是木板上留下成排整齐的钉头，称为“门钉”。为增强木板的横向联系，门扇正面常加铁皮，在铁皮上可做镂空装饰纹或在周边做装饰，这种铁皮称为“看叶”。看叶的做法很多，以美观实用为主。为便于门扇的开启或关闭，在门上安装门扣和门锁镣，置于门扇中央。门扣、门环被称为“铺首”，藏语称为“则巴”，铺首通常做成兽头、兽面形状。门扇表面大多涂上油漆加以保护。色彩以红色居多，兼有黑色、黄色；有的门扇还印上花纹，或刻上猛兽头像等。

图 5-14a 门斗拱图，图片来源：《西藏传统建筑导则》

5.4.3 门斗拱

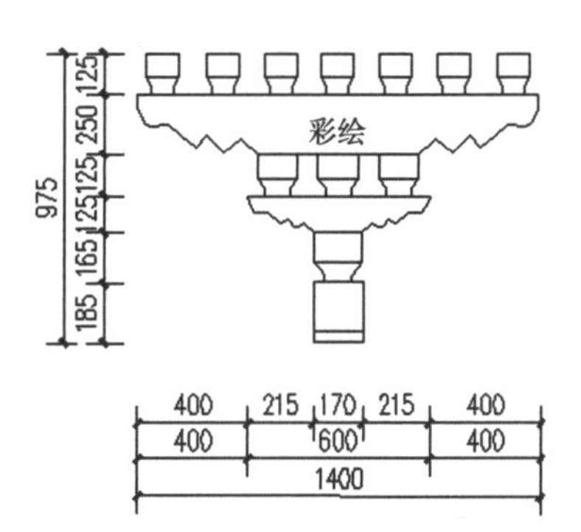

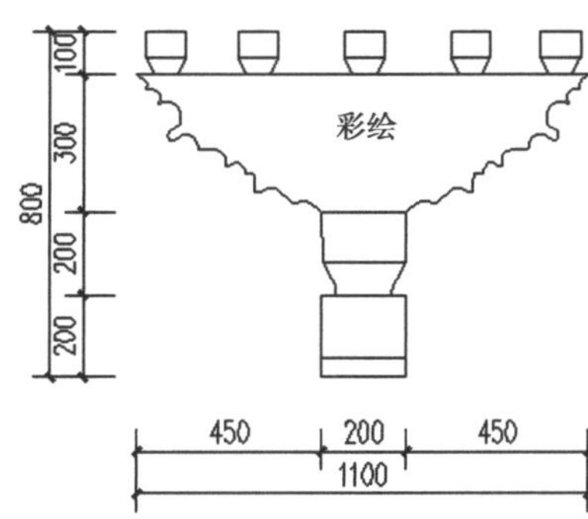

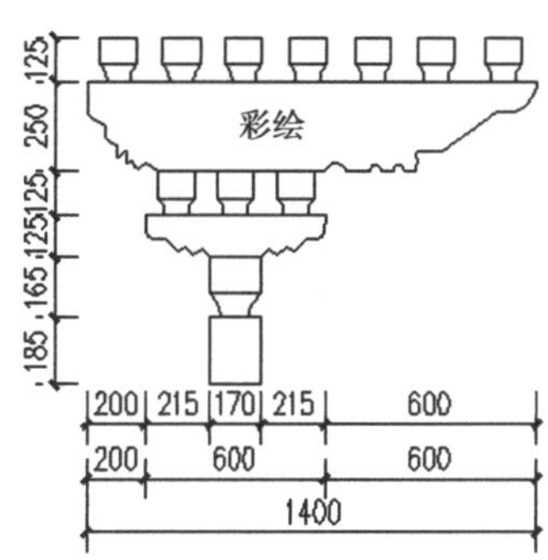

图 5-14b 门斗拱测绘图，图片来源：《西藏传统建筑导则》

门斗拱一般用于院门或主题建筑大门，起装饰作用（图 5-14 a）。斗拱形如一个等腰三角形或斜三角形，分三部分。第一部分为最底层的托木，从墙上挑出，端头削成弧形；第二部分为支撑方木，分为三层，各层方木个数一般为 1 个、3 个、5 个或 7 个；第三部分为横木，有两块，两层时横木则只用一块。第一层的方木比上面两层的大，置于底层托木之上，各层间的方木用横木隔开（图 5-14 b）。

5.4.4 门帘

门帘有两种形式：一种是门楣帘，一种是门框帘。门楣帘置于门楣盖板下，是由红、白、蓝、黄等颜色的布料组合成带褶皱的帘子，或是用有镂空花纹的铁皮制作，宽度较窄（图 5-15）。门框帘有两种：一种是用于内门，起阻挡视线和装饰作用，用布料制作，尺寸与门扇相同；另一种是用于进户门，用布料或牛毛编织而成，尺寸略大于门扇，门帘上装饰有宗教题材的图案，有寿字符和盘长、法轮等八宝图案。

5.4.5 门楣

门楣的作用相当于雨篷，位置在门过梁的上方，用两层或两层以上（也有用一层）的短椽层层出挑而成。短椽外挑一端自下而上削成楔形，伸出墙体之外，并略向上倾斜（俗称“飞子木”）（图 5-16），各层之间用木

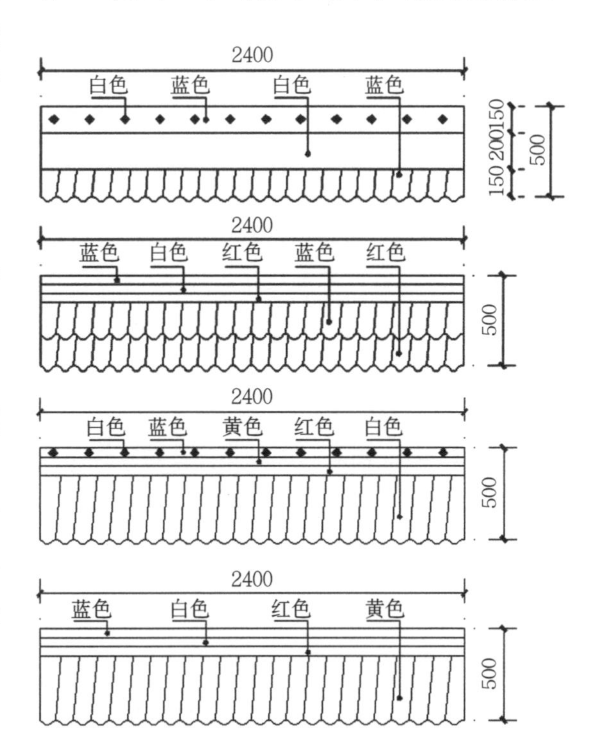

图 5-15 门帘配色图，图片来源：《西藏传统建筑导则》

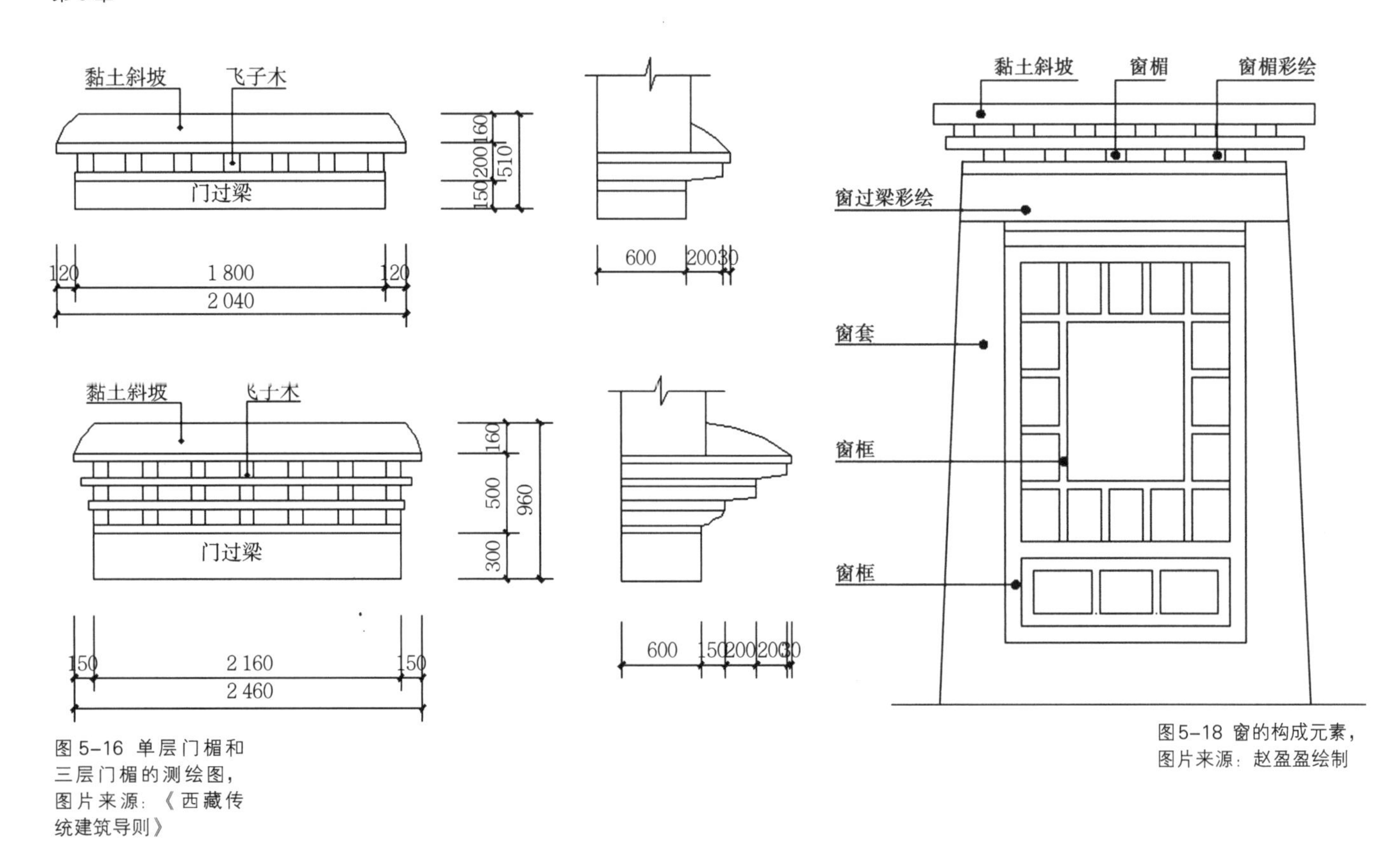

图 5-16 单层门楣和三层门楣的测绘图，图片来源：《西藏传统建筑导则》

图 5-18 窗的构成元素，图片来源：赵盈盈绘制

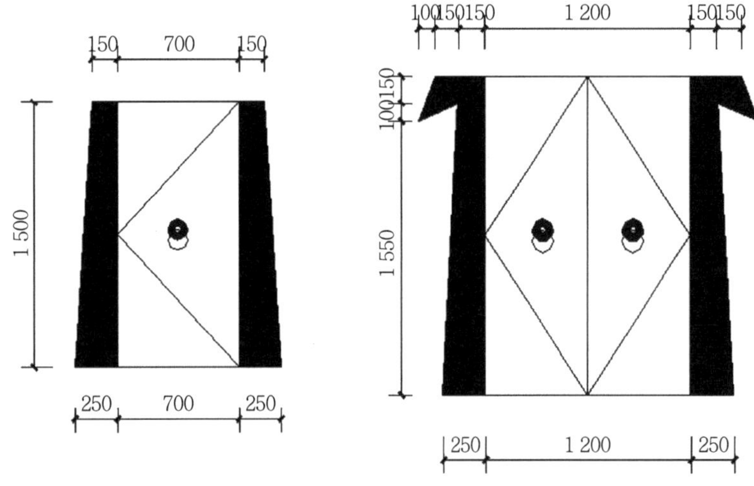

图 5-17 门套对比图，图片来源：《西藏传统建筑导则》

板隔开。最上层的木板之上一般再放一层片石，片石之上再加一层黏土做成斜坡以利排水。门楣的长度一般与门过梁长度相同或稍长，通常在短椽和飞子木上施油漆涂料或彩绘。

5.4.6 门套

门套位于门洞两边的墙上，门套的颜色为黑色，其形状一般是直角梯形，上小下大，上端伸至门过梁的下方，下端伸至墙角。藏东地区的门套形式一般为直门套，而日喀则地区则会采用一种带角门套（图 5-17）。

5.4.7 门头

门头主要用于入口大门，起装饰作用。门头置于大门上方，做成阶梯形，通常为二到三阶，有的做到五阶。有的门头顶部做成圆弧等形状，部分门头为藏汉结合形式。

5.5 窗装饰

藏东地区建筑窗的特点是洞口尺寸普遍偏小，窗台高度较低，窗套形式多样，窗上装饰较多，南面开窗，一般不在北向开窗。窗台高度较低，一般在 20~60 cm。窗套形式多样，因地区而异，拉萨、山南、林芝、昌都、那曲和阿里大部分地区的形式基本相同，窗套呈梯形。窗上装饰以绘画为主，兼有部分雕刻，绘画内容多为莲花、云彩，雕刻主要是堆经。窗的材料主要为木质，除木材价格低廉外，还有取材容易、制作方便、坚固耐用的优势。

因窗洞口尺寸较小，窗的开启方式以平开窗为主，部分为固定窗，固定窗只起采光作用，构造比较简单，密封性能优良。

窗的形式较多，有单扇、双扇和多扇之分，窗框、窗楣等均为木材制作，其最大的变化在窗扇上。转角窗限制较为严格，一般用于宫殿、寺院和贵族庄园。除装饰较多的窗之外，也有制作较为简单的窗，多用于普通民居。

窗过梁主要为蓝色，并绘以龙、莲花等图案。窗的构成元素包括窗框、窗扇、窗楣、窗帘、窗套、窗台等（图 5-18）。

5.5.1 窗框

窗框是用来安装和固定窗扇的，其形状为矩形。窗框宽度一般在 5~10 cm 之间。为使窗框耐用，常刷油漆作保护层（图 5-19）。窗框主要装饰有堆经和莲花花瓣（图 5-20）。

5.5.2 窗扇

窗扇是窗的通风采光部分，安装在窗框内，每扇窗扇四周用木条固定，内装木板或玻璃。窗扇有可动和固定两种形式，固定窗扇一般位于窗框下部和上部，可动窗扇位于窗框上部或中部。一般窗扇外面用窗格装饰，传统窗格的形式多种多样，窗格装饰为木雕彩绘，主要图案有人物、花纹、几何图案等（图 5-21）。

5.5.3 窗楣

窗楣的作用是防止雨水对窗及窗上装饰的损坏，一般做成短椽形式，构造方式与门楣类似，其自身也起装饰作用（图 5-22、图 5-23）。

窗楣上主要装饰为两层短椽，上层短椽主色调为深红色，下层为绿色，绿色短椽断面作彩绘装饰，图案为花纹。

图 5-19 窗框装饰，图片来源：赵盈盈摄

图 5-20 堆经和莲花花瓣，图片来源：赵盈盈摄

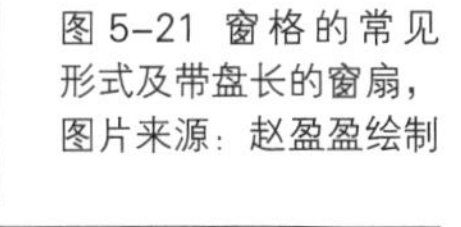

图 5-21 窗格的常见形式及带盘长的窗扇，图片来源：赵盈盈绘制

图 5-22 窗楣，图片来源：赵盈盈摄

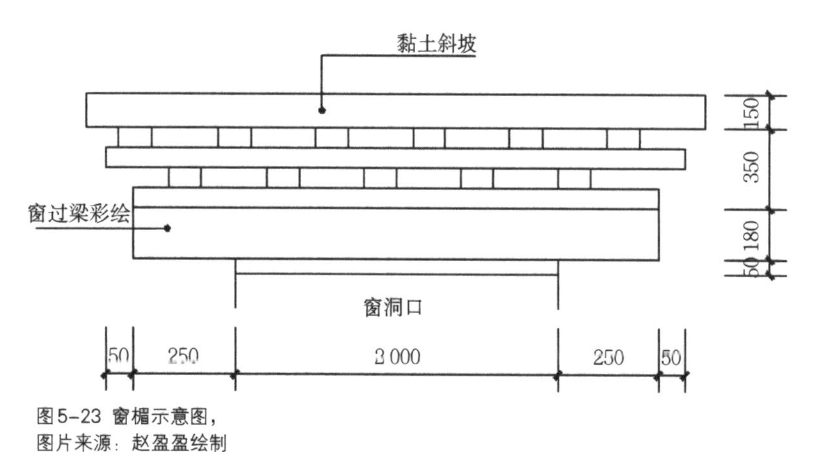

图 5-23 窗楣示意图，图片来源：赵盈盈绘制

图 5-24 窗楣帘及窗框帘，图片来源：赵盈盈摄

图 5-25 U 形的窗套，图片来源：赵盈盈摄

图 5-26 梁柱示意图（下左），图片来源：赵盈盈绘制

图 5-27 梁柱装饰（下右），图片来源：赵盈盈摄

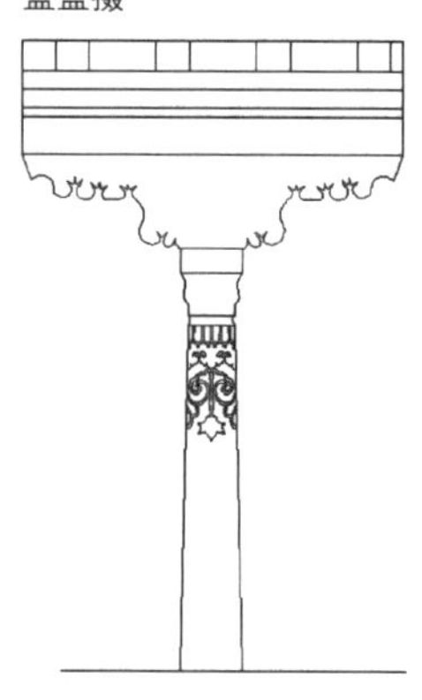

5.5.4 窗帘

窗帘有两种形式：一种是窗楣帘，一种是窗框帘（图 5-24）。

窗楣帘又称“香布”，置于窗楣盖板下，是由红、白、蓝、绿、黄等颜色的布料组合成带褶皱的帘子，或是用有镂空花纹的铁皮制作，与门楣帘形式相同。窗框帘置于窗框内，起阻挡视线的作用，用布料制作。

窗帘材料主要为帆布，白色帆布上用蓝色帆布缝制吉祥图案如金轮、盘长，起到隔离内外视线，防止紫外线对窗框及窗扇色彩销蚀的作用。

5.5.5 窗套

窗套位于窗洞左右边和底边的墙上，为涂有黑漆的“U”形（图 5-25）。

5.5.6 窗台

藏东建筑中窗台的制作比较简单，只有很少部分在窗框下方做出挑的窗檐，布两层椽，每层椽的个数无统一标准。最上面的木板之上也要放一层片石，片石之上加黏土做成斜坡利于排水。

5.6 梁柱装饰

藏东建筑的承重体系除墙体承重外，主要由木柱、木梁承重。西藏大部分地区的木材比较缺乏，加之山高路远，运输困难，木料一般都被截成 2~3 m 左右的短料。因此，建筑物的木柱长度一般都在 2~3 m，柱径在 0.2~0.5 m 之间。重要建筑的大殿、门厅的梁柱用比较高大粗壮的木料。建筑的柱子断面有圆形、方形、瓜楞形和多边亚字形（包括八角形、十二角形、十六角形、二十角形等）。多边亚字形木柱的做法，是在方形木料四边附加矩形边料，瓜楞柱则由圆木拼成。主料和边料的连接，是在相同的位置上开几个 5 cm × 10 cm 左右的榫眼，打入木梢和楔子，上下用二至三条铁条箍紧。各式柱子都有收分和卷杀。

柱顶上一般都有坐斗，斗与柱头用榫连接，即柱顶在加工时正中预留榫头，坐斗在相对位置开有卯眼，上下插入可以将坐斗固定在柱头。上置雀替和弓木，或称为短弓和长弓。雀替为拱形，一般长 0.5 m，弓木的长度不等，为柱距的 1/2~2/3。藏东民居建筑中柱距一般为 2~3 m，梁枋木上密排的椽子长度也与柱距基本相同，椽子有圆形和方形两种，圆木用于地下室和一般房间。档次较高的房间内的椽子比较整齐，断面为方形，一般为 0.12 m × 0.12 m。

藏东民居建筑的梁置于雀替之上。梁的长度一般为 2 m 左右，梁的高度为 0.2~0.3 m，宽度为 0.12~0.2 m。梁上叠放一层椽木，椽木上铺设石板或木板、树枝。另一种方法是在梁上叠放数层梁枋木和出挑的小椽头，以增大密椽木的支承长度和加大建筑净空。在凹凸齿形的梁枋木上，出挑的各式椽头之间嵌有挡板。椽子在墙体的支承（预埋）长度一般为墙体厚度的 2/3，主梁在墙体上的支承长度则与墙体的厚度相同。柱和梁的连接法有两种：一种是在柱上置弓木，以弓木承梁（图 5-26）；一种是柱头置斗拱，其目的是为了加大建筑净空。

5.6.1 梁饰

藏东民居建筑中梁的装饰主要为木雕、彩绘。梁在整个室内装饰中至关重要，进行合理装点以求庄严、堂皇、华丽的效果。将梁表面先划分成大小等同的长方格，再在长方格内填写梵文、经文或绘制各种花卉、鸟兽、佛像等（图 5-27）。

5.6.2 雀替装饰

雀替装饰有简有繁，简单雀替形状为梯形，这种不加任何雕饰的雀替多见于民居或建筑底层。最常见的雀替装饰就是以饕餮为中心两边各绘有一些彩带和祥云的装饰。除此之外，也会在雀替上绘制动物、器物，如老虎或八宝吉祥（图 5-28）。

5.6.3 柱饰

柱子形状有圆有方，也有部分为多角形。柱饰包括柱头、柱身、柱础等。柱头部位装饰常用雕刻或彩绘形式，装饰图案为梵文、莲花等，其下方用长城箭垛图案。柱身也用

图 5-28 a 雀替装饰一，图片来源：赵盈盈摄

图 5-28 b 雀替装饰二，图片来源：赵盈盈绘制

雕刻、彩绘等形式进行装饰，图案为佛像、短帘垂铃等。柱础采用雕刻装饰。经过装饰的寺院建筑内外的木柱，排列如林，起到一种与寺院环境和谐呼应的艺术效果。

5.7 实例分析

笔者在藏东各地调研的两年时间里，参观和调研了许多藏族民居，对其留下了深刻的印象，也保存下大量的影像资料。

5.7.1 藏东民居的外观

民居建筑的外墙面基本不进行彩绘，彩绘主要集中在门窗上，门窗套做得很小，一楼开窗很小，这都是藏东民居的典型特点（图 5-29）。

藏东民居的立面形式可以概括为以下几点：一般为两层；一层不开窗或开窗很小，二层多窗，第三层为开敞式（图 5-30）；墙面整面涂白色；大门上有时会有一些宗教图案作为装饰；主要装饰集中在门窗洞口的位置，门框、窗框都会做精细的分区域装饰，一般门头和窗上的飞子木都会以小方格为单位进行彩绘；门扇和窗扇进行整扇的装饰，如果家庭条件实在比较困难，没有经济能力请画匠进行彩绘，也会在门扇和窗扇上自行涂上颜色，而绝对不会让门扇和窗扇像墙面一样留白。

图 5-29 美玉乡民居的外立面，图片来源：赵盈盈摄

5.7.2 藏东民居的室内装饰

藏东民居的室内装饰讲究工整、华丽、亮堂，上至天花板下至与地坪相接的墙角都采用雕刻、彩绘等艺术手段加以装点，尤其是横梁、柱头和大门等木结构部分是装饰重点。有经济条件的藏族家庭的室内装饰满铺各界面，尤其是一层的客厅以及三楼的经堂（图 5-31）。

室内装饰最吸引人眼球的就是整面墙的壁画绘制，不仅仅有八宝吉祥这类整组器物的吉祥绘画，更多的是有寓意的动物、植物以及故事画。

对于室内彩画，笔者进行了细致的观察，

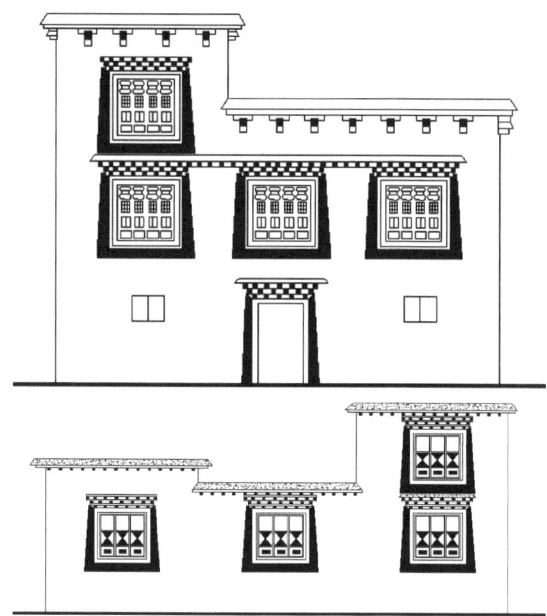

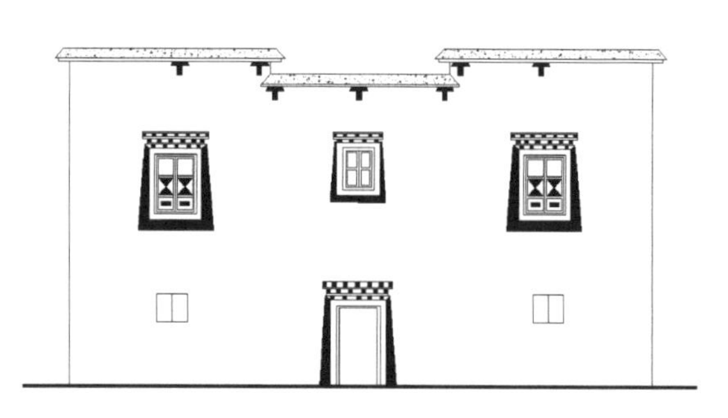

图 5-30 藏东民居的立面形式，图片来源：《西藏传统建筑导则》

发现了其中的规律：靠近屋顶的次梁，涂上深蓝色，使得天花板呈现冷色调，显得室内层高更高；层层出挑的内椽，椽头都进行了装饰，纹样相同，在同色调内采用不同的颜色，显得既整齐又多样化；整块墙面被划分成几个大块，部分做藏柜，部分则直接进行彩绘。有的家庭会使用有柜门的藏柜，则在藏柜门上也可以进行丰富的彩绘，使得整体的彩绘看起来更为完整；而没有藏柜门的藏柜在藏族也是有说法的——可以直接看见盛放五谷的容器对于藏族群众来说是吉祥富贵的象征。（图 5-32）

图 5-31 室内装饰，图片来源：汪永平摄

5.8 藏东民居建筑的装饰图案

藏族建筑的装饰图案艺术受民族宗教信仰、生活民俗影响，具有显著的民族个性。同时，由于藏文化和汉文化密不可分的关系，藏族的装饰图案又蕴含了一些中华传统文化的共性。其中藏东地区因为土司[2]和茶马古道的影响，其建筑装饰图案又受到云南纳西族的影响。这些都使得藏东建筑装饰相对于整个藏族聚居区而言，丰富多彩而又不失个性。

装饰图案在藏语中被称为“泽吉日末”，主要来源于各种自然形象和几何纹样，包括植物、动物、人物、器物、文字等（图 5-33）。藏族在继承和发扬本土传统文化的同时，也注意吸收和借鉴其他民族文化，在装饰图案上形成了自己独特的特点，而藏东民居相较于西藏其他地区的民居装饰更为鲜艳、明亮。

5.8.1 宗教图案

藏族装饰图案艺术在最初形成时与原始宗教观念密切相关，如神话、图腾崇拜、自然崇拜等。藏族是一个全民信教的民族，故很重视

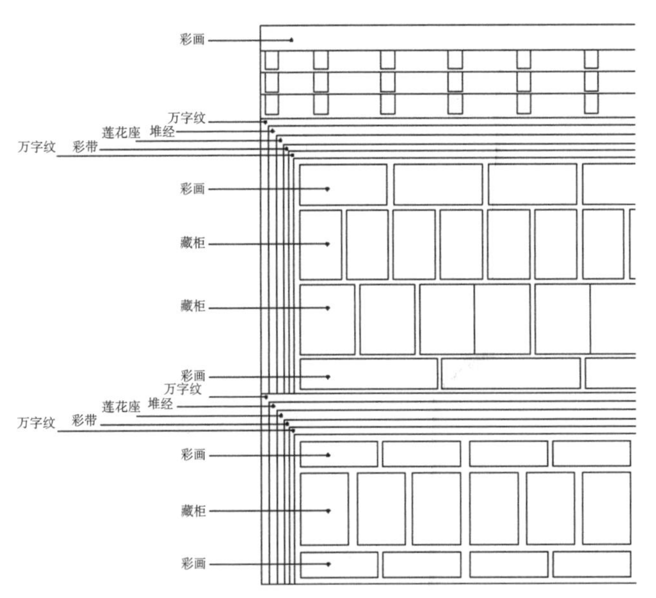

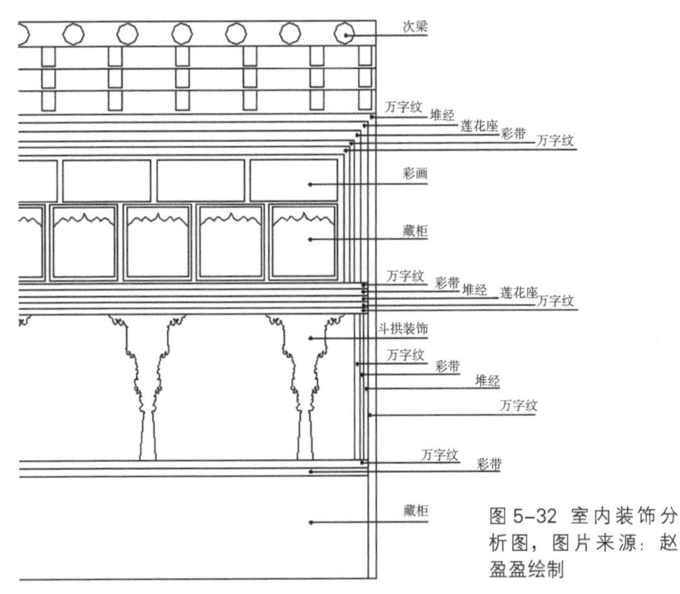

图 5-32 室内装饰分析图，图片来源：赵盈盈绘制

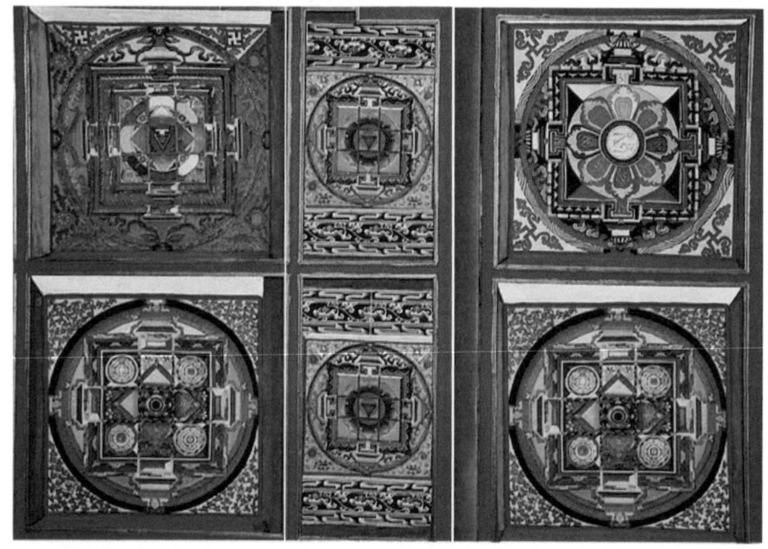

图5-33 装饰图案(上),图片来源:赵盈盈摄

图 5-34 寺庙天花板的坛城装饰(中1),图片来源:梁威摄

图 5-35 窗上的圆回纹(中2),图片来源:赵盈盈摄

图5-36 门上的回纹(中3),图片来源:赵盈盈摄

图 5-37 喜旋,图片来源:赵盈盈编绘(下)

精神寄托与慰藉,除宗教活动外,其他生活的方方面面也都打上了宗教的印记。宗教装饰图案主要有日月符、喜旋、组合“八吉祥”、曼陀罗纹,及与宗教直接相关的动植物图案。

(1)坛城

坛城的梵语是“mandala”,就是我们所熟悉的曼陀罗。“mandala”指的是一种有特定空间结构和布局方式的物体和图像的名称。

要想了解藏式建筑,一定要首先了解曼陀罗,它形成了藏式建筑装饰艺术的主要指导思想之一。坛城在藏传佛教中被广泛地应用,它的特征是十字对称,中心突出,四周辐射,方中有圆,圆中套方(图 5-34)。这种特征正符合藏传佛教关于世界的本源、主体和结构的思想理论。

(2)回纹

回纹是我国一种比较古老的纹样,是由商周时期陶器和青铜器上的云雷纹演化而来,因此回纹也借用了云雷纹的一些内涵,后来人们根据它具有回回绕绕、绵延不断的特点,赋予其以深远绵长的寓意,象征着长久与轮回的意思。其形式有一正一反连续不断的带状形,二方连续是最常见的形式,四方连续组合俗称“回回锦”,在藏东民居建筑中主要用作边饰和底纹,出现在窗(图 5-35)、门(图 5-36)及梁上。

(3)喜旋

喜旋的形状与古代中国的阴阳图相似,不同之处是阴阳图只有阴阳两个部分,而喜旋是由三个或四个部分组成(图 5-37),代表“三宝”[3]或殊胜“三界”,或是“四圣谛”及四大方位。作为三宝的象征,喜旋通常画在法轮的中心点上,也有单独出现者。

(4)祥麟法轮

在寺院里僧徒集合诵经的佛堂大殿顶楼上可看到左右分别有祥麟、法轮,这是寺院、宫殿建筑上的装饰品(图 5-38),佛教里称为“祥麟法轮”。祥麟奉行释迦牟尼教法,劝人们一心修行向善。法轮是指佛法威力无边无际可以摧毁所有罪恶。

5.8.2 动物

以动物纹样作为装饰图案题材在藏族纹饰题材中所占比重较大（图5-39），大多是以具体形象出现，从其来源上可以大致分为3类。

首先是属于藏族图腾文化的动物形象，比如牦牛和猕猴形象，是对藏族祖先为“猕猴所变”以及藏族为六个“牦牛部落后裔”神话与传说的直接反映，这也间接反映了早期藏族祖先信仰及图腾崇拜的民族心理。其次是与佛教文化有关的动物形象，这类动物形象都富有一定的宗教象征，在装饰图案中占了举足轻重的地位，如大象、狮子、鹿等。最后便是受其他民族影响而使用的一些动物形象，最普遍的是源于汉文化的动物形象，如龙、凤、鹤、鹿等（表5-1）。

表5-1　汉藏动物装饰含义对比表

	动物	汉族意义	藏族含义	常用位置
藏图腾	牦牛	—	图腾崇拜	壁画
	猕猴	—	“猕猴变人”神话	壁画
佛教文化	大鹏金翅鸟	—	勇猛	梁、长短弓
	饕餮	贪婪	守护	大门、长短弓
	吐宝鼠	—	财富	梁
	象（白象）	太平	佛教代表	多与如意宝、朱砂一同出现
	鹿	长寿、权势	自然的和谐、初转法轮	风景画、祥麟法轮
	狮子（西藏雪狮）	护卫、吉祥	释迦牟尼象征	普遍存在
	虎	力量	战斗	“蒙人驭虎”

表格来源：赵盈盈绘制

（1）牦牛

牦牛性情温和、驯顺，具有极强的耐力和吃苦精神，对于世代沿袭着游牧生活的藏族群众来说，牦牛具有无可替代的重要地位。在高寒恶劣的气候条件下，担负着“雪域之舟”的重任。

牦牛是藏族历史上重要的图腾崇拜物。

图5-38 祥麟法轮，图片来源：梁威摄

图5-39 民居的动物图案，图片来源：赵盈盈摄

图5-40 中原牛装饰图案，图片来源：汪永平摄

藏族创世纪神话《万物起源》中说：“牛的头、眼、肠、毛、蹄、心脏等均变成了日月、星辰、江河、湖泊、森林和山川等。”藏族把对牦牛的崇拜与对自然崇拜中的山神崇拜结合在一起，例如雅拉香波、冈底斯、念青唐古拉、阿尼玛卿等青藏高原上的著名神山，它们的化身都是白牦牛。牦牛图案常出现在橱柜门和墙面彩绘中，在寺庙和民居中还出现中原牛的形象（图5-40）。

图5-41 猕猴图，图片来源：王璇摄

图5-42 雀替上的金翅鸟，图片来源：赵盈盈摄

图5-43 民居中的饕餮图案，图片来源：赵盈盈摄

（2）猕猴

提到猕猴，藏族群众耳熟能详的就是有关藏族的起源的传说——猕猴变人（图5-41）。有一受观音点化的猕猴在山岩上修行，为一罗刹女纠缠，要求成为夫妇，猕猴不愿，罗刹女苦苦哀求，猕猴征得观音的同意后，与之结为夫妻，生了6只小猴，将它们送到水果丰盛的地方。三年之后猕猴前去看视，已增至500只，树上的果实被吃尽，群猴饥饿呼嚎。父猴再往普陀山向观音求救，观音从须弥山的缝隙中取来青稞、小麦、豆子、大麦撒到地上，大地便长出五谷。猴群饱食五谷，身毛与尾渐短，会人语，便成为人，以树叶为衣。

（3）金翅鸟

金翅鸟是印度教和佛教中的神鸟王。梵名为迦楼罗，性格勇猛，密宗以其象征永健菩提心，或视之为梵天或文殊菩萨的化身。

在西藏的画法中，金翅鸟被画为有人的躯干、臂膀和双手，腰下部有强壮大腿长有羽毛，再下面是长有利爪的、鸵鸟般的小腿。背部长满羽毛，尾翼一直拖到足部。双爪和嘴都十分坚硬，双翼和双眼一般绘成金黄色，羽毛为黄褐色向上翻卷（图5-42）。人们认为金翅鸟可以对付蛇，可喷治疗蛇咬及其他毒物的解毒剂，常成对出现。

（4）饕餮

在藏族艺术中，饕餮作为一种纹饰经常出现在庙宇的大梁、门楣等处，也常用于门环。它经常被描画为长有一张无下颚的凶恶的脸，头上长角（图5-43），双手紧握于插在口中的金色饰杖上。

我国汉文化中将饕餮看作一种贪吃、贪婪的野兽，常会在餐具上出现，以警告人们不要贪婪和放纵。

（5）吐宝鼠

吐宝鼠张开大嘴可吐出珠宝雨，它是宝藏神、多闻天王或沙毗门天[4]这类财神左手所持的器物。吐宝鼠形象源于中亚，鼠鼬也是财宝和财富的护宝者，手持器物的鼠鼬象征着慷慨、财宝和成就。

（6）象

古人将象崇尚为庞大的吉祥仁兽。在印度、斯里兰卡、缅甸和泰国，象被尊为皇室或寺庙的坐骑。象在民居装饰中，常在彩绘的故事画中出现。

除了在故事画中出现，白象宝作为转轮王七政宝之一，经常和七政宝一同出现，被绘为背驮如意宝、鼻托一碗朱砂的形象（图5-44）。白象享有盛名，但难以驾驭，需要精心饲养且花费极高。据说，白象的前额可以生成“象宝”，象宝可以用来制作被称为“黄丹”的珍贵药丸。

（7）鹿

说到鹿就不得不提到印度的鹿野苑。鹿野苑位于印度北方邦瓦拉那西以北约10 km处，是释迦牟尼成佛后初转法轮处，佛教最初的僧团也在此成立。在一个佛教典故中，菩萨化身为鹿王，为了保护鹿群，将自己献给了国王，而国王也因此感动，从此下令在鹿野苑周围，要保护鹿群。祥麟法轮中使用鹿也是由于鹿野苑的缘故。

藏东民居的风景画中常常有鹿，它们代表着自然和谐。鹿在绘画中常常雌雄成双出现，代表着和谐、幸福和忠诚。

（8）狮子

在佛教经典中，对狮子非常推崇。《玉芝堂谈荟》曰：“释者以师（狮）勇猛精进，为文殊菩萨骑者。”早期佛教选用狮子作为佛陀释迦牟尼的象征。“狮子吼”是观音菩萨一个化身的名号，意为佛陀的教法优于其他外道教法。佛陀被尊称为人狮子，代表佛陀为人中之雄者，犹如狮子为百兽之王。在藏族艺术文化的表现中，多为神话中的西藏雪狮。

图5-44 壁画中的白象宝，图片来源：赵盈盈摄

图5-45 狮子图案，图片来源：王璇摄

图5-46 柱头上的双虎图案，图片来源：赵盈盈摄

雪狮是西藏的动物徽相，被装饰在旧地方政府的官印、硬币、钞票和邮票上。在唐卡、建筑柱、梁等各处都绘有雪狮（图5-45）。

（9）虎

虎的形象图案常被用于柱头装饰中（图5-46），佛教的胜利幢上也经常装饰有虎皮帷帐。

“蒙人驭虎”的画作经常出现在格鲁派寺院的墙壁上，画面上是一个蒙古喇嘛或贵族牵着一只已被驯服的老虎。这幅图也具有宗教的象征意义，即代表格鲁派（黄教系）战胜了被“驯服”的对手藏传佛教旧派（红

图 5-47 民居中的龙装饰图案，图片来源：赵盈盈摄

图 5-48 民居中凤装饰图案，图片来源：赵盈盈摄

图 5-49 民居中的龙凤组合图案，图片来源：赵盈盈摄

帽系）。

（10）龙

龙神在藏族群众心目中又是财神。至今，藏族在喜庆节日里，仍会用石灰在灶上画只蝎子，此蝎子被认为是龙的化身。龙神此时又化身为与家家户户有关的灶神。因灶神爱清洁卫生，所以藏族人保持灶的清洁，不随便玷污，以避免惹怒灶神他迁，带来不祥。

纹样中有“龙凤呈祥”“二龙戏珠”“龙腾虎跃”“龙飞凤舞”“云龙出水”“蛟龙吐雾”等，都是包含着吉祥、喜庆意义的图案。另外还有把龙的形状予以简化而构成的拐子龙连续图案，则有永远幸福吉祥的寓意（图 5-47）。

（11）凤

凤和龙一样，是古人想象出来的一种被赋予神话色彩的动物，早在女娲氏族部落时期，就作为氏族部落的图腾标志而诞生（图 5-48）。古人传说中的凤凰是雌雄鸟，凤为雄性，凰为雌性，它们总是雌雄双双而飞，因此凤凰理所当然被当作婚姻美满、祥和如意的象征。吉祥纹样中有“鸾凤和鸣”“凤求凰”“凤凰于飞”。但凤凰与龙相配时却又无所谓雄与雌之说，一律被化为雌。龙与凤的组合除了象征皇帝皇后外，还喻示着吉祥（图 5-49）。

5.8.3 植物

卷草纹和宝相花是藏族群众在植物纹装饰中的代表。

佛教中的植物及自然天体的宗教象征意义与民间植物的象征意义有所差异。由于藏族群众信仰藏传佛教，所以植物装饰图案的象征意义，除具有民间特征及寓意外，与佛教又有密切的关联。

藏东民居建筑装饰中的植物图案（表 5-2）出现得很多，出现的位置也十分广泛，包括斗拱、门、窗、梁柱等处，代表着万事美好的寓意。

（1）卷草纹

卷草纹是一种表现花草蔓生、滋长繁盛的植物纹样（图 5-50）。这种纹样历史悠久，

图 5-50 卷草纹，图片来源：赵盈盈摄

表 5-2　藏东民居的植物装饰图案

	植物	来源	汉族意义	藏族含义	常用位置
藏族特有	卷草纹（蔓草纹）	忍冬草演化	—	轮回永世	斗拱、窗框
	宝相花（宝仙花）	人为创造	—	庄严吉祥宝贵	门框
汉藏共有	莲花（荷花）	—	美好纯洁	佛教标志	梁、门楣
	牡丹	—	富贵荣耀	庄严光明	柱、门扇
	菊花	—	长寿花	长寿	梁
	格桑花	—	拼搏（梅花）	美好	梁、壁画
	松	—	长寿	长寿	壁画
	竹	—	高洁品质	妙传法弘	壁画

表格来源：赵盈盈绘制

在发展过程中又演变成各种形状类似而名称不同的纹样。如在南北朝时期被称为忍冬草，佛教装饰中经常用它来象征人的灵魂不灭，轮回永生。

忍冬草发展到唐代的时候被称为卷草纹，也叫蔓草纹，在唐代十分流行，后人称其为“唐草”。唐朝的卷草纹被赋予茂盛、长久的吉祥寓意。

蔓草纹又演变出了花草拐子纹，这时更加注重突出蔓草的卷曲和延绵不断的特点，因此在寓意上强调的是幸福绵绵、富贵万代之意。蔓草纹还常与龙的形象结合，形成“拐子龙纹”“龙花拐子纹”等各种变体花纹（图 5-51）。

（2）宝相花

宝相花又叫“宝仙花”“宝莲花”，它集中了莲花、牡丹花、菊花的特征，是一种象征意义上的花。

宝相花是古代的吉祥纹样，是我国传统图案植物类的一个主要部分，盛行于隋唐时期。佛家称庄严的佛相为宝相，从这里可看出，能用“宝相”来命名的花，是受到人们莫大喜爱和崇拜的，成了一种花中之美的代表，有吉祥宝贵的象征（图 5-52）。

（3）莲花

莲花，又称荷花、芙蓉、藕花、水花等，人们常用莲花来比喻那些洁身自爱、品行高尚的人。

以莲花做装饰题材，在装饰史上占据重要地位，各个时期的莲花图案有着不同的风貌和特点，特别是佛教传入我国后，多姿多彩的莲花图案在绘画、雕塑以及工艺美术等艺术上，得到了广泛应用（图 5-53）。

莲花与佛教有着密切关系，佛教中把莲花当作西方净土的象征，用作佛寺建筑和佛器的装饰。莲花是藏族群众喜闻乐见的一种装饰图案，除了莲花自身的侧面形象、正面形象以外，莲花座也是经常出现的装饰图案。

（4）牡丹

牡丹是中国特有的花卉，长久以来被当

图 5-51 卷草纹组合，图片来源：赵盈盈摄

图 5-52 宝相花，图片来源：赵盈盈摄

图 5-53 莲花，图片来源：赵盈盈摄

作富贵吉祥、繁荣兴旺的象征（图 5-54）。随着佛教的中国化与世俗化，自唐代始，牡丹逐渐被应用于佛寺的装饰图案中。牡丹作为佛案的装饰图案，体现出佛的庄严光明；作为寺院的装饰图案，大殿前后常有用砖石砌起花台，砖石上雕刻牡丹，花台内植有牡丹的景象，“牡丹与古寺共辉”以彰显圆满功德。

（5）梅花

梅花有五个花瓣，被古人比喻为五福，

图 5-54 门扇上的牡丹，图片来源：赵盈盈摄

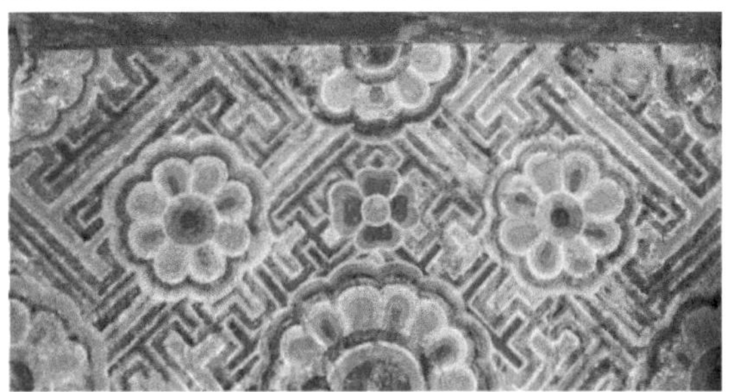

图 5-55 格桑花，图片来源：赵盈盈摄

图 5-56 王后宝，图片来源：赵盈盈摄

即幸福、快乐、长寿、顺利与和平。有诗云：“梅开五福，竹报三多。”

牡丹、莲花、菊花和梅花被称为“四季花”，各自代表春、夏、秋、冬四个季节。吉祥图案中有“四季平安”，就是以四季花为内容的。

在吉祥图案中，画着竹、梅及两只喜鹊的纹样，被称为“竹梅双喜”，竹喻丈夫，梅喻妻子，是对纯真爱情的赞美。梅树梢枝上落有喜鹊的纹样，称为“喜上眉梢”，指人逢喜事时的欢喜、高兴之表情，寓意喜事盈门。

（6）格桑花

在藏语中，“格桑”是幸福的意思，“梅朵”是花的意思，格桑梅朵是一种生长在高原上的普通花朵，菊科紫菀属植物，它产自西藏、青海、川西、滇西北的大草原，被藏族群众视为象征着爱与吉祥的圣洁之花，也是西藏首府拉萨的市花。格桑花是装饰图案中最为常见的吉祥图案之一（图 5-55）。

（7）竹

有关竹的吉祥图案非常多，除了“四君子”“岁寒三友”“五瑞图”等组合图案外，人们常取“竹”的谐音作为“祝”的替代，如有“华封三祝”，是竹与各类吉祥花纹的图案，表示美好祝愿。

在佛经中比喻妙法弘传的竹林精舍。佛陀生前弘法的重要地点之一为竹林精舍，又称“迦兰陀竹林”。迦兰陀竹林具有两种意义，一是迦兰陀鸟所栖息的竹林；二是迦兰陀长者所拥有的竹林，为印度僧团的初创精舍。竹林精舍与舍卫国的神祇园精舍，并称为佛教最早的两大精舍，佛陀在世时，常于此弘法。

5.8.4 人物

藏族建筑中以人物像作为装饰图案的纹样，题材大都是写实性神话，不同的人物形象传达不同的精神寓意，给世人以训导、震慑、启迪、慰藉。如六长寿图、财神牵象、蒙人驭虎、七政宝、十二仙女等。

（1）七政宝

七政宝图在藏东民居建筑的绘画、雕刻艺术作品中比较常见。这个图案是佛经中所说的古代轮王统治时代国力强盛、天下安泰的标志，其象征意义是四方归一统，国君具备为黎明百姓带来幸福安康生活的治国才能。

七政宝指的是火焰宝、金轮宝、大臣宝、王后宝（图 5-56）、大象宝、骏马宝、将军宝（图 5-57）。

（2）寿星

寿星与福星、禄星合称“福禄寿”三神仙，分别代表着福运、官运、长寿，是极受人们尊奉的吉祥神。在人们心目中，寿星是一位慈祥和善的老人，是吉祥的象征。

中国人对祝寿向来很重视，自古也流传下来很多的传统风俗习惯。民间除了有祝寿的习俗外，每逢过年过节时，家中若是有老人，儿孙们总要在厅堂内挂一幅《寿星图》，两侧带寿联，如“福如东海，寿比南山”之类，以祈望寿星赐予长寿。

5.8.5 器物

1）八瑞相

八瑞相是佛教符号中最著名的一组，其传统排列如下：①宝伞；②金鱼；③宝瓶；④妙莲；⑤右旋白螺；⑥盘长；⑦胜利幢；⑧金轮。

印度早期的八瑞相为：①宝座；②卍字符；③手印；④发旋；⑤珍宝瓶；⑥净水瓶；⑦一对金鱼；⑧盖碗。流传进入中国西藏以后，通过言传口述逐渐发展为现在的西藏八瑞相。在藏族艺术中，八瑞相可以分别绘制，也可以画成两个、四个和八个一组。当成组绘制时，它们常常摆成瓶状。在呈瓶状时没有宝瓶，而其他七件呈宝瓶状的象征物代表着宝瓶所象征的财富。象征好运的八瑞相图被装饰在各种各样的佛教圣物和世俗物品上。

图 5-57 将军宝，图片来源：赵盈盈摄

（1）宝伞

宝伞是印度皇族传统的象征物和保护伞，其伞下阴影使人免受热带阳光的暴晒之苦。在传统上，国王可以撑用十三把宝伞，早期印度佛教徒把这个数字视为化身为转轮王的佛陀之权利的象征。十三个伞轮构成各类佛塔的锥形塔尖。宝伞的圆顶代表智慧，悬挂的丝绸围幔象征着各种慈悲的方法。

（2）金鱼

金鱼这一吉祥符号普遍存在于印度教、耆那教和佛教中。雌雄双鱼通常对称绘制，形似鲤鱼，尾巴、鳃和鳍均十分优雅，长长的鱼须从上颚伸出。

（3）宝瓶

金色宝瓶仿造传统的印度黏土水瓶。宝瓶主要是某些财神的象征，典型的藏式宝瓶被描绘为极其华丽的金瓶，其各个部位都散射着莲花瓣图案，一块如意宝或三联宝石作为饰顶，象征着佛、法、僧三宝。

（4）妙莲

莲花有圣洁、美好之意，其品格与佛教教义相吻合，常被用于佛教建筑装饰中。密教大师莲花生将佛教传入西藏，他同样被神化为生于一朵奇异的莲花之上，开放在印度的乌仗那王国的丹那阔沙湖上。佛教中的莲花被描述为四瓣、八瓣、二十四瓣、三十二瓣、六十四瓣、百瓣、千瓣。作为手持器物时，莲花通常呈粉色和浅红色，共有八个或十六个莲瓣。盛开的莲花也可以是白色、黄色、金黄色、蓝色和黑色。

（5）右旋白螺

右旋白螺是古印度战神的器物，作为八瑞相之一，白色海螺通常被垂直绘制，常在其底处系有一根飘带。从口部的曲线和螺孔可以看出螺的右旋。海螺也可水平放置，当作盛放甘露或香料的容器。右旋白螺作为手持器物象征着宣讲佛法，佛法就是“佛语”。

（6）盘长结

盘长结，又称“吉祥结”，与卍字符形状相同。印度和中国汉地佛像的胸部常刻有吉祥结或卍字符，象征着大圆满思想。人们认为它会“像卍字符一样旋转”，被认为是“吉祥卍字符”，因为这两个相似的符号在有关早期印度八瑞相的大部分传说中十分常见。在中国，它是长寿、永恒、爱及和谐的象征。作为佛教思想的象征物，吉祥结代表着佛陀无限的智慧和慈悲。

（7）胜利幢

在藏族传说中，十一种形状各异的胜利幢代表着十一种制欲的具体方法。在寺庙屋顶上常可看到插有不同形状的胜利幢。屋顶四角常插有四面胜利幢，象征着佛陀战胜四魔的胜利。胜利幢最传统的形式是圆柱形宝幢，插在一根长木轴杆上，幢顶呈小白伞状，伞顶中央有个如意宝珠。

（8）金轮

金轮由轮毂、轮辐和轮圈三个部分组成，象征着佛教教义以伦理、智慧和禅定为依据。八辐金轮象征着佛陀的“八正道”，也象征着这些教法传播八方。

2）八瑞物

表 5-3　八瑞物

名称	寓意
宝镜：正思	正确的思想，没有偏爱、错觉、歪曲，真实无误地反映出万物
黄丹：正念	代表正念，因为黄丹可以治愈因愚痴所患之病，该病是一切痛苦的根源
酸奶：正命	没有任何杂质，没有对任何生灵造成伤害
长寿茅草：正精进	象征长寿、坚韧，把正精进比作修持佛法的持久恒心
木瓜：正业	成就一切的善行
右旋海螺：正语	佛法的宣证
朱砂：正定	心境基于一点
芥子：正见	断灭一切伪见、伪释的能力

表格来源：赵盈盈绘制

八瑞物（表 5-3）构成了早期第二大组佛教符号，其中包括：① 宝镜；② 黄丹；③ 酸奶；④ 长寿茅草；⑤ 木瓜；⑥ 右旋海螺；⑦ 朱砂；⑧ 芥子。与八瑞相一样，这八件宝物可能也源自前佛教时期，并在初始阶段就被早期佛教所采纳。它们代表了敬献给佛陀的一组具象供物，象征着佛陀的“八正道”（正思、正念、正命、正精进、正业、正语、正定、正见）。与八瑞相一样，八瑞物后来在金刚乘佛教中被神化为八大供养天女。

3）五妙欲

五妙欲是最为精妙的组合，可以吸引或迷住色、声、香、味、触五种感官。在传统上，五妙欲的形式如下：① 镜子表示“色”；② 琴、铙钹或锣表示“声”；③ 焚香或盈满香料的海螺表示“香”；④ 水果表示“味”；⑤ 绫罗表示“触”。

5.8.6　文字

藏族建筑的装饰也会使用文字图案进行装饰，通常可分为以下几类：以“福”“禄”“寿”“喜”四个字的变体书法形式，及佛经中带有宗教色彩的字句，梵文、藏文字母或汉字符号，最突出的代表就是“六字真言”梵文的吉祥字样或咒语，最典型的代表就是“朗久旺丹”。

（1）寿

中国传统观念中有“五福”，其中占据第一位的就是寿。中国人的理想和幸福观念执着于现世，追求生命的长久与无限。因此，在“寿”这个汉字上做文章，结果寿字被精雕细琢，逐渐图案化、艺术化，变成了远比其字本意内涵更丰富的吉祥符。其造型极其丰富，有单字表意的图案，字形长的叫长寿，字形圆的叫圆寿（图5-58）。

图5-58 圆寿字，图片来源：赵盈盈编绘

（2）万字纹（卍）

雍仲符（卍）是古印度部落中的一种咒符，又被西藏原始苯教视为标志和法宝，象征坚不可摧，光明普照，吉祥广大。卍字实为“十”字形“太阳纹”符号的发展；“十”字和“卍”是火和太阳崇拜的象征，都以旋转光焰表示太阳崇拜。

图5-59 窗格上的卍字，图片来源：赵盈盈摄

万字纹也是佛教里的一个吉祥符号，在古代印度、希腊、波斯等国家被认为是太阳或火的象征，后来应用于佛教，作为一种护身符和标志，之后人们把这个标志简化，演变成直线状，于是就形成了万字纹(图5-59)。

图5-60 万字连续纹复原图，图片来源：赵盈盈绘制

后人又将万字纹发展出变体的形式，民间最常用的是将“卍”字的四个旋臂弯成弧形，整个图形围成一个圆形，称“团万字”。还有以“卍”字纵横方向连续展开形成互相连接的文字图案纹，称“万字流水”或“万字锦”，象征吉祥如意、富贵不断。

民居中的窗格，连廊栏杆等装饰均借卍四端伸出，连续反复形成各种连锁花纹，意为绵长不断。此外还有长脚卍字，意为富贵不断头，用以祈盼福寿安康，子孙绵延（图5-60）。

（3）六字真言

藏传佛教把六字真言看作经典的根源，主张信徒要循环往复吟诵，才能广积功德，功德圆满，方得解脱。有的藏学家认为六字箴言意译为：“啊！愿我功德圆满，与佛融合！”还有的藏学著作认为六字箴言最简练而诗意的解释是：“好哇！莲花湖的珍宝！”藏传佛教将这六字视为一切根源，循环往复念诵，即能消灾积德、功德圆满。

藏族群众认为修行悟道的最重要途径就是勤于念经。在众多经类中，被念得最多的是著名的六字真言：唵、嘛、呢、叭、咪、吽。

（4）朗久旺丹

朗久旺丹是藏语音译，意译为“十相图”或“十相自在”。它由七个梵文字母和三个图案组合而成，是标志密乘本尊及其坛城合一的图文。

（5）十字符（加珞）

这里的十字符在藏语称为“多吉加樟”，汉语称 “十字金刚杵”，象征坚不可摧、所向无敌。藏族人认为“十”字纹样象征着“慈善”“爱抚”“与人为善”的吉祥含义，用它配置起来的“十”字纹连续图案，更有和蔼可亲的感觉。

5.8.7 自然景物图案

（1）水纹

水是万物之源，因此水被赋予神奇的意义。佛教中水和莲花共同构成佛教的一种标志，象征神圣与圣洁；水有着变幻莫测流动无形的特点，表现在纹样中也可以是多姿多彩的。

从构图上来说，水纹在画面中通常只是作为配饰，用以增添气势、增补空间或者协调布局。水纹的形式还有曲水纹、万字流水等。

（2）云纹

云作为一种自然天象，它的形象千变万化，能引发人们对于各种征兆的想象，而且云和雨是相联系的，“云”与“运”音相似，因此以云比喻好运与幸福。在云纹的艺术加工中，有行云、坐云、四合云、如意云等多种多样的形式，形成一个丰富多彩的云的世界。

（3）日月符

上为圆日图形，下为月弦朝上的弯月图形，日月符可单独使用。太阳和月亮是金刚乘佛教中重要的星相象征，日月符象征日月交辉。日月符产生的文化背景及反映的文化心态，与藏族先民的日月、光明崇拜相关。

小结

民居建筑装饰与宗教建筑略有不同，在满足装饰性的同时，民居更加注重实用性。藏东民居与周边各民族民居最大的区别就在于它的色彩丰富，彩绘主要集中在门窗及梁柱处，既可以做到吸引眼球，又可以起到一些藏拙的目的。在这点上，宗教建筑也是这样做的，但是又与民居建筑装饰有着显著的区别，让人一眼就可以分辨。在墙面装饰和天花板装饰方面，民居的装饰远远比不上宗教建筑那么华丽夺目，但是却又不失自己的特点。屋顶则是区别宗教建筑和民居建筑最显著的部分。民居建筑重室内、佛堂装饰，但不忽视室外装饰和其他房间的装饰，可谓在使用功能和美观上找到了最佳的平衡点。

藏东建筑的装饰图案令人眼花缭乱，错综复杂的图案中却又可以慢慢地理出头绪。藏族的装饰图案来源于自然界中演化来的各种形象、几何纹样、动植物、器物、文字，这些装饰图案不仅被运用在建筑上，在藏族群众的服饰和饰品上也多有出现。无论是什么样的装饰图案，几乎都有自己所蕴含的宗教意义，从中可以看出藏族群众对他们所信奉的宗教的虔诚。

注释：

1 蒙人驭虎代表格鲁派（黄教系）战胜了对手藏传佛教旧派（红帽系）。

2 土司有广义与狭义之分。广义的土司既指少数毛南族地区的土人在其势力范围内独立建造的且被国家法律允许的治所（土衙署），又指“世有其地、世管其民、世统其兵、世袭其职、世治其所、世入其流、世受其封”的土官。狭义的土司专指土官。

3 佛教术语中的“三宝”是指佛宝（Buddha）、法宝（Dhama)、僧宝（Sangha）。

4 沙毗门天：印度神话中的财富之神。

6 藏东藏传佛教建筑艺术

6.1 藏传佛教建筑的选址与布局特点

6.1.1 影响寺庙选址与布局的因素

（1）自然环境因素

昌都地区地处横断山脉三江流域，自然地理环境复杂多变，地质灾害很多。在长期的生活实践中，昌都人民在修建房屋时权衡利弊,利用有利环境因素,克服不利环境因素，回避可能的自然灾害，形成了与自然环境相适应的建筑环境理念，寺庙建筑的选址也不外乎此。

第一方面，昌都地区山高谷深，藏传佛教寺庙结合环境多依山势走向而建，如贡觉县唐夏寺（图 6-1）、昌都县噶玛寺、察雅县觉克寺、江达县瓦然寺、边坝县甲热寺、洛隆县康沙寺图（图 6-2）等，可称此类型寺庙建筑为依山式。这种方式也是因为可以节省劳力资源，结合山势地形兴建也决定了建筑布局的相对自由性。藏东地区依山式寺庙建筑坐落于山麓或山腰而非山尖或山岗上，在一定程度上也起到避风的作用。在贡觉县唐夏寺的择址中，寺庙背枕山体，充分利用了大自然的峰峦之势，以加大建筑“形”的尺度，从而获得较大的高度或体量，满足宗教空间氛围的要求。同时，寺庙前方为平原谷地，视野开阔，方便行人从远处及多个角度感受到寺庙建筑群的外部空间效果，以达到宗教传教的意图。

此外，昌都地区也有很多寺庙建造于山谷之间的平坦地带，被称为平川式，如昌都县强巴林寺（图 6-3）、类乌齐县的类乌齐寺、察雅县的向康寺、洛隆县的硕督寺（图 6-4）、

图 6-1 贡觉县唐夏寺，图片来源：汪永平摄

图6-2 洛隆县康沙寺，图片来源：梁威摄

图6-3 昌都县强巴林寺，图片来源：梁威摄

图6-4 洛隆县硕督寺，图片来源：梁威摄

图6-5 强巴林寺总平面，图片来源：梁威据Google Earth绘制

八宿县的邦达寺等。选址于山间平坦之地，四周有平缓的山峰，可阻隔寒风，形成较温暖的小气候。如强巴林寺依附于巍峨的达玛拉山，雄踞在扎曲河、昂曲河两水汇合间的岩岛上，地势高于周边河谷平地，又平坦宽阔。

第二方面，藏传佛教寺庙不仅是僧侣日常修行生活的场所，也是社会活动的中心，因此是否靠近水源及水源是否丰富也成为寺庙选址的关键，昌都强巴林寺就充分考虑到水源因素，在两河交汇处的岩岛上兴建，如图6-5所示。

第三方面，由于藏族建筑的营建多就地取材，因而寺庙选址也常靠近建筑材料相对容易获取的地点。又因昌都地区气候偏寒，燃料是僧侣日常生活所必需的，寺庙周围或更远的地方有无森林等可供拾取可燃物也成为寺庙择址的关键。

第四方面，建筑物的方位通常选择南向，山顶寺院多南向面对山下。这种习惯可能是因为对阳光的需求，也可能是受汉地建筑理念的影响。而在藏传佛教传入吐蕃初期，寺庙则多选择东西向，以示对佛教发源地印度寺庙建筑的效仿以及崇敬。昌都地区寺庙群落多南向，但也不尽然，如类乌齐寺则为坐东朝西。而且因为寺庙的组群关系和布局的自由，寺庙单体建筑的朝向不是统一的。

以上几点是根据昌都地区寺庙建筑现状及当地工匠口述等归纳总结出来的寺庙选址布局的影响因素。需要说明的是，依山傍水俨然已成为昌都地区寺庙选址的第一要素，但山体土质是否牢固、河流河道是否畅通等因素也是关键。从长远来看，可能会存在引发泥石流、洪水等自然灾害的因素，但凭借藏东人民长期的实践经验已能避免。现在可以依靠现代化科技力量的支持，以勘察地貌、分析山体结构等方式尽量避免可能存在的灾难隐患。

（2）宗教因素

历史上西藏被称为“雪域佛国”，形成政教合一的统治模式，宗教思想渗透到生活的各个层次，对藏式建筑的设计思想产生重要影响。而藏传佛教建筑则首先反映出藏传佛教的一些思想理念，尤其对组织建筑空间和营造建筑形式，在主观和客观上都起到了重要的引领作用。

纵观整个西藏历史，与传统藏式建筑设计相关的理念主要有四种：“天梯说”“女魔说”“坛城说”和“金刚说”。其中前两种思想与原始的宗教信仰有关，后面两种则是佛教哲学思想的反映。藏东藏传佛教建筑的营建也或多或少地受其影响。

“天梯说”是西藏步入王权社会的产物，西藏的人们认为权力的象征及职能占据高处。藏族对登天的理想最初在建筑方面的实践为位于雅砻河山谷的山岗上，由聂赤赞普主持修建的雍布拉康（图6-6），这是西藏历史上的第一座宫殿，也是宫殿建筑修建于山顶的开端。藏传佛教作为宗教与地方政权相结合的产物，其寺庙建筑的兴建受“天梯说”影响颇大。虽很少有寺庙立于山巅，但藏东藏传佛教寺庙不论是采取依山式还是平川式，其地势大都相对高于周边城镇村庄。

“女魔说”是由进藏和亲的文成公主提出的，出现在公元6世纪之后。史籍记载，文成公主在到达拉萨后，要为她带去的佛像建造一座佛堂，继而推算将于何处修建。推算发现整个吐蕃的疆域形如女魔仰卧状，文成公主便建议用在女魔肢体上修建庙宇的方式来镇压女魔。用修建寺庙的方法镇压女魔，意在为当时佛教在吐蕃地区的顺利传播及建寺而作宣传。前面提到的昌都地区贡觉县境内的唐夏寺，据传即为镇压女魔左掌心的寺庙。由于藏东的地理位置偏远，因而受“女魔说”的影响较小。

“坛城说”开启了用建筑形象来表现佛教宇宙观的大门。在佛教教义中，须弥山是世界的中心，宇宙的四大洲和八小洲是以须弥山为中心而形成的，天界、人界、畜类生活的中界及黑暗的地界也围绕着此山

图6-6 雍布拉康，图片来源：汪永平摄

图6-7 洛隆县宗沙寺坛城制作，图片来源：梁威摄

分布。公元8世纪后半叶，在赤松德赞主持及印度高僧寂护、莲花生等策划下修建了桑耶寺。该寺是西藏首座佛法僧三宝俱全的寺庙，选址及布局效仿了印度的欧丹达布梨寺（Odantapuri）。在后来的一些寺庙的单体建筑平面上依然可以看见坛城的影子。在昌都地区藏传佛教寺庙中也常见坛城模型（图6-7）。

“金刚说”则是藏传佛教主宰西藏社会思想层面的结果。其中的顶礼膜拜、朝圣转经思想反映在了藏式建筑设计思想上面，寺庙建筑布局大都采用“回”字形平面，且设有转经廊道。这种仪轨扩展到寺庙以外就形成了转山、转寺、转塔、转湖等习俗。在这种思想影响下形成的建筑平面形制和一些习俗普及到整个藏族聚居区，昌都地区寺庙的兴建也都会遵循这种方式。

以上四种宗教方面的思想对藏族社会影响深远，是藏族社会发展进程的反映。昌都地区藏传佛教建筑的兴建也受其不同程度的影响。此外，类似于“女魔说”，为了顺利

弘扬佛教及营建寺庙，也会用神迹的出现等来笼络人心，如察雅向康寺即因自生强巴佛的出土而兴建寺庙。

6.1.2 寺庙的选址程序

藏族对兴建房屋有很多讲究和禁忌，如在破土动工前要请活佛高僧前来占卜以示吉凶；动土日期需按藏历中所规定的吉日；建筑的方位也需按照藏族堪舆术推算等，而堪舆术受汉地风水学说影响较大。可见藏传佛教寺庙建筑选址布局在强调宗教仪轨的同时也受到当地一些习俗及堪舆术的影响。藏东藏传佛教建筑的兴建大致程序如下所述。

在兴建一处寺庙前，要请来一名德高望重且了解堪舆仪轨的密宗法师主持堪舆占星事宜。从开始的择址、开工动土的仪式、修建过程中的仪式到最后的完工均需法师参与。首先需要相地择址，堪舆师常于某处观天，反复观察山川河流的走向，以寻觅一处风水宝地。若某处天地之相浑圆如月，背枕高山，前方视野开阔，且山间有合适水源，则此地可供参选。如在择址时遇到奔涌而来的牛、羊群或背水的妇人或遇到瞬间雨过天晴等都被视为祥瑞之兆。下一步是勘测土壤的特性及缺陷，勘测土壤的特性常根据经验判别，如不能识别则会用一些方法检测，如在地上挖以深坑，内部需拍实，然后往坑里注满水，过一定时间后来查看坑里积水的情况，若依然是满水，说明土质较好；若水被完全吸收就为凶兆，不宜在上面兴建房屋；若水中发出声响，则说明此处受到邪灵威胁。在土壤的缺陷方面，一般附近有陡坡、深渊沟壑、荆棘丛、蚂蚁堆、树桩、骨头、陶瓷碎片堆等都被视为不吉。上面所提到的几点通常不能全满足，所以寺庙会选择多处互相对比而在缺陷相对最少的地点兴建寺庙，不可避免时则动用宗教手段，以法师的法力化解不吉征兆。

从上文论述中可以看出，藏东藏传佛教建筑的选址布局在很大程度上也受到地方堪舆占星术的影响，而懂堪舆占星术的大师均为当地寺庙高僧，堪舆占星术已被蒙上了宗教的色彩。不管是自然环境还是宗教因素，寺庙建筑的选址都不是简单地考虑一些习俗经验方面的东西，其中包含了众多科学认识，如在地质条件方面、水文条件方面、土壤条件方面等。可以把藏东藏传佛教建筑的选址布局条件简单归纳为：土质坚实，以避灾害隐患；河流环绕，植被茂密，以便日常生活；村庄聚集，农田牧场临近，以便传教；背枕高山，视野开阔，或择山麓或择平川，以御寒风。

6.1.3 寺庙建筑群体的布局特点

经前面章节归纳，藏东藏传佛教寺庙建筑群体可分为依山式和平川式两种类型，这两种类型在建筑布局上都为符合拓扑原理的自由式布局，而像藏族聚居区早期的大昭寺、桑耶寺等经过相对图形化设计的建筑布局方式则不存在。这种自由式布局更多的是强调建筑与环境的和谐，创造出了更加人性化的宗教世界。藏东藏传佛教不仅是对佛教文化的继承也是对藏文化的延续，藏东藏族人民长期生活在环境十分恶劣的青藏高原地区，生活实践让藏族人民懂得了与自然的共存，藏东藏传佛教寺庙建筑的布局正是遵循了藏民族最原始的生存本能——与自然环境共生，以人为本，追寻天人合一的理想境界。图 6-8 为强巴林寺主体建筑及主要道路示意图。

藏东藏传佛教建筑自由式布局的关键是要突出重点，以一点统领全局。即以某座重要建筑为主体，围绕该建筑兴建一些形制低的或附属建筑，且优先向自然地理条件优越的区域发展，从而形成主次分明的建筑群体。随着寺庙不断发展扩大，建筑数量和种类不断增多，不同等级的核心建筑也随之增加，则又以这些核心建筑为中心修建建筑。如此发展，寺庙内会有多组建筑群，之间会用道路、绿化、围墙等连成一个大的整体，建筑群体间的交集区域则相互协调建设。建筑群之间及各个群落内部都采用均衡的手法，让成片不同规模的建筑之间取得均衡之势，而又重点突出，形成一个自由布局的整体。其布局特点具体表现如下：

（1）建筑随时间发展演变

寺庙的发展是一个连续性的历史过程，大体量的寺庙建筑群也是由简单的建筑发展而来，经过长期的增修扩建，逐步发展为现有的规模。所以最早修建的建筑和使用频率最高的建筑在群体中的地位就显得十分重要。

（2）建筑布局遵循组织机构等级制度

藏东藏传佛教大型寺庙的组织管理机构主要分为措钦、扎仓、康村三个等级，普通佛殿与扎仓为同一等级，有的康村以下还会设有米村。不同等级的组织管理机构的建筑也是由高等级向低等级按一定序列组合排列、层叠布局。

（3）主次分明的道路系统

寺庙中的道路系统起到参观膜拜、转经仪轨、人流组织等主要作用。由于不同寺庙所处地理环境的不同，其交通流线组织也会有不同的方式。其中转经道在满足宗教仪轨的同时，承担起交通联系纽带的作用。

图 6-8 强巴林寺主体建筑及主要道路示意图，图片来源：梁威绘制

图 6-9 夯土墙（香堆寺旧址），图片来源：梁威摄

6.2 藏传佛教建筑的用材特点

上述藏东藏传佛教寺庙的选址充分反映了藏族建筑的因地制宜、结合环境的特点。而建筑选材方面的就地取材、因材致用又是一个主要特点，因各地材料生产情况的不同，用材也相应地有所区别。再是使用性质的不同，不同类型建筑间的用材也存在差异。藏东传统建筑以石材、泥土和木材等为基本材料，藏传佛教建筑亦是如此。

6.2.1 墙体材料

（1）黄土

原材料为黄土的夯土墙（图 6-9）为藏东应用最广的传统建筑外墙围合材料，常见于寺庙建筑中的 1~3 层建筑物及围墙等。土墙的夯筑需要专门的模具，因而根据建筑物规模的大小其夯筑方法可分为大板夯筑法和箱形夯筑法等，分别应用于大型建筑和小型建筑。为了保证工程的质量，不论采用何种方法施工，都要遵循的环节有：选用的土质

图6-10 土坯墙施工，图片来源：梁威摄

图6-11 块石墙体（昌都噶玛寺），图片来源：梁威摄

图6-12 井干式僧舍（洛隆硕督寺），图片来源：梁威摄

应有较好的黏结性能；泥土中需搅拌有一定比例的骨料以增强墙体的强度，如小石子；加入适量的水搅拌以保证黏土的黏合性及在砌筑工程中易于成形；砌筑过程中，适时加入横向、纵向的木筋或稻草等以增强墙体的整体性；砌墙时，应从转角处开始砌筑，以保证墙体之间的有机连接。夯土墙的优点是夯筑比砌筑快，无需大量的技工，夯土房屋保温性、整体性都比较好，且有一定的抗震性能。但墙体比较笨重、占地面积较大、表皮层不结实、墙根易酥化等都是明显的缺点。

除了夯土墙外，还有一种土坯墙（图6-10），这种墙体是在施工之前就已制作好标准尺寸的夯土砌块，然后如砌砖一样垒砌即可。其优点是取材方便、土质质量要求相对不高、砌筑容易、造价也较低。但由于其整体性和稳定性较差，且易被雨水渗透而须做表皮粉刷，因而土坯墙在大型建筑中不常被采用，常见于广大农村地区及寺庙低等级建筑。

（2）石材

在藏式传统建筑中，石材是被广泛用于砌筑墙体的材料，其主要有块石墙体、片石墙体和卵石墙体三种类型。在藏东，石墙与夯土墙同样占据了相当的地位，寺庙建筑中的石墙主要采用块石砌筑（图6-11）。

传统的石墙砌筑技术是用一层方石叠压一层薄碎石的方法，在缝隙处要用黏土、小石子作为填充物。砌筑过程中需要注意的是：水平方向的平顺及稳定，两层大石之间切忌对缝，前后须错位交合；处理好墙身与地基之间的关系，可以增加墙体与地基间的接触面从而减小地基的承受压力，更重要的是采用墙体收分技术，在减小墙身自重的同时避免墙体的外倾及增强建筑的外观艺术感染力；处理好墙体转角处的关系，保证墙体整体的连接关系。需要说明的是，早期没有专门的采石工，直到20世纪初，藏族聚居区才开始发展采石工艺，有了较为规整的石头砌块。块石墙体比较坚固,通常不需要做表面处理。与夯土墙体一样，块石墙体具有冬暖夏凉的特点，但其需要较高的砌筑技术，造价较高，材料运输等费时、费财、费力。

（3）木材

因藏东雨量充沛，森林植被地区盛产木材，因而木材也被广泛用于建筑。这种墙体由圆木或木板拼合而成，分横拼和竖拼两种方式,用横向或竖向木方对其进行榫卯连接，以增强房屋的整体性能，墙体成型后具有古朴自然的风格。此类建筑在昌都的江达县、贡觉县等地比较常见于民居类建筑。寺庙中等级低的建筑如僧舍（图 6-12）、厕所等也会采用此种方法，一些大型建筑的局部也会略有运用，如贡觉县唐夏寺、洛隆县硕督寺。

（4）边玛草

边玛草是西藏本土的一种柽柳枝。在西藏，在寺庙高等级的殿堂檐下或宫殿的女儿墙上,均可看到如同用毛绒织的赭红色墙体，即为边玛墙。其制作方法是在秋天采摘边玛草晒干、去梢、剥皮，用牛皮绳子扎成拳头粗的小捆（图 6-13），整齐地堆放在檐下，然后层层夯实以木钉固定、染色。用边玛草制作墙体，不仅可以把建筑物的顶层墙体砌薄，从而减轻墙体重量，这对于高大的建筑物来说十分重要，而且还起到庄严肃穆的装饰效果。但缺点是制作工序复杂、成本高等。在藏族历史上，边玛墙只能用于寺庙高等级建筑和宫殿建筑，普通民居是没有资格使用的，因而也是地位、权力的象征。藏东藏传佛教寺庙的大型建筑也普遍运用边玛墙（图 6-14），如大殿、佛殿、扎仓等。

（5）其他材料

除上述几种主要材料外，藏东藏传佛教建筑中的一些隔墙还多使用牛粪装、柴草等，主要是为了减轻墙体的重量，常见于建筑的顶层隔墙。

图 6-13 边玛草捆扎，图片来源：梁威摄

图 6-14 边玛墙，图片来源：梁威摄

图 6-15 阿嘎土地面，图片来源：梁威摄

6.2.2 屋面、地面材料

（1）阿嘎土

阿嘎土是一种类似于石块的坚硬土块，有一定的黏结性与防水性。主要用来做屋面、地面和墙面（图 6-15）。在打制阿嘎土前首先要在楼层上铺设一层起防腐作用的石层，上面再铺作为垫层的黄土层，最后为阿嘎土层。阿嘎土层的打制要先铺 10 cm 左右的厚阿嘎，通过人工踩实，边加水边夯打，历时几天，直到阿嘎土因充分吸收水分而起浆为止，然后再在上面铺 5 cm 左右的细阿嘎土继续打制。整个过程在歌声中有节奏地进行，最后用卵石磨光表面并涂上榆树皮熬成的汁，以清油抛光。其优点是防水性能好，但如果阿嘎土打制不密实或楼层木结构变形则会导

图 6-16 镏金屋面，图片来源：梁威摄

图 6-17 墙体收分，图片来源：梁威摄

致阿嘎土层开裂，进而让雨水顺缝而入破坏整个楼屋面。因此阿嘎土屋面、地面每年都需要必要的养护。再加上阿嘎土的取材困难，价格昂贵，传统的藏族建筑中只有寺庙、宫殿以及一些贵族庄园才会采用。

（2）黄土

相对于阿嘎土的高等级，黄土屋面则是藏族聚居区最普遍的屋面、地面材料，在藏东的藏传佛教寺庙中更多地被用于僧舍屋面。其做法是在楼层木结构层上先铺一层 5~8 cm 的厚杂木树枝，其上平铺一层 6~8 cm 的卵石层，最后夯填密实的黄泥层，厚约 3~5 cm。在打制黄土层时一样要用脚或木板等全面拍打，但没有阿嘎土的打制时间长。

（3）其他材料

除上述的阿嘎土和黄土屋面、地面外，藏东藏传佛教寺庙的室内地面还会有木地板地面，室外地面会有青石板地面、鹅卵石地面等。当屋面为坡屋顶时，也会像中原地区一样铺以瓦片，而大殿、佛殿等屋顶上的歇山金顶则为镏金铜制屋面（图 6-16）。

6.3 藏传佛教建筑的基本结构

上文已对藏东藏传佛教建筑各部分的用材进行了概述，按照用材来划分，藏东藏传佛教建筑的结构主要分为土木、石木及土木石混合三种结构类型。其主要的构件为柱、梁、檩，是用这三部分构件和墙体等组合而成为建筑的基本结构，即外部采用石墙、土墙或木墙等承重墙，内部则采用木制梁柱构架的混合结构形式。此种结构能够建造大体量及高层建筑，这也是藏式梁柱结构建筑的特点之一。

6.3.1 墙体承重

墙体是藏式传统建筑的主要承重部分，除了上节所述按建筑用材分类的建筑墙体外，收分墙、地垄墙这两种类型的墙体也反映出了藏式建筑的特色。

（1）收分墙

通常情况下，藏式建筑外墙厚度在 0.5~ 2 m 之间，墙外壁向内收分的角度一般为 6° ~ 7° （图 6-17），具体根据地形、承重等条件的不同而存在差异。建筑内部各层木构架间没有连接措施，只保持柱子投影位置上的重叠，梁、柱、椽之间也是只做上下的连接。采用随墙体增高而外墙向内收分的做法可以减轻墙体上部分的自重，使得建筑整体重心下降，因而可以增加墙体自身及建筑物整体的稳定性并提高抗震性能。

（2）地垄墙

在上文提到的藏东藏传佛教寺庙的选址中有依山式这一类型，地垄墙正是这种类型建筑的基础部位，也是抬高建筑物地坪的主要措施之一。这种做法可以节约大量的人力、财力、物力，且可起到挡土墙的作用。地垄墙的设置是根据上层建筑的柱子位置确定的，其厚度、层高则和整个建筑物的高度、上层建筑的面积、地质地形条件等相关。通常情况下，地垄层的层高小于上层建筑的层高，地垄空间都为 2 m 左右的矩形平面。地垄层一般不住人，有的也会作为存放柴火、牛粪等的仓储空间，其外墙上通常开有小窗以解决通风、采光问题。

6.3.2 柱梁承重

藏东藏传佛教建筑的承重体系中，除了墙体承重外，主要是柱梁承重。

（1）梁架

建筑的梁柱之间不用榫卯连接，仅是上下搭接，在柱头之上加坐斗、替木等构件以增加梁柱之间的接触面。在梁上施椽子，梁与椽的末端搭在墙上，形成室内梁柱与四周墙体共同承重的石（土）木混合结构。梁与柱组成排架，纵向排列，一根柱子的房间即是一柱二梁，两根柱子的房间是两柱三梁。如果在两根柱子的房间采用横向排列则为两柱四梁。因而在木材缺乏的青藏高原，采用纵架是可以节省木料的。纵架做法为四柱六梁的房间可称为厅，而以四柱六梁为基础的四柱八梁结构则是藏东藏传佛教建筑中多柱大空间厅堂的原型（图 6-18）。

（2）柱式

按照材料的不同，西藏传统建筑中的柱子可分为石柱与木柱。在藏东藏传佛教建筑中，据笔者调研还未发现石柱。起承重作用的柱子，同时也起到装饰的作用，柱子的形式也代表了建筑的等级，藏东藏传佛教建筑内的木柱主要有方柱、圆柱和多角柱（图 6-19）。

不同于普通民居，藏东藏传佛教建筑常在柱头置有多重托木、板、短椽等构件，目的是在装饰上体现寺庙建筑的等级，同时，在不增加柱、梁高度的基础上增加殿堂净高，也是为了衬托殿堂的气势与宗教的内涵。

6.4 藏传佛教建筑的平面特点

6.4.1 大殿的平面形制

公元前 5000 年—公元前 4000 年间昌都一带的卡若先民已开始建造房屋，其基本平面形式、建筑用材等都对藏东乃至整个西藏的传统建筑产生了深远影响。经过长期的建筑实践及在自然环境、宗教等因素影响下，藏族建筑形成了自己独具特色的风格特点。格鲁派的兴起带来了藏传佛教的发展高峰，随着寺庙组织管理与学经制度的完善，形成了措钦、扎仓、康村等等级化管理组织，且将这种管理机构用房与僧侣习经、礼佛的经堂、佛堂结合起来，创造出了一种两层及以上的大体量建筑，按其组织管理机构的性质称为措钦、扎仓等，这种把寺庙管理与日常宗教活动等结合在一座建筑内的形式，即成为格鲁派寺庙措钦、扎仓等的定制，且逐渐影响到所有藏传佛教寺庙。与整个藏族聚居

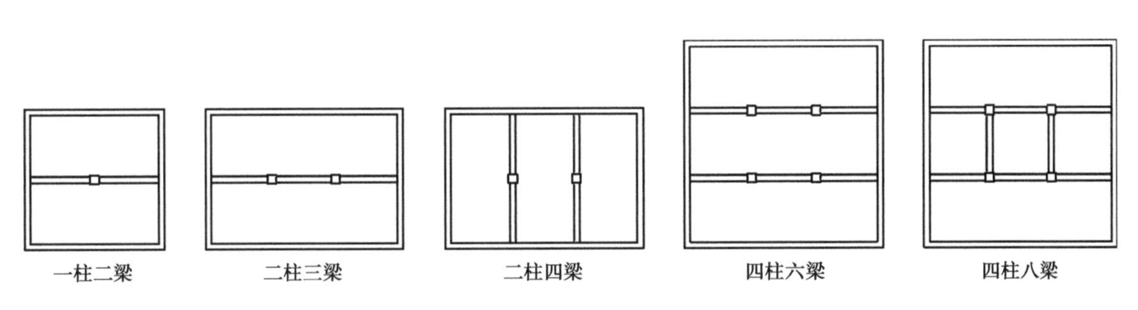

图 6-18 柱梁平面布置图，图片来源：梁威绘制

图6–19 a 方柱(左)，图片来源：梁威摄

图6–19 b 圆柱(右)，图片来源：梁威摄

图6–19 c 多角柱(左)，图片来源：梁威摄

图6–19 d 柱头装饰(右)，图片来源：梁威摄

区宗教建筑相比，藏东藏传佛教寺庙建筑的平面类型相对较少，主要特点有：

（1）平面形制、布局定型化

藏东藏传佛教建筑发展到后期，寺庙大殿作为寺庙主体建筑，其形制布局基本定型，大殿以前廊、经堂和佛殿三部分组成，经堂一般为两层，佛殿部分则为三层。整体建筑地坪由外及内逐次抬高，以凸显建筑的雄伟气势和宗教的神圣地位。前廊作为信徒行为及心理的过渡缓冲空间，一般在廊壁上彩绘有四大天王及六道轮回等图案。经堂作为僧侣日常学经场所，中部以长柱贯穿两层高擎天窗，四周外墙则封闭不开窗，天窗开侧窗以通风采光，以营造庄严神秘感，面对正门的墙边供有主要佛的塑像，其他三侧墙体绘有彩画，也会挂有唐卡画，经堂二层则围绕天井而形成回廊，房间为单独神殿或为高僧禅室。佛殿供有各式佛像或高僧灵塔，主次分明，地坪进一步抬高，大门开向经堂，形成由外到内逐步升高的格局。而寺庙群体布局则受到地理环境的直接影响，或依山势修建，或择平川自由布局，省时省力。寺院按照功能特点相对自由地组合各类型建筑，寺庙建筑群更像是一座僧侣常驻、信徒流动的城市。

（2）平面形式以矩形为主

藏东藏传佛教建筑没有固定的平面形式，因功能不同而有所区别，在不同教派和不同地区中也存在差异。常见的平面形式有正方形、长方形及组合形体。主要建筑的内部布局一般具有对称性，如大殿、佛殿、扎仓等，其他附属建筑内部布局则简单随意。但也不尽然，如前弘期寺庙察雅县向康寺向康大殿的平面为长方形，但内部布局没有采取对称手法。

（3）主殿平面多以“回”字形布置

寺庙建筑中主殿的平面基本采用“回”字形布局，或在流线上作“回”字形处理。“回”字形的路线为僧人转经的道路，大型佛殿内还会设有两重甚至三重“回”字形线路，主殿的二层和三层也按照“回”字形布局。而在主殿外，围绕主殿和寺庙院墙都形成闭合的转经道路。这种布局是藏传佛教宗教仪轨转经朝佛的需求所致。

（4）平面形式底层至顶层变化较大

与传统藏式建筑一样，藏东藏传佛教建筑多采用柱网结构，两柱之间的间距较小，一般 2~3 m，这为建筑内部空间的灵活划分创造了条件。层与层之间的开间、进深、空间分割以及平面形状等都不尽相同，变化较大。如图 6-20 所示为洛隆县硕督寺扎仓，其底层及二层平面为矩形，三层平面则为“U”字形；图 6-21 为昌都地区类乌齐县查杰玛大殿的剖面示意图，可以看出大殿每层平面、空间在不断变化；图 6-22 为察雅县香堆寺大殿，其顶层设转经廊道，平面与底层差别较大等。

6.4.2 佛殿的平面形制

佛殿即内供佛像，是僧人、朝佛者礼佛的场所。早期的佛殿左右两侧及后方有一条环形转经道，但发展到 16 世纪即被绕殿和绕寺的转经道所代替。而从吐蕃时期就开始形成的室内朝佛环绕的方式则延续至今。经过几百甚至上千年的演变，寺庙整体内容日益丰富，但佛殿的功能依然比较简单，建筑形式也变化甚微。佛殿形制主要取决于殿内所供奉的佛像、灵塔等，其体积大小直接影响了佛殿的规模。藏东藏传佛教寺庙内部的佛殿平面形式相对比较灵活，以方形居多，入口处会直接开门进入殿内，也会设有前廊以过渡。

图 6-20 洛隆县硕督寺扎仓，图片来源：梁威摄

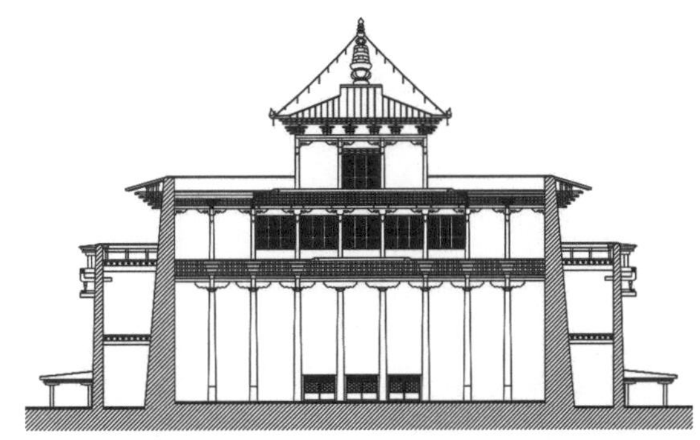

图 6-21 查杰玛大殿剖面示意图，图片来源：汪永平等绘制

图 6-22 察雅县香堆寺顶层转经廊道，图片来源：梁威摄

图 6-23 察雅县院落式僧舍外围，图片来源：梁威摄

图 6-24 强巴林寺独栋式僧舍，图片来源：梁威摄

图 6-25 察雅县僧人独居，图片来源：梁威摄

6.4.3 僧舍的平面形制

藏东藏传佛教寺庙的僧舍主要有院落式和独栋式两种式样。

院落式（图 6-23）是以中间庭院组织人流，具有一定的私密性，通常是康村的管理机构所在地。建筑有主次之分，强调向心性。主体建筑一般两到四层，内廊式两侧布房或围绕中间天井布房，且有一间经堂作为康村中僧人日常学经、集会的地方。周边布置外廊式次要用房或用院墙围合，层数低于主体建筑，房间作为居住或仓储用。

独栋式僧舍在规模上通常小于院落式僧舍，与院落式主体建筑相似，主要分为外廊式单侧布房、内廊式双侧布房和围绕中间天井四面布房，后者通风采光较好。

强巴林寺中僧舍包括院落式和独栋式两种类型，其中以独栋式中的外廊式单侧布房居多（图 6-24）。

僧舍的面积较小、层高较低，其做法有：

第一种，在传统的一间方形平面基础上，以竖向隔墙分为两间，把两间之一再设横向隔墙分成内外两小间，里屋住师父或长者，兼作小型经堂，室内中央有火炉以作冬日生活取暖用，窗下及墙边置有矮床、藏柜、佛龛、经架等；外屋为徒弟住房兼作厨房。此种类型采用外廊或内廊的形式供人通行。

第二种，集卧房、念经、厨房于一体的单间。

以上两种为常用做法，其他种类多是在此基础上演变而成的。但由于乡村的僧人不多以及土地宽余，偏远处的寺庙僧舍也会出现独家独院式，多为两至三层，其内设有起居室、经堂、厨房、弟子住房以及库房等，此种类型僧舍更接近于民居，但房间分隔比较紧凑，且不设牛、马圈，如图 6-25 所示为昌都察雅县香堆寺寺外的僧人独居。

6.5 藏传佛教建筑形体、立面的构图手法

藏传佛教建筑集中了藏族人民的智慧和技巧，体现了藏族建筑艺术文化的精华，以建筑的实体形象塑造纪念性格，来体现神权与政权的威严。建筑的主体突出、体形坚实高大，色彩强烈，富有雕塑性，四面皆可观其壮美。与藏族传统建筑一样，藏东藏传佛教建筑的创造者在建筑的形体、立面上亦能运用一些构图手法来营造宗教艺术现象。

6.5.1 对比手法

（1）体量对比

在整个寺庙建筑群落中，高大的佛殿、大体量的经堂与相对矮小的僧舍等附属建筑

共存，建筑之间体量相差甚大。而结合地形环境，利用建筑体量的大小及高矮的对比，则形成了高低起伏、主次分明的整体立面形象，突出主体建筑的宏伟气势。

（2）虚实对比

像大殿、佛殿、扎仓等大型建筑，外墙材料为土或石，且采用下大上小的收分手法处理。而外墙檐部的边玛墙色彩虽深，但其原材料为柽柳枝，材质上具有轻柔感，窗框、窗扇等木制部分从材质上与厚实土石墙体相比，也为轻质的。底层通常不开窗或开小窗，中间开门或设前廊，两层以上正中会开一排大窗，而其两侧的开窗数量较少且面积小。从上述的诸多方面来看，建筑在质感上、视觉上都给人以上轻下重、上虚下实、左右实中间虚的感觉，这种虚实对比充分体现出建筑的坚实感（图 6-26）。

（3）色彩对比

色彩被赋予了宗教含义，寺庙内的高等级建筑，诸如大殿、佛殿等，其外墙都会被粉刷成红、白、黄等颜色，色调明亮。而外墙上部边玛墙则是深棕色，墙面上的门窗一般为深红色，且涂黑色门套、窗套（图 6-27），这些强烈的色彩对比凸显了建筑的个性。而像僧舍等附属建筑，其外墙均为石、土等原材料色调，充分体现出材料的质感，与寺庙主体建筑之间又形成鲜明对比。

（4）屋顶平、坡之间的对比

在藏族文化与其他民族特别是汉族文化交流融合以后，在传统的藏式屋顶上出现了加建歇山坡屋顶的建筑形式。以方正形体结合三角形体的方式，创造出了一种藏汉建筑艺术相结合的独特屋顶形式，这种屋顶形式最早出现于公元 13—14 世纪的萨迦北寺与夏鲁寺。随着藏传佛教的传播与格鲁派的崛起至掌握西藏政教大权，藏式平屋顶上建有汉式歇山坡屋顶的屋顶形式逐渐成为高等级寺庙建筑的定制，藏东也不外乎此。在藏式平屋顶建筑群中，点缀有一座或多座琉璃瓦或镏金的歇山屋顶，在总体的造型、色彩上，也能起到画龙点睛之效，在体现等级的同时增加了建筑单体的视觉冲击力。

图 6-26 康沙寺大殿，图片来源：梁威摄

图 6-27 黑色窗套，图片来源：梁威摄

6.5.2 对称手法

大殿、经堂等的建筑平面大都是一个中轴对称的规整图形，其立面也同样使用了中轴对称的做法（图 6-28），平面与立面的中轴线交于一处，便是经堂大门的位置。平面的中轴线上分布着建筑中的主要部分，如主入口、主佛殿等；而立面中轴线采用了同样的手法，从下而上布置着装饰华丽的建筑入口与大尺寸的落地窗等，虚实对比及色彩运用强调了立面中轴线，而屋顶的装饰物同样采用对称手法与整体立面呼应。对称的构图手法，在敦厚墙体赋予建筑坚实感的基础上，

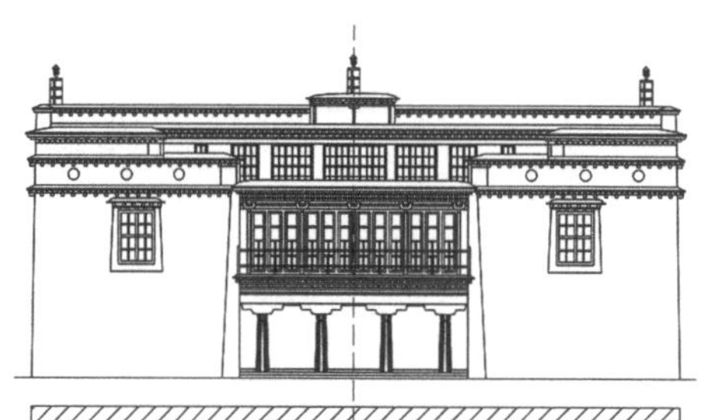

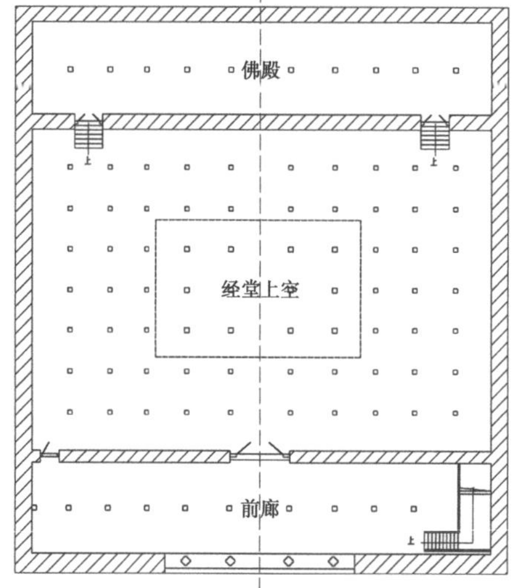

图 6-28 同卡寺正立面、一层平面，图片来源：汪永平等绘制

图 6-29 同等大小的窗，图片来源：梁威摄

让建筑整体造型更显得端庄大方、稳健雄浑。

6.5.3 重复手法

平面规整的寺庙建筑，其立面在遵循对称构图原则的同时，采用了重复的构图手法。立面上两侧通常开同等大小的窗（图 6-29），成行成列地整齐布满墙面。这种手法在服从功能的同时给人以庄重之感。

6.5.4 细部处理

藏东藏传佛教寺庙高等级建筑的外墙檐口处通常做边玛檐墙，单重或多重视建筑等级而定，以凸显建筑的级别高贵，边玛墙形成一条横向色带，形成建筑的轮廓线，极富特色。而寺庙的一些附属建筑檐口会采用石墙或土墙檐口，形式相对比较单一。

在寺庙大殿、经堂等建筑屋顶四角装饰有法轮、经幢等镏金饰物，重要建筑平屋顶上会建镏金的汉式歇山屋顶，这些都旨在宣扬宗教，却取得了主体突出、金碧辉煌的建筑艺术效果。

建筑的窗户也极具特色。在坚实的墙面上，在中轴线及上层开较大的窗，两旁及下层的窗较小，为竖形窄窗，底层也常不开窗或开 10 cm 左右的长缝或枪眼（图 6-30）。所有外墙门窗外廓刷以黑色的梯形窗套，门窗上方会有两重或更多的短椽挑出形成小雨篷状，以装饰及强调门窗。

6.6 藏传佛教建筑的装饰特点

6.6.1 装饰色彩

在佛教传入前，藏族推崇的是自然崇拜，日、月、大地等都是神灵的化身，宣扬自然界万物所具有的独特色彩也成了借喻本体的一种手法。代表太阳的黄色，象征热情和力量，暗喻权力；代表月亮的白色，象征纯洁和善良，也是一种吉兆；代表大地的黄色，象征万物赖以生存的物质条件，给人以稳定、厚重之感；代表河流的蓝色，象征永不停歇的生命力；代表黑夜的黑色，一向用来形容混沌、黑暗的事物，也是光明的预兆。这些源自于自然界的基本色调，构成了藏族传统文化的色彩基础，藏东藏传佛教建筑在色彩运用上也继承了传统手法。

随着佛教的传入及发展壮大，色彩又被赋予了宗教内涵。寺庙建筑根据教派及教义的不同，在色彩运用上也略有差别。“宁玛派”是最早传入西藏并吸收西藏原生苯教的部分内容而形成的一个教派，该派僧人戴红帽，俗称“红教”，该教派推崇红色，在建筑立面的色彩运用上偏爱红色。“萨迦派”又称“花教”，该派的部分寺庙常用红、蓝、白三色装饰墙体，建筑立面个性鲜明。“噶举派”俗称“白教”，建筑立面上多用白、红、黑三种色调。“格鲁派”又称“黄教”，该派高等僧侣穿戴黄色衣帽，寺庙建筑中也多用黄色。

无论是在藏东藏传佛教建筑的装饰方面还是在绘画方面，使用的颜料均是从矿物质中提取的天然色彩，源于自然，纯净、明艳，这种尊重自然的理念也是藏式传统建筑营造的精髓。

6.6.2 装饰题材

在藏东藏传佛教寺庙中，建筑的装饰题材十分丰富，有符号类、人物类等，这些建筑装饰都以图案式的表达强化建筑装饰的美学效果，同时突出了建筑庄严的宗教地位。

符号类的有莲花、大象、狮子、金刚杵、宝珠、佛教八宝及六字真言等。每一个题材都有特定的宗教寓意：莲花喻示佛的说法及纯洁的内涵；大象喻示佛的降生及吉祥的内涵；金刚杵具有降魔护法之意等。其中莲花图案在建筑中应用最为广泛，且变体较多，佛座、藻井、柱础、地面等处均可见到。人物类的如天王、伎乐天女等，这些神化人物被用来衬托宗教氛围。

为了使这些题材彼此能协调统一，会采用外部造型统一的手段，如六字真言和六个其他不同符号分别被装饰在六片莲花瓣中；

图 6-30 枪眼，图片来源：梁威摄

八个不同姿态的伎乐天女都被安置在同一个造型的龛洞内等。对那些使用率比较高的题材，为避免千篇一律，常采用渐变的方法，即整体构图不变，在每一幅图案的固定部位改变图式，如几头狮子图案，用变换头部姿态的方式求得多样统一；排列在一起的莲花，仅在花心部位作变化以达整体的统一等。

除此之外，在室内的装饰中最典型、最常见的图案为曼陀罗，即坛城。如天花装饰会分成多个方格，每格绘有一个曼陀罗图案，且互不相同，也说明了曼陀罗式样本身的丰富多变。

小结

藏族建筑在具有共同民族特征的同时，又因地域的辽阔而演变出许多分支，藏东藏传佛教建筑以其独特的风格占据藏式建筑的一隅。其在遵循藏族传统建筑手法的同时，也染上了藏东特殊疆域的地方色彩。本章从藏东藏传佛教寺庙的选址、布局到建筑的用材、结构、平立面特点及建筑装饰特点等方面入手，论述了藏东藏传佛教寺庙建筑的基本特点。

7 东坝民居

7.1 东坝乡背景资料分析

7.1.1 自然背景

（1）左贡县概况

左贡县位于西藏自治区东南部，昌都地区南部，地处两江一河流域（怒江、澜沧江、玉曲河），东与芒康县相邻，南与察隅县隔江相望，西及西北面与八宿县接壤，北及东北面与察雅县相连，面积 11 837.3 km^2，耕地面积 5.2 万亩，草地面积约 710 万亩，森林覆盖面积 787.5 万亩。

左贡县地处青藏高原的东南边缘部分，是云贵高原向青藏高原的过渡地带，地处青藏高原东南部横断山脉之中。地势由北向南倾斜，北高南低，西高东低，地势陡峭，山岭重叠，山势雄伟，海拔较高，一般海拔在 4 000 m 左右，县城海拔 3 780 m，岭谷相差悬殊，最高海拔 6 700 m，最低海拔 2 433 m，相差 4 267 m，地区起伏很大，形成深切峡谷。

左贡县由于受南北平行岭谷及所处中低维度地理位置等因素的综合影响，局部地区气候差异大，垂直变化显著。寒冷、干燥为基本特点，属于高原温带半干旱气候。

左贡县古有“茶马古道”的通衢之称，今有 318 国道连接着内地与西藏，是历代商贾进出西藏的交通枢纽，是昌都地区的南大门，具有重要的地理和战略位置，境内山川雄奇、河流纵横、土地肥沃、文化灿烂。近年来发现的中林卡古墓遗址，东坝的岩石画廊，不仅展示出左贡县历史的悠久，而且还生动说明了文明、勤劳、朴实、好客的左贡县人民热爱这片赖以生存的家园[1]。

（2）东坝乡地理概况

“东坝”为音译，按照当地的藏语，“东”意为“墙经”，“坝”意为“光芒普照”，“东坝”合起来可理解为“兴盛”之意。

东坝乡位于左贡县城西北面 82 km 外，距 318 国道 22 km 处。全乡平均海拔 3 700 m，乡政府驻地海拔 2 700 m，全乡面积 1 680 km^2。东连本县田妥镇，南接本县中林卡乡，西临八宿县林卡乡，北与本县美玉乡相接。怒江自八宿县境内流经乡境[2]。

由于该乡地处怒江峡谷，地形独特，周围山势形态各异，若以政府驻地（军拥行政村）为中心，四周重峦叠嶂形如莲花。周围的山川形成了姿态各异的动物形状，东为狮形、南为龙形、西为凤形、北为龟形。沿怒江一线山势陡峭，如刀劈斧砍一般，山腰上有一相对平坦之地为观景台，俯视可见谷底江水蜿蜒东流，气势甚为壮观。

东坝乡整体地势北高而东低，呈阶梯状递降。流经全区的怒江以及两岸拔地而起的山脉构成了东坝乡的基本经脉和骨架。地貌形态复杂多样，山区、河谷等多种地貌类型并存。

（3）东坝乡气候特征

该乡气候温暖、湿润，夏季炎热，冬季温暖，雨水充足，全年无霜期大约 280 天。

这里四季如春，气候宜人，风光旖旎，物产丰富，小区域气候显著，素有“左贡小江南”之称，又被科考旅游者称为“真正的香格里拉”。属于半干旱半湿润气候，物产丰富，是昌都地区较为典型的高山峡谷农业区。

东坝乡地处干热峡谷，有了天然温泉水资源，形成了良好的生态环境，村里绿树成荫，百姓安居乐业。而四周的大山则光秃秃的，缺少植被。

（4）东坝乡概况

全乡辖7个行政村：军拥行政村、格瓦行政村、普卡行政村、巴雪行政村、埃西行政村、沙益行政村、加坝行政村。其中巴雪行政村辖巴雪、邦佐、瓦多自然村；埃西行政村辖埃西、泽巴自然村；沙益行政村辖沙益、尼龙自然村；加坝行政村辖加堆、加米、吉巴自然村（图7-1）。半农半牧村6个，纯牧业村1个。目前全乡7个行政村通邮，广播电视覆盖率100%。全乡农牧民总户数393户、总人口3 188人。总耕地面积2 298.22亩，有效灌溉面积1 635.75亩。

7.1.2 历史沿革

（1）左贡县历史沿革

历史上的左贡宗称“康”，在唐时为吐蕃王朝的一部分。公元9世纪中叶，吐蕃王朝走向衰亡期，内部分裂，大规模平民起义，导致了吐蕃王朝走向衰亡期。

元朝时统一西藏后设置了“吐蕃等路宣慰使司都元帅府”，简称“朵甘思宣慰司”。

到清雍正四年（1726年），雍正皇帝将左贡县赠送给达赖作为“香火地”为芒康台吉管辖，一直到清王朝末期。

1911年赵尔丰实行改土归流，称川边，民国以后属西康省的一部分。1918年西藏政府当政属多麦地区管辖。一直到中华人民共和国成立前，尽管沿革变迁、沧海变桑田，除碧土宗（相当于区级行政机构）由地方噶厦政府委派宗本外，其他基本上由当地活佛或寺庙管理，向地方政府缴纳赋税，支付差役。至1950年全县行政区划有邦达宗、碧土宗、左贡宗，三个行政宗统称左贡宗。

1959年9月，经中共西藏工委电报指示，左贡宗正式改名为左贡县。

（2）东坝乡历史沿革

东坝乡可以追述的历史有600多年，在古代是茶马古道[3]的驿站，茶马古道在承载马帮从川滇地区贩茶入藏，又载藏族聚居区

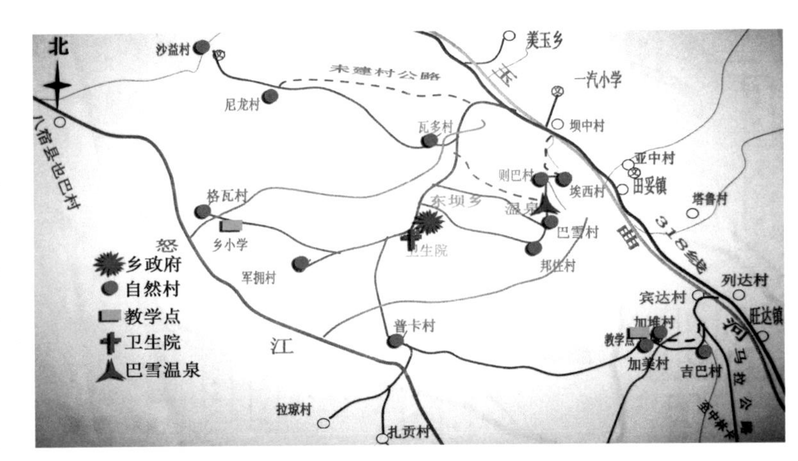

图7-1 东坝乡概况，图片来源：根据乡政府材料绘制

皮毛等奇货返川滇的同时，远距离的贩运途中需要一个个大小不等的驿站用以集散和中转，作为茶马古道上重要物资集散地的东坝乡，其地形背山向阳，用水方便，是马帮宿营和滞留的最佳场所。虽然东坝人多地少，但由于靠近茶马古道，东坝人有经商的传统，过去村里有五六家大的马帮，每个马帮都有100多匹骡马，往来于川、滇和昌都从事茶叶、糖和药材等物资的长途贩运，由此也为东坝人带来了富裕。

7.1.3 人文背景

（1）宗教信仰

东坝乡群众以信仰苯教、藏传佛教为主，其中军拥行政村、沙益行政村信仰苯教，其余5个行政村信仰藏传佛教，乡辖区内有两座寺庙，一座是位于军拥行政村内的萨拉寺，寺内僧人有11人，另一座是位于沙益村内的沙益寺，寺庙僧人有6人。

苯教又称苯波教，俗称“黑教”，是西藏地区历史最悠久的宗教，相传早在公元6世纪以前在左贡境内已流传藏族先民的传统宗教——苯教。公元8世纪末，伍金白玛觉尼大师前往“左贡”时在友巴村修建了一座苯波教寺庙，对加速苯波教在这一地区的流传和融合起到了重要作用。

苯教，是从藏族的原始信仰演变而来的，是以崇拜天、地、山、水、火等自然物为特征的西藏本土宗教。苯教分为原始苯教和系统苯教两部分。

苯教崇拜天、地、山、水、火等自然物，认为天是“三界”中的上界，是神与灵魂所居之处，日月星辰都被奉为光明之神。为了接近神灵，藏族人不但在山上设立祭坛，而且部落首领的宫堡也建在了山上。在佛教传入前，苯教对西藏的文化发展有着十分重要的意义。在东坝乡内军拥行政村的萨拉寺和沙益行政村的沙益寺均属于苯教的寺庙。

格鲁派（黄教）由宗喀巴大师创建于1409年，是藏传佛教中最后形成的教派，也是历史上影响最大的教派。“格鲁”在藏语中意为善规，因该教派主张僧人严守戒律和修学次第而得名。东坝乡内除了军拥村和沙益村以外的其他5个行政村均信奉黄教[4]。

（2）民间艺术

东坝百姓喜欢跳圆圈舞、锅庄舞，其舞姿主要是在借鉴昌都、芒康两地文化的基础上，参照东坝打墙造房时，男女老少自编唱词，将西藏地方情歌唱腔中的某些套词混唱，并将其独创融入节日、庆典集体歌舞当中，形成具有东坝特色的唱词、格调、舞步、音色、节拍。

东坝有一种奇妙的古围棋，当地称“尼木”。它是流传于东坝乡的一种古老的棋艺，其表演不分场地，不分尊卑，没有年龄、时间、地域的限制，随时随地在地上找些石子和泥巴作为道具就可以进行比赛。表演时间一般为朋友聚会或休闲时，比赛时段较长，有时候长达六七小时左右，中间不休息，也不吃饭，比赛时一般为两个人操作，围观者站在两边各为其出谋划策，场面十分热闹。

尼木的藏文翻译为“纵横交错”的意思，因尼木表演的棋盘而得名。尼木的棋盘为纵横交错的3条、6条、9条、12条和15条线组成的“井”字形网络。棋艺较差者一般只下6条或9条，棋艺较高者进行12条或者15条的比赛。3条的只为小孩玩耍，线条越多，难度越大。

尼木比赛是一种智谋的较量，其比赛类似于围棋，又和围棋有很大的区别。尼木是古老的东坝藏族人民创作的一种传统体育活动，但随着麻将等现代娱乐方式的兴起，这种体育活动已处于失传的边缘。

此外还有多种保留完好的古藏棋。

（3）方言

相传文成公主进藏路经怒江沿线，由于气候的变化，因病引起高烧，故一路上呓语不断，直至八宿县的一个叫雪巴的村落时，病情才得以痊愈，由此包括东坝在内的，凡文成公主呓语时经过的地方，都有了自己的语言。

东坝人操本地土语，外乡人很难听懂，如与外界交流则用康巴通用语言，有不少未离开过本乡本土的群众则很难与外界交流。

（4）婚俗

自古以来东坝乡的婚俗方式是一妻多夫，直至今日，在这种传统的聚落形态之下，仍然存在这种婚俗方式，并且在老一辈人身上仍多有体现。在东坝乡中，这些婚姻制度之所以能够存留下来，是因为在山区中要想生存下去，要靠大家庭这种形式，其一个重要的功能是维系一个大家庭运转。一妻多夫是生产力低下，为加强兄弟之间的团结，增进家庭的凝聚力，使劳动力不分散，大家庭不解体的特殊婚姻现象，多为兄弟二人或数人共娶一妻，以长兄为原配，若婚后弟兄和睦相处，则称女人能干、会持家，预示其家庭能有大发展。

东坝乡位于怒江峡谷，在大峡谷中生存，大家庭的重要性，并不仅仅在于人多力量大，这只是表面的，问题的实质在于：怒江峡谷为干热河谷，其中适于农耕和定居的土地——“峡谷绿洲”十分有限，并且早已各有归属，即土地是定量的，不会增长。一个家庭的成员若想通过分家、分土地、盖新房，一代又一代走一条几何级数似的无限扩展的道路，是不可能的。这里的生存只能选择一种周而复始的内循环、自平衡的模式，他们通过一妻多夫这样的婚姻模式，维持了一个大家庭，避免了建新房、分土地等占用土地之举，更重要的是降低了人口的增长率。

（5）岩石画廊

东坝乡瓦多村公路边上更是奇山怪石林立，距公路 1 km 的石壁上佛像、文字无数，文字大小不一，雕刻手法细腻，精致入微，文字有些经过变形，可能是一些经文（图 7-2）。金字塔高耸的石山顶上有无数的古堡的建筑，还有两处宽 1 m 左右、长 20 m、高 100 m 以上的险要关口（一线天）。其中一个关口叫珠嘎，意为此关口窄得连鹰的翅膀都展不开，故简称“困鹰关”（图 7-3）。关口有护法神、守门犬、佛像、门神、锁、钥匙、文字、地图等等，据说是自然形成的。在狭窄的关口内走上几十米，眼前豁然开朗。传说操场的北面曾有一个规模较大的苯教寺院，相传古代苯佛之争期间，因该处地势险要，只要守住关口就可以抵御强敌。所以，苯教徒就曾把此处作为据点，关口外的崖顶也存有当时修的碉堡。

图 7-2 a 石壁上的佛像，图片来源：侯志翔摄

图 7-2 b 石壁上的经文，图片来源：侯志翔摄

图 7-3 狭窄的关口，图片来源：汪永平摄

7.1.4 自然资源与景观资源

1）经济作物

东坝乡是农业乡，由于气候优越，这里生产各种蔬菜水果，主要种植青稞、小麦、青椒、土豆、玉米，而水果有红苹果、青苹果、藏梨、藏桔、桃子、核桃、石榴等，最有名的是当地的野生葡萄，有“野生红葡萄之乡”的美称。这里的葡萄直接酿酒糖度低，家家户户都会制作酒，村里绿树成荫，果树枝繁叶茂，抬头就是水果，葡萄藤四处缠绕，将村间小路完全遮盖。几乎每家都种植果树，在我们居住的老乡长家也拥有一大片自己的果园，里面种植着不同品种的苹果、葡萄、核桃、石榴，及大片的玉米、向日葵等等。东坝乡是远近闻名的水果之乡，据说东坝乡种植的水果销售遍布整个藏族聚居区。

东坝乡本是昌都地区乃至西藏主要的农区，但由于地理条件的限制，当地居民的生活来源甚少，他们生活所必需的酥油茶、奶、毛皮以及耕种时用的牲口，都离不开马、牛等牲口，长此以往在本地区每家每户普遍有着一到两头牛，满足日常奶制品的需求，一些马匹、驴等供出行。

图 7-4 怒江河谷，图片来源：侯志翔摄

图 7-5 巴雪村沙拉温泉，图片来源：侯志翔摄

图 7-6 东坝乡村落，图片来源：侯志翔摄

2）景观资源

（1）怒江

怒江是中国西南地区的大河之一，又称潞江，上游藏语叫“那曲河”，发源于青藏高原的唐古拉山南麓的吉热拍格。

流经左贡县境内的怒江位于县境西面，从八宿县由北向南流入东坝乡，在左贡县境内长 175 km，流域面积 13 525.4 亩，平均流量 602 m^3/s，天然落差 170 m，水势急湍。东坝乡位于怒江河谷（图 7-4）岸边、怒江的上游地段。

（2）巴雪村沙拉温泉

东坝乡大的温泉共有 5 处，分布于全乡各村落之间，其中巴雪村的沙拉温泉因其水流量大、周边环境美而最具盛名。其下还有许多温泉泉眼和一个中等天然温泉淋浴池。沙拉温泉水温恒定，常年保持在 50℃ ~60℃之间，深 1.2~1.8 m 不等，可同时容纳 40~50 人（图 7-5）。该温泉富含多种微量元素，具有很好的药用及保健作用，据说对关节炎、风湿病、皮肤病、肠胃功能和美容有特效。入春后，周围果树开花，小鸟鸣唱，似身处世外桃源，景色十分秀丽迷人。洗浴时，泉水清澈见底，周围青草萋萋，野花点点，古藤老树交错其间，池周由被冲刷成凹面的光亮天然石自然形成。夏季自然形成了罕见的数十处温泉瀑布，均高达 10~30 m，多处似庐山瀑布，当地人喜欢在瀑布下，到排列有序的小水坑里洗浴，让飞流直下的瀑布按摩，据说这样能治疗腰背酸痛、疲劳乏力等疾病。巴雪村、邦佐村原名叫扎宗村，意为涯上洞窟。特别是邦佐村洞窟，有很多泉眼，其中大部分泉眼冒出的都是温泉，而洞窟多数则留下了修行者的遗迹，部分洞窟现在还是天然浴池。

7.2 东坝乡村落特征

7.2.1 村落选址

青藏高原气候环境较为恶劣，东坝乡村落（图 7-6）吸收了藏族社会经过长期与当地自然条件磨合而形成的选址思想，选择平稳厚重的山体作为依靠，基地两侧往往有比村落所处山体地形高出少许的山脊向前延伸，形成两手合抱且抱而不死的地形特点。村落正面朝向开阔河谷或平坝缓坡，视野开阔、一览无余。在气候上，这样的选址位置可以最大限度地避免高原冬天寒冷季风的吹袭；在水源方面，两山之间有怒江存在，山上有多个温泉，可以方便村落的日常生产和生活。

吴良镛先生曾说：“人类聚居是为了满足居住其内的人和其他人的需要，满足各种不同影响因素的需要而创建的。”[5] 而深藏于高山峡谷中的东坝乡村落又是为了满足怎样的因素而建立的呢？

（1）风水观念引导下的选址

作为一种思想观念，风水对中国古村落的选址产生了深刻而普遍的影响，是左右中国古村落格局的显著力量。风水也称地相，所谓“地相”其实是用直观的方法来体会、了解环境面貌，寻找具有美感的地理环境。

东坝乡地处怒江峡谷，四周被高山环绕，上有巴雪温泉，下有奔腾的怒江，气候温暖、湿润，雨水充足，勤劳智慧的藏族人民，自古生活在此，不断努力向前发展，藏族文化也逐渐成熟起来。在文化体系不断完善的同时，建筑体系也逐渐形成并发展起来。东坝乡的选址充分利用了地形地势等自然条件以形成靠山依水、背山向阳的理想“风水”格局，形成适宜于人居的良好的环境基础，这也是其逐步发展、兴旺所依托的重要物质条件之一。

（2）世外桃源式的选址

对于东坝人的祖先，有着一个美丽的传说，相传很久以前，有一名噶厦[6]的官员，由于官场失意，厌倦了仕途而举家迁移，当行至东坝时，被此处的美景所迷，遂决定隐居于此过着与世无争的桃源生活。由此代代相传至今，形成近日官商辈出的东坝。

东坝乡背靠青山，正面平坦，这条原则多适用于山区丘陵地带的聚落。因为背靠青山，可以拥有生产生活的广大基地，而且挡风向阳，能减少寒气压迫，利于聚落绿化系统的栽培。居住前方，空间开放，不仅阳光充足，空气流通，视野辽阔无阻挡，且后有依托。东坝乡村落大多都是以农业生产为主，一切以生存为首要前提，要易开垦，易建房，能栖身，有地可耕种，可生存。

东坝乡现最大的自然村也只有五六十户人家，最小的自然村目前经搬迁仅剩四户人家。东坝乡处于怒江峡谷，是极深峡谷底的一片绿洲，1991 年才修通了通往该乡的乡道，但进乡的道路仍十分险要，全是急弯带陡坡，道路仅有 3 m 左右，一边是山脊，一边是悬崖，至今村民进出很多仍然依靠马、驴等牲畜。东坝乡的位置比较闭塞，易守难攻。其地理环境优越、自然风光秀丽，进入村中满眼尽是苹果、葡萄、桃子、核桃等果木，枝繁叶茂，层层密密，身边山上流下的温泉水匆匆流过（图 7–7）。村落的峡谷台地和岸边阶地被利用得非常充分，种植了大面积的青稞，由于地处干热河谷，又有泉水滋养，气候和地理状态都很适合青稞、水果的成长。村民们在这里辛勤劳作、和睦相处。他们选择这种闭塞之地居住，大多是出于安全考虑，还有一些则是避世深隐。

图 7–7 村内，图片来源：王璇摄

（3）防御性的要求选址

古村落的防御意识，可追溯到原始时期，其他一些潜在危机，使防御意识成为古村落布局的重要特色。借助自然地势达到防御的目的是生产力有限的古代社会有效的方法，大到国家、小到城池，或居高地，或临水畔夯土筑墙，或是借助于自然地势起到阻隔危险，加固防守的作用，东坝乡村落就是一个有着浓厚的防御意识的传统聚落。东坝乡村落整个防御性布局有其独到之处，房屋建筑依山而建，村落四面环山，山势险要，只有一条小路与外界沟通，进山之路陡峭，紧邻悬崖，下为奔腾的怒江河水，水势较急，对于敌方可谓“所由入者隘，所从归者迂，彼寡可以击吾之众者，为围地”[7]，既不易进，退者也难，容易受挫。总而言之，对外敌而言有山险水阻，对于东坝乡而言，在军事战略上占优势地位。

7.2.2 村落总体布局

传统民居聚落空间的形成体现了特定的历史时期及地域环境状况，其本身充满了环境意识、社会适应性、形式表达及空间创作手法等。因地制宜、因山就势是乡土建筑的

图7-8 自制的自来水，图片来源：沈尉摄

根本，正是与环境的充分结合才使之自然地融入环境，“生于斯长于斯”的乡土价值才得以真正体现[8]。

东坝乡特有的村落特征，西藏传统乡土建筑，加上建筑白色的墙体、华丽的装饰，具有风格的村落形态，与藏族聚居区其他村落有所相似，又有了变化，形成了对比，从规划上彻底改变了“千村一貌”的格局。

在东坝乡传统聚落里形成了许多曲折、狭长、不规则的街巷和户外空间。此外，聚落的周界也参差不齐，并与自然地形相互穿插、渗透、交融，可以从任何地方进出。凡此种种，虽然在很大程度上出于偶然，但却可以形成极其丰富多变的景观。这种变化自由而不拘泥于形式，有时甚至会胜于人工的刻意追求。总结起来，这一地区的村落总体布局形式如下所述。

1）水系布局

在中国，自然经济的农业一直都是发展之本，古代先哲“仰观天文，俯察地理，近取诸身，远取诸物”，通过实践、思考和感悟，孕育了人与自然和社会基本关系的认识体系，即“天人合一”的世界观，并深刻影响了中国古代的人居思想。

在东坝乡，温泉水和怒江构成了东坝乡的主要生活和生产用水水系。尤其是温泉水，顺着山势源源不断地流下，直至今日，都是村民生活及灌溉的重要水源。东坝乡整体雨量相对偏少，为了生存，东坝乡村民自己动手挖沟渠，将温泉水引入每家每户。

我们所调研的东坝乡的水系，其规划可称一绝，由于巴雪村的温泉较多，温度适宜，流量很大，将近1 m宽的人工水渠引水穿村入户。几乎家家户户都引温泉水到自家门前，用于生产生活等用水，此处宅院密集，村落顺着泉水自上而下分布，山泉水经过村间的人工沟渠缓缓流遍村庄的每一块土地。这一渠碧水活化了居住环境，时常会有顽皮的孩童在水边玩耍，同时泉水又具有消防、蓄水、调节小气候、净化水质等多种功能。每天清晨，家家户户在门口的沟渠边背水回家，作为自家一天的储备用水，这时的泉水是不得用于洗刷东西的，以保证每家用水的清洁，这已经成为当地的一条规矩。在地势较高的巴雪村，我们甚至看到有村民在自家门口将小小的温泉点制成小型蓄水池，接上水管，成为自制的自来水（图7-8）。富有灵性的温泉水，加上枝叶繁茂的果树，蓝天白云，掩映着一栋栋美丽的藏式民居，在藏族聚居区深山里绣出了一番别样的“诗情画意”。匆匆流过的温泉水系（图7-9）和峡谷底部奔腾的怒江水系共同活化了有限的村落空间，营造出了冬暖夏凉、动静相宜的居住空间。东坝乡自古以来就是“人多、山多、地少”，更因地处腹地，夏季较为炎热，先民顺合自然，勉力穷思，创作出了一个个蕴含生态理念的优秀聚落。定基与择址反复确定以后，聚落布局充分体现了节省土地、节约能源以及节省人力物力的可持续发展的规划设计理念。

图7-9 村内温泉水系，图片来源：王璇摄

2）路网布局

根据水系的形态与结构来规划东坝乡的总体空间格局，第一步是沿几条主要水道开辟道路系统的主干。东坝乡的古村落巷道多与地形相结合，顺应流水的形态，形成了街随河走、屋随街建的网格状空间格局。

军拥行政村的主巷道，大致分为东西方向平行的两条，与南北方向平行的两条，四条主要巷道相连，东西两条巷道顺应流水的走向（图 7–10）。寺庙与商铺位于两条主要巷道的交接处，各民居前面的次巷道与村落主巷道呈平行状，并有纵向交通巷道联系横向交通，村落形态大致呈不规则的网格状。每条主街也各有数条支巷呈放射状再向四周辐射并分岔出更小的街巷，而除了分布在主巷道边的寺庙和商铺以外，其余的巷道与支巷周围均分布着民居建筑。与水系同理，树枝状的道路结构因实际使用需要在某些末端进行连接，以使整个道路系统蛛网交错，自由灵活，四通八达。由此，小巷临渠，东坝乡中的各级道路随着地势的高低、水道的曲直而延伸（图 7–11）。可以认为，水系与道路系统构成了空间使用上的重叠关系。主要巷道宽度为 3~4 m 左右，部分主干道和转折处会稍宽，而小的支巷通常 1 m 不到，只能容许一人通过（图 7–12）。

在东坝乡的另外一种路网布局形态，与军拥行政村、格瓦行政村和普卡行政村有所不同，为巴雪行政村的巴雪自然村和邦佐自然村为依山而建、顺着山势布置民居建筑的格局，布局较自由，空间形态丰富多变，错落有致。因为山势的关系，路网布局往往沿着山体的等高线来布置步道（图 7–13），步道宽度多为容纳一人通过，大多在 1 m 左右，有的甚至 1 m 不到，随着山上的温泉水流下，当地村民自制水渠，利用小温泉眼自制小型蓄水池，水渠边分布着窄窄的步道，与沿着等高线方向横向分布的步道纵横交错，形成其特有的路网布局。

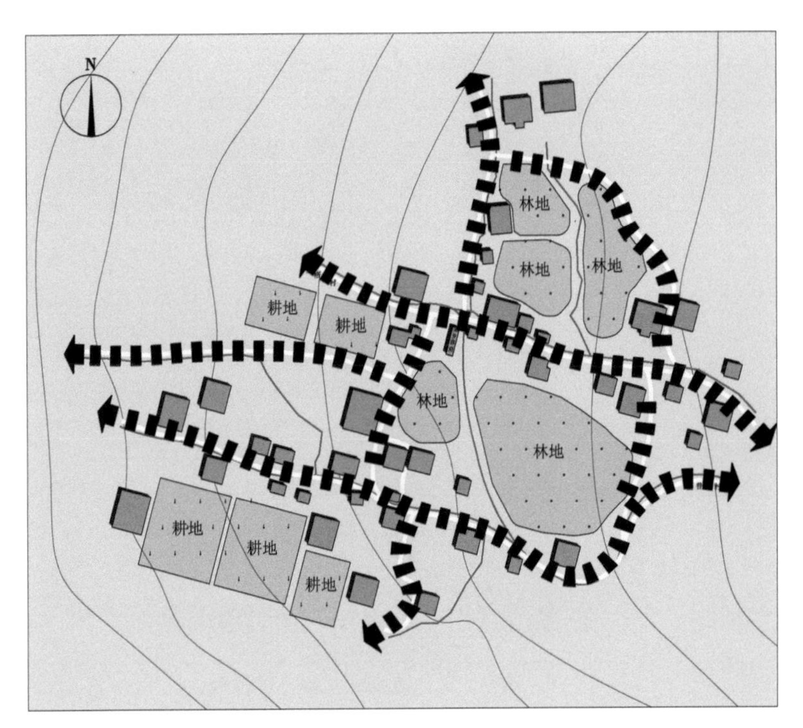

图 7–10 军拥行政村道路分析，图片来源：王璇绘制

由此，东坝乡道路系统的格局和自由生长的形态特征除了源自对河流走向和地形起伏的顺应外，也与当地藏族人民的传统文化生活息息相关。

3）建筑布局

在水系与道路搭建起东坝乡的整体骨架后，民居建筑充当了村落主要空间群落的物

图 7–11 军拥行政村水系分析，图片来源：王璇绘制

图 7-12 村内巷道，图片来源：王璇摄

图7-13 巴雪村步道，图片来源：沈尉摄

质填充者。东坝乡民居建筑群落的分布格局具有以下的特点。

首先，同样是遵循沿着水流布置村落的传统方法，我们所调研的东坝乡的 4 个行政村——巴雪、格瓦、军拥、普卡依据温泉水顺着山势自上而下地分布，下至怒江边，并且格瓦行政村、军拥行政村、普卡行政村相互连接，紧密地联系成整个东坝乡的主体部分。

其次，东坝乡四周处处高山耸立，峡谷深切，其建筑不得不依山而建，这不仅是东坝乡民居建筑的一大特色，也是藏族建筑的一大特色，而如何依就山势，利用地形是藏族建筑面临的首要问题。东坝乡村落的布局与组合并非严密工整，而是自由灵活、错落

图 7-14 军拥行政村局部，图片来源：侯志翔摄

有致，形成了变化丰富的空间与景观。在与水系的脉络密切嵌合的同时，村落民居在总体上也呈现出围绕山体层层相叠的布局特征。

巴雪行政村和军拥、格瓦、普卡行政村的总体布局有所区别，巴雪行政村主要包括巴雪村、邦佐村和瓦多村三个自然村，其中瓦多村在离乡政府较远的路边，目前搬迁得只剩下四户人家，房屋大多废弃。

在东坝乡村落的布局形态中，建筑布局大多分为三种：簇团式布局、带状布局、散状布局。

（1）簇团式布局

簇团式布局主要分布于较为平坦的地方，依耕地多少集中组成团布置大小不等的村寨，少者十户，多者上百户，户户毗邻。开始是几户人家，后来逐渐增多，因为周围多高山，使得村落不能呈线性展开只能形成点状和片状布局。一般来说，村落的建筑主体位于中间，坡上和坡下均是田地。这样做一来可以防洪固沙，避免山涧洪流冲刷聚落；再者建筑位于山下田地中间，这样有效缩短了劳作的距离，提高生产效率。

东坝乡的军拥行政村（图 7-14、图 7-15，表 7-1）以及格瓦行政村、普卡行政村（图 7-16、图 7-17）分布于怒江沿岸，地势相对较低，较为平坦，三面环山，一面向水，取水方便，又能很好地防止洪泛。周围山势较为缓和，聚落和农田相间，山体上分布温泉水流，房屋则围绕这些水流布置。民居周围布置农田，防洪固土，为村落创造一个安全的小环境。

（2）带状布局

带状布局村落多靠近主要的交通要道，聚落横跨公路两侧或直接在公路一侧。在不同的地区，带状布局有不同的表现形式。

东坝乡瓦多自然村（图 7-18）依靠山体，主体位于进东坝乡的山路边上，路边是聚集的几户民居，由于靠近水源，土地相对肥沃，大部分的土地用作农田，带状布局的聚落一

表 7-1　军拥行政村民居分布表

序号	户主名	序号	户主名
1	丁多	2	冲旺江村
3	向巴泽加	4	桑珠
5	永珠泽登	6	洛松江巴
7	向巴泽登	8	四朗拥宗
9	雍珠巴珍	10	邓巴江村
11	吉康向巴	12	嘎松尼玛
13	嘎松泽培（老乡长家，我们的居住地）	14	其美扎巴
15	泽巴	16	次仁拉姆
17	斯朗扎巴	18	白玛
19	多吉江村	20	嘎松朗加（东坝乡藏东第一家）
21	欧珠（带商铺）	22	朗加旺堆
23	泽旺永珠	24	加朗群宗
25	任青平措	26	次仁朗加
27	洛桑培吉	28	冲旺吉美
29	阿增多吉	30	阿穷
31	扎西卓玛	32	平措斯朗
33	扎巴	34	边桑
35	任青拉珍	36	四朗成措
37	邓珠	38	平措
39	向巴永宗	40	老乡政府
41	寺庙		

表格来源：王璇根据乡政府资料和调研资料制作

注：表 7-1 对应图 7-15 军拥行政村总图

般充分利用地势地形特点，最大限度地满足生产生活。由于种种原因，瓦多自然村的村民大多已经搬迁，目前只剩下 4 户人家，但从遗留下的房屋建筑格局来看，我们可以明显地发现村落的带状布局形态。

（3）散状布局

散状布局通常由多个小聚落组成，它们布局较为分散，其间有道路连接外界交通。

属于巴雪行政村（图 7-19、图 7-20）的巴雪自然村和邦佐自然村，顺着山势自上而下布局，它们沿着山体等高线及温泉水流错落有致地分布。它们少则一户一处，多则几户为一组团，海拔越高人家越少，相互间用步道连接，周围分布着面积广阔的农田，种植着青稞、蔬菜和各种水果等，从俯视的角度来看，这些聚落组团散落分布在农田与山体之中。

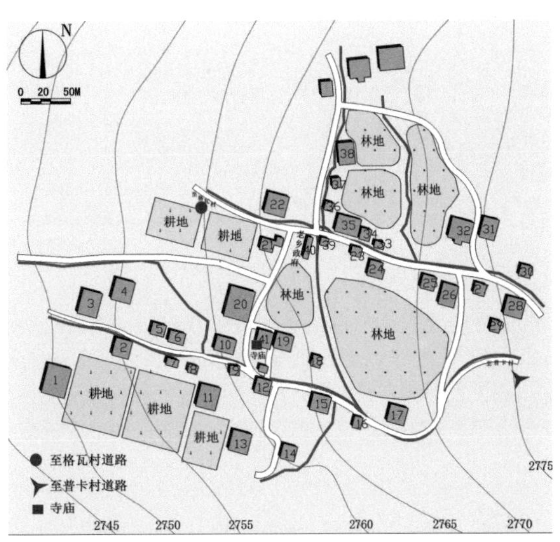

图 7-15 军拥行政村总图，图片来源：侯志翔测，王璇绘制

图 7-16 格瓦行政村总图，图片来源：侯志翔测，王璇绘制

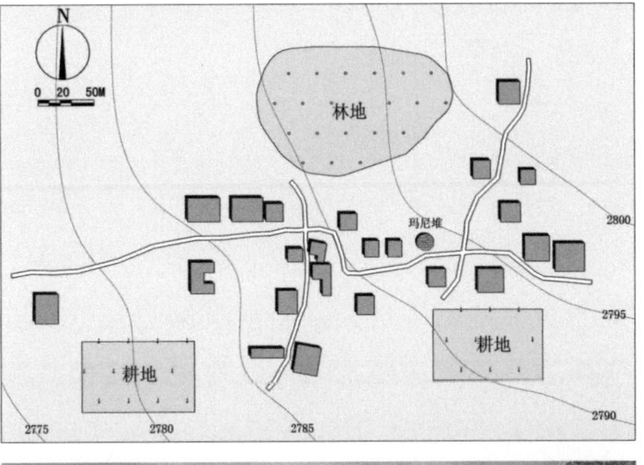

图 7-17 普卡行政村总图，图片来源：侯志翔测，王璇绘制

图 7-18 山路边的瓦多自然村，图片来源：王璇摄

图7-19 巴雪行政村，图片来源：王璇摄

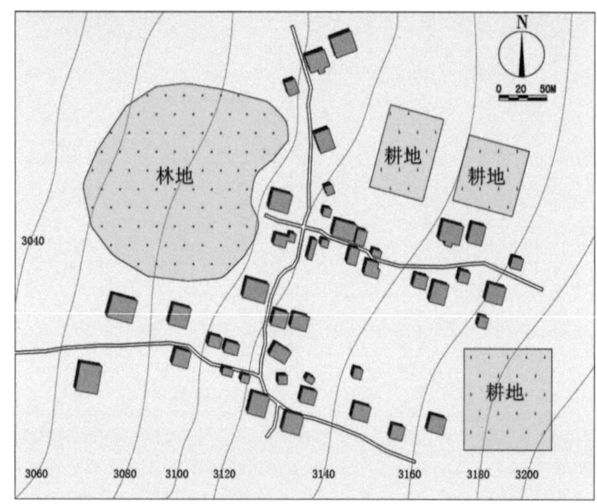

图 7-20 巴雪行政村总图，图片来源：侯志翔测，王璇绘制

7.2.3 村落空间形态

1）村落的内部空间形态

水系、道路与民居建筑共同织就了东坝乡的肌理形态与丰富的空间趣味，然而从系统的角度进行考察，我们不难排除一些空间变换的表象与次要方面，发现决定其整体组织与构架的内在原理和规律。

村落作为聚落最原始、最基本的存在形态，其内部空间与礼制、民族、文化有着千丝万缕不可分割的联系。村落有其自身完整的社会体系及功能需求，并通过村落内部最基本的空间场所——生产场所、居住场所和公共场所体现。

生产场所，用于村落生产的组织，是人们生产的空间。生产功能是一个完整的社会体系的基本要求之一，它为社会发展提供了物质基础。村落的延续和发展离不开社会生产，生产场所的布局影响着村落的空间形态。东坝乡村落以农耕为主，大部分生产场所多布置于村落的外缘，与生活区分离，与自然结合紧密，形成独立的功能空间。

居住场所，是人们居住的空间，民居为村落的基本组成单位，是人们日常生活中关系最为密切的要素之一。其空间构成的出发点就是在有限地段上修饰复杂地形，最大限度地利用地形组织功能，开拓场地，创造有效的空间，改善居住环境，其空间构成要素有地面、侧界面、屋面和尺度等。

公共场所，为公共活动的空间，包括人们聚会、活动、娱乐及祭祀等，多为开放性的公共活动空间，在居民的生活中起着十分重要的角色。东坝乡隐匿于深山之中，由于地理位置偏僻，范围有限，东坝乡的公共场所并不多，其具体形式主要表现为寺庙、商铺等。

2）村落的外部空间形态

村落的形成是自然因素与社会因素共同作用的结果，在不同的自然环境、民族特性、风水观点以及人文要素等背景下，不同的村落表现出不同的外部空间形态。这里所说的外部空间形态主要指村落的组合方式。

本节引用凯文·林奇的城市空间理论，通过广泛的调查，在运用认知心理学方法的基础上，提出了城市意象的五项基本元素：道路、边界、区域、节点和标志物。东坝乡村落网络的基本要素也可以用这五项基本元素来分析。

（1）道路

道路是聚落的基本骨架，传统聚落的道路网络与城市的道路网络有很大的不同：城市道路的网络通常强调最佳路径，道路布局平直，以求快捷畅通；而聚落的道路网络形式多样，它的形成有多种导向，除了受功能、聚落规模、微地貌的影响外，还受到营建习惯、礼制等方面的影响。对于东坝乡的道路分析在前面的章节已做了详尽的介绍，在这里不再做过多的赘述。

（2）边界

一般村落的边界，是指村落的边缘、河流的边线等等。《管子》在《乘马》中有“非于大山之下，必于广川之上”，《度地》中又有“乡山左右，经水若泽”[9]的论述。以山水为自然围合的屏障是中国传统聚落的特点，坐阴朝阳，背山面水。传统聚落的边界往往比城市中的边界更丰富，更有视觉上的效果。而东坝乡独有的奇特地理和优美的自然环境，创造了富含意境的村落环境，其特有的文化和环境造就了它独有的边界意向。

东坝乡村落处于变化较大的地形里，这样的地形变化自身就有竖向的感觉，加上一些行政村分布的位置较近，周围树木的映衬，它们的边界于是就变得模糊起来。而由于干热河谷的气候，长久以来周围山体植被较少，远远望去，整个东坝乡在光秃秃的山体映衬之下，其边界又较为明显，正是由于这种模糊与强烈的反差使其村落给人以从环境中生长出来的感受。

（3）区域

“区域是城市内中等以上的分区，是二维平面，观察者从心理上有‘进入’其中的感觉，为具有某些共同的能够被识别的特征。这些特征通常从内部可以确认，从外部也能看到并可以用来作为参照。”[10]东坝乡村落的区域没有城市空间那样复杂，可以简单从不同的功能作用加以划分，如：种植的区域（图7-21）、居住的区域、交往的区域等等。

（4）节点

“节点是指城市中观察者能够由此进入的有战略性的点，是人们往来行程的集中焦点。它们首先是连接点，交通线路中的休息站，道路的交叉或汇集点，从一种结构向另一种结构的转换处，也可能只是简单的聚集点”[10]。

在东坝乡，作为节点的有道路交叉口、寺庙等（图7-22）。在军拥行政村，村内的商铺位于一条东西巷道和南北巷道的交叉口，

图7-21 种植的区域，图片来源：侯志翔摄

而由两条主干道构成了一个“丁”字路口，巷道较为宽敞，约为4 m，构成一个较大的街巷节点（图7-23）。街巷的节点通常是处于网络状街巷结构的交叉点，街巷的节点是村落街巷空间的高潮部分。由于地势和自然因素，村内的机动车只有摩托车通行，此街巷节点在功能上几乎扩展为村落的小广场，通常成为村内居民平时闲聊、聚会的场所。我们常能看到孩童们在这一带区域玩耍嬉闹，老人们坐在一边，手中的转经筒不曾停止转动，而男人们在一旁抽烟聊天的情景。

通过调查分析主要巷道的交叉口，我们发现东坝乡的所有巷道交叉口以错位的三岔口为主，即“丁”字交叉口，“十”字交叉口的情况较少。主要的街巷甚至小支巷，因

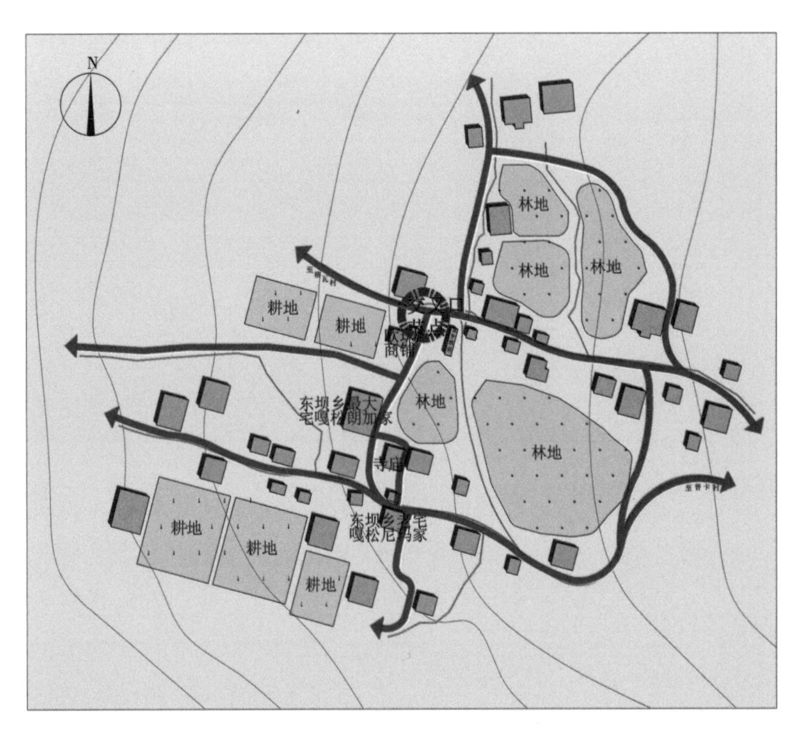

图7-22 军拥行政村交叉口、寺庙节点，图片来源：王璇绘制

图 7-23 街巷节点，图片来源：侯志翔摄

图 7-24 军拥行政村与格瓦行政村之间的白塔，图片来源：王璇摄

图 7-25 军拥行政村至格瓦行政村路中的玛尼石，图片来源：侯志翔摄

为地势等因素有时候会产生曲折错位，使得整个道路系统既通畅，又有丰富的景观变化，从而增强其使用性和可识别性。像这种放大空间尺度的功能性、方向性以及日照感觉的交叉口、出入口处理都能够产生较强的场所识别感。这样的使用性和识别感使其成为村落的节点。

（5）标志物

"标志物是另一类型的点状参照物，观察者只是位于其外部，而未进入其中。标志物通常是一个定义简单的有形物体，比如建筑、标志、店铺或山峦，也就是从许多可能元素中挑选出一个突出元素。"[10] 东坝乡的地标主要有村口的白塔与道路中或是村口的玛尼石（图 7-24、图 7-25）。

对西藏村落来说，白塔就是入口大门，是进入这一空间的起始点，有着路标的功能。村民们把白塔作为界定村内、村外两大空间领域的标志。藏族群众通常对村口这一村落的独特空间做特别的处理，使其具有鲜明的形象。有着鲜明形象的白塔承担了村落空间的导向作用，使村落具有可识别性，使村民具有归属感。白塔作为村落门户，所处空间属于"门"的范畴，是整个村落的标志物，这样的标志物不仅告诉人们村落空间序列的开始，同时更强化了古村落的宗族观念。

在西藏各地的山间、路口、湖边、江畔，几乎都可以看到一座座以石块和石板垒成的祭坛——玛尼堆，也被称为"神堆"。这些石块和石板上，大都刻有六字真言、慧眼、神像造像、各种吉祥图案等，它们也是藏族民间艺术家的杰作，成为藏族人民特有的标志。

玛尼堆，藏语又称"朵帮"，就是垒起来的石头之意。"朵帮"又分为两种类型："阻秽禳灾朵帮"和"镇邪朵帮"。"阻秽禳灾朵帮"大都设在村头寨尾，石堆庞大，而且下大上小呈阶梯状垒砌，石堆内藏有阻止秽恶、禳除灾难、祈祷祥和的经文，并有五谷杂粮、金银珠宝及枪支刀矛；"镇邪朵帮"大都设在路旁、湖边、十字路口等处，石堆规模较小，形状呈圆锥形，没有阶梯，堆内藏有镇邪咒文，有的石堆内也藏有枪支刀矛。

7.2.4 村落空间分析

（1）尺度与比例

适宜的尺度也是形成东坝乡村落空间魅力的一个主要方面，对尺度的分析主要针对空间的剖面关系来进行。东坝乡的街道与巷道有宽有窄，但总体来看，主要街巷一般宽4 m左右，两旁的建筑多3~4层，高9~12 m，有利于营造出亲切、有活力的公共生活氛围，又能满足步行、骑马、摩托车等古今交通方式的空间需求。

东坝乡中的温泉水系河道沟渠尺度普遍较小，宽度多为1 m以内，最宽处也不过2 m。随着道路等级的逐步降低，其所临水系支流也渐次变窄，至最窄处则只有几十厘米，多为小巷支渠。由此，水流的尺度达成了与村落中道路、建筑、空间等在比例上的相互协调。

与街巷、水系一样，东坝乡中院落尺度普遍也是比较小的。尽管形制、规模与细节上有着区别，其民居院落也同样有着舒适、宜人的尺度和比例，适应居家生活的空间要求。院落的尺度是与其所属建筑群落相匹配的，往往房屋越大则院落越大，房屋较小院落也相应变小，但总体来看，院落宽度与建筑高度之比在1~1.5左右，这使院落空间与街巷空间相比显得格外开敞、宽阔和明亮。

（2）开敞与封闭

从空间的围合方面进行比较，可以认为东坝乡中的院落空间都是既有封闭性又不乏开敞感的。

在东坝乡的民居院落中，“封闭性”是针对外界而言的。民居的外墙面在一层除大门外几乎无任何其他洞口，加上院墙高筑，出于传统的防御要求，一般底部墙的宽度都有1 m，因此只要关上大门，院落就成了几乎完全隔绝于外部环境的家庭内部空间。但是当从外界进入并身处庭院中时，人们所获得的空间感受就由“封闭”转变为了“开敞”，这是因为民居建筑面向院落的界面多由木隔门、木隔窗等组成，且木隔窗不同于传统藏式建筑，不仅开窗较大，且融合了传统中国民居的元素。若将门窗开启，则内与外的空间划分被进一步模糊，庭院和室内空间融会贯通为一个宽敞、开放和自由流动的整体，院子似乎是没有屋顶的房间，房间则成了加上屋顶的庭院。

对于院落空间，“封闭”一方面源自藏族传统的封闭性和防御性观念，另一方面也和东坝乡相对较高的经济水平及私有制发展程度密切相关；而“开敞”则反映了对汉族建筑中典型的流动空间塑造手法的借鉴和模仿，当然也是藏族群众热爱自然的传统共同作用的结果。

（3）致密性与通达性

无论对于东坝乡的路网布局还是水系格局来说，“致密”都是一个重要的特征。在这里，“致密”不单指单位面积内街巷和水道的绝对数量大，更指借助密布的路网与水网所实现的建筑以及人们的行为活动、接触交往的密集程度。

另一方面，致密的分布又导致了街巷与水流对东坝乡村落的几乎每个角落都有良好的通达性，也加强了二者（对水流来说这一意义尤为显著）与占村落生活的积极互动关系。穿街走巷的水不仅提供了居民的日常生活之需，还增添了人们闲暇时分的玩乐之趣。此外，遍布于致密的建筑肌理中的街巷起到了很好的通风散热的作用，水系更是改善村落内部小气候的天然生态廊道。

（4）景观与体验

在东坝乡村落中，街巷是幽深曲折的，两旁古朴的民居在高度、细节上的变化都为其增添了丰富的景观元素。水流是蜿蜒细长的，峡谷岸边院墙高筑、植被葱茏。街巷与水流紧密依附、相互缠绕。

街巷、建筑的布局顺应着河道的走向，

河水的流淌又加强了街巷的空间指向性，并以其柔和的形态形成与街巷、建筑的强烈对比，丰富了后者的空间层次感。穿街走巷的河网川流交织，为村落空间增添了一分灵动的气质。

另外，顺应地势起伏变化的村落街巷与水流布局并非横平竖直、正南正北，而是多曲折弯转，配合着两边建筑界面的高低、宽窄、疏密以及装饰风格等方面的细腻变化，很容易造就二者在物质形态与景观视线上的丰富性，带给人们空间体验上的多重感受。

7.3 东坝乡建筑特色

在西藏藏东地区，东坝乡的民居是远近闻名的，原因在于东坝民居集康巴地区、汉式、云南纳西、印度建筑风格于一体，并大量采用了雕刻、彩绘方式，展现了使人耳目一新的东坝民居艺术。建筑面积大、选料考究、设计精心、做工细致成为藏地建筑的独特之处。观其外雄伟壮观，观其内富丽堂皇，在昌都地区，乃至在整个西藏的民居都不多见，成为茶马古道上的一大亮点。

东坝民居之所以有上述精妙，一是由于东坝人善经商、走南闯北、见识颇广。在保留其藏东传统碉楼建筑风格的基础上，引入了周边地区的雕刻及彩绘艺术，逐渐发展出独特的建造方式与装饰艺术。二是由于改革开放以后党的富民政策，当地群众逐年富裕起来，他们在房屋建筑上投入了大量的人力、物力、财力。由于居民常年在外赚钱，在回家团聚的日子里大家都建造新房以互相攀比炫耀，雕梁画栋、体量高大的住宅成为时尚，许多家庭几代人逐年加盖房屋，年年翻新，巨大的投入成就了当之无愧的最美建筑。对于当地没有的建筑材料，他们也不惜工本，千里迢迢从外地购入，以增加建筑的牢固性和美观性。三是由于东坝人善于学习他人之长，往往利用自家建房之机，吸引外地工匠参与建设，借鉴别人的技艺，形成一家之长。

东坝乡的民居，在平面布局、立面造型、空间处理、材料使用及装饰工艺等方面，自成体系，其传统营造方式与独特的营造技术直到今天仍然在被使用。本章将从现代建筑学的视角对其进行分析。

长期以来东坝乡民居在建造过程中形成的统一风格，自然与其运用的设计理念与设计手法有很大的关联，在这里提炼出一些基本的设计原则对于从整体上认识这种建筑很有必要。通过对东坝乡典型的民居进行分析比较后，大致可以总结出以下几个特点：①建筑大多朝南，有统一的单体基本原型，平面布局相对较为灵活，从而组成横向伸展的、有均质的界面和有韵律感的群体；②利用天井和院落，作为组织空间的中心；③融合了汉式、云南纳西及印度的建筑风格；④精致而多变的细部雕刻及彩绘装饰。

7.3.1 建筑类型分析

1）按使用功能分类

（1）住宅建筑

东坝乡传统民居类型通常为院落式住宅，建筑主体布置靠后，建筑前面的三面围合成院落，院落中多放置牲口棚等。一家一户建造的单体建筑外观相近，平面雷同（图7-26），村中建筑浑然一体，形成统一协调的风格。这种协调统一通过多种办法来实现，其建筑群体的组合不用对称而是用均衡的手法，总体没有明显的轴线而是随山形地势成片成组地兴建。在一组建筑之间，往往恰到好处地运用体型、体量、色彩等之间的对比、韵律、均衡等手法，取得统一的效果。传统形式包括结构方式、形体比例、外观造型、细部装饰做法和色彩等最能体现建筑风貌特点的内容，在扩建、新建的建筑中，重复或反复出现这种相似或同构的元素，才能保持传统的延续和自身的特点。

（2）前店后宅式建筑

这种类型的住宅大多是为了方便当地居民和过往的马帮而设，在当地建筑中数量并不多，一般一个村子 1~2 处。

前店后宅式建筑，前为商店铺面，后为居住建筑。一般在同一院落中，铺面在院落中靠近大门的地方，店铺进深不大，有单独的出入口，为普通双开木门，做到与居住空间的分离。有些铺面还开有较大的窗户，使外部容易看到内部。内部为柜台和货架，面向街道敞开售货，多数商品为当地居民需要的日常生活用品和食品。有时候铺面也会成为当地居民的聚集与娱乐场所，铺面中提供 2~3 张木方桌与板凳，为居民提供休闲、喝酒、聊天等场所。铺面后面是主人的私人房间，为居住使用的空间，相对封闭，通常布置天井或院落供采光通风。

（3）公共建筑

东坝乡的公共建筑主要是指辖区内的乡政府、卫生院、学校和两座寺庙，其中乡政府、卫生院和学校与村落相脱离，位于村落之外，而与居民联系最为密切的两座寺庙则分别位于军拥行政村和沙益行政村，一座是位于军拥行政村内的萨拉寺，另一座是位于沙益行政村内的沙益寺，这两座均为苯教寺庙。萨拉寺内有僧人 11 人，沙益寺内有僧人 6 人。据说萨拉寺建于 15 世纪，寺庙本身虽已陈旧但具有一定的历史价值，见证了村落的发展与演变，曾在 20 世纪 80 年代被翻修过。

2）按建筑空间布局分类

（1）天井式建筑

天井式建筑是东坝乡民居的主体类型，东坝乡地处怒江峡谷，村落海拔约为 2 300~3 500 m，一年中晴日较多，日照强烈，雨量中等，狭长的天井能形成较大的风压，抽风效果显著，形成了良好的通风与防风沙系统，并且起到保温隔热的作用。大多藏东民居建筑，使用“凹”和“回”字形平面，东坝乡民居也是如此，使用的天井空间融合了传统中国民居建筑的空间形式。天井成为建筑的中心，建筑平面围绕天井布局展开，天井周围布置上下楼梯、客厅、经堂和卧室。

（2）院落式建筑

东坝乡地理位置特殊，一些建筑依山而建，使得建筑形式与山体相融合，院落式建筑在进深方向上的布局通常为前院—建筑—后院—建筑。院落与建筑的面积均不大，一

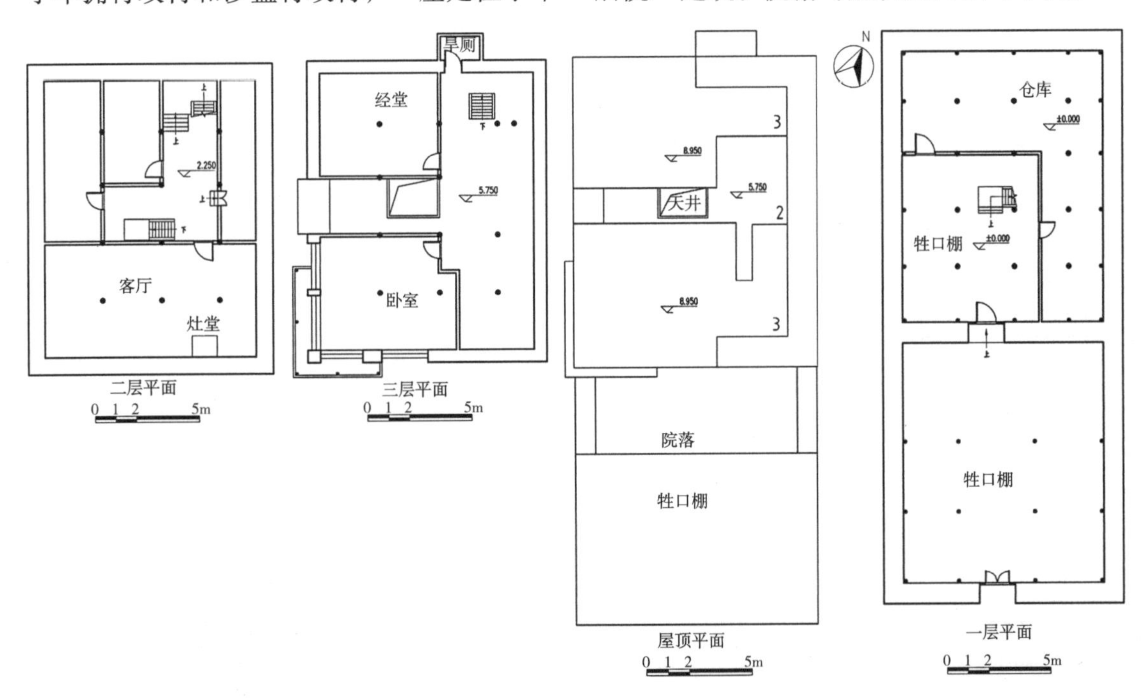

图 7-26 东坝乡巴雪村民居各层平面图，图片来源：王璇绘制

层为仓库与牲口棚，后院建筑的二层用于生活起居，再结合山体地形布置晾晒房、晾晒平台等。院落式家庭多不富裕，人数不多，建筑的数量在东坝乡并不多。

7.3.2 民居建筑特征分析

（1）建筑单体特征

藏东传统乡土建筑的形式为碉房建筑，碉房作为西藏农区民居的主要形式， 坚固而耐用， 东坝乡民居是藏东碉房建筑的一种类型，当地建造新住宅是根据家庭经济和家中成员多寡来决定，根据自己的收入和工程大小,进行雕刻彩绘装修内容,前后修建十几年，有的至今还未完工。因为家家建房，修建的房屋越来越富丽堂皇，房屋已成为一家富裕的标志，形成了一种攀比之风。在当地噶松尼玛家，其房子是上一代人一辈子的心血，修建成现在 4 层，共 43 柱，充满着雕刻彩绘和美轮美奂的样式。东坝乡房屋体量的大小按照柱子的数量来计算，当地最大的房屋为 63 柱，而西藏一般寺庙的主体大殿也不过如此，令人无比惊叹与佩服。

我们对当地民居建筑的总体印象是：体量庞大，外墙厚重，雕梁画栋，装饰精美。建筑总体量相对于西藏传统乡土建筑较大，厚墙有明显的收分，有敦厚、稳重感；外表色彩强烈；外墙开窗，而且窗和门上都挑出一个小雨篷。

东坝乡民居建筑中有一些传统的细部做法，这些细部融合了西藏本地的特色，以及汉式、云南纳西族和印度等地的特色，形成东坝乡独特的民居风采。

（2）平面布局特征

东坝乡民居一般为 3~4 层，其建筑布局有利于功能分区。底层一般是牲畜圈和仓库，考虑防御功能，只设一门进入，一般不在外墙上开窗，底层的柱子较多，形成规整的方格柱网，墙边均有柱，墙边柱较细，有时候在木柱间装置木栅栏，设置隔墙，里面可放置草料，储备货物。房屋通常有天井，天井一般设置在横向正中，部分房屋柱网沿中轴对称。楼梯一般设在中间略靠大门的地方，靠近天井设置，现在新建筑的楼梯不同于以前的原木制成的独木梯，大多使用阶梯形的木制楼梯，但坡度仍然较陡，一般都为直跑梯，在一些家境较为富裕的家庭，房屋层高较高，也有转折型楼梯。由于大多数建筑依山而建，在这样的情况下，一层作为牲畜圈和仓库，顺应山势而建；二层根据坡度、地势平整出台地，二层建筑建造在一层屋顶与二层台地形成的较大平面上，一层面积相对较小。我们所调研的格瓦村次城益西家就是这种形

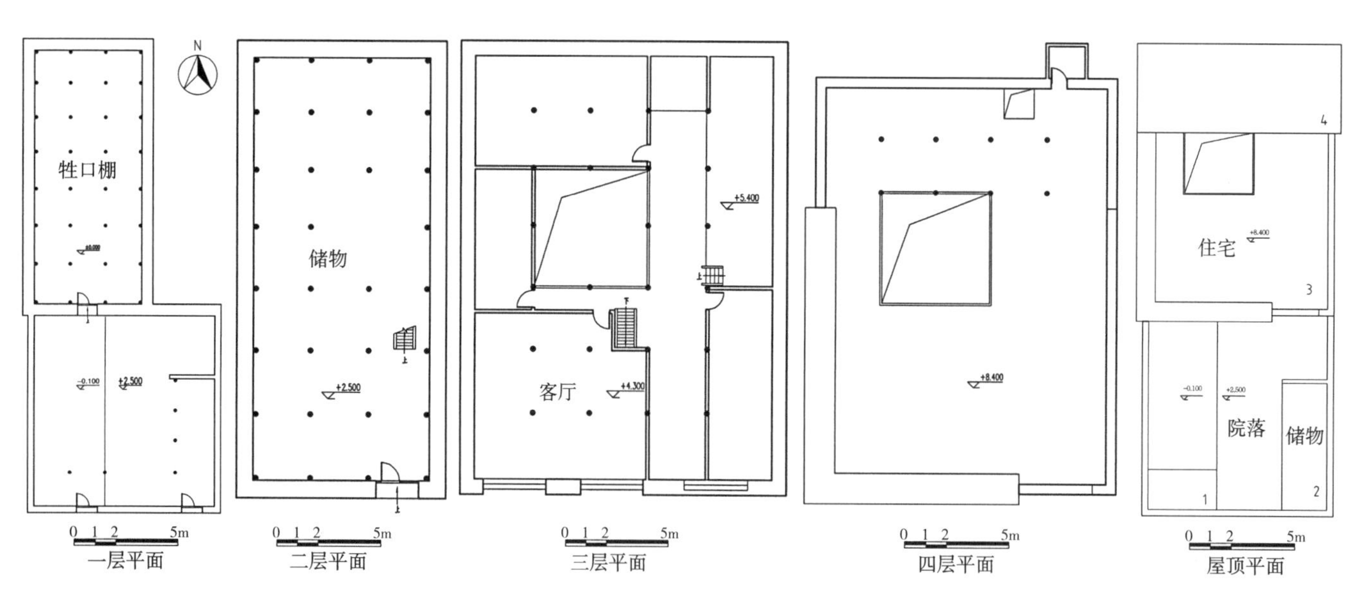

图 7-30 格瓦村次城益西家平面图，图片来源：王璇绘制

式的典型，建筑分为四层；一层为牲口棚，有单独的出入口；二层用于储藏，为人行出入口，院子里有 2.5 m 的高差平台，平时直接从二层的出入口进入，实现人畜分离。一、二层依山势而建面积相对较小，三层家用的房间沿整个建筑向东展开（图 7-27）。

建筑二层通常为客厅、卧室和储藏间，二层的柱子有所减少，靠墙边均无柱子。楼梯井一般在客厅和卧室的中间，前方为交通区域，交通区域的周围，以隔墙将二楼分割成若干个房间，房间的多寡视整座住宅面积大小而定，并围绕天井布置。其中朝南的大空间通常设置为客厅，位于通往一楼的楼梯边，而二层的储藏室多用来贮放粮食、柴火和货物等。由于北面不开窗，靠天井一排房间开木棂窗采光。部分建筑二层有一间地坪抬高，此处通常作为专门的卧室，装修较好，也用于接待贵客。抬高处常留出一个开间作为放置板梯或是独木梯通往三层的交通空间，通常位于北部靠墙。

经堂是一家中最神圣、庄严的地方，一般位于三层，不受干扰，以示对佛的尊敬。一般情况下，三层即为顶层，除了经堂之外，其余的房间不封闭，便于通风，用于吹干存放的粮食。而顶层的前面一部分是晒坝，也就是较大的平屋顶阳台，因为东坝人居住于山区，较难找到平整的土地作为晒场。屋顶的晒坝，有充足的阳光，在这里可以打晒粮食、晾晒杂物，冬天还可以晒太阳取暖。人口较多的家庭，会在三层设置房间，而将四层作为晒坝。一般屋顶会有烟道出口，用于厨房排烟，大多数的烟道出口在顶层的女儿墙上，当地居民很有心思地将烟道出口做成了小小的白塔砌在墙头（图 7-28），由此既可以看出当地人对于自家建筑的重视，也可以看出西藏宗教文化对于家庭的影响，成为当地民居的又一特色。

一般住宅后面有出挑的旱厕（图 7-29），旱厕不设在正对楼下入口的方向，由于建筑底层不住人，楼上旱厕的设置对楼下没有影响。有时旱厕会用墙进行分隔，不影响观瞻，这样的旱厕通风良好，较为干净，藏族聚居区使用广泛。

（3）天井院落

以天井为中心组合而成的单元平面布局，是东坝乡传统民居的基本构成法则，建筑单元的纵、横向空间组合均以天井为单位。建筑室内的采光、通风也需要天井解决。天井是被一栋建筑内四面不同房间所围，这些房屋的屋顶连接在一起，从空中俯瞰它恰似一个向天敞开的井口，“天井”这个名称是个形象的比喻。建筑南向楼上留出小晒台[11]，在“回”字形院落的中庭边设置作为交通空间的围廊，北边楼层增加高度，使更多阳光可以穿过回字形的天井进入主人的起居空间。且建筑北边一般不开窗，因此建筑北边的房屋采光均靠天井。这种院落既能防风沙，又能保暖。天井院落内种植花草，可增添生活乐趣，也是东坝民居建筑中十分重要的一部分。

另外，为了增强建筑的防御性，东坝乡民居的外墙都高大封闭，底层墙基约为 1 m

图 7-28 小白塔型烟囱，图片来源：王璇摄

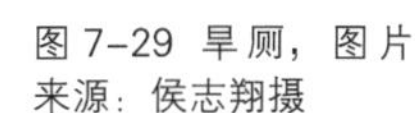

图 7-29 旱厕，图片来源：侯志翔摄

图7-30 天井，图片来源：王璇摄

图7-31 民居立面，图片来源：侯志翔摄

以上，且底层不开窗。因此天井是封闭的内向性住宅必不可少的部分，是这种形制存在的前提。

东坝乡的天井式建筑具有以下特点：天井空间多数为长方形（图7-30），天井的长宽比大多大于2:1；通常位于建筑中部，若建筑以中轴线对称，天井则位于建筑中轴线上，根据建筑体量大小的不同，天井大小也不同。

（4）立面特征

东坝乡民居建筑墙体主要使用土坯材料，立面墙身粉刷成白色，墙体很厚，墙身收分明显，是典型的藏东地区碉房建筑（图7-31）。顺应着自古以来防御的需要，至今仍然保留着一层不开窗的习惯。其大门设在底层，门有单开的，也有双开的，不管哪种门，均由十分坚实的厚木板做成。有的家庭在门的周边还镶上铁皮，一为美观，二为使大门更加坚固。作为进出主楼的唯一通道，每个大门都是经过精心设计的，门边均有层层出挑的门框。大门通常不高，做得小而结实，不容易被攻破，安全系数大大增加。东坝乡民居窗的主要排列特点是顶层窗面积大，越往下层越小，底层不开窗。通常正立面的二层开始以开间为单位开窗，满开大窗，因此采光和通风都很好，安置木棂窗格，并且有数道窗框，窗框层层出挑，雕刻精细。顶层经房的窗户最大，彩绘雕刻最为丰富，而在窗框上我们也能看到自家宗教信仰的标志。立面装饰不仅仅如此，在较为富裕的家庭，立面融入了传统斗拱的元素作为装饰。墙体砌筑到顶端以后，在上面整齐地、有间隔地排列三行长约20~30 cm的方形木条，其一头从墙体往外延伸约10 cm左右，形成层层出挑的檐口。建筑北高南低，朝南方向有平坦的晒坝。东坝乡民居的大窗户、华丽的彩绘和雕刻都融合了汉族、云南纳西族和印度等地的风格形式。但典型的夯土厚墙、墙体收分、平屋顶、屋顶晒坝及檐口形式等又传承了自古以来藏东地区碉房建筑的特色。

（5）室内陈设

在东坝乡民居中，客厅是最重要的房间，平时人们的起居、待客都在此，室内有灶炉或火塘，火塘一般位于墙的一侧，除做饭外，还可供家人取暖。另外，还有壁橱、壁架等设施，在壁橱、壁架上会放置多个大的铜缸和铜水瓢，这也是家庭富裕的标志。柱子往往落在室内中央的位置上，藏族传统文化把居室看成世界的缩影，居室中的木柱被看作世界的中心[12]，因此室内的家具多围绕柱子布置。一般客厅中靠墙设置一排或是一圈藏床，用于待客或是主人休息，藏床又叫“卡垫床”，较低矮，高 30 cm 左右，一般长 2 m，宽约 80~90 cm，上铺宽 45~60 cm，长度与床相等厚约 10 cm 的卡垫和藏毯，可睡可坐。卡垫可折叠、可拼接，靠墙即可组成低靠背的座位。藏桌一般平行于藏床放置(图 7–32)，两者距离较近，形成一个组合单元，在面积较大的厅内，会连续摆放多个这样的组合单元，或围绕柱子摆放成“L”形，形成待客、起居活动的主要空间。

图 7–32 藏桌布置，图片来源：王璇摄

图 7–33 经堂，图片来源：王璇摄

经堂是东坝乡民居建筑中必不可少的一部分，通常单独设置在顶层晒坝靠后端一侧，其私密性是经堂设置的重要考虑因素。经堂的门上绘画日、月以及代表自家宗教信仰的符号，经堂的设置体现了宗教在藏族民众生活中的重要性。经堂的大小尺度按照建筑本身的体量有所不同。经堂是民居中室内布置和装修最为考究的一个房间（图 7–33）。一般在后墙安置形状类似于壁架的木制佛龛，龛台的上部供奉佛和菩萨像。龛台的下面是壁柜，用于存放经卷、香供和法器等与祈祷祭祀有关的物品。有的经堂侧墙和佛龛对面的墙面做成与佛龛形式一致的壁柜，如果不做壁柜，墙面则往往做成和壁柜分割形式一致的壁板。

7.3.3 建筑施工与结构形式

1）建筑施工

（1）基础处理

一般是在基槽挖好后素土夯实，然后铺填一层卵石或碎石， 再填黏土夯实，普遍为三层卵石和 三层黏土， 分层夯实， 然后砌筑墙身。这种碎石砌筑的基础既保护墙体，又可以起到很好的支撑作用。

柱子的基础做法大致相同。一般是挖基坑， 分层夯实卵石和黏土， 再放置柱础石，最后在柱础石上立柱。

（2）墙体

东坝乡居山地，而又近河谷，以土、石居多，因此建筑多为土墙。作为碉房建筑，墙体较厚，从下向上有较大的收分，从侧面看形似梯形。这种梯形结构加强了墙体的稳固性，并在视觉上有一种高耸向上的作用。此外，较厚的墙体和较少的窗户，显著加强了碉楼建筑的防御作用，同时又能使其建筑在寒冷多风的环境下，取得极好的保暖效果。

当地居民一般会选用当地山上最好的细泥建材，这种泥土具有较好黏性、质地细腻、少砂砾，待干了以后颜色会变白。而为了增加土的黏结和耐久性， 在里面加入秸秆和一些杂草，然后砌筑。图 7–34 所示为墙体模板施工，在模板支撑好后，将和好的泥巴倒入模板，用木杵制成的工具夯打，一次大约夯筑 30 cm 厚，一层一层往上夯筑 。

墙体砌筑完成后再在上面进行表面处理，

图 7-34 墙体模板施工，图片来源：侯志翔摄

在墙体表面敷上一层泥巴做保护层。墙体砌筑到顶部以后，上面间隔搭上长的方形木条，其一头从墙体往外延伸约 10~15 cm，大约搭三层，层层出挑，形成挑檐，防止雨水直接顺着墙面流下。

而内部的隔墙则无收分，大约 8~10 cm 厚，先用柳条进行编织，表面再用泥和水混合后涂抹而成。

（3）楼面、屋面做法

建筑屋面的做法主要分为四层，在椽子上由下至上分别为一层碎木料或者柴，上面铺一层边玛草，然后会铺上一层塑料，用于防水，在上面再铺设卵石与黏土。此种做法与西藏传统的阿嘎土屋面做法有相似之处，在铺设好的垫层上，铺上 10 cm 厚的阿嘎土，人工踩实之后，用石块或木棒拍打，边拍打边泼水，使之充分吸收水分直到能够起浆时为止。阿嘎土拍实后，再铺一层细密阿嘎土。拍实后的面层，边涂抹槐树皮的浆液，边用卵石磨光找平，然后涂青油一遍。一般以青油渗入面层为最好，这样干后坚硬如石，平滑如镜。

图 7-35 施工现场（外墙门窗），图片来源：沈尉摄

一般室内楼面的做法，主要分为 3 层，先搭梁、置椽，椽子上面铺设一层碎木头、小灌木，中间层铺设边玛草，上层铺上一层泥土，具体做法与屋面相同。

（4）木作

东坝乡传统民居建筑中另一个十分重要的材料就是木材。木材主要用作楼地板和支柱，用以增强外墙的承重力，特别是在较大面积的建筑中，支柱的数量往往较多。由于东坝乡特定的地域限制，地处深山之内，加之干热河谷的气候形式，在周围的山上几乎不长植物，因此东坝乡的木材资源十分匮乏，一般从周边的林区沿怒江将木材运送过来，这也成为东坝乡造就辉煌建筑的重要举措。木材主要用于大木作柱梁以及小木作门窗和室内地板、屋顶檐口等部位。在东坝乡民居中，上下都有柱，但不是通柱，施工时上下柱一般做好记号，以便于上下对接固定。门窗木料使用也较多，东坝乡民居从二层开始对外开大窗，门窗雕刻繁琐，门一般用木板门，周边有 3~4 层门框，窗周边少则 3~4 层（图 7-35），多则 7~8 层窗框，每层门框或窗框都有不同形状图案的雕刻或彩绘。门框、窗框上的雕刻一般由木匠师傅用模板工具画好，然后进行切割雕刻，图案内容通常由师傅自己按照经验和习俗确定。

2）结构形式

为顺应地形、水流等环境条件和房屋使用的需要，东坝乡民居建筑的进深、面宽尺寸及体型组合方式等都是丰富多变的，但主体的结构形式是大体固定的。东坝乡民居平面呈长方形，以梁、柱和墙体进行承重。外墙收分，内墙垂直，墙基处宽可达 1 m，在墙体顶部墙宽大约为 50~60 cm，上下收分形成侧脚。外墙的作用主要是作为整个建筑的围护，而最主要的承重体系是室内的梁柱承重，室内的梁和椽子承托楼面或屋顶，其下用木柱作为整座建筑的支撑，每层木柱的排列纵横间距大致在 2.5 m 左右，上下层柱位相对，形成以梁柱承重的方格柱网。一般底层柱网较为完整，墙边均有柱，靠墙边的一组柱距相对较小，且中间柱径较大，为 0.2~0.3 m，墙边柱子尺寸较小，柱径大约为 0.15 m。二层墙边均无柱，视野较为开阔，往往二层客厅正中的柱子尺寸最大，装饰最华丽。三层根据房间的多少依照二层布置柱网。由于一层主要作为牲口棚和仓库，因此一层的柱子多用圆柱，且没有装饰，二层开始用方柱，有精美的雕刻和彩绘。除了底层的柱子外，其余柱子下面都没有柱础。柱头上面设置替木或雀替，雀替之上放置横梁。横梁和雀替的关系有两种处理方式，一种是横梁和雀替为同一方向，上下重叠。另一种是横梁和雀替 90° 交叉，成为重点装饰部位。为了防止横梁从雀替上脱落，横梁、雀替和木柱的接触部位都设置木榫。东坝乡民居建筑体量的大小通常按照柱的数量来计算，且外墙边的柱不在计算范围内。

此种承重结构，上下层的分隔墙不必对齐，因而可根据需要使用板材随意分隔房间，极为灵活方便。由于东坝乡民居体量较大，在层高方面也比一般藏式民居建筑要高，一层层高稍矮，在 2.7 m 左右，二层层高最高，在 3.5~4 m，三层层高也在 3.5 m 左右。

7.3.4 建筑艺术特征

东坝乡传统民居建筑是东坝乡人民的伟大创造，在整个藏族聚居区范围内都是有名的，民居风格在原有藏东传统碉房的基础上，又大量采用了雕刻与彩绘做法，不断吸取多民族文化的精华，集康巴地区、汉式、云南纳西、印度建筑风格于一体，因地制宜、就地取材，创造了独特的营造技术和装饰艺术，展现了使人耳目一新的东坝民居建筑，在昌都地区，乃至整个西藏中的民居都很少见。

一幢幢依山、依道、依水、依果园而建的民居，观其外部雄伟壮观，观其内部富丽堂皇，不输宫殿，其选料考究、设计精心、做工细致成为建筑成功的关键。民居主体建筑外墙为白色，建筑的木构件一般都要进行彩饰，使用黄、绿、红、白、蓝五色，形成规范与程式化。

1）墙体装饰及色彩

以白色为主调的建筑外墙，衬映着蓝天白云的背景，在阳光照射下，耀眼夺目。墙体经过夯筑之后，再涂抹上白色粉浆，建成后每年冬季择吉日再上一次白灰。西藏建筑应用白色，一方面来自对原始神灵“白年神”的崇尚，一方面来自佛教的影响。佛地崇尚白色，藏传佛教也视白色为神圣、崇高。另外，藏族群众生活在雪山之中和草原之上，从科学意义上来讲，白色可反射高原上强烈的紫外线辐射。主客观因素决定了传统藏式建筑除寺庙宗教建筑外，民居普遍使用白色，从古至今，历久不绝（图 7-36）。

在建筑墙体顶部檐口，层层出挑的檐椽，也通常会做彩绘装饰，有些建筑檐椽整体用白色涂饰，有些建筑檐椽以白色、红色、蓝色为底，上做花卉图案等的彩绘装饰，檐椽

图 7-36 外墙以白色粉刷为主，图片来源：王璇摄

图 7-37 檐椽，图片来源：王璇拍摄

顶上屋檐有时做堆经等装饰，檐椽之间也以红色、蓝色、绿色等做底色，上面做花卉、祥云、龙等装饰。檐椽下部有时会做两三条彩绘雕刻，以累卷叠函凹凸方格木雕、莲花瓣与蓝底白色圆形象征太阳的图案为主（图 7-37）。彩绘雕刻下的墙体上有时依然绘制布幔的装饰。墙面整体白色与檐口和门窗五彩的装饰形成鲜明的对比，并且互相衬托，效果非凡。

经济条件较好的家庭在有些重要的室内房间墙体的中下部贯穿三条彩带，以红、蓝、黄为主，彩带下部常涂饰绿色墙体，彩带上部留白墙，有时重要的房间在墙上绘制彩绘，

图 7-38 顶棚木椽装饰，图片来源：王璇摄

图 7-39 飞帘图，图片来源：王璇摄

以宗教故事、宗教图案为主。有些重要的卧室也做整体粉刷，常用两色拼接，如红、黄等，墙上绘满莲花等吉祥图案。

2）梁、柱、椽装饰及色彩

东坝乡民居室内柱头大梁装饰的基本形制、装饰风格与寺庙装饰没有大的区别，在彩绘图案、雕刻装饰、颜色运用上除个别差异外，与寺庙装饰颇为接近。

通常情况下，西藏民居中的彩绘装饰，除了贵族的建筑外，等级都要比寺庙低，并且少有雕刻。而东坝乡则不然，其内部彩绘及雕刻比较华丽，大概是东坝位于偏僻之处，受制度的约束少，当地村民在茶马古道上走南闯北见识得多了，把外面世界精彩的东西不拘一格搬来或移植过来。

值得提出的是，东坝乡民居的建筑雕刻、彩绘基本上如出一辙，只有一种图案不同，出现在建筑许多部位，即代表宗教信仰的符号——“雍仲”符号旋转的方向不同：信奉苯教的家庭与信奉黄教的家庭有所区别。我们调研的军拥行政村全村信奉苯教，其作为装饰的“雍仲”符号为逆时针方向，而格瓦、普卡和巴雪村信奉藏传佛教，装饰的“雍仲”符号为顺时针方向。

民居顶棚的木椽多被涂成蓝色，顶棚下部有时绘彩色拼接格纹装饰（图 7-38），墙壁与顶棚交界处画成红蓝、红绿或二色相间的布幔状花饰，这种装饰源于藏族苯教宗教祭祀活动时使用的飘帘，后发展为挂于檐、梁、门、窗上的多种形制、色彩的飞帘图（图 7-39）。

而民居的柱头、横梁、装饰也十分考究。天花板下的椽子顶端整整齐齐、略有间隔地排列在大梁上方，用彩绘的办法进行装点。在藏族居室中柱子、横梁的位置显要，因此这部分的装饰在整个室内装饰中至关重要。椽子至大梁之间夹着两道横枋，上层用累卷叠函凹凸方格木雕处理，下层用莲花瓣依次

排列的雕刻或彩绘装饰（图 7-40），这种装饰方式约定俗成，上下图案不能随意调换。横梁上的装饰大多采用填充连接长方格来进行，在横梁表面划分大小等同的长方格，在这些连接的长方格内绘制各种花卉、莲瓣、流云、八仙、吉祥八宝等宗教图案。手法上或平涂或晕染，主要用线条勾勒，形式多样，有的经济条件较好的家庭也会做雕刻。在两道横枋之上通常再置一层出挑的小椽，在天井部分通常会置两至三层逐层出挑的小椽，与檐口形式相同（图 7-41）。

柱头上或雕或绘花瓣，形成坐斗，有的坐斗只是一种装饰，或以彩画绘出或用雕花镶拼，有的将柱头雕刻成坐斗的形状。在坐斗上置雀替，柱头、坐斗和雀替之间一般用榫卯连接。

雀替是中国建筑中的特殊名称，为安置于梁或阑额与柱交接处承托梁枋的木构件，可以缩短梁枋的净跨距离，能增加梁头抗剪能力。

东坝乡传统民居建筑对雀替的装饰要求尤其讲究，是装饰的重点之一，其装饰手法也是以雕刻结合彩绘的方式进行，通常来讲，其装饰元素与中原地区的主要建筑装饰内容类似，有龙、凤、仙鹤、花鸟、花篮、金蟾等各种样式。雀替装饰虽花样繁多，但是构件尺寸较大，结构作用仍很明显，分为两层，上为长弓、下为短弓（图 7-42）。短弓长 0.45~0.6 m 左右，其下垫以硬木。长弓长度不等，为柱距的 1/2~2/3。雀替的装饰繁简兼有，依等级高低装饰花纹，雀替长短两弓本身的形状要精心雕刻，其表面用雕刻、着色的办法加以渲染，以求得和谐的装饰效果。通常客厅起居室的雀替都经过精心雕刻，尤其是雀替长弓中心通常雕刻龙、凤凰、花卉等，两边及边缘雕刻祥云、花卉、不同形式的卷草纹、宗教图案等，整个雀替表面华丽、精细、丰富（图 7-43）。

图 7-40 椽子至横梁彩绘雕刻，图片来源：侯志翔摄、王璇绘制

图 7-41 天井部分逐层出挑的小椽，图片来源：侯志翔摄

图 7-42 长弓、短弓，图片来源：王璇摄

图 7-43 雀替，图片来源：王璇摄

在坐斗下方是长城箭垛式图案，下面是代表自家宗教的图案、布幔图案以及短帘垂铃式图案，如图 7-44 所示柱头装饰图案基本上按此模式制作。柱身以涂饰红色为主，通常包裹织物，如白色哈达，重要的建筑在

图 7-44 柱头装饰，图片来源：侯志翔摄

图 7-45 门装饰，图片来源：王璇摄、绘制

柱身三分之一处有三条彩带作为装饰，并绘有莲瓣、流云、卷草等图案。部分木构件是彩绘，有些是直接雕刻，也有些是将雕好的木刻饰件直接贴在构件上。

3）门窗装饰及色彩

柱、梁、椽的装饰是藏式建筑中最具表现力的地方。而梁上部一系列程式化的装饰做法成为建筑的装饰母题，广泛应用于门、窗等处。门、窗的装饰内容既丰富又复杂，门装饰的主要部位包括了门扇、门框、门楣、门斗拱等部分（图 7-45）。窗装饰的主要部位包括了窗扇、窗框、窗楣等，每一部分都以不同的手法进行了修饰，如色彩涂饰、挂装织物、雕刻处理、各种造型处理等。

（1）门的装饰及色彩

入户的门扇为木质门，以单扇和双扇为主，门扇作为门的重要功能组成部件，上面的装饰主要是涂饰，即在门扇上涂色，色彩以红、黑两色较常见，有时加入别的颜色，也有许多普通民居未上色，门板上挂装金属制品，如门环及门环座等。门环座总体形制为半球形，环为圆形。

室内的门扇（图 7-46）为木质门，以单扇门为主，主要装饰依然为涂饰，色彩较为丰富，有红色、绿色等，也有色彩组合形式，重要门扇上绘制莲花花瓣、卷草、祥云、吉祥八宝、宗教图案等。

① 门框

门框的木构件多则五六层，少则两三层，室内门框亦有三四层，主要分为内门框和外门框，内门框较粗，外门框较细，门框均有雕刻彩绘。

② 门楣

门楣的作用相当于雨棚，主要是防止雨水对门及门环上装饰的损坏，位置在门过梁上方，用两层或两层以上的短椽逐层出挑而成。门楣的长度与门过梁长度相等或稍长。室内的门一般也设置门楣，主要起到装饰美观的作用，其上下层对齐，短椽个数相等。一般在门楣上进行雕刻与彩绘，通常以彩绘为主，在大门上短椽之间常见雕刻，有时也用彩绘，底色常为红、黄、蓝、绿，普通门楣短椽多以简单色彩涂饰。主要的门楣短椽上常绘制花卉，以莲花、卷草、宗教图案等为主，有的会在门楣上装饰有铜片或铁片。

③ 门斗拱

门斗拱（图 7-47）在东坝乡所见并不多，只有在家境比较富裕的门口可以见到，一般用于院门，起装饰作用。

（2）窗的装饰及色彩

东坝乡传统民居建筑窗（图 7-48）与一般西藏藏式乡土建筑不同，其特点是洞口尺寸比较大，窗台高度比较低，一般在 30 cm 左右，窗上装饰较多，南向开窗。窗楣、窗框的装饰雕刻一般与门楣、门框大致相同，窗楣逐层出挑小椽，虽然出挑不大，但檐下形成斜坡，科学而严格地适应了高原特点。它使夏日光影只能射到窗台，室内处于绝对的阴影之中，营造了凉爽的环境；又使冬日的阳光洒满全屋，给人带来温暖；还使逐层出挑的小椽上的彩画雕刻装饰互不遮挡。

窗扇同样为木质，正立面二层窗的窗扇通常为 3 扇，三层经房的开窗窗扇较多，为 5~6 扇，窗扇为长方形，主要分为两三部分的木窗棂，木窗棂的高与窗扇宽接近，木棂窗格形式多样。窗扇还有雕刻彩绘部分，主要雕刻花卉、卷草和吉祥八宝图案，较重要的窗扇雕刻最为精细，如立面的窗扇及靠天井北部的一排窗扇（图 7-49），上部分雕刻成弧形图案；且窗扇四周分布一圈较小的长方形木板小窗扇，上面做彩绘和雕刻（图 7-50），多为花卉、祥云和吉祥八宝图案。窗扇色彩组合依然以红、蓝、黄、绿为主。

有时候刚进行完彩绘的窗会挂上“香布”，“香布”材料主要为帆布，白色帆布上用蓝色帆布缝制吉祥结、法轮等吉祥图案，挂在窗的上檐檐口部位，大小与窗尺寸差不多。

丰富的门窗装饰手法，以及不同的装饰材质，如细腻的木质、质朴的泥质、闪亮与坚硬的金属、柔和的纺织品，粗、精搭配，硬、软兼有。不仅充分发挥了各种不同材质的特

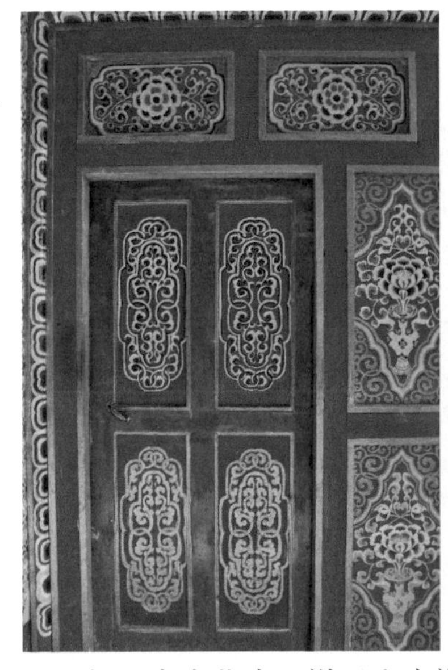

图 7-46 a 室内门扇实例一（上左），图片来源：王璇摄

图 7-46 b 室内门扇实例二（上右），图片来源：王璇摄

图7-47 a 门斗拱一（左），图片来源：王璇摄

图7-47 b 门斗拱二（右），图片来源：王璇摄

图7-48 a 窗实例一（左），图片来源：王璇摄

图7-48 b 窗实例二（右），图片来源：王璇摄

图 7-49 天井窗扇，图片来源：侯志翔摄

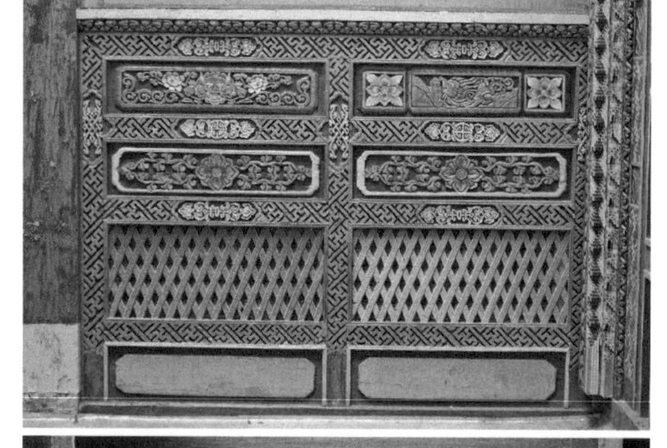
图 7-50 a 窗扇装饰雕刻一，图片来源：侯志翔摄

图 7-50 b 窗扇装饰雕刻二，图片来源：侯志翔摄

图 7-51 萨拉寺，图片来源：王璇摄

长，而且和谐地统一于一个整体中，是东坝乡传统民居建筑装饰的重要特点。

7.3.5 主要公共建筑和典型民居分析

（1）寺庙

宗教信仰在藏民族的日常生活中占据重要地位。在住宅里，每户人家都将家里最好的房间贡献出用作“经堂”，供奉重要的宗教人物或者民族的精神领袖。日常生活中人们几乎定期去寺庙朝拜，而寺庙也会在每年特定的时间举行多种佛事活动。不仅如此，寺院里的重要人物在村民住宅奠基、搬家时也会被请来主持仪式、看风水等。在农田里，也修筑有同样意义的宗教构筑物，以祈求风调雨顺。

宗教场所可能不一定都在村落的中心，但是它们的位置一般在村落的最高处，或是在可以俯瞰村落的地方，或是其他地理条件更好的地方，总之都是为了满足周边聚落的宗教信仰活动，满足藏族群众的精神需求。

东坝乡群众整体信教，而信仰苯教的只有军拥行政村和沙益行政村，其余的均信奉藏传佛教。如何处理精神信仰与物质生产的问题就构成了寺院与村落的空间关系的关键。下面我们将以萨拉寺（图 7-51）为例做一个简单的分析。

萨拉寺有着悠久的历史，已无文字可考，始建年份大约在明朝，20 世纪 80 年代重新修建，寺内共有僧人 11 人，目前只有 1 人在寺内，其余的都基本外出读书。萨拉寺位于军拥行政村较为中心的位置，与村内仅有的店铺位置相邻，边上是一条较为主要的道路，在村中处于比较重要的位置。

由于沙益村位置较远，周边只有军拥行政村信苯教，因此萨拉寺的主要服务对象是军拥行政村，经过岁月的磨砺，萨拉寺已经有些破败。萨拉寺整体建筑仍保持着寺庙的传统形制。寺庙整体沿中轴对称，门口有门廊，一层为殿堂，佛像位于殿堂的后部。平面为“回”字形，其建筑形式为中部升高（图 7-52）。在门廊的右手设置通往二层的交通空间，在二层我们可以清晰地看到升高的中部空间，上下空间连贯，升高部分开长窗，周围是一排走廊。二层的房间主要为僧舍和接待空间，

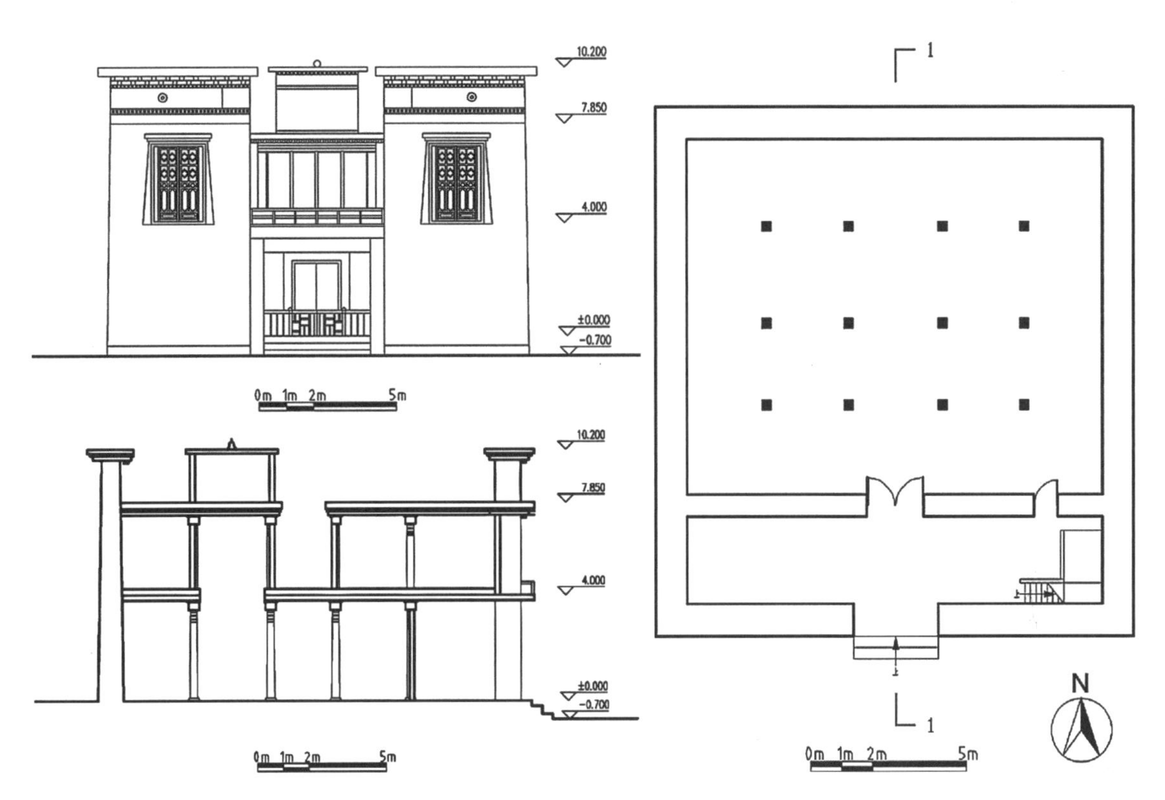

图 7-52 萨拉寺平面图、立面图、剖面图，图片来源：沈尉绘制

三层设置独立的经堂。

屋顶有金顶，在金顶之上有较丰富的装饰，如铜制吉祥物宝瓶、法轮等，整个建筑外形虽然有破旧感，但仍不失典雅端庄，给人以威严神圣的感觉。

（2）东坝乡老宅

东坝乡最著名的老宅位于军拥行政村内，始建于清末民国初年，是乡内唯一的一处县级文物保护单位。或许因为东坝乡曾经靠近茶马古道，是茶马古道的驿站，此老宅被当地居民直接称作“茶马古道”，而其建筑形制是现在东坝乡居民修建房屋的参照，基本的平面形制、立面构成与房屋结构都参照此老宅修建（图 7-53）。

老宅共三层，整体坐北朝南（图 7-54），平面共 12 柱，基本沿中轴对称，一层平面墙边有柱，柱距 2~3 m，天井在中间偏后部位。一层南面正中开门，进门即通往二层的交通空间，周围空间为仓库。二层墙边无柱，南面方向有客厅和卧室两间。天井东西两边的房间中均设小仓库，采用井干式结构，仓库中间开小门，隐藏在房间之中，较为隐蔽，且牢固、防潮、防盗，而且抗震力极强，但这样的小仓库在现在的东坝乡民居之中已不多见。天井北边与西边的房间无通道，直接在天井边的墙上开窗采光。三层天井北边设置房间，东南角设置经堂，并设置晒坝和旱厕（图 7-55）。

图 7-53 a 东坝乡老宅外观一，图片来源：王璇摄

图 7-53 b 东坝乡老宅外观二，图片来源：王璇摄

图 7-54 老宅室内图片来源：王璇摄

夯土墙体的表面已变得斑驳，似乎在诉说着长久以来的沧桑。建筑仅南面开窗，一层入口门为单开门，不开窗，二层南面客厅和房间各开一大窗一小窗，三层南面经堂和房间开窗较大。窗的形式为木棂窗，窗框雕刻简单，不如现在建筑的窗框装饰丰富，立面外墙顶部挑檐有三层逐层出挑的小椽，女儿墙上设白塔形的排烟孔。建筑墙体外立面未见彩绘与涂饰，仍保持土与木的原色（图 7-56）。

建筑结构形式仍为梁、柱、外墙共同承重，碎石墙基，夯土墙，建筑内部的雀替较为简单，一层无装饰，用一段横木代替雀替，二层小房间的椽子和梁也早已斑驳。南面客厅和房间梁柱结构上的柱头、坐斗及雀替的长弓和短弓的形式保存完好，客厅、三层的梁柱和靠近天井的门窗上残留有一些彩绘的痕迹，具体已无法辨认，只能大体看出以蓝色、绿色、黄色为主的图案。

（3）东坝乡藏东第一家

说起东坝乡的藏东第一家，在当地可谓无人不知，其建筑体量及装饰之豪华，方圆百里首屈一指，在整个藏东地区也可算屈指可数。该建筑坐东朝西，平面呈“凹”字形，沿中轴对称，中间有天井。整座建筑体量很大，层高较高，一层 4.3 m，二层 4.9 m，

图 7-55 老宅平面、立面、剖面，图片来源：王璇绘制

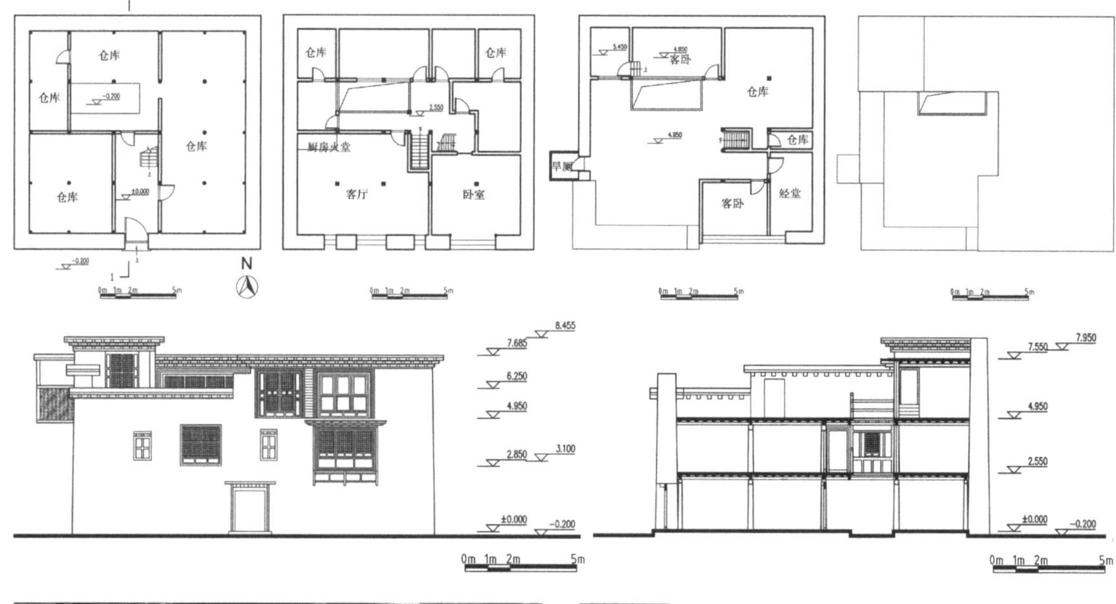

图 7-56 a 老宅细部一（左），图片来源：王璇摄

图 7-56 b 老宅细部二（右），图片来源：王璇摄

三层 4.7 m，局部 4 层（图 7-57）。一层在藏式碉楼建筑中被改作仓库，堆放物资，入口处正对交通空间，设置有转折形的板式楼梯，中间的天井布置了小花坛。二层是生活起居空间，布置有客厅和厨房、卧室、储藏室（图 7-58、图 7-59），在天井的西面，是一排室内地坪抬高的房间，据说是接待重要客人用的。三层有房间，经堂在建筑的北面，还没有修建好，彩绘也未完成，建筑三层的东南部作为室外平台，建筑四层局部作为晒坝。

整座建筑的雕刻金碧辉煌，首先是建筑的入户大门，整个大门净宽为 1.75 m，加上门框的宽度达 3.3 m，门扇为双扇铁皮门扇，上有花纹，设门环、门环座，门框共 6 层，门楣 3 层。内门框 2 层，宽度为 20 cm 左右，内门框第一层主要彩绘花朵图案，正中绘制瑞兽，第二层门框雕刻十二生肖图案以及宗教图案，在正中的位置刻有经文。外门框的四层由内而外第一层为莲花图案，第二层为凹凸方格木雕，第三层为堆经图案，第四层也是最外一层为蓝底白色圆形的图案。在最靠近门的墙边饰一道黑色。三层门楣主要绘制不同的花朵图案，在第二层突出的小椽上绘制龙的图案。整体门窗的雕刻彩绘具有相似性。与传统碉楼建筑不同，建筑正立面 · 层开窗，二层开三扇大窗，以中间的窗为最大，分为 7 个窗扇，窗扇两边各设置一排长方形木板小窗扇，窗扇周围 6 层窗框，3 层窗楣，雕刻、彩绘与一层的入户大门相呼应。

正立面的女儿墙顶做成深红色庑殿型，下方设斗拱，斗拱间绘制布幔。局部四层的墙顶斗拱下设置一圈边玛墙，在边玛墙的上、下各有一圈圆形的白点，在立面上形成了一条连续的白色线条，这条白线与红色的边玛墙对比明显，使建筑立面有着很强的层次感。边玛墙上镶嵌铜雕宗教装饰图案，而这道墙的内部即为未建成的经堂（图 7-60）。民居内部的梁柱装饰很精美，据说一层天井四周的柱础是专门从云南运来的，二层的天花下部多绘制成红、黄、绿、白相间的彩色（图 7-61），与蓝色的椽子相映衬，梁柱彩绘雕刻参照寺庙的形制，甚至连接柱之间的木格栏杆也雕刻得无比精美。当地人介绍说他们所用的木材多数是从八宿县、丁青县通过怒江运来的，而所请的工匠既有本地的，也有来自丁青县的。柱子上的雕花有些是工匠雕刻的，有些是买成品直接贴上去的。在二层和三层的部分窗户上挂有香布，用于防晒，防止油漆彩绘脱落。

图 7-57 a 藏东第一家图一，图片来源：王璇摄

图 7-57 b 藏东第一家图二，图片来源：王璇摄

图 7-58 平面、剖面图，图片来源：王璇绘制

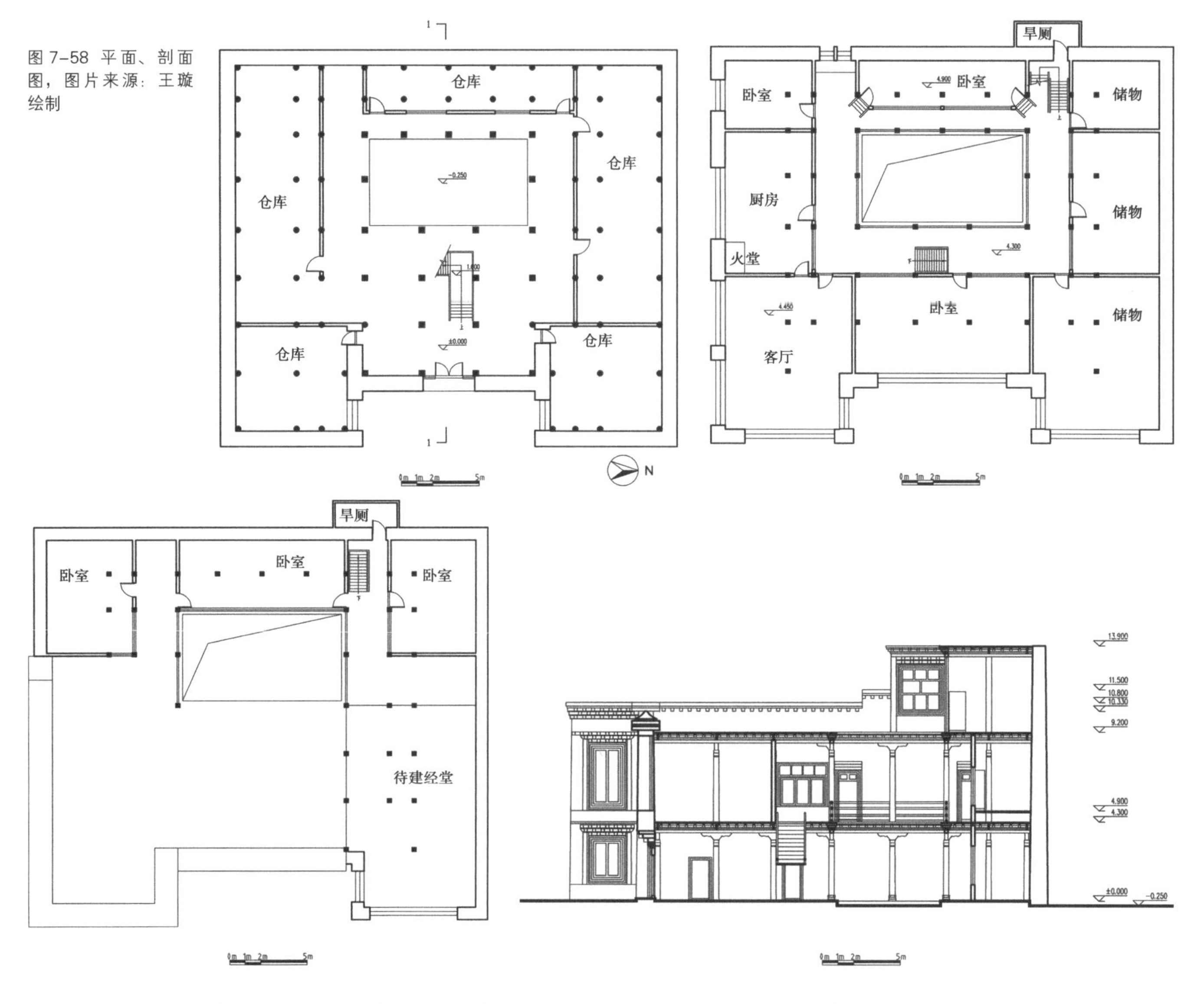

图 7-59 室内（客厅）

小结

东坝乡建筑在长期的实践中积累起来的特色，具有地区的适宜性和地域的可识别性。东坝乡建筑的梁柱、门窗、屋顶、墙体等构件的比例和雕刻、彩绘都凝结了民间技艺，其多样化更是当地居民智慧的结晶。东坝乡民居丰富的空间形态和成熟的处理手法，诠释了当地能工巧匠对于空间的独特理解，不仅表现出了传统藏式乡土建筑的特色，也体现了多民族风格的融合。

图 7-60 室内（在建经堂、天井、楼梯），图片来源：王璇摄

图 7-61 建筑细部，图片来源：王璇摄

注释：

1 左贡县地方志编纂委员会．左贡县志（初稿）[M]．内部发行，2008

2 东坝乡政府材料

3 茶马古道是指存在于中国西南地区，以马帮为主要交通工具的民间国际商贸通道，源于古代西南边疆的茶马互市，兴于唐宋，盛于明清，二战中后期最为兴盛。茶马古道分川藏、滇藏两路，连接川滇藏，延伸入不丹、尼泊尔、印度境内，直到西亚、西非红海海岸。

4 姜安．藏传佛教 [M]．海口：海南出版社，2003

5 吴良镛．人居环境科学导论 [M]．北京：中国建筑工业出版社，2001

6 官署名，藏语音译，即西藏原地方政府。

7 王林译注．孙子兵法・第十一篇．九地篇 [M]．北京：光明日报出版社，2007

8 沈济黄，陈帆，董丹申，等．从“乡土建筑”到“乡土主义”建筑的实践——浙江余杭临云山庄设计 [J]．建筑学报，2001(9)：32-34

9 参见《管子》，先秦诸子时代百科全书式的巨著。齐相管仲（约公元前 723—公元前 645）的继承者、学生收编、记录管仲生前思想、言论的总集。

10 （美）凯文・林奇．城市意象 [M]．何晓军，译．北京：华夏出版社，2001

11 黄镇梁．江西民居中的开合式天井述评 [J]．建筑学报，1999(7)

12 据当地向导次旺登加介绍

8 三岩民居

8.1 人文地理透视

8.1.1 三岩地区概况

1）地理位置

三岩为藏语音译，意为劣地或地势险恶。在汉语中曾写作萨安、三暗、山岩、山崖、桑岩等。历史上西藏称三岩为“扎西热克西巴”，位于四川与西藏交界处金沙江沿岸。境内崇山峻岭，千沟万壑，深林绝峪，交通艰险。历史上三岩辐射范围广泛，大体位于青藏高原东南部，分布在昌都东南地区的贡觉县、芒康县和江达县，四川甘孜州的德格县、白玉县、巴塘县。现在的三岩地区仅指贡觉县三岩六乡。

本书调研仅限于贡觉县内的三岩地区，贡觉三岩位于贡觉县东部，东与四川省白玉县隔江相望，与贡觉县的则巴乡、阿旺乡和拉妥乡接壤。三岩地区东西宽约 22 km，南北长约 130 km，总面积 2 218 km^2，共涉及 6 个乡，顺金沙江自北向南依次是：克日乡、罗麦乡、沙东乡、敏都乡、雄松乡和木协乡。

2）自然气候条件

三岩地处西藏东南三江流域的横断山峡谷区（图 8-1），地貌多为高山和峡谷，境内山势险峻，河谷幽深。地势由南向北倾斜，最低海拔在 3 000 m 以下，最高海拔超过 5 000 m，平均海拔 4 000 m。境内山脉连绵，5 000 m 以上的就有数十座，其中最高 5 443 m，比较著名的有八一拉山、罗拉山、车拉山等，主峰的海拔均在 5 000 m 上下。

金沙江是贡觉最大的河流，同时也是三岩地区最大的河流，由北向南，从江达县宁巴乡流入境内，然后经三岩六乡，最后流入

图 8-1 藏东横断山峡谷区，图片来源：沈飞摄

芒康县境内，境内全长104 km，为藏东与四川交界的一段。除金沙江外，三岩境内还有几十条小河流注入金沙江，上游多为雪山的冰雪融水和地下水补给，下游多为雨水补给。

贡觉县在纬度上居亚热带，为暖热湿润季风气候，但因为青藏高原地势太高，再加上山体阻挡、远离海洋等缘故，贡觉地区的气候与相同纬度线上的成都、武汉、杭州等地相比，已经不再是暖热湿润的季风气候，而是形成了大陆性高原季风气候。三岩地区因为濒临金沙江，海拔相对较低，气候相对于贡觉其他地区较温暖湿润。三岩地区年平均气温9~10℃，年日照时数约为1 970小时，年降雨量650 mm，无霜期约为3~4个月。冬春气候严寒干燥，夏秋气候温暖湿润，5~8月份进入雨季，11月份至次年4月份多见大雪和霜冻天气。常见的自然灾害有干旱、冰雹、洪水、地震、滑坡、泥石流等。具体的气候特点集中表现为：日照长，辐射强；昼夜温差大，年温差小；降水不集中。

3）交通条件

贡觉有史以来与外地的交通基本上是骡马驿道，尤以三岩地区交通最为艰难。三岩地区重山叠嶂，深林绝谷，山道崎岖，交通方式基本上处于人背和畜驮的原始状态。尽管现在大部分的村子已经通了公路，但是这种原始的运输方式依然是主要的交通运输方式，并将在未来的很长一段时间与其他现代的运输方式并存。除此之外，水运也是三岩地区与外界交流联系的一个重要途径，三岩地区有其独特的水运方式，即牛皮船运输方式，用于运送人、物资、燃料和牲畜等。

4）三岩六乡基本情况

（1）克日乡

克日乡（图8-2）地处贡觉县东部，是三岩最北部的一个乡。克日乡位于横断山区地段，平均海拔较高，东与四川省白玉县隔

图8-2 克日乡村落，图片来源：汪永平摄

江相望，南与罗麦乡毗邻，西与则巴乡相接，北靠江达县娘西乡。乡政府驻地西西村，辖西西、克日、莫扎、冲罗、登巴5个行政村。平均海拔3 260 m，距离县城97 km，总面积325 km^2。境内地貌复杂，水能资源丰富。气候温和，动植物种类繁多，森林覆盖率高，植被良好，风景非常优美。克日乡是以农业为主的乡，农作物以青稞、小麦为主。境内有尼玛派寺庙5座：卡洪寺、多卡寺、莫扎寺、牛卡寺和西德寺。

（2）罗麦乡

罗麦乡（图8-3）位于克日乡的南面，东与白玉县隔江相望，南与沙东乡毗邻，西接则巴乡，北靠克日乡。乡政府驻地罗麦村，辖罗麦、烈特、龙阿、古巴、色扎、从昌6个行政村。平均海拔3 360 m，距县城116 km，总面积124 km^2。境内森林资源及金、铜等金属矿藏比较丰富。举世闻名的叶巴滩大峡谷就位于罗麦乡境内。地势西高东低，属高原温带半湿润气候，农作物以青稞、大麦、小麦为主，盛产“松茸”及名贵药材“冬

图8-3 罗麦乡地貌，图片来源：沈飞摄

图 8-4 沙东乡地貌，图片来源：沈飞摄

虫夏草”等。境内有尼玛派寺庙5座：罗根寺、烈根寺、达松寺、果根寺和亚吉寺。

（3）沙东乡

沙东乡（图 8-4）位于罗麦乡南面，东与白玉县隔江相望，南与敏都乡毗邻，西接阿旺乡，北靠罗麦乡。乡政府驻地格果村，辖阿香、格果、雄巴、果麦、布堆、莱茵 6 个行政村。平均海拔 3 520 m，距离县城 141 km，总面积 136 km^2。沙东乡以农业为主，气候温和，动植物种类繁多，水及矿藏资源丰富，盛产多种中药材，农作物以青稞、麦子和荞麦为主。乡境内有尼玛派寺庙 4 座：拉多寺、贡嘎寺、朗措寺、仁青顶寺。

图 8-5 敏都乡景象，图片来源：沈飞摄

（4）敏都乡

敏都乡（图 8-5）地处贡觉县东南部，位于三岩中部，东与白玉县隔江相望，南与雄松乡毗邻，西接阿旺乡，北靠沙东乡。乡政府驻地敏都村，辖敏都、雄果、卡巴、马觉、瓦堆、果麦、麦巴、贡巴 8 个行政村。平均海拔 2 940 m，距离县城 145 km，总面积 135 km^2。敏都乡坐落在金沙江河岸峡谷地段，地形复杂，气候温和，动植物种类繁多，种植物以青稞、大麦和荞麦为主。乡境内有尼玛派寺庙 3 座：根沙寺、扎芒寺，以及三岩地区规模最大的台西寺。

图 8-6 雄松乡景象，图片来源：沈飞摄

（5）雄松乡

雄松乡（图 8-6）地处贡觉县东部偏南，东与白玉县隔江相望，南与木协乡毗邻，西接阿旺乡，北靠沙东乡。乡政府驻地巴洛村，辖巴洛、夏亚、加卡、德村、上缺所、下缺所、岗托 7 个行政村。平均海拔 3 740 m，距县城 132 km，总面积 78 km^2，是三岩六乡中面积最小的一个乡。乡境内气候温和，动植物种类繁多，地势复杂、山高谷深，怪石奇观随处可见。雄松乡是以农业为主的乡，农作物以青稞、大麦、荞麦为主，此外还有土豆、萝卜等蔬菜。雄松在历史上是三岩宗所在地，1988 年，实行撤区并乡，更名为雄松乡。乡境内有尼玛派寺庙两座——巴日寺和朗日寺；噶举派寺庙一座——噶举寺。

图 8-7 木协乡景象，图片来源：汪永平摄

（6）木协乡

木协乡（图 8-7）地处贡觉县东部边界

县境最南，东与白玉县隔江相望，南与芒康县毗邻，西接拉妥乡，北靠雄松乡。乡政府驻地木协村，辖木协、上罗娘、下罗娘、也古、拉巴、则达、来乌西、党学、康布、果木10个行政村。平均海拔3 400 m，距县城112 km，总面积125 km^2。协曲和莫曲两条河流横贯全乡，气候相对温和，动植物种类繁多，森林及金银混合矿藏资源丰富，原始森林积蓄量大，尤以贵重木材"青杠"及名贵中药材"冬虫夏草"为主，属农业型乡镇。乡境内有尼玛派寺庙4座：麻贡西寺、日朗寺、江措寺、曲持寺。

8.1.2 历史人文背景

1）历史沿革

近些年来，虽然越来越多的学者对三岩这个神秘的地方展开了调查和研究，但是历史上的三岩具体指康巴地区什么地方，位于今天的什么位置，学界至今对此都未有准确的说法。对于清代三岩地区，藏、汉文典籍的记载虽然很多，但大多未能做准确的描述和记载。见于文献记载的有藏文《多仁班智达传》，汉文《清实录》以及入藏人士的文集、笔记，如刘赞廷[1]记载的《边藏刍言》。

"三岩"一词在藏文中原意为"恶习之地"，是康巴地区的一处特有地名，历史上白玉县的山岩与贡觉县的三岩本为一家，1932年由于《岗拖和约》的签订，江东岸边的山岩划归四川白玉管理，自此三岩以金沙江为界，在西藏称之为"三岩"，在四川则称之为"山岩"，成为两个地域概念不同的行政区划。

关于"三岩"的名字由何而来，目前有两种说法，其一是说三岩"地势险要"，这一解释与"三岩"的地形地貌特点相符；其二是说历史上的三岩人以"剽悍""好斗""野蛮"著称，外地人提及三岩人，多会产生一种恐惧之感，因此历史上称"三岩"为"险恶之地""野蛮之地"，三岩名称由此而来。

关于西藏"三岩"的来历，刘赞廷在他的《边藏刍言》中提供了另外一种解读："以吉池为上岩，雄松为中岩，察拉寺为下岩，总其名曰三岩"，认为"三岩"是上岩、中岩、下岩等三地的总称，这也是金沙江西这边名字的来源。

1919年，西藏地方噶厦政府用兵征服三岩，在雄松设立宗本。1950年，解放军解放昌都地区，三岩宗、贡觉宗分别隶属于昌都解放委员会28个宗之列。1959年7月，西藏自治区筹备委员会把三岩宗和贡觉宗合并为现在的贡觉县，于1959年10月1日成立贡觉县人民政府。最初三岩划为雄松、罗麦两区；1962年又分为罗麦、雄松和木协三区；1988年三岩撤区建乡时分为1区6乡，保留罗麦区，1997年又更名为三岩办事处（副县级），下辖克日、罗麦、沙东、敏都、雄松、木协六乡[2]。

2）宗教文化

一如藏族聚居区其他原始部落，三岩地区也存在着宗教信仰活动，主要包括以下四个方面：一是自然崇拜，二是灵魂崇拜，三是占卜，四是系统的佛教文化。

图8-8 勒波神山，图片来源：沈飞摄

图 8-9 a 敏都乡宁玛派寺庙台西寺一，图片来源：汪永平摄

图 8-9 c 敏都乡宁玛派寺庙台西寺二，图片来源：汪永平摄

（1）自然崇拜

自然崇拜可以追溯到西藏早期的原始信仰，在三岩人的宗教世界中，图腾崇拜、生殖崇拜仍占重要地位，几乎每个帕措都有自己的图腾。此外三岩地区存在着山神的说法。在藏族群众的信仰观念里，山神是他们的保护神。三岩地区除了有他们共同的神山——勒波神山（图 8-8）以外，每个乡甚至每个村都有他们各自的神山。

（2）神灵崇拜

三岩地区普遍存在对家神、灶神的崇拜。“家神”是保护帕措成员自身家庭的神，保护家庭成员和牲畜的安全，防止厄运和祸害。“灶神”可以看作是家神的一种。在三岩碉楼内部，二层的起居空间以火塘为中心，家庭内部主要的生活起居都是围绕其展开的，家中来了客人也会围绕火塘接待客人。

（3）占卜

在三岩地区各种占卜活动依然可见。每月藏历初五，帕措成员除了要集体祭典外，还要举行一种舞蹈祭典仪式，由占卜师身披牛皮跳舞。

（4）佛教文化

三岩地区的佛教教派主要是宁玛派（图 8-9）。三岩境内除了一座噶举派寺庙外，其余的寺庙均属宁玛派。宁玛派，俗称红教，是后弘期藏传佛教中最早产生的教派，形成于公元 11 世纪，属于密宗流派。“宁玛”，在藏语中是“古”“旧”的意思，因其所传习的密法为吐蕃时期所译，故称为“旧”；又因该派的历史渊源[3]早于后弘期的其他各派，奉莲花生大师为第一位祖师，与吐蕃时期佛教有直接的传承关系，故称为“古”。同时，该派僧众戴红色僧帽传教被俗称为“红教”。

3）三岩人的来源

关于三岩人来源问题的研究，在对三岩村落和民居的分析过程中显得尤为重要，这将为我们寻找三岩民居的原始雏形提供最有利的证据。

因地势险要、交通落后、资源匮乏等综合因素的存在，使得三岩人为生活所迫，曾以抢掠为生，在家庭生活和生产方式上以氏族血缘为保护伞，保存了很多原始氏族社会的特征。因此三岩不仅是一个地域概念，同时也是一个族群的名称。但是关于三岩人来源的问题，由于缺乏史料记载，目前众说纷纭，主要有以下四种说法：

（1）原始土著说

青藏高原东部地区很久以前就出现过原始部落群，他们与氐羌人有着很深的渊源关系，是藏族的前身。藏东高原也是藏族文明的发祥地之一，卡若遗址的出土证明早在 4 000 多年以前，该地就已经有了原始的种植业，而遗址所在地卡若村距离三岩不远。“卡若”在藏语中意为“城堡”，指此地地形险要，也就由此推断出三岩人原始土著的说法。

（2）氐羌迁徙说

关于氐羌部落与藏族先民的关系，尽管

学术界研究的人很多，但至今仍难以确定，可以肯定的是，两者之间有着十分密切的渊源关系。氐羌民族最早居住于甘青地区，从夏商开始陆续向东中原地区和西南地区迁徙，而三岩地区所在的位置在其迁徙的范围内。此外，在白玉县和贡觉县流传的大量史料及文献中也有关于羌族的记载，三岩人来自氐羌迁徙的说法也就由此而来。

（3）阿里来源说

三岩的欧恩帕措称其族源来自阿里，自认是古格王朝的后代。按照三岩当地人的说法，在古格王朝末年，因为战争失败，古格王朝的后裔带着族人跋山涉水，经历千辛万苦逃到人烟稀少、山势险要的三岩地区（大约在今三岩地区敏都乡的阿尼村），从此定居下来。

（4）青海和蒙古来源说

青海来源说主要认为三岩人来自青海地区的果洛部落，当地人同样以彪悍、好斗闻名。另外一种认为三岩人是蒙古人的后裔[4]。

8.1.3 三岩帕措

三岩“帕措”是当前世界并不多见的父系氏族的残留，至今仍比较完整地保留着原始父系氏族部落群的一些基本特征。在藏语中“帕”指父亲一方，“措”指聚落之意，“帕措”指“一个以父系血缘为纽带组成的部落群”，也就是藏人传统观念中的骨系。帕措既有氏族的特征，又有部落的职能，基本上是一个父系社会，但帕措拥有更为严密的组织结构和鲜明的氏族民主议会特征。三岩的帕措组织可以被称为“父系原始文化的活化石”。

1）三岩帕措起源

三岩“帕措”的历史与来源，至今尚无任何资料可以考证。近些年来，随着以人类学为主的各学科的研究者对三岩帕措的研究不断深入，关于三岩“帕措”起源的说法也越来越多。具体的说法主要有以下五种：第一种认为“帕措”产生于人类早期的“英雄时代”，即人类初期的父系氏族社会；第二种认为“帕措”是阿里古格王朝流亡的后裔，约有600年的历史；第三种认为“帕措”是从四川省的白玉、巴塘和德格等地迁徙过来的，有六七百年的历史；第四种认为“帕措”是藏族史诗《格萨尔王传》中总管王察根的后裔；第五种认为在公元13世纪中叶，萨迦派高僧八思巴路途经贡觉时，曾组织康巴地区人员抄写《甘珠尔》经，当时有一部《经藏》的后记中谈到抄写施主时，有“乃达帕措”的名字，这部经书原珍藏在罗麦乡一带的达松寺[5]。

2）三岩帕措分布

“帕措”组织集中分布在西藏三岩地区6乡，芒康县的戈波、尼增、朱巴龙、宗西等10乡，以及四川省白玉县盖玉区的山岩乡、沙玛乡以及巴塘县境内的部分地区。在每个大小不同的村庄，少的仅仅有一两个帕措，多的有五六个帕措。小的帕措仅有几户人家一二十人，大的帕措有五六十户数百人。例如，雄松乡的巴洛村最早就是一个帕措——巴洛帕措，随着帕措的不断扩大，后来又发展出了卡帕措、可可帕措、巴洛帕措3个子帕措，在隶属关系上这3个帕措是平等的三兄弟。这3个帕措又不断扩大，逐渐繁衍出更多的子帕措，分布在更多的村子里面。此外我们在三岩很多村子里面都调查到了巴洛帕措的存在，经过调查采访得知，这样的分布主要是出于两个原因：一是帕措之间通婚，二是小帕措投奔了巴洛帕措。这两点同时也是三岩帕措繁衍的两个重要途径。

根据对西藏三岩“帕措”的调查统计，三岩地区有28个村共有86个帕措，其中上三岩有20个帕措，23个族长；中三岩有24个帕措，31个族长；下三岩有35个帕措，40个族长（表8-1）。

表 8–1　2000 年 10 户以上帕措统计表

序号	所在乡	帕措	户数	人数	所在村
1	沙东乡	阿琼	12	28	阿香村
2		接果	13	23	阿香村
3		麻本西	10	18	阿香村
4		翁杰	11	32	布堆村
5		德松	11	31	拉严村
6		艾卫	15	45	拉严村
7		娘堆	12	36	果麦村
8		西堆	10	27	果麦村
9		土巴	17	43	果麦村
10		格果	33	82	格果村、雄巴村
11		德巴	11	19	格果村
12		江克	13	27	雄巴村
13		阿堆	24	54	雄巴村
14	雄松乡	多觉	5	33	下缺所
15		安珠	6	38	德村
16		扎鲁	6	35	德村
17		巴洛	65	470	岗托、加卡、夏亚、巴洛
18		嘎果	29	196	岗托、加卡、巴洛
19		夏亚	59	384	岗托、加卡、夏亚、巴洛
20		旺夏	50	341	上、下缺所
21		希玛	13	33	上、下缺所
22	敏都乡	果巴	31	120	瓦堆
23		洛追固	4	20	瓦堆
24		康果	7	35	瓦堆
25		接果	2	8	瓦堆
26		果友	2	16	宗巴
27		修乐	9	46	宗巴
28		阿久果	3	10	宗巴
29		中青	9	59	贡巴
30		那小	90	41	贡巴
31		多左	5	19	贡巴
32		萦巴	8	33	麦巴
33		麦巴	8	28	麦巴
34	木协乡	布鲁	15	34	艾若
35		宇周	25	56	达雄、拉妥乡宗巴
36		德若	18	39	下罗娘
37		阿平	16	45	木协
38		珠嘎	21	39	康布
39		拉郭	31	66	拉巴、艾若
40		仁吉觉松	22	54	达雄、果木
41		达琼	7	18	下罗娘
42		那果	3	9	果木
43		雄萨	24	57	上罗娘
44	罗麦乡	宗布	43	95	烈特、古巴、从昌
45		阿忠	20	54	阿忠、色扎
46		那给	24	54	卡堆、色扎
47		觉如	27	63	巴学
48		娘郎尼	10	28	古巴
49		念达	22	41	嘎达、龙旺
50		特责尼	9	23	色扎
		总计	940	3205	

来源：根据乡政府提供资料整理

3）三岩帕措的婚姻与内部组织

（1）三岩帕措的婚姻制度

西藏三岩“帕措”有一种非常独特的婚姻形态：一妻多夫制。“帕措”可以被看作是一种宗族制，采取严格的父系血缘为纽带来组织其亲属关系。同一宗族的帕措内部，人们互视为兄弟姐妹，婚姻实行严格的外婚制，本帕措成员的兄弟后代之间，世代禁止通婚；与外帕措有血仇的不准联姻；女子必须嫁出，不得招婿上门。

（2）帕措的内部组织

在三岩地区，“帕措”作为一种社会组织而存在，在其内部有着一套严密的组织，由上而下，最高一层的是帕措首领，中间是勇士团和长老会，最低一层为平民。① 首领，帕措不分大小，都有自己的首领，通常情况下，一个帕措只有一个首领，当然大的帕措也可以有 2~3 个首领，但要以一个为最终的裁决者。首领是由本帕措成员以会议表决的形式选举产生，当选的人一般在帕措内部比较有威望，骁勇善战，处事果断，巧于用计。首领一旦被选定，就必须担任下去，而且不享受任何特权。② 勇士团和长老会，勇士团由帕措内部年轻力壮的人担任。当本帕措与外帕措发生械斗的时候，勇士团的成员要勇往直前，为了帕措的胜利不计较个人的生命得失；长老会由帕措内部年龄相对较大的人组成，他们的作用主要是讨论帕措内部时刻出现的问题，参与制定帕措内部的章程。当然了，无论是勇士团的成员还是长老会，都必须支持首领的工作，听从首领的召唤和指挥。③ 平民，平民是帕措内部等级最低的一个层次，主要包括年老体弱者、残疾人以及小男孩。

4）三岩帕措的作用与特点

三岩帕措的存在不是偶然的，三岩地区在历史上长期属于“三不管”的地区，帕措制度的存在对于三岩地区社会的稳定和发展起着至关重要的作用。三岩帕措的作用具体体现在以下几方面。① 对帕措内部秩序的维持、财产的分配、婚姻的处理、行动的决策起着组织、控制以及维护的作用。② 帕措的首领虽然是帕措内部一切事务的决策者，但是由于首领本身不享有特权，首领与成员之间达成相对和谐的关系。同时在对内和对外的活动上，首领又必须发挥其领导作用，帕措成员必须服从首领的决策，首领充分听取各成员的意见，相互之间保持一种相对默契的关系。③ 在帕措遭遇外部势力入侵时，因为帕措组织的存在，帕措内部能够上下团结一致，共同抵御外部势力的侵略，不但维护了本“帕措”的利益，同时也对三岩一带整体社会秩序的正常运行起到促进作用。④ 三岩地区大大小小的帕措，在实力上有很大的悬殊，因此冲突也就不断。帕措组织的存在，使得当帕措与外部势力发生冲突时，帕措之间可以通过谈判的方式代替械斗，小帕措之间能够结成联盟共同应对，避免了社会冲突的激化[4]。

总之，“帕措”是在特定的历史条件和特殊的地理环境下，为了维护自身的利益而结成的以父系血缘为纽带而组成的世系群体。由于历史的延续，它至今依然在发挥作用。既信守血缘又遵从习惯是三岩人的显著特征，三岩“帕措”是当地历史、地理以及文化交汇的集中体现。

8.2 三岩传统村落

任何聚落都是在一定的自然条件以及人文历史发展的影响下形成的，聚落所具有的风格与形式也是在诸多因素综合作用下的结果。各个聚落的形成和发展都和这一民族所居住区域的自然地理条件、生存环境密切相关。自然地理环境是人类活动的根本，是人们生存活动的首要条件，主要包括地形地貌、气候、水文、地质土壤、森林植被等。

三岩地区四面高山环绕，所处位置是西藏最东部横断山区三江峡谷之一的金沙江峡谷区。金沙江峡谷切割很深，两岸陡峭的山壁直插江心，河道弯曲狭长，礁石密布，水流湍急，漩涡不断。两岸坡度陡峻，岩块崩坍比较频繁，并不断出现滑坡、塌方和泥石流现象。

三岩村落多数在半山坡或高山上，平均海拔都在 3 000 m 以上（图 8-10）。这些传统村落的平面布局自由灵活，没有明显的对称或严格的构图讲究，外围轮廓上也没有对几何形状的刻意追求，完全是顺应地形条件，因地制宜，自然形成不同的形态。具体特点表现为：① 三岩传统村落的海拔相对较高，村落多分布在地势相对平缓、可耕作农田面积较大的半山坡上；② 就规模而言，三岩的传统村落一般都比较小，多者不过几十户，少则只有几户人家；③三岩传统村落内部的建筑密度一般都很低，民居一般集中分布在

图 8-10 高山峡谷间的三岩村落，图片来源：沈飞摄

山坡面地势较平缓的地带；④三岩传统村落的分布呈现出大分散、小聚居的特点，大分散体现在整个三岩地区村落分布比较散，小聚居则体现在村内民居以帕措为单位，形成一个个的小聚落；⑤村落内部的民居分布多围绕寺庙或者紧靠寺庙所在地；⑥村落内部的主要建筑类型即民居和寺庙，没有严格的边界或者围墙，没有专门用来防御的建筑；⑦村落内部一般没有规划好的道路网，道路完全是顺应山势，根据居民的生活生产需要，沿着农田田埂自由形成；⑧村落内部一般都有水渠通过，泉水多由山顶的泉眼通过水渠流经村落，以满足居民的生活、生产用水。

8.2.1 村落选址

美国城市理论家刘易斯·芒福德说过这样的话："游动和定居，人类生活就在这两种极端形式之间摇摆不定。在生命发展的每一水平上，生物都以移动换取安全，或者相反，因不能移动而遭受危险。在许多生物物种中自然也存在着要求定居、休息的倾向，要求回归到安全而又能提供丰富食料的有利地点……贮藏和定居这种癖性本身就是原始人类的特性之一。"[5] 同样，对于三岩地区的藏族居民来说，谋求定居和繁衍发展的要求是很强烈的。寻求安全且利于发展的聚居地对一个居于山地的民族来说尤为重要。对于三岩传统村落的选址来说，虽然随着社会的进步与发展，聚落的形态与原来相比发生了很多的变化，但多数村落并没有忘记自己的根本，他们仍然在这片祖先选定的土地上生活着，并通过自己的努力改变着生活环境。

影响聚落选址的因素有很多，但大致上可以分为两类：自然生态因素和社会文化因素。自然生态因素是指人群所居住的自然环境，包括地理、气候、地形、地貌、水文等；而社会文化因素包括人群和人群所发展出来的社会组织、文化观念以及生产生活习俗等。

1）自然因素

聚落的选址与周边的自然环境有着密切的关系，自然环境构成了人类生存的基本物质要素。三岩传统村落的聚落模式与聚居特点是与其所处的自然环境条件相呼应的。三岩地区地处山地，平坝较少，且三岩居民多居住于山区，再加上三岩地区居民以农耕和游牧为主的生活生产方式，对土地等自然资源的要求较高，大规模的聚居不利于聚落的生存和发展。从水源和耕地资源来看，三岩传统村落的选址特点体现在以下几方面。

（1）水源

水为生命之源，生态之必需，是人类生活与生产不可或缺的要素和物质保障。在三岩地区，居民饮用水以及生产灌溉用水主要是依靠雨水以及山上的泉水，因此水源是影响三岩村落选址和分布的重要因素之一。三岩地区的村落一般都选在半山坡，山泉流经的位置。此外在选择临近水源的同时，也要兼顾能够避洪涝，在三岩地区无论平坝还是半山，村落选址一般都避开较大的冲沟以防水患，并且利用一定坡度的自然沟壑以供排洪（图8-11）。

（2）耕地

土地也是人类生存的基本保障，是人类进行物质资料生产、保障生存需求的条件。一切以生存为首要前提，易开垦、易建房、能栖身，有地可耕种，满足生产生活的需要。因此，村落在选址时，为了生产、生存而接近耕地，在村落周围尽量要有足够的田地以供耕种开垦（图8-12）。三岩地区到处是崎岖的高山，适合耕作的平地较少，在选址的时候耕地也是非常重要的因素之一。

（3）地势

对于建筑物和村落来说，地形是最大的潜在力量。地势高，易排水不易洪涝，避免自然灾害，避开冲沟、易滑坡等危险。对于三岩地区的百姓来说，村落地址的选择一方面是为了避免自然灾害，更主要的是利用地势来增强村落的整体防御，因此地势的选择是三岩村落选址的最重要的因素。三岩传统村落一般多位于半山腰处地势相对平缓的平地上，村内的民居顺着山势自上而下分布。

2）社会因素

建筑是一部穿越时空饱经沧桑的历史书，因此社会因素对村落选址的影响同样也是非常大的。在少数民族地区，曾经动荡不安的历史因素形成了少数民族地区居民高度的防卫意识，为了更有效地保护自己，村落在选址过程中，首先借助自然环境的防御优势来增强村落本身的自卫能力。由于自然环境和社会条件的恶劣，三岩人民在艰难困境中为求生存的稳定和安适，不但需要慎重地选择生态环境较好的地方安居，而且要寻求安全防卫与耕作生活之间的平衡。

此外，在三岩地区，宗教也是影响村落选址重要的社会因素之一，和藏族聚居区的其他地方一样，三岩地区也是全民信教，主要以宁玛派为主。在三岩地区宗教的作用不仅影响着三岩人的生产生活，还影响着三岩传统村落的分布。此外，宗教对村落内部的民居布局同样有着较大的影响，村落内部的民居主要围绕寺庙分布。

8.2.2 村落类型

（1）集中密集型

集中密集型布局方式主要为了不占用耕地和防御需要，民居多团状分布于农田的四周或一隅。集中密集型聚落并不是无秩序地组合在一起的，而是以一个或多个核心体为中心，集中布局的内向性群体空间。这种布局表现为以一定的公共建筑或区域为中心，集聚在一起，占地少，空间结构紧凑。聚落空间表现出明显的中心性，内聚力强。这种布局方式，房屋排列相对密集，间距狭小，成为其聚落形态的显著特点。

图 8-11 村落内部的天然沟壑，图片来源：沈飞摄

图 8-12 村落四周耕地围绕，图片来源：沈飞摄

图 8-13 雄松三村全景鸟瞰图，图片来源：沈飞摄

雄松三村（巴洛村、夏亚村、加卡村）为三岩地区的代表性村落（图 8-13）。从单个村落来看，3 个村子内部的民居尤为集中，几乎都是连在一起的，从总体来看，3 个村落彼此之间有一定的距离，但又相互呼应，形成一个非常自然的整体。

此类村落的形成不是偶然的，其中有着必然的因素，而帕措的分布是这其中的关键因素。这 3 个村落中最早形成的是巴洛村，村中主要有 3 个大帕措——巴洛帕措、卡帕措、可可帕措，属于三兄弟，后来这 3 个帕措又繁衍出夏亚帕措、泽亚帕措。随着帕措内部人口的不断衍生，势力的扩大，夏亚帕措、泽亚帕措逐渐分离出来，也就形成了现在的巴洛、夏亚和加卡3个村落，也就是雄松三村。

巴洛村现有居民56户，全村就巴洛1个帕措，从巴洛村的村落总平面图（图8-14a）上，可以看出村内的民居分布十分集中。夏亚村现有居民41户，全村有巴洛、夏亚、泽亚3个帕措。加卡村现有居民32户，全村有巴洛、卡、可可、泽亚、夏亚5个帕措。巴洛村因为只有巴洛1个帕措，因此民居的分布显得尤为集中。夏亚村（图8-14b）和加卡村（图8-14c）两个村子，尽管村内不止1个帕措，但民居的分布依然集中。这样的布局方式与帕措之间的衍生关系是密不可分的，大帕措衍生出来的子帕措虽然在意识形态和外在表现上已经独立了，但是从父系血缘关系来看，这些帕措依然是属于巴洛、卡、可可这3个大帕措的子帕措。在三岩地区，因为自然条件的限制和村落特殊选址的要求，使得村落周围可供耕作的农田非常有限，随着帕措内部人口的不断增加，对生产生活的需求也就相应扩大，原有的资源逐渐不能满足氏族人口增长的需求，出现了雄松三村这样布局的情况。大帕措衍生出小帕措，其后小帕措为了获得更多的生存空间，开始逐渐向外扩展，但是单个小帕措的势力在三岩帕措中较弱，小帕措不能远离衍生它的大帕措，要依附大帕措来生存。这样的衍生关系，从雄松三村的布局方式上可以非常明显地看到，巴洛、夏亚、加卡3个村落，各自独立，却又相距不远，在满足各自需求的同时，空间上又不失联系。

（2）分散型

分散型布局方式存在于山腰缓坡型选址中。在这种布局方式里，户间有空地，建筑间距较大，分布松散，少有建筑组团布置。分散型聚落的特点是民居随地形变化自由布局空间，聚落中的建筑保持某种松散的状态，但是单体建筑之间又保持着一定的内在联系，暗示出共同体中个体的存在方式。

雄松乡德村是此布局的代表，德村（图8-15）共有36户，从三岩村落规模上来看，属于中等规模，主要有安珠帕措、扎鲁帕措两个帕措。德村是布局相对分散的村落，整个村落分散在一个半山坡上，这样的村落布局方式其实是与其所处的自然条件密切相关的。德村整个村落坐落在一个地势相对较陡的上坡地带，整个半面山坡面向金沙江，正因为这样的缘故，使得山坡在雨季到来之际成了雨水流入金沙江的必经之路。长年累月的雨水冲刷，使得山体的塌方和滑坡日益加剧，在德村的内部形成了两个大的山沟。正是因为这样的自然条件的影响，村子内部的民居在选址的时候，必须避开

图8-14 a 巴洛村总平面（左），图片来源：沈飞、侯志翔测绘

图8-14 b 夏亚村总平面（中），图片来源：沈飞、侯志翔测绘

图8-14 c 加卡村总平面（右），图片来源：沈飞、侯志翔测绘

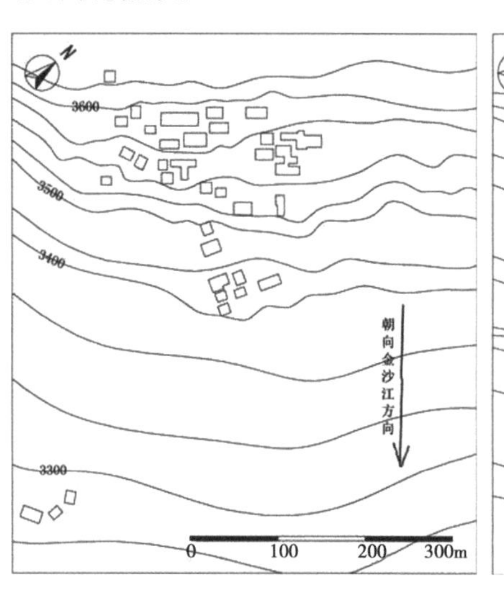

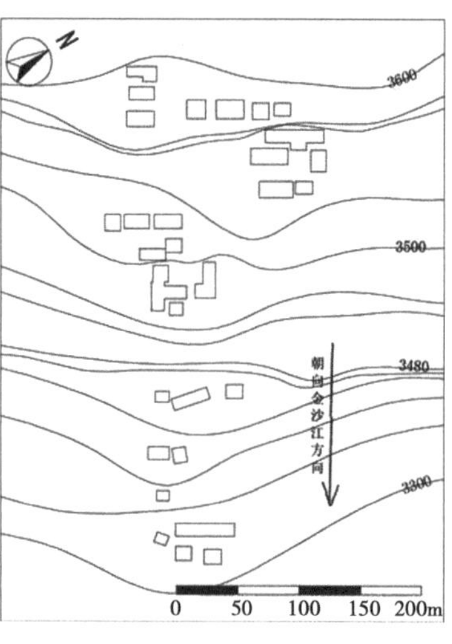

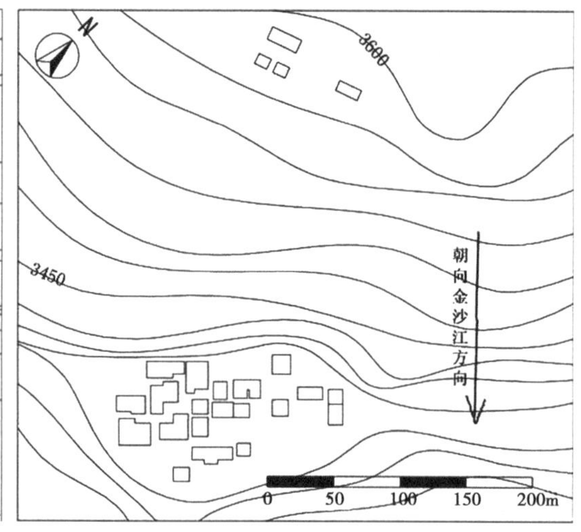

甚至远离这两处塌方地带，因此也就形成了德村非常分散的民居布局方式。虽然村落内部民居的布局很分散，但是三岩民居以帕措为单位的聚居方式，在德村依然是存在的，从整个村落平面图上可以清晰地看到，民居都是3~4座碉楼形成一小片，构成一个个小的防御空间。

（3）临水型

在传统村落的构建过程中，临水型的村落选址一般为上选，在三岩地区有不少这样的村落选址，基本上都是沿着金沙江的走势布局。

敏都乡雄果村为临水型布局的代表，雄果村（图8-16）的海拔比较低，已经接近金沙江边上，全村共有24户，民居分布相对比较集中，沿着金沙江的走势呈带形分布。

8.2.3 村落内部空间格局

1）村落内部空间的划分

在传统村落的组建过程中，最基本的元素主要包括自然环境和人工环境两方面。自然环境是指村落所处环境中的山、水、树林等；人工环境是指人对自然环境进行利用和改造的人工形态，包括民居、道路以及各类构筑物等，而在三岩传统村落内部，人工环境主要体现在碉楼民居和寺庙建筑两方面。因此在三岩传统村落内部空间划分上也主要是围绕道路、民居、寺庙所形成的相应的村落入口空间、交通空间、居住空间、祭祀空间展开。

（1）村落入口空间

村落的出入口预示着村落空间序列的开端。在村口的空间处理中，可以利用的要素有很多，既可以使用地形的起伏障景，又可以采用水体或者绿化。总之形式多样、风格不一却都因地制宜融合在村落的地景之中。三岩地区村落入口处一般以玛尼堆或者经幡作为村落入口的引导。玛尼堆是由小石块垒

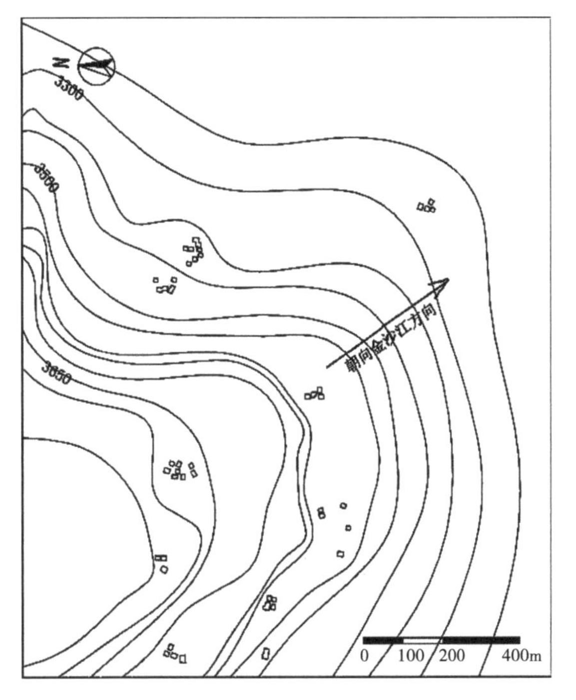

图8-15 德村总平面，图片来源：沈飞、侯志翔测绘

积而成，呈圆锥形，经幡是由布印经幡组成的风马旗，呈佛塔形。二者皆非实用型建筑，建造的目的很简单，只是祈求过往的人能够平安、吉祥。在三岩地区，村口玛尼堆的形成方式有很多种，主要是因为三岩地区老百姓在进入村子的过程中总习惯捡一些刻有经文的大小不等的石块丢在村口，久而久之就形成了我们所看见的玛尼堆。

（2）交通空间

三岩地区的传统村落大多选址在地势起伏的山坡上或者山腰间，因此村落内部道路的形成也就比较自由，没有平地村落那么规整，主要有以下两种形成方式：一是横向沿着等高线，二是纵向垂直于等高线。三岩地区地势起伏不定，因此等高线也就会随着山势变化，由此形成的道路也就变化多样，没

图8-16 雄果村总平面，图片来源：沈飞、侯志翔测绘

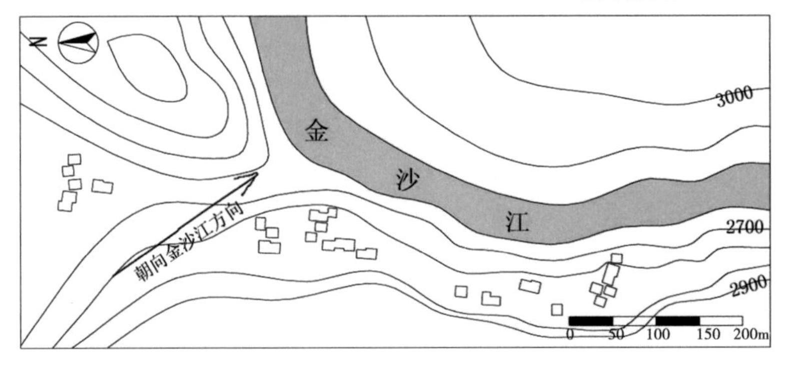

图 8-17 村落内的道路，图片来源：沈飞摄

有固定的规划模式（图 8-17）。此外，在三岩村落内部，碉楼民居多因受地形的影响而呈不规则的布局形式，道路作为村落内部交通联系的纽带，既受地形影响，又必须连接各家各户，便只好迂回曲折地穿插于各建筑物之间。因此道路时而开阔，时而为建筑物所夹峙，犹如一条纽带，把整个村落的碉楼民居群连接成一体。

（3）居住空间

帕措的势力以及各帕措之间的关系对村落内部民居的分布、居住空间的形成起着至关重要的作用。碉楼民居顺着地势逐次展开，以帕措为单位形成居住空间。

首先，从村落内部民居分布来看，在外在表现形式上，村落内部的民居布局方式有聚有散，顺着山势呈现出一种自由的布局形式。三岩村落内部的碉楼民居很少有单独存在的，多以帕措为单位，几家甚至十几家连在一起，形成一个个碉楼民居群（图 8-18）。不同帕措的民居群在形成过程中，也有着一定的决定因素，主要有两种情况：①同一帕措的子帕措的民居群会靠近主帕措；②势力小的帕措民居群会靠近其所依附的大的帕措群。

（4）祭祀空间

和藏族聚居区其他地方一样，宗教活动也是三岩老百姓日常生活中必不可少的一部分，因此寺庙空间也就成为村中一个非常重要的空间。寺庙作为宗教活动的主要传播和活动场所，在村落的构建过程中占有十分重要的地位。寺庙选址是村中风水最好的地方，其位置一般都要比民居高，在寺庙所在的位置可以俯视全村。当然这样的选址还有一个很重要的原因就是，村内百姓可以在任何时候任何地方都能看见寺庙，并且可以随时做礼拜活动。寺庙用地被称为“圣地”，与村中其他的用地之间有着严格的界限，在“圣地”范围之内，不能有民居。

2）村落内部空间格局特点

（1）村落内部民居布局有严格的帕措朝向

三岩地区传统村落的组成以“帕措”为单位，除了雄松乡的巴洛村只有一个帕措以

图 8-18 三岩碉楼民居群，图片来源：沈飞摄

外，一般的村子都由 2 个、3 个甚至更多的帕措组成。在调研过程中，我们发现不管村落内部有几个帕措，同帕措的碉楼都有着一个共同的朝向，而且不同帕措之间朝向有着严格的区别。

沙东乡果麦村为此空间布局的代表，沙东乡果麦村的整个村落主要有娘堆、喜堆、土巴、里堆 4 个帕措（图 8-19），不同帕措的碉楼不仅有着严格的界线，而且有着各自的朝向。

（2）村落内部布局以寺庙为中心

整个藏族聚居区全民信教，三岩地区也是如此，因此在村落形成的过程中，寺庙是其中一个重要的环节，在调查过程中，我们发现大多村落在形成过程中，多以寺庙为中心。这样的构建方式不是偶然的，主要是便于百姓去寺庙祭拜。当然，不是所有的村落内部都有一座寺庙，有的村落就没有，如沙东乡的阿香村和果麦村，有的是几个村子共用一个寺庙，如敏都乡的阿尼四村、雄松乡的雄松三村。因此，以寺庙为中心，一方面是讲在建筑用地上以寺庙用地为村落中心，另一方面更多的是指寺庙为全村的精神中心所在。

以罗麦乡龙阿村为实例进行讲解。龙阿村（图 8-20）有 55 户，整个村子三面环山，主要分为三部分，一部分比较集中，分布在山谷的平地上，还有一部分分散在四周的山坡上，最后一部分比较集中的是山头平地上的噶打村。村里有一座宁玛派寺庙——达松寺，规模不大，坐落在村边的一个山头上。三岩地区村子里的寺庙一般选址较好，是全村风水最好的地方，村内的民居分布多以其为中心，而且寺庙有其严格的界限，在界限范围内老百姓是不能建房子的。从达松寺的

图 8-19 果麦村总平面，图片来源：沈飞、侯志翔测绘

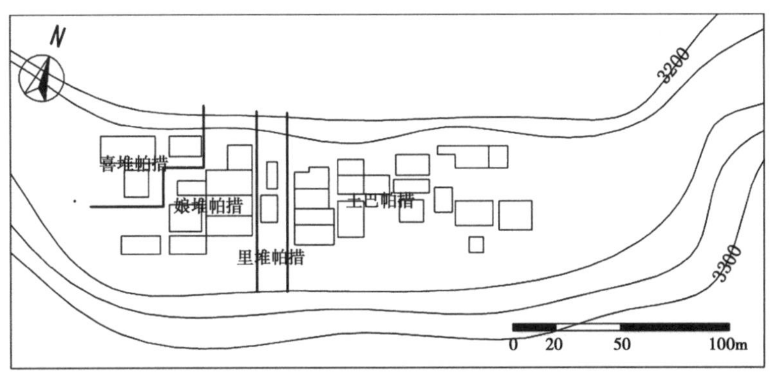

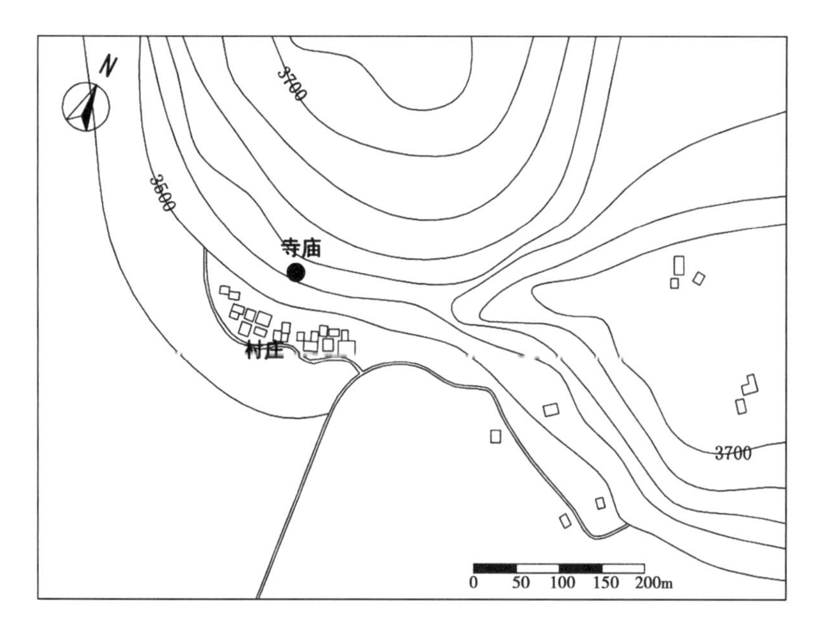

图 8-20 龙阿村总平面，图片来源：沈飞、侯志翔测绘

位置可以俯视整个龙阿村，同时村内的民居又以达松寺为中心，围绕其分布。这样的分布方式既显示出了寺庙的神圣，同时又方便了老百姓去寺庙进行祭祀活动。

8.3 三岩传统民居建筑特征分析

在藏族聚居区最具代表性的民居是碉房。这些碉房建筑的造型、结构、材料乃至装饰都充分体现了藏族传统建筑的风格，它们是藏族传统民居建筑的主流。藏东的碉楼是藏族聚居区碉房民居中最具特色的代表之一。藏东地处高山峡谷，地势险恶，高差很大，上下高差一般都在一两千米。解放前兵荒马乱之时，多为强悍的人出没与藏身之处，出于防御的目的，藏东的碉楼大都依山而建，注重建筑单体的坚固，兼有瞭望和防御等功能。

三岩民居是与其自身所处自然环境和文化环境相适应而产生的，它满足了三岩地区居民的生活方式和居住行为。三岩碉楼民居建筑就是适应独特地域环境以及凝聚民族文化特色的成果。

三岩地区的碉楼民居多建在山腰间或高山上，碉楼高达十几米，分为四层。碉楼四面不开窗，仅在前后墙壁上开有瞭望孔和射击枪眼，整座碉楼俨然一座严实且极具防御性的碉堡。而且碉楼少有孤立存在的，相互之间的距离很近，有的则是墙体紧密联系在一起，增强了三岩碉楼的整体气势和防御能力。

8.3.1 三岩民居与自然环境的结合

（1）利用自然，选择地势

三岩地区最显著的特点就是哪里有较多的耕地，哪里便有民居群。民居大都集中建在耕地边沿，因各户都兼营农牧业，这样的选择便于农牧业的生产。一般选择向阳基地和温暖舒适的环境，可以充分利用太阳光，并靠近泉水、溪流和河道，以满足生活生产需求。

（2）争取空间，利用地形

三岩地区藏族民居在争取空间方面，增加了建筑层数和扩大了楼层面积，在利用地形方面，一般较多地采用坡地。他们在实践中将两者结合起来，建造出许多美丽的建筑群，极具民族性和地方风格。这样既方便了生活，又适应了自然，从而积累了利用地形营造建筑的丰富经验。

（3）因地制宜，就地取材

藏式建筑建材以石材、黏土和木材 3 大类为主材。青藏高原为藏族人民建造房屋提供了丰富的建筑材料，有取之不竭、用之不尽的石材和黏土，还有大片的原始森林提供木材。三岩地区地处藏东大峡谷，千百年来三岩人民在修房造屋时，创造了一整套营造方式。在对三岩碉楼民居调研的过程中，我们发现当地居民在建造过程中，充分利用了石材、木材和黏土的特性。石材主要用于建筑的基础部分，木材主要用于内部承重的柱梁结构上，黏土则用于夯土墙和屋顶上。这些基本的材料，都是三岩百姓从村落内部或者村落周边获得的。

（4）顺应气候

青藏高原特殊的自然环境，一方面为藏族的建筑提供了丰富的建材资源，另一方面难以预见的自然灾害和特殊的生存环境也给藏族的建筑带来了巨大的挑战。三岩地区的气候属于典型的藏东大峡谷气候，对建筑物影响较大的不利因素是气候寒冷，有利因素是阳光充足、气候干燥。因此三岩人民在修房造屋时，比较注意保暖，一般多将建筑物建在向阳的地方。在建筑的居室内部，特别是在冬季，火塘的火昼夜不灭，以保持室内相对较高的温度。

8.3.2 功能分布与平面类型

1）功能布局

三岩民居主要由上下四层构成，各层功能明确，互不相同，互不干扰。一层为牲畜圈，用于圈养牲畜，堆放肥料，通常不住人；二层为厨房和寝室，用于接待客人；三层设经堂、粮仓和厕所；四层为临时仓库，用于堆放晾晒的谷物。

（1）生活功能居住层

生活起居主要解决“住”的问题，它是住宅的主要功能。三岩民居的二层空间解决“住”这一需求，全宅主要生活都集中在此层。

（2）仓储功能层

家务管理主要解决“贮”的问题，在建筑处理上如何使分区合理、管理井井有条，大量性的各种储藏是关键。三岩民居家庭贮藏有独自的特点，贮藏方式也颇为特殊。三岩民居的贮藏空间主要位于第三层，常布置在生活层上部，除了楼面散堆外，构架间多设水平横木或增加纵向拉枋，用于吊挂麦子、青稞之类作物，每家每户的丰收景象在收获季节时可在此层得到充分反映。所以此层的使用功能是贮藏和风干二者兼得的。

（3）楼顶层

由于山地条件的限制，民居缺少大面积集中的平坦用地，三岩碉楼民居的屋顶通常做成平顶，形成可供利用的屋顶平台。有充足阳光和开阔视野的平台兼有交通、眺望、扩大起居使用面积的作用，丰富了建筑的使用功能和空间层次，成为住户不可缺少的生活场所。除了用作交通和户外活动场地之外，还兼有农作物的晾晒、脱粒、储存等用途。

（4）牲畜棚

碉楼的首层一般用来关牲畜。首层层高比较低，里面的陈设也比较简单，室内除牲畜外还有一些堆放的草料。

2）平面类型

三岩民居依山就势，因地制宜，在崎岖的山地间形成了自由活泼、风格独特的平面布局形式。三岩碉楼民居几乎没有一栋是单独存在的，多以“帕措”为单位聚集在一起，同一帕措成员的房屋都是连在一起的，少的只有几户，多的有十几户。同帕措内部成员的房屋不仅户户相连，而且有暗道相通，可以自由往来，房屋前后左右连成一片，形成一个庞大、气势雄伟的碉楼群。三岩民居虽然从外在形态上看几乎是一样的，但是碉楼的规模还是有大小之分的。碉楼的规模主要由平面决定，而在平面上则是由柱子的多少来反映，柱子越多，规模相对也就越大，一般来说主要

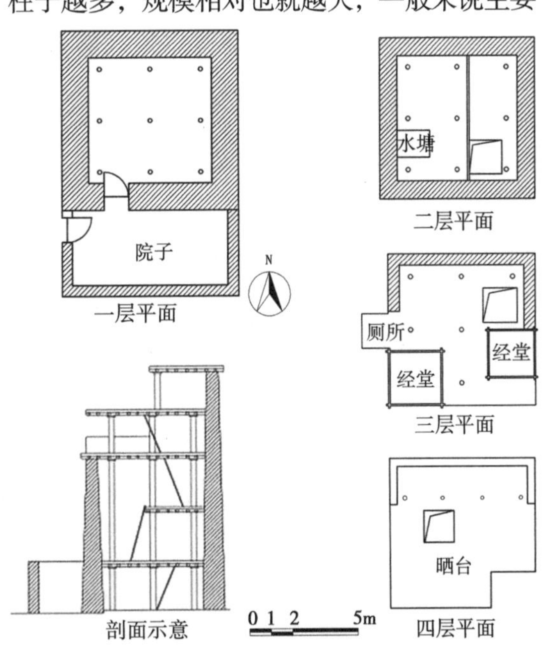

图 8-21 三岩典型民居（9 柱平面），图片来源：沈飞、侯志翔测绘

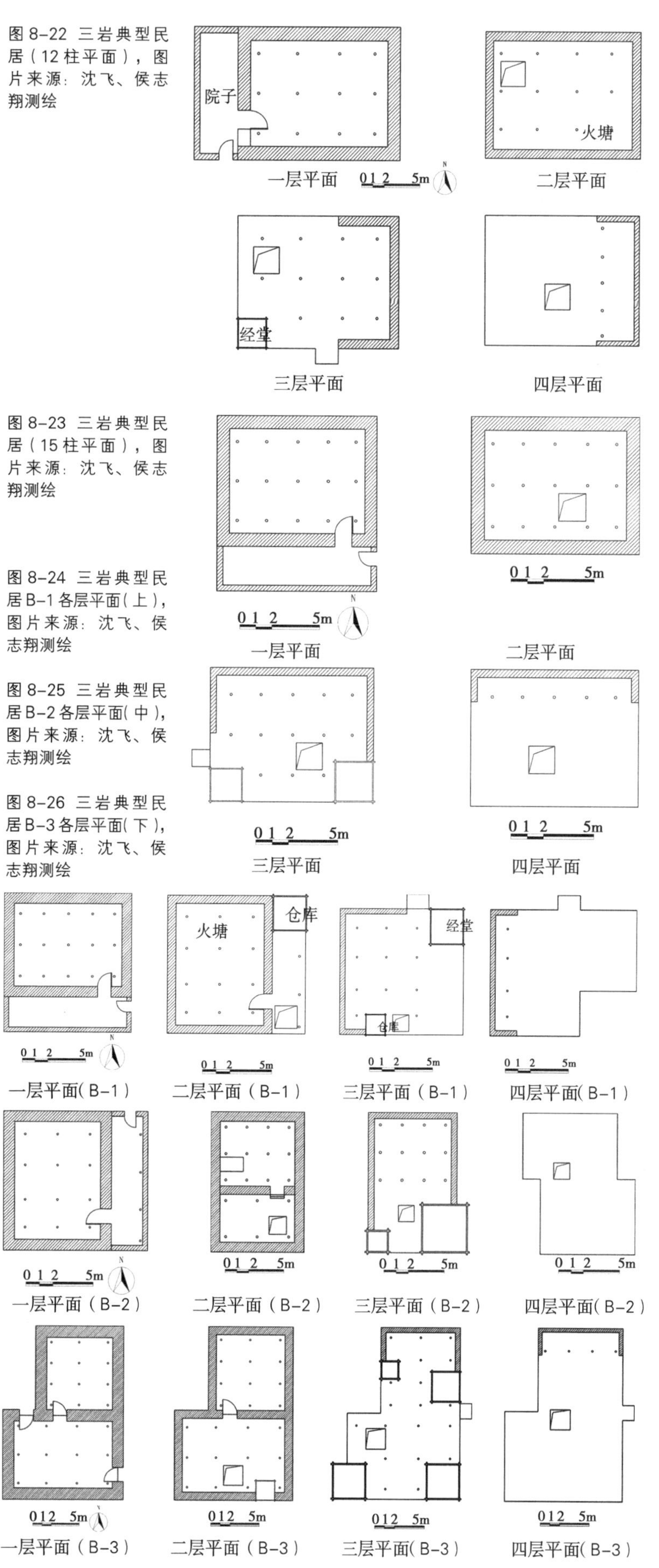

图 8-22 三岩典型民居(12 柱平面),图片来源:沈飞、侯志翔测绘

图 8-23 三岩典型民居(15 柱平面),图片来源:沈飞、侯志翔测绘

图 8-24 三岩典型民居 B-1 各层平面(上),图片来源:沈飞、侯志翔测绘

图 8-25 三岩典型民居 B-2 各层平面(中),图片来源:沈飞、侯志翔测绘

图 8-26 三岩典型民居 B-3 各层平面(下),图片来源:沈飞、侯志翔测绘

有 9 柱(图 8-21)、12 柱(图 8-22)、15 柱(图 8-23)三种平面形式,具体有以下几种:

(1)单户

三岩民居单独存在的类型比较少见,随着外界因素的不断介入,三岩人民传统的防御至上的意识已经在逐渐削弱,也就因此慢慢出现了单独存在的碉楼。但这种单户独院的民居方式在传统的三岩碉楼民居里面是极少的,因为离开帕措这个保护伞,是很难生存的,特别是遇到外来攻击的时候,单个家庭的实力很难抵御外敌。

A. 基本户型

在罗麦乡的古巴村有一栋以单户形式存在的碉楼民居,户主姓名叫多吉次仁,家中居住 3 代人。整栋建筑的规模不是很大,在平面布局上属于三岩民居最为典型的9柱式,柱间距都在 2.3 m 左右。整栋建筑分为四层,第一层为牲畜棚,四面墙壁都不开窗。第二层为起居层,顺着一楼的独木梯子爬到二楼后,二楼的光线好了很多,借助墙体上的枪眼、采光洞口以及通往三楼的楼梯洞口可透进来光束。二楼的陈设也要比一楼丰富了很多,出了楼梯口首先看到的就是靠近一侧墙壁的两个壁柜,再就是火塘,以及火塘后面摆放碗盆、厨具等的架子和一个大的水缸。第三层为仓储和经堂,调研的时候正逢麦子丰收的季节,整个三层堆满了收割上来的麦子,有的堆在楼地面上,有的悬挂在柱梁上。整个楼层中二层的层高最高,有 5 m 多,因此在上三楼的过程中,必须由一个平台衔接,通过两个独木梯子才能上去。三层设有两个布瓦房即井干式建筑,靠近楼梯洞口一侧是粮食仓库,与厕所并齐的是经堂。第四层是晒台和临时仓储,从农田里收上来的谷物都要在这层晾晒。晒台同时也作为老百姓休息和瞭望之用。碉楼的立面是夯土墙,首层墙体厚度约 1.2 m,墙体厚度由下而上逐渐收分,到了第四层仅仅有 0.4 m。整栋碉楼不管是从立面形式还是内部布局上看都非常规整，成为三岩传统民居的典型代表。

B. 衍生户型

B-1（图 8-24）、B-2（图 8-25）、B-3（图 8-26）3 种户型是三岩碉楼民居单户的主要类型，它们是从基本户型衍生出来的几种户型，成为冷兵器时代三岩碉楼最严实防御的集中体现，构成三岩地区碉楼建筑群体的基本组合单元。

B-1 户型是 A 基本户型的一种衍变，在原始基本户型的基础上，增加了一个小院子，使得室内外的两个空间在分隔上多了一个过渡空间。院子很简单，主要包括院门和围墙两部分。院子内部可以用来关养牲畜，围墙可用来堆放柴火，这样的布局方式在现在的三岩地区已经非常普遍。有的碉楼将院子的一部分加顶后封闭起来，成为碉楼主体的一部分。

B-2 户型则是单户户型的又一种变化，在功能上有了更进一步的改进，室内空间的划分由单一的空间变成了两部分，用隔墙分开。这样分割使得二层空间的起居功能更加完整。

B-3 户型空间的分隔更为合理，更加实用，形成两个 12 柱平面的组合，三层有几个布瓦房。

（2）群体组合

A. 直线联排式组合

碉楼民居的联排式组合，在三岩民居中较为常见，这样的布局同样强调了家庭团结增强了防御，体现了帕措势力，在建造时节约了材料，节省了时间。以雄松乡的一个两户联排的碉楼为例（图 8-27），户主叫拉松，两栋碉楼分属两兄弟，从外表上看，单个碉楼的个体特征与三岩传统民居没什么区别。从平面布局上来看，两户的第一层和第二层是独立分开的，到了三层以后，两家之间没有任何隔断，平面上完全相通。到了第四层的晒台后，则变成一个连通的大平台，两家人可以自由使用。

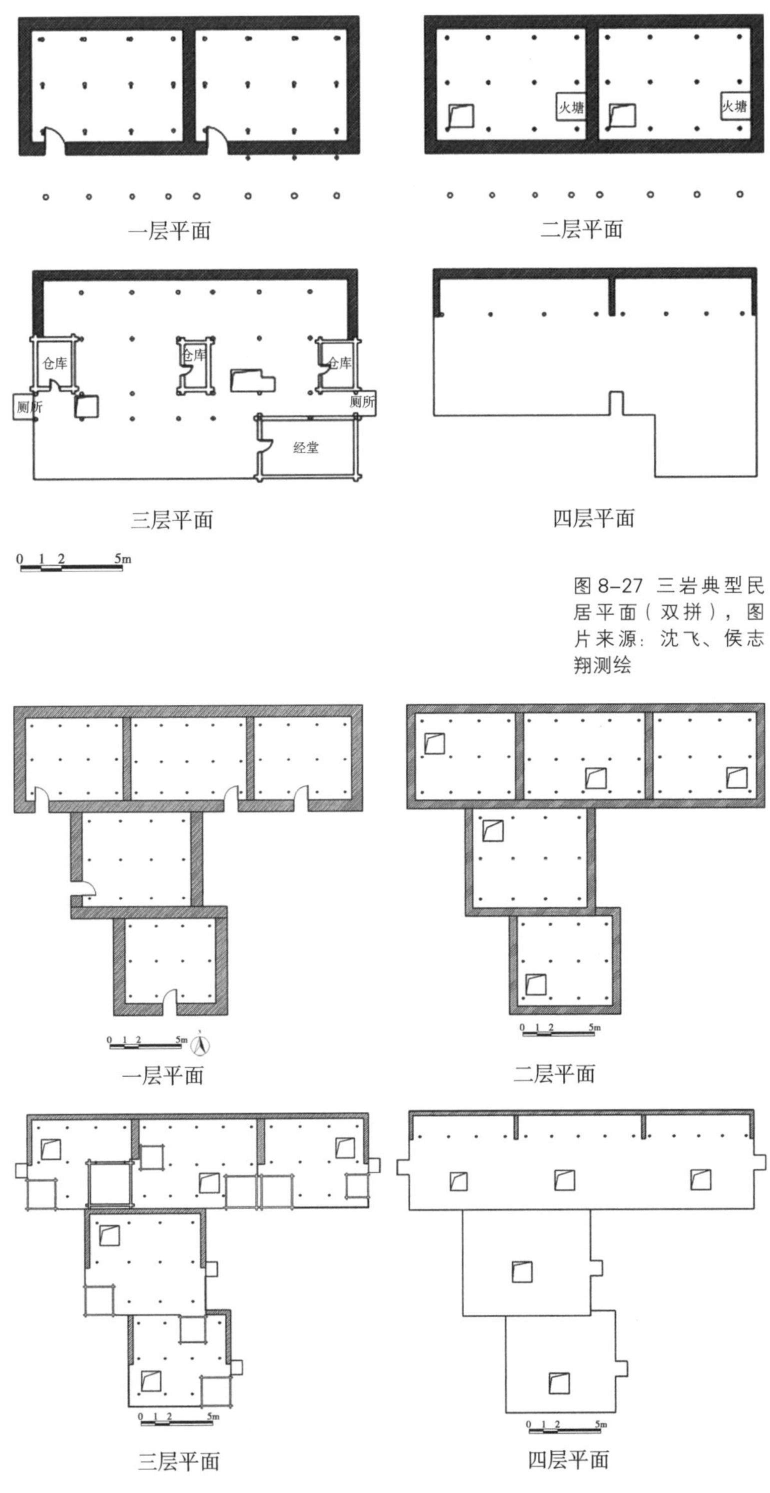

图 8-27 三岩典型民居平面（双拼），图片来源：沈飞、侯志翔测绘

图 8-28 三岩典型民居平面（A 组合），图片来源：沈飞、侯志翔测绘

B. 复杂群体组合

在三岩地区的传统村落内，随处可见大大小小、形式自由的碉楼群。这些碉楼群的形成看似很随意，没有固定的组合方式，但实际上它是与三岩地区险恶的地理环境以及特殊的“帕措”制度紧密联系在一起的，也就出现了我们看见的碉楼民居群。下面分析

图 8-29 三岩典型民居平面（B 组合），图片来源：沈飞、侯志翔测绘

两个典型的自由式群体组合的碉楼群。

这种组合方式非常自由，完全是顺应地势利用地形，以节约材料、降低成本。在 A 组合（图 8-28）中是左右连排和前后连排结合在一起的组合方式，而在 B 组合中（图 8-29），我们可以看到 4 座碉楼左右错落叠置，相互之间的联系非常紧密。

不管是 A 组合还是 B 组合，因为同处在三岩环境中，以及相同的帕措家族的影响，许多方面存在着共性：聚集在一起的碉楼民居都是属于同一帕措的成员；组成群体的各个单元户型的功能都是完整的；碉楼群体内部成员的交流和互动都在建筑的三层或者四层，一层和二层还是彼此独立的；各个单元户型都有各自独立的出入口，而且互不干扰；碉楼之间有的是同一后墙，有的是共一山墙，在经济落后、欠发达的三岩地区，起到节约材料、降低建造成本的作用，也加强了建筑的整体牢固性。A 组合和 B 组合的差异主要体现在平面的组合方式上，而平面的组合方式则又是由地形条件和营造时间差异来决定的。不同的帕措其建筑有着不同的朝向限制，不管村内有几个帕措，不同帕措之间的碉楼都有着其各自的朝向。

综上所述，不管是单户还是群体组合的布局方式，千百年来，三岩地区碉楼民居的建造原则始终是防御至上。近些年来，随着社会的进步，生活方式的改变，国家对西藏政策的不断完善和投入的加大，人们生产生活方式不断进步，加上外来文化的不断涌入，以及冷兵器时代的结束，三岩碉楼民居对防御功能的要求已经降低，更多地开始向居住舒适度方向发展。但是营造以帕措为单位的分布和组合方式始终没有变化过。

8.3.3 建筑营造特点

建筑空间是由室内空间与室外空间两部分共同组成的，两者皆是人们凭借着一定物质材料并按一定结构方法从自然空间中围隔出来的，是一种由人工通过材料的围合而形成的空间。因而，作为围隔手段而使用的物质材料及结构方法必然对建筑的形式和风格产生影响，三岩民居也不例外，以下是其独特的构造方式。

（1）基础

碉楼的基础（图 8-30）多为碎石堆积而

图 8-30 碉楼基础（左），图片来源：沈飞摄

图 8-31 碉楼后墙（右），图片来源：沈飞摄

成，基础的高度和宽度各不相同，主要由地质条件和房屋的高度所决定。地质好的地方基础较浅，相反则需要挖很深，特别是在坡地上，基础埋深达到 2 m 多。基础的宽度则是由碉楼的高度决定的，碉楼修建得越高，基础则越宽。

（2）墙体

碉楼的墙体（图 8-31）是夯土墙，各个立面的墙体，从视觉上看都是一面整墙，但是其实各层的墙体都是分开的，中间用木条隔开，而且各层的高度是不一样的，第二层最高，第四层最低。碉楼墙体的宽度和厚度由首层向上逐层收缩，表现为：① 墙体宽度一层最宽，顶层最窄，以后墙面变化最为明显，从外观上看整个立面就是一个梯形；② 墙体厚度首层最厚，约为 1.2 m，顶层最窄，约为 40 cm。同时因为防御的特殊性，碉楼的后墙是所有墙体中最厚、最高的，整面墙体不开窗。

（3）楼地面

碉楼的楼地面由四层材料铺设而成，由下而上分别是：梁、檩条、碎木层、夯土层。二层因为居室和餐饮的需要，会多铺一层木地板。一、二层的楼地面荷载不直接搁置在墙体上，而由柱子和大梁形成的框架共同直接承重，三、四层的楼地面则是要搁置在墙体上，由墙体和柱子共同承重。

（4）楼梯

碉楼有着其独特的楼梯（图 8-32），这种楼梯的取材和制作都非常简单，一般都是将树干劈开，然后在树干上砍出锯齿状的脚蹬即可。木梯搁置的坡度比较大，一般接近 60°，给人的感觉是既不方便又不安全，然而这样的独木梯却能在三岩民居里普遍使用并流传至今，有着其必然的原因，主要是：① 因为一楼为牲畜圈，这种独木梯可以不让动物爬到二层的居住层；② 防御作用，当遇到外敌侵犯的时候，这样的梯子可以随时抽走，即使对方破门之后也无法顺利爬到楼上。

图 8-32 碉楼楼梯，图片来源：沈飞摄

楼梯的洞口一般为正方形，边长在 1.5~2 m 不等。洞口开口的位置也不固定，特别是一层的楼梯，通常不会对着门，且上到二层之后，会有一面挡板，高度在 1 m 左右，这样即使上到二层，也无法在第一时间看到居室内的主人，此设置同样是为了提高防御性能。二层的层高在四个楼层中最高，从二层上三层的时候，一般都会设置一个转换平台。顶楼的楼梯洞口因为裸露在室外，多数情况下会采取一定的遮挡措施，具体的做法很简单，用木棍支起支架，在其上裹上塑料薄膜或者其他的遮雨布即可。

（5）柱子

柱子在三岩碉楼民居中起着非常重要的承重作用。三岩碉楼的柱子最主要的特点就是各层的柱子相互之间是独立的，上下之间并无连通，各自支撑楼地面的荷载。各层楼的柱子、大梁、支梁共同形成一个独立的承重系统，楼层上下之间的柱子几乎是不对齐的。这样的柱子承重方式虽然很简单，却非常实用。碉楼内部的柱子一般都是将树木砍伐后直接使用的，时间久了会出现虫蛀或者腐蚀等现象，因此这种立

图 8–33 碉楼内的柱子与梁，图片来源：汪永平摄

图 8–34 碉楼厕所，图片来源：沈飞摄

图8–35 碉楼布瓦房，图片来源：沈飞摄

柱方式，便于柱子的更换。

（6）梁

三岩碉楼民居内部梁的作用主要体现在两方面：一是连接柱子构成一个整体的承重体系，二是把楼地面的荷载传到柱子上来。在碉楼民居内部柱子一般都比较粗，木料也比较好。碉楼内部柱梁的连接也是比较简单的（图 3–33），用来连接柱子的次梁主要通过预留的槽口和柱子进行连接，用来承接楼地面的梁则直接搁置在柱子上面。

8.3.4 建筑细部与建筑装饰

1）建筑细部

（1）厕所

碉楼的厕所（图 8–34）也非常独特，一般位于碉楼第三层两侧的山墙上。厕所面积不大，也很简单，面积一般在 1~2 m^2，为完全悬挑的木结构。

（2）布瓦房

布瓦房（图 8–35）一般位于碉楼的第三层，主要用作经堂和储仓室，有的也作卧室。布瓦房是纯木结构的，小的有三四平方米，大的十多平方米，视家里经济条件的不同，布瓦房的数量和大小也有区别。碉楼几乎不开窗，但是用作经堂和卧室的布瓦房则是可以开窗的。布瓦房实际上是一种井干式结构，见于我国西南少数民族和东北森林地带，现在已经很少见。

（3）排烟口

碉楼内部的火塘，不设置烟囱对外直接排烟，仅在火塘的上方设置一个 30~40 cm^2 洞口用来排烟。居室内火塘的燃烧物一般多为树枝、木材等天然材料，燃烧后的烟雾也比较大，这样一个小小的洞口很难迅速将燃烧产生的烟完全排出，因此在室内常常会造成很大的烟雾萦绕状。

（4）室内采光

碉楼各层立面基本不开窗，因此室内比较暗，室内的采光主要依靠各层楼梯的洞口、火塘的排烟口，以及立面上的一些尺寸比较小的采光孔、瞭望孔和枪眼。立面上的采光孔一般位置都比较高，有的就是施工后留下来的洞口，采光效果也不好，在室内看到的是一缕一缕的光束。

（5）屋面排水

碉楼是平屋顶，屋面为阿嘎土屋面，如果积水时间过长，阿嘎土受到水力的冲刷，势必会影响屋面的防水功能。在施工过程中，碉楼的阿嘎土屋面会设有一定的坡度，在坡度较低的边缘处设有排水沟来汇集雨水，然后在檐口处设有木制的排水槽或者排水管，将汇集的雨水迅速排出屋面。此外为了防止雨水将阿嘎土冲刷走，在屋面的檐口位置会做一些特殊的设置，老百姓因地制宜，有的用石块，有的则是用酒瓶。

尽管如此，在雨季到来的时候，长期的阴雨天气还是会使得屋面的阿嘎土遭受雨水的冲刷，造成屋面阿嘎土的厚度不均甚至漏水。当地的老百姓在雨停后等屋面的阿嘎土稍微干了以后，便在被雨水冲刷的地方重新铺上新的阿嘎土，然后用他们自制的工具进行敲打，直到打平为止。

（6）立面特色

藏族民居的立面多以色彩鲜艳、装饰丰富为主，然而三岩民居却无过多的色彩与装饰。碉楼立面多为土木混合物，给人以稳重、敦实之感。三岩地区有特殊的帕措制度，人们对碉楼的防御要求极高，在立面上主要体现为不但不开窗，而且随处可见瞭望孔和枪眼（图8-36、图8-37）。整栋碉楼高达十几米，在立面上由前向后逐渐递增，由下而上有非常明显的收分，使得碉楼更加牢固。

2）主要装饰

民居中的装饰艺术反映了劳动人民在物质需要之外的精神上对美的需要。不同地区的人们，有着不同的历史文化背景，有着不同的装饰风格和独特的审美方式。三岩地区碉楼民居防御功能第一，因此在建筑装饰方面，没有藏族聚居区其他民居那样色彩斑斓的装饰，民居的装饰一般都比较简单。

（1）室内外装饰

① 起居室的装饰

碉楼的二层空间作为生活的主要场所，兼具起居、卧室和厨房的功能，家中主要的生活生产工具都集中在这层。首先是火塘，火塘一般靠近某侧的墙角，然后是储物柜，一般沿着某一侧墙排开，用于存放被子等，条件比较好的家庭中还会有转经筒。

② 经堂的装饰

经堂是当地居民神圣的宗教生活空间，因为信仰的原因，这里的装饰工艺精湛、美

图8-36 碉楼对外的瞭望口，图片来源：沈飞摄

图8-37 碉楼立面上的枪眼，图片来源：沈飞摄

图8-38 碉楼立面，图片来源：沈飞摄

轮美奂。在三岩碉楼内部，经堂一般位于三层的布瓦房里面。经堂内四壁会挂着珍贵的唐卡，既作为崇拜物也是极佳的装饰品，大多为主人多年收集或祖上传下来的，价值不菲。经堂内部非常干净，一般会放置一张桌子，用来摆放酥油灯。经堂内装饰的题材大多带有佛教色彩，在这个神圣的空间里，人的心灵会得到洗涤，变得虔诚。

③ 外立面的装饰

外立面装饰主要包括涂色、图案、雕饰等方面，这是藏族民居最富于民族特色的部分之一，较多地反映了精神文化等方面因素对住宅建筑的影响。三岩碉楼的外立面装饰一般比较简洁（图8-38），大部分民居的立面都是保持原有的状态，部分民居会在立面

图 8-39 碉楼立面上的彩绘，图片来源：沈飞摄

图 8-40 碉楼顶上悬挂的经幡，图片来源：沈飞摄

图 8-41 石刻，图片来源：沈飞摄

上刷白色。涂色主要用于露在外面的木墙体、梁柱上，颜色以土红色居多，也有黑色。土红色的材料从山上采掘而来，经研磨之后，可直接用来涂色，也可以用火灼烧形成黄中带红的颜色，再用来涂色。图案主要集中于檐檩、椽木上，在门窗上也有出现（图 8-39）。颜色多为黑白两色，图案有简单的圆形、三角形、线条，也有比较复杂的云纹、花草纹。方的椽头沿对角线涂成黑白四个三角形，门窗上有类似于太极图的图案。

（2）主要装饰物

三岩碉楼的装饰技术和装饰材料比较简单。

① 经幡

三岩老百姓喜欢在碉楼的顶上挂各种颜色的经幡（图 8-40），在起到装饰效果的同时，更是为祈求平安。在调研过程中，我们看到三岩老百姓常在屋檐及门窗雨篷的椽头上，挂一条上下宽 30 cm，由红、白、蓝等色带组成的布帘，称为风马旗，又称飞帘，即经幡，在风中如水波荡漾，在沉稳宁静、体量大的建筑中极富动感，富有生机，这种宗教性的装饰，具有化重为轻的视觉审美效果。

② 石刻

三岩地区很多碉楼民居的室内外有很多刻有经文的石头或石刻造像，增添了宗教气氛，增加了藏族居住建筑的宗教艺术效果。

③ 彩绘

在碉楼内部的家具以及外立面的窗户上，我们时常会看到各式各样的彩绘，有的比较复杂规整，有的则是比较随意自由的形式。在调研中我们了解到，有的是工匠绘制的，有的则是老百姓自己画出来的。

小结

三岩碉楼民居是三岩人民长期与恶劣的自然地理条件抗争与适应过程中总结出来的，具有三岩特色的民居形式。三岩地区原始的父系社会的生活习俗，使得父系社会的“帕措”制度一直遗留至今，并且在碉楼民居的营造过程中起着非常重要的作用。

注释：

1 刘赞廷，宣统年间任昌都标统，负责撰写《边藏刍言》

2 西藏昌都地区地方志编纂委员会．昌都地区志 [M]．北京：方志出版社，2005

3 马汝翠．藏东贡觉文化遗产保护与利用研究 [D]．南京：南京工业大学，2008

4 廖建新．三岩“帕措”考 [J]．西北民族学院学报（哲学社会科学版），2008(4):26-30

5（美）刘易斯・芒福德．城市发展史 [M]．倪文彦，宋俊岭，译．北京：中国建筑工业出版社，1989

9 古镇盐井

9.1 多民族文化及其在建筑上的体现

盐井纳西民族乡常住人口主要为纳西族、汉族和藏族，另有少数的傈僳族等。纳西族是明清时期大批从云南丽江沿茶马古道移民到该地区的居民，其带来的纳西文化对于该地区的村落布局形式和乡土建筑形式都有着不同程度的影响，表现明显。盐井乡的纳西村是西藏境内唯一的纳西民族自治村，纳西族人口占全村人口的75%以上，占全乡人口的28.4%。现居汉族以四川甘孜地区和云南大理地区入藏来做生意的汉族人居多。汉族文化对于该地区的建筑形式的影响源远流长，在该地区出土的文物中就曾发现唐朝汉族工匠雕刻的人物造像，可见汉藏文化交流可以追溯到唐朝吐蕃时期。藏族是该地的世居民族，属于西藏藏族康巴、卫藏、安多三大支系中的康巴藏族。藏族历史悠久，文化底蕴深厚。其建筑文化已经形成自己的完整体系，被称为藏式建筑。该地区的建筑除了有藏式建筑的共性外，同时兼具有区域性的特征，和自然环境相辅相成，和谐共生。

9.1.1 纳西族

1）民族背景

（1）纳西族简介

我国的纳西族主要聚居于云南省丽江市古城区、玉龙纳西族自治县、维西、香格里拉、宁蒗县、永胜县，及四川省盐源县、木里县和西藏自治区芒康县盐井纳西民族乡等。现有人口约为32万人。

据史学家考证，纳西族原是中国西北古羌人的一个支系，大约在公元3世纪迁徙到丽江地区定居下来。在一千多年前，纳西人创造了这个民族珍贵的文化遗产——东巴象形文字和用这种文字写成的东巴经。纳西族居民主要从事农业，种植水稻、玉米、小麦、棉花、甘蔗、马铃薯等，畜牧业、手工业也有发展，同时开采金沙江两岸出产的多种药材和林特产品。纳西族普遍信奉东巴教，也有一部分人信仰藏传佛教。

（2）盐井纳西历史

历史上，纳西族与藏族有着深刻的渊源，自唐代以来，两个民族之间的政治、经贸、军事往来日益频繁，在中国的西南编织了有声有色的民族发展史。

根据敦煌吐蕃历史文书记载，早在703年，南诏与吐蕃就发生过战争，当年和藏军交战的就是纳西先民。在著名的藏族史诗《格萨尔王》中，“姜岭大战”描写的是纳西“姜国”与格萨尔“岭国”围绕争夺盐海而发生战争的历史神话故事，盐海的范围包括昆明至西藏盐井的盐矿。唐代是战争最频繁的时期，吐蕃和唐王朝多次在这一区域交战，盐井盐业资源成为争夺重点。

至明清时期，进入康巴地区的纳西移民已经多达数万人。这一大批纳西移民进入康巴地区，必然带来纳西文化的大规模渗透。在这个阶段随着纳西移民到达康巴南部各地及核心地带，纳西文化对康巴文化的影响力与影响面都空前增大。更为重要的是，随着大批移民的进入，纳西族开始成为康巴核心地带的世居民族之一，这更使纳西文化事实上成为康巴文化的一部分。这个时期，云南丽江纳西族木氏土司[1]广泛吸纳外来文化，其政治、经济和军事盛极一时，得到空前发

图 9-1 纳西族妇女典型装扮，图片来源：姜晶绘制

展，对滇西北、川西南、藏东地区的各民族发展产生了积极的影响。改土归流以后，木土司势力由盛转衰，至民国时期，对西藏盐井等边远区域的控制已名存实亡。到 20 世纪中叶，盐井纳西族可以说是处于以祭天家族[2]分类的、以东巴祭司[3]为核心的类似家族制的社会机制中。

综上所述，盐井纳西族的成分和渊源，存在一个长期与藏族融合与同化的过程。

2）盐井东巴文化

盐井乡纳西村因丰饶的盐矿和滇藏交通线上的重要性，一千多年来经历了种种文化变迁，成为纳藏文化融合与冲突的前沿。全村是一个以纳西族为主，藏、汉等多民族组成的民族大家庭，是西藏唯一的纳西族聚居区。盐井的东巴文化主要表现在纳西村村民的文化生活中。

（1）语言服饰

在语言上，半个多世纪前居于该地区的纳西人还通行纳西语，到如今，纳西语已经渐渐被本族人遗忘，只有极少数年迈的长者还使用纳西语。盐井地区的纳西族人通晓藏族语言，当地的藏族群众多数也略微掌握纳西语。在盐井纳西方言中，大约混杂近 1/3 的藏语，近 2/3 的词语与云南丽江纳西语相通。与此同时，盐井的藏语中也有很多纳西族的外来词，例如当地的亲属称谓仍保留了古纳西语亲属称谓的特点。

盐井纳西族的服饰方面虽然已有较大变化，与藏族趋同，但部分典型特征仍被不同程度地保留下来。据调查，该地区藏族妇女样式独特的连衣裙藏装，就是纳西妇女裙子与上衣结合演变而来的。纳西族妇女头上缠的紫红长巾或者盘在头顶的假发髻是纳西族的典型头饰（图 9-1），和藏族妇女把各色的丝线绳编为粗长的发箍完全不同，极其容易区分。

（2）风俗习惯

纳西族和藏族间婚姻自由，族外婚在当地很正常，由两个民族组合成的家庭比比皆是，双方对彼此的信仰和传统给予充分的尊重。正是这种和谐的家庭气氛，营造了健康稳定的社会，养成了开放的文化心态。

纳西人重占卜，纳西移民将占卜这一古老习俗也带到了西藏盐井，当地藏族也请纳西东巴占卜，询问卜算结果，以此看来年的各种兆头。

从古至今，纳西族的生活生产都是由妇女承担，妇女承担绝大部分劳动力。丽江的纳西族妇女服饰上有星星月亮图案的装饰纹样，据说是象征她们夜以继日、披星戴月的辛勤劳作。在盐井，自古以来打卤水及在盐田劳作的都是妇女，她们每人每天少则背六七十桶卤水，多则近百桶。吃苦耐劳是纳西族妇女的传统和美德。

纳西族还是一个非常注重教育的民族，在藏东很有声望的盐井中学就在盐井乡，青少年就学率相对较高，被当地群众称为“秀才之乡”。

综上所述，长期的民族融合，让纳西人的生活方式与当地藏族习俗相容共生。可以说，盐井藏族和纳西族的习俗在这里呈相互交融状态。

3）纳西村村落布局特征

纳西村位于盐井纳西乡的南端，澜沧江东岸，也是纳西乡政府的所在地。地处三江流域的澜沧江中游地段，是典型的高山干热河谷区。海拔 2 300~4 800 m 不等，平均海拔 2 600 m。坡度除河谷冲积地区小于 5° 外，60% 的地段坡度大于 35° 。纳西村共包括 7 个自然组，分别是：街上组、岗果组、格让组、鲁仁组、嘎达组、仲吉组和仲格组。面积 128.5 km^2，总人口 1 331 人，其中农村人口 1 121 人，劳动力 486 人；共有 274 户，其中 213 户为农村户，均为纳西族[4]。主要人口集中居住在乡政府的周围。纳西村位于 214 国道旁，是藏东的门户，为云南进入藏族聚居区的第一村。往北距离芒康县城嘎托镇 120 km，距离藏东中心昌都镇 560 km，往南距离云南省德钦县城将近 100 km。

（1）纳西村村落布局形式

盐井纳西村选址于一片绵延的平顶山头和山腰，四周群山环抱，奔腾的澜沧江从山脚汹涌而去。这样的选址位置可以最大限度地避免高原冬天寒冷季风的吹袭，并且能保证充足的水源。

村落中心有个开阔的广场，停驻有马帮，存有茶马古道上古代驿站的遗迹，如拴马的巨大石块等。广场北侧即纳西乡乡政府所在地。中心广场和国道间由一条宽约 4 m 的主要道路连接，道路两侧以商业为主，包括有各类商铺、派出所、长途车站、村医院、浴室、旅馆等公共配套。村中地势平坦、坡度较缓的区域分布着藏式民居和大面积种植温室。坡度稍大的区域多为梯田，种植有大面积的青稞和玉米等农作物（图 9-2）。

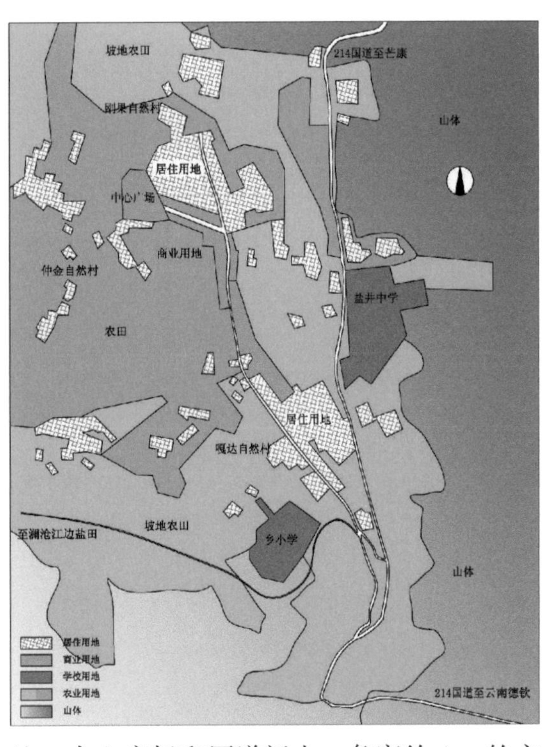

图 9-2 纳西村总平面功能分区图，图片来源：姜晶绘制

图 9-3 a 俯瞰纳西村，图片来源：汪永平摄

图 9-3 b 纳西村某民居，图片来源：汪永平摄

（2）与丽江大研古城布局形式比较

云南丽江的大研古城是纳西族最典型的古城，其布局有别于中国绝大部分王城。城中无规矩的道路网，无森严的城墙，古城布局中三山为屏、一川相连；水系利用城中的三河穿城、家家流水；街道布局中“经络”设置和“曲、幽、窄、达”的风格，以及建筑物的依山就水、错落有致的设计艺术在中国现存古城中是极为罕见的（图 9-4）。

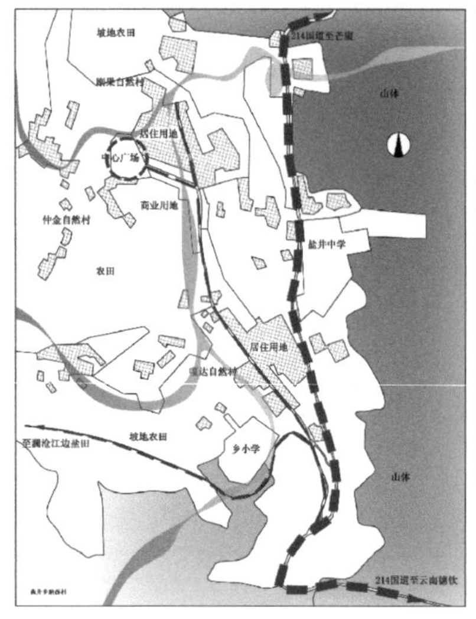

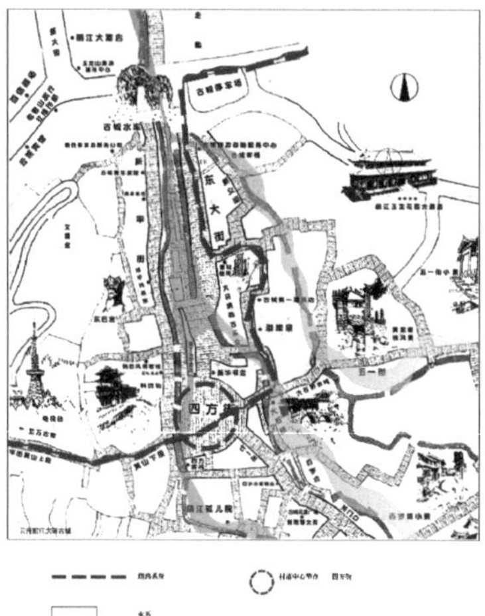

图 9-4 纳西村（左）和大研古城（右）城市形态比较，图片来源：姜晶绘制

纳西村地理环境优越、自然风光秀丽，进入村中满眼尽是苹果、葡萄、核桃等果木，枝繁叶茂，层层密密。骡马和牛羊停驻在村中羊肠小道边休憩，神态怡然自得。村中水源丰足，人们把山上的溪流引导成众多水渠，流经农舍用于生活，淌过农田用于灌溉，最终汇入澜沧江。当地村民喜爱在院落中种植花草，屋前屋后种植果木。绿树红花及远山蓝天衬托下的白色藏式民居和自然环境相辅相成、和谐共生（图 9-3）。

① 水系比较

盐井纳西村对水资源的利用形式（图 9-5），类似于云南丽江大研古城的河流水系。大研古城水系利用城中的三河穿城、家家流水，渠水穿墙过院，无处不在，“城依水存，水依城在”。古城内的居民住宅或门前即渠，或房后水巷，或跨河而建水楼，或引水入宅丰富庭院，更有随渠弯曲布置的民居（图 9-6）。盐井纳西村的水系文化源于纳西先民进入定居的农业和工商业社会后创造的综合利用水资源的文化。纳西村水渠的规模和形式仅仅是简单开凿，没有过多的人工建造的痕迹，正处于该文化的雏形时期。如今虽然村里家家都通上了自来水，但是我们仍经常看到村民在自家旁边流过的水渠中洗衣服、洗菜、洗碗，清理宰杀牲畜后的现场。聪明的盐井纳西人利用地势的高差，挖水渠、引山泉，先作为生活用水，最后流入农田作为农业灌溉。筑坝挖渠不仅可以方便生产生活，更能够美化环境、优化生态，从而达到改善村落局部微气候的作用。

图 9-5 纳西村水系，图片来源：姜晶摄

② 道路系统比较

云南大研古城没有规矩的道路系统，盐井纳西村在这点上也和大研古城类似。每家每户看似随意毫无规律的散落，实际上是根据祭天家族体系，有共同祖先后裔的人家三到五户组合成为一个组团分布。道路就自然被划分出组团道路和宅间道路等级。

③ 村落中心空间比较

一般情况下，纳西族古村落的布置均是围绕一个中心布局。每个村寨都有一个面积不大、平坦方整的广场称为“四方街”，大研古城也不例外。四方街是商业服务、集市贸易、人流集散的地方。主要街道从这里放射，分出无数的小街小巷。然后，民居沿着这些街巷向外伸展，形状很不规则。盐井纳西村村落中心位置的广场也可以和大研古城中的四方街相比对。从空间上看，所处的位置同为村落中地理位置的中心，建筑单体和道路系统都是围绕这个中心展开，广场周围一环以内以商业用房为主，一环以外都是民居以及农田，广场北侧为乡镇府所在地，东侧为通往 214 国道的道路。从功能上看，同是作为公众交流集会、商业交换物资的空间。大研古城的纳西族妇女喜爱聚集在四方街跳舞，盐井纳西村的男女老少在每个周末都会在广场跳藏族传统舞蹈“锅庄”。纳西村的这个特点完全不同于其他藏族古村落以寺庙或者白塔为村落中心的特征。可以说，中心广场就是纳西村的“四方街”。

④ 环境景观比较

大研古城还有个特点就是家家户户都栽植有几树苹果、几株花木、几个花桩盆景，鸟语花香，清新宜人，素有“丽郡从来喜植树，山城无户不养花”之称，被誉为“庭院中的花园”（图 9–7）。盐井纳西村的纳西居民仍保持着喜花爱草的民俗，养花植草蔚然成风。在自家院落中大面积种植三角梅、菊花等品种不同的花卉，绿荫婆娑，香气袭人，既舒适又幽静（图 9–8）。

综上所述，盐井纳西村无疑是纳西族先民根据民族传统和环境，利用自己的智慧大胆创新发展，形成其独特风格的产物。虽然没有系统构成机制，却依山傍水、穷中出智、拙中藏巧、自然质朴，完善了自己的生活居住环境，更造福了子孙后代。

图 9–6 大研古城水系，图片来源：姜晶摄

图 9–7 大研古城景观，图片来源：汪永平摄

图 9–8 纳西村景观，图片来源：姜晶摄

图9-9 丽江纳西族民居，图片来源：姜晶摄

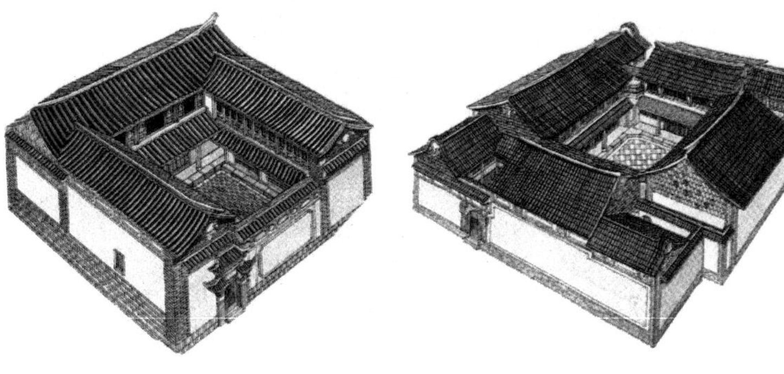

图9-10 多民族特色的丽江街巷，图片来源：王其钧《中国民居三十讲》

4）纳西族民居建筑形式对盐井民居的影响

（1）纳西族民居的建筑形式

纳西族民居建筑风格多样化，吸收了汉族、白族等民族的民族特点，浑然天成，自成一体。普遍是以院落为单位，保持了一家一户的独立格局，多为土木结构，砖石墙体（图9-9、图9-10）。丽江当地人称之为“三坊一照壁、四合五天井”。“三坊”即每户院内均由“一正房、两厢房”组成，正房正对面设置一面墙壁，即照壁。“四合五天井”是指四周都是房屋，四个房角的交接处形成了四个小天井，加上院子中的大天井共形成了五个天井。纳西民居院落布局小巧且制作工艺讲究，门窗的雕刻和彩绘在古朴中不失鲜活俏皮，极具艺术感染力[5]。由于茶马古道的历史原因，纳西族民居建筑的平面布局形式和雕刻装饰艺术不仅仅对盐井，乃至对芒康和左贡沿滇藏线地带，甚至可以说整个藏东康巴地区的藏式民居都产生了重要的影响。

（2）对盐井民居的影响

盐井民居受到纳西文化的影响主要表现在两个方面：平面布局和内部装饰。

①平面布局——“灰空间”的加入

纳西村214国道旁边和澜沧江西岸的加达村有若干处民居摒弃了传统藏式民居高墙无窗的防御性特征，在建筑二层出现了外廊式的平面设计。外廊一般有“一”字形和“L”形两种形式，将室内外空间巧妙融合，增加了室内空间的趣味性和生活的舒适性（图9-11）。

纳西村中有一处已经废弃的规模较大的老宅，其在空间形式上采用了纳西族的“天井”这一元素，形成了“回”字形的平面布局。一般来讲，传统藏族建筑强调良好的防御体系，外墙不开窗或者开小窗。该处老宅为了通风和采光的功能需要，同时为了提高居住的舒适度，借鉴纳西族的天井的布局手法，形成内向型居住空间（图9-12、图9-13）。这类结合纳西文化和藏族文化的居住建筑，既延续了原有本土文化的豪放粗犷，又融入了滇区外来文化的细腻柔和。

图9-11 纳西民居外廊形式（左），盐井乡民居外廊形式（右），图片来源：姜晶摄

② 内部装饰——彩绘和雕刻

在盐井地区一些经济比较富裕的村民家中，室内梁柱门窗的彩绘雕刻，摒弃了传统藏式碉楼建筑粗犷不甚细腻的特征，表现手法精致而柔和。柱子、门楣、窗檐、梁架、天花、乃至壁面都绘制了精细的图案，甚至有的还进行了细致的雕琢，是功能和艺术相结合的产物。

图 9-12 纳西村老宅天井，图片来源：姜晶摄

图 9-13 纳西村老宅回廊，图片来源：姜晶摄

5）滇藏交界地区的民居建筑形式

滇藏交界地区包括西藏自治区昌都地区芒康县南部的纳西民族乡、木许乡；云南迪庆藏族自治州的德钦县。交接点位于木许乡境内，境内的澜沧江东岸为云南佛山乡纳古村，江西岸为西藏木许乡阿东村。受纳西文化和藏文化的影响，这一地区的民居建筑形式同时结合了纳西民居形式和西藏民居形式。进入云南境内，靠近丽江地区，纳西民居特征就越明显；反之进入西藏腹地，藏式建筑特征得以充分展现。不同文化的两股力量同时作用于建筑风格的表现上，比方在迪庆藏族自治州，采用纳西穿斗式坡屋顶，藏式夯土墙体，藏式门窗装饰的民居比比皆是（图 9-14）；一旦到了西藏境内，全部都是藏式平顶的民居，再无坡屋顶的形式。

随着茶马古道滇藏线从云南普洱到西藏拉萨，途经大理、剑川、丽江、中甸、德钦、芒康、左贡、察雅、邦达草原，多种民族文化在古道上交融统一，历久弥新。纳西建筑形式影响到整个西藏的各建筑类型，包括民居和寺庙，在此不多加赘述。

9.1.2 汉族

1）汉族和藏族的历史渊源

（1）文成公主和亲

提到汉族和藏族的历史渊源，首先要阐述文成公主进藏和亲的历史事件。贞观十五年（公元 641 年），唐太宗以宗室女文成公主嫁给吐蕃的松赞干布，促成唐蕃友好，这在中国历史上是一段流传极广的佳话。文成公主热爱藏族同胞，深受百姓爱戴。在她的影响下，汉族的碾磨、纺织、陶器、造纸、酿酒等工艺陆续传到吐蕃。她带来的诗文、

图 9-14 迪庆藏族自治州民居，图片来源：汪永平摄

农书、佛经、史书、医典、历法等典籍，促进了吐蕃经济、文化的发展，加强了汉藏人民的友好关系。她带来的金质释迦佛像，至今仍为藏族人民所崇拜。

文成公主在进藏途中不仅播撒下了汉藏友好的种子，也留下了众多的名胜古迹与美好传说。文成公主远嫁吐蕃，不仅揭开了唐蕃古道历史上非常重要而又影响深远的第一页，而且作为唐朝与吐蕃之间的重大事件被载入史册。

（2）茶马古道

茶马古道是以茶马互市为主要内容，以马帮为主要运输方式的一条古代商道。也是我国古代西部地区以茶易马或以马换茶为中心内容的汉藏民族间的一种传统的贸易往来和经济联系之道。这种贸易有悠久的历史，远在唐朝就已有文献可考，汉藏人民之间通过“茶马互市”或“茶马古道”建立起来的交流和友谊，一直延续到元、明、清。

可以说，“茶马古道”是一条连接内地与西藏的古代交通大动脉，也是各民族交往和融合之道。近千年来，随着“茶马互市”的发展和“茶马古道”的开通，汉、藏等各民族常年往来其间，尤其元代以后，汉族居民一批接着一批源源不断地涌进康藏地区，带来了先进的生产技术，他们和藏族人民一道从事各种生产，促进了康藏地区的经济发展、市场繁荣、民族团结和社会进步。茶马古道，作为古往今来民族迁徙和文化交流的通道，有容纳、传播、交流和连接等多方面的功能。

图 9–15 朗巴朗增寺院，图片来源：姜晶摄

按远古人类向四方迁徙的路线来看，任何古道基本上都是沿着江河或山脉的走向而形成的，随着社会的发展和军事扩张，以及文化交流的需要，开始遇河架桥、逢山开路。而澜沧江走向为开拓盐井往藏族聚居区腹地和汉地腹地的交通创造了有利条件，也使盐井地区乃至整个昌都地区成为汉藏文化的交汇点和融合之地成为可能。

2）盐井地区关于文成公主的建筑遗存

（1）芒康县境内有关文成公主的建筑遗存

虽然根据汉文史实中文成公主进藏的路线是唐蕃古道（即今天的青藏公路），但是流传于藏族聚居区的传说是，松赞干布派大臣登高望远，等待文成公主进藏，但是大臣却目睹文成公主在进入西藏地界前幻化出 3 个分身，连本尊一共从 4 个方向 4 条线路进入藏族聚居区，到达拉萨后又合体为一个真身。这个传说表达了藏族人民对于公主的热爱，都希望公主曾经路过自己的家乡。可以猜测，也许当时文成公主为安全起见，确实分成多股部队进藏，即使遇到特殊情况也可化险为夷。

徐中乡北部的帮达乡然堆村修葺有纪念文成公主的寺庙“朗巴朗增”（图 9–15），在寺庙周围发现了摩崖造像，有关研究者认为：“造像的头冠和服饰反映了地道的唐代早期造像的艺术风格，与西藏早期的吐蕃石刻风格大相径庭，这批造像很可能是汉地工匠所为”[6]。该石刻属于吐蕃时期线刻摩崖造像在西藏地区的首次发现，意义重大。

（2）盐井乡扎古西石刻造像

“扎古西”藏语意为“打开山崖门”，也就是峡谷的意思。扎古西位于纳西乡角龙村西面 3 km 处村口的位置，距离滇藏 214 国道 2 km。这里的喀斯特地貌发育完整，峡谷两边山崖雄峰对峙，山高谷深，峡谷悬崖落差 600 m，最宽处仅 60 m 左右。峡谷峭壁上溶洞密布，传说那是高僧、活佛修炼的地方——扎古丹巴尼，文成公主庙就坐落在悬崖底部。庙里有一座石雕，石雕的中间是松赞干布，两边分别是文成公主、墀尊公主，还有释迦牟尼像。神像凹凸有致、栩栩如生、神态安详，让人赞不绝口。据考证是唐朝文成公主进藏时由唐朝工匠所雕刻。(图 9-16)

图 9-16 a 扎古西石刻造像一，图片来源：姜晶摄

图 9-16 b 扎古西石刻造像二，图片来源：姜晶摄

盐井的扎古西石刻和上文中提到的帮达乡的朗巴朗增石刻均位于古代茶马古道滇藏线的交通要道上，为我们考证这条路线提供了确切的依据。祖籍芒康县帮达乡的邦达多吉，就是在古道上经商后成为西藏巨商而富甲一方的。

3）汉文化对昌都地区乡土建筑的影响

由于盐井纳西民族乡特殊的地理环境——位于藏族聚居区边缘，和云南交界，使其在茶马古道上一直处于重要的节点位置。长期以来南来北往的汉族商人、汉族军队，使得汉文化对于该地区的乡土建筑的影响深远。放眼整个昌都地区的乡土建筑，尤其是宗教建筑，受到汉文化影响的特征就十分明显了。

（1）昌都地区汉式建筑概述

从明末清初开始，茶马古道进入鼎盛时期，沿途人口密集，气候良好，成为西藏到北京的贡道。这个时期，在长达数千里的入藏沿线上，先后建造了不少汉式建筑。仅昌都县城中就建有城陛庙、关帝庙、川主庙、灵关庙、玉皇阁、观音阁、万寿宫、清真寺，以及陕西会馆、云南会馆等。这些寺庙和会馆，几乎可以说完全按照内地的建筑样式修建。如位于昌都县卧龙街的城陛庙，大殿坐北朝南，左右各有一个厢房，房顶系人字形屋架。又如幸福街的清真寺，原有建筑为汉族四合院的平面组织形式。除此之外，在察雅县、洛隆县、边坝县等地建有多处汉式寺庙。

（2）昌都地区典型汉藏结合建筑代表——噶玛寺

噶玛寺位于昌都县扎曲河上游约 120 km 处的白西山麓。该寺所处环境山清水秀，林木葱葱，仿佛世外桃源，至今没有直达的公路，几乎与世隔绝。公元 1185 年，噶玛寺由藏传佛教噶举派创始人堆松钦巴莫基创建，当时他邀请内地汉族工匠、云南纳西族工匠以及尼泊尔工匠，共同兴建了康巴地区后弘时期[7]的代表性建筑噶玛寺大殿。

噶玛寺建筑组群由大殿、护法神殿、灵塔殿、讲经场、僧舍等单体组成。而其中的

图 9-17 噶玛寺大经堂，图片来源：姜晶摄

图 9-18 噶玛寺大佛殿，图片来源：姜晶摄

主体建筑为大殿。大殿由大经堂和大佛殿有机组成：前半部分为大经堂（图 9-17），高 2 层，为土、石、木结构的藏式平顶建筑；后半部分为大佛殿（图 9-18），高 3 层，下半部为土石结构，上半部为汉式歇山琉璃瓦顶。而其屋檐又是藏族、汉族、纳西族 3 个民族工匠独具匠心的合璧之作。

噶玛寺大经堂坐东朝西，前廊由 4 根方柱组成，廊壁绘有四大天王像。经堂大门开在前廊正中，面阔约 30 m，进深约 25 m。经堂内共有 56 根柱子，通过天窗解决室内采光。经堂四壁绘有以释迦牟尼传为题材的彩绘。这些壁画属于典型的噶学嘎孜画派风格：线条淋漓酣畅，人物勾勒比例精准且生动传神，色彩鲜丽而不失庄严。从其中对花卉鸟兽的画法，可明显看出结合了内地工笔画派的影响。这些生动传神的彩绘与殿内五彩经幡的柱饰相映生辉，构成了藏东佛教建筑的典型装饰元素。

大经堂后部为大佛殿。大佛殿建筑是噶玛寺建筑的精华所在，不仅代表着当时昌都建筑艺术的最高水平，而且在藏传佛教建筑历史上同样具有很高的地位。大佛殿建筑外墙的第二层上端四角各饰一头木雕狮子，其雕刻细腻，神态凶猛，栩栩如生。大佛殿最突出的部分是其屋檐和屋顶构成的第五立面。屋檐由藏族、汉族、纳西族风格的斗拱承托：屋檐正中一排是由藏族工匠设计建造的狮爪型飞檐；左边为汉族工匠设计建造的龙须形飞檐；右边为纳西族工匠设计建造的象鼻形飞檐。屋檐上方为汉族歇山顶，覆盖玻璃瓦，屋顶中间饰有藏族表示吉祥的铜质镏金宝幢。大佛殿屋顶既有藏族、汉族、纳西族 3 个民族各自的鲜明特征，又非常和谐地达到统一，设计之精妙令人赞叹。在二层平面围绕大佛殿建有“回”形外走廊，当地称之为“皇帝走廊”，尽管历史上没有一个皇帝到过噶玛寺，但充分表达了藏族人民对内地皇权的尊重。

佛教后弘期，昌都地区建筑艺术达到高峰，民族文化高度交融，这与该时期僧俗首领豁达和开放的心态是分不开的。除了噶玛寺，具有建筑考察价值的还有类乌齐的查杰玛大殿、昌都强巴林寺等建筑。之所以取得那么高的建筑艺术成就，究其原因，和当时宗教首领打破门第观念，大量引进技术和人才，不惜重金聘请外来工匠是密不可分的。由此启示我们，任何一座不朽的建筑，都是在继承传统优秀文化的基础上，吸取其他民族的精华，兼收并蓄，勇于实践而取得的[8]。

（3）盐井地区汉式建筑

在我们考察期间，在盐井地区并未发现典型结合汉式风格的建筑。但是在史料中却有所记载。民国年间刘赞廷[9]亲历所记“本县在设治初据澜沧江东岸，建有盐局大楼一座，背东面西，甚为宽阔。嗣后，设治改为县署，盖县官兼理盐务。县北为关圣帝君庙，系由新军后营管带程风翔，率领督修，以兵二百人鸠工建垒二年。大殿五楹，戏楼三层，富丽庄严。县东建有小学堂一所。以上为刚达寺。北为法国教堂，南北一亍，名蒲丁，人民百余户，环列而居”。足以可见，盐局大楼、关圣帝君庙均为汉族工匠于民国年间在盐井建设的汉族建筑。

从盐井民居的彩绘中可看到汉族文化的缩影：首先，绘画风格以传统藏式绘画风格为基础，以国画、工笔画、西洋画为辅佐，做到了三者既有结合又不乏本民族的特色。其次，在保留传统特色的同时，新添了现代的气息，新创了许多颜料配方和新的绘画技法，尤其增加了不少装饰绘画的新题材，生动地描绘了盐井人民新生活的亮丽风采。

综上所述，随着藏汉文化的交流，内地的建筑艺术直接或间接地传入西藏。如不少寺院和民居窗户借鉴了汉式万字穿海棠、盘长等格子花样，就是一个典型的实例。至于寺院建筑中的汉式斗拱，歇山式金顶等则是明显借鉴了汉式的建筑风格和建筑手法，影响十分明显。

9.1.3 藏族

1）康巴藏族

传统意义上，我们把藏族分为三大分支：康巴、卫藏、安多。康巴藏族，是指生活在藏东地区及其他使用康巴地区方言的藏族人。具体包括：西藏昌都地区、云南迪庆藏族自治州、四川甘孜州、青海玉树藏族自治州以及那曲东南一线。康巴地区历史上处在汉藏过渡地带，在行政、宗教、经济和文化等方面都有明显的地域特征。康巴人最为人称道的是其直爽的民族共性，宗教方面尤为虔诚，有经商和远游传统，体格相对强壮。

自古以来，居住在这块土地上的藏族人民，是历史悠久的优秀民族，酷爱艺术，能歌善舞，勇敢、聪慧。康巴藏族不像其他藏族聚居区的藏族群众因为宗教信仰而低调压抑，反而是生活得自由奔放。尤其是康巴汉子剽悍好斗，天性喜爱流浪，被人称为“西藏的吉普赛人”。常年的游牧生活使他们带有野性不驯的奔放气质，游牧民族豪放的天性在他们的身上得到了充分的体现。

2）特有的文化生活

（1）服饰和饮食

康巴人的传统服饰以裙袍为主。康巴汉子多带有腰刀、护身盒等物品，并将用黑色或红色丝线与头发相辫的“英雄穗”盘结于头顶，显得刚武勇猛。康巴女子的服饰更以雍容华贵而著称，其内衣多用丝绸料，外衣讲究用水獭皮缝制，并拼合传统图案予以修饰，装饰有头饰、胸饰、背饰、腰饰和其他饰物。

盐井群众的日常饮食以糌粑、面粉、酥油、牛羊肉和奶制品为主；饮料以酥油茶、青稞酒为主。盐井地区清末民初曾有法国传教士传教，同时带来了葡萄酒酿造技术，所以盐井的特色饮料就是葡萄酒。

（2）舞蹈和节日

弦子舞是以悠扬的歌声伴随着优美的舞蹈，以生活为题材，不断丰富和发展起来的独具民族特色、地域特色的文化艺术。盐井弦子舞的特点是端庄稳重，有澜沧江的气势，有高山流水的神韵，有气势恢弘的唱词，给人一种豪情壮志、奋发向上的感觉。弦子舞成为藏民族文化艺术历史长河中的珍宝，被誉为茶马古道上的“古道神韵”。

在纳西民族乡的加达村有一个奇特的节日，那就是为敬重和取悦山神、祈祷幸福而举办的全村结婚日，日期是每年农历的正月初九至十一日，俗称“婚姻节”。该节日比起一般家庭的家庭婚礼隆重得多，有祈祷祝词，有答辩歌舞，独具民族特色，地域特色。纳西乡只有加达村位于澜沧江西岸，背靠达美拥雪山，历来交通不便，地理位置的特殊原因导致加达村基本与外界隔绝。加达村民长年累月忙于盐业、农业，缺少娱乐活动，

图9-19 盐井民居一，图片来源：姜晶摄

图9-20 盐井民居二，图片来源：姜晶摄

与外界既无联系也无交流。为了丰富日常生活，从而创造出婚姻节的庆祝形式。

3）当地藏式民居建筑特征

藏族文化的整体性和全面性在我国各民族中，仅次于汉族，其建筑文化已形成自己的完整体系，被称为藏式建筑，并在整个藏族地区稳定发展，不断成熟。藏式建筑随藏族社会历史的发展而进化，在漫长的发展历程中，既有传承也有演变，延续了民族文化精髓，保持了独特的建筑风貌。

盐井藏族民居高大宽敞，建筑风格独特。集康巴地区、汉式、云南纳西、印度建筑风格于一体，采用了雕刻、彩绘等装饰方式，展现了其民居建筑艺术（图9-19、图9-20）。

（1）平面布局

盐井乡住宅普遍为一户一家，一般为平顶“凸”字形两层，局部三层楼房。土木结构柱网式平面，柱距大多为3 m左右。建筑体量的大小按照柱子的数量来计算，一般为16柱、20柱、25柱、30柱、35柱、40柱等若干种规模，柱子越多，房子规模越大。该地区大多数规模在20柱以上。

平面布局中，底层一般是牲畜圈和仓库，由院墙围合建筑形成院落。加达村由于大多数建筑依山势而建，故平面稍有不同。在有高差的情况下形成退台，一层作为牲畜圈和仓库，顺应山势而建，二层根据坡度、地势平整出台地，二层建筑建造在一层屋顶与二

图9-21 加达村台地建筑，图片来源：姜晶摄

图9-22 客厅灶台（左），图片来源：姜晶摄

图 9-23 客厅长桌和卡垫床（右），图片来源：姜晶摄

层台地形成的平面上（图 9-21）。

建筑二层通常为客厅、卧室。房间的多寡视整座住宅面积大小而定，围绕楼梯井布置，其中朝南的大空间通常设置为客厅。客厅一般为 9 根柱子的规模，这样在客厅中间就有一根柱子，这根柱子对于藏族群众有重要的意义，被看作“世界的中心”，通常以哈达包裹装饰。客厅的布置面对门靠墙的部分有四方形的土墙灶，藏语叫“投嘎”，“投”在藏语中的意思是“方法、计划、本领”，“嘎”是困难之意，包含了藏族群众对生活的一切感悟。过去灶上涂有黑色，现在大部分家庭贴上了瓷砖，美观大方且庄重卫生。灶上陈设灶具，琳琅满目，既华贵庄严又充满生活气息（图 9-22）。平时一般灶内不生火，而是使用铁皮打制的火炉或者电炉，便于冬天取火取暖，随时可以热酥油茶，符合藏族群众的生活饮食习惯。客厅内靠墙的另一部分陈设有低矮的床铺，床铺上铺有卡垫，起坐睡卧使用，称为“卡垫床”。靠近卡垫床的地方，放有长桌，用于放碗吃饭（图 9-23）。其他地方陈设有水龛、藏式的柜子等，水龛是藏族群众除经堂、佛龛外的另一个主要装饰摆设，水龛包涵着吉祥富裕幸福之意。富有的人家卧室、客厅部分的彩饰装修异彩纷呈，不仅是在长桌、柜门上，就连横梁、天花板上都布满了彩绘雕饰（图 9-24）。

建筑三层多设有经堂，经堂是一家中最神圣、庄严的地方，不受干扰，位置最高，以示其地位崇高（图 9-25）。穿戴不整齐者或者穿鞋者不被允许进入经堂，以示对佛的尊敬。经堂内布置有佛像、唐卡、经文，信

图 9-24 客厅梁柱彩绘，图片来源：姜晶摄

图9-25 经堂，图片来源：姜晶摄

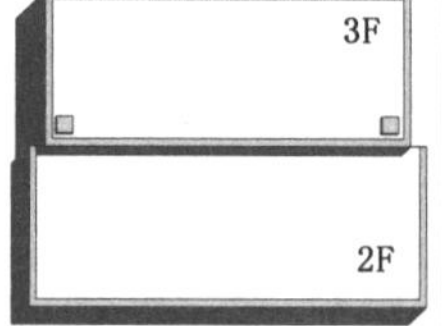

吕字形

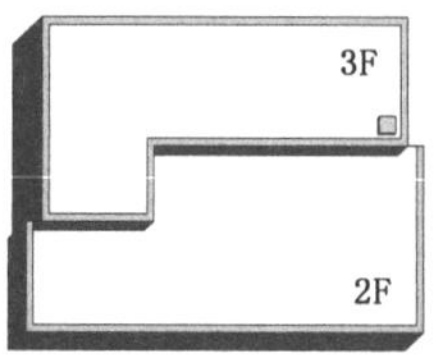

L形变形

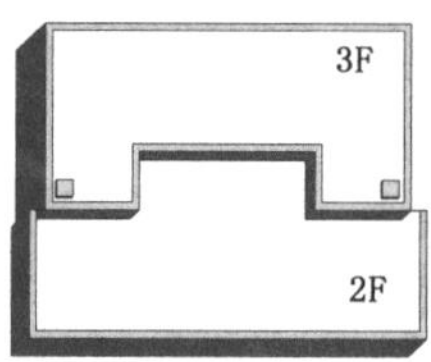

凸字形

图9-26 三种屋顶形式，图片来源：姜晶绘制

佛的族人每天手持念珠，从早到晚口诵经文，以示敬佛。经堂里还摆放有香炉、酥油灯、七净水碗等。上供的净水每天要新水，早晨供上，下午太阳落山之前要收起。供祭品、点酥油灯前首先要洗净手脸，供上后，撒上几滴净水，用香熏一遍，表示一切脏污都已洗净。一般情况下，三层即为顶层，除了经堂之外，其余的房间为敞间，用作粮仓。粮仓不封闭，便于通风，以吹干存放的粮食。而顶层的前面一部分是晒坝，也就是较大的二层平屋顶阳台，可以在这里打晒粮食、晾晒杂物。

盐井地区屋顶的形式有三种较为常见：凸字形、L形、吕字形（图9-26）。屋顶上的立竿用于挂经幡或者设炉灶用于焚香，这些都是宗教上的相关仪式。这一带的人家也有在院子的墙院上和房顶四角上安放白色石头的习俗，显示出古人白石崇拜的痕迹。

（2）外观造型

盐井乡民居建筑墙体主要使用土坯，墙体很厚，墙身收分明显，是典型的藏东地区碉房建筑。立面以白色为主调的建筑外墙，衬映着蓝天白云的背景，在阳光照射下，耀眼夺目。

建筑顶部檐口和门窗檐口均为木质。逐层出挑的檐椽，也通常会做彩绘装饰，有些建筑檐椽整体用白色涂饰，有些建筑檐椽以白色、红色、蓝色为底，上做花卉卷草等图案的彩绘装饰。门窗四周条件不好的人家就涂上黑色，富裕的人家做以彩绘。墙面整体白色与檐口和门窗五彩的装饰形成鲜明的对比，并且互相衬托，效果非凡（图9-27）。

（3）典型民居实例

以下以盐井乡若干有代表性的民居实例来说明藏式民居建筑的特征。

①纳西村遗留奴隶主老宅

盐井纳西村有一座古老的民宅，无人居住也没有被拆迁，规模较大保存也相对完整，仅有小部分破损（图9-28）。老宅距今已有100多年的历史，原来属于该地区一位势力颇大的奴隶主。

老宅一层为牲口圈，西边是库房，东边就是关押奴隶的牢房，仅仅开设小窗。二层围绕天井布置有客厅、餐厅以及经堂等，北

图9-27 窗框和檐口装饰，图片来源：姜晶摄

部设置有旱厕。房间以木质隔板分隔。围绕天井设有内廊，亦是受到纳西族民居风格的影响（图 9-29）。建筑立面明显收分，由于防御功能的要求，一楼不开窗，二楼的开窗面积明显比现在盐井民居的开窗面积小。

盐井地区年代久远的住宅由于受到纳西族民居的影响，会有天井的建筑形式。但是由于该地区气候分为旱季和雨季，在雨季时，

图9-28 纳西村老宅，图片来源：姜晶摄

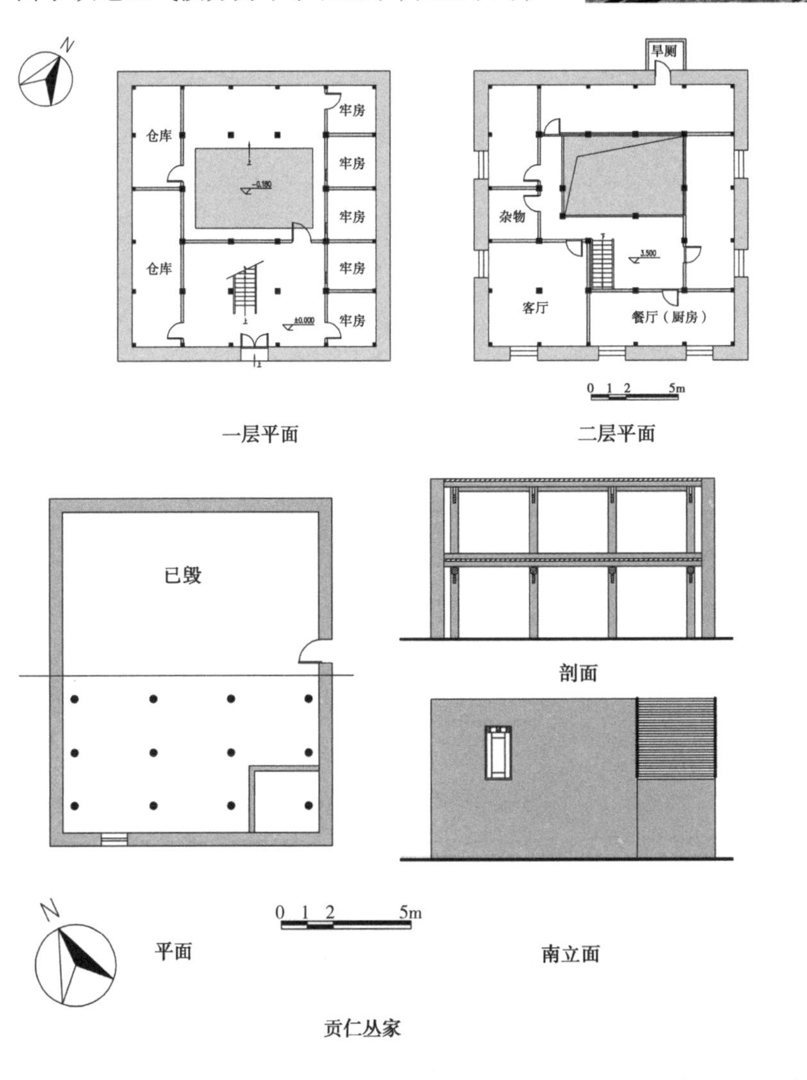

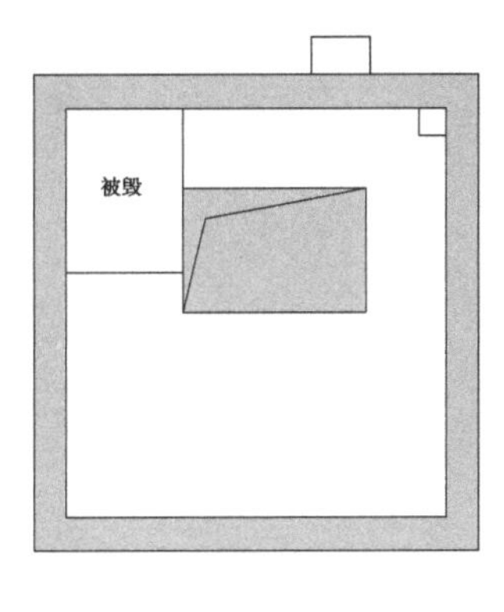

图 9-29 纳西村老宅测绘图，图片来源：姜晶绘制

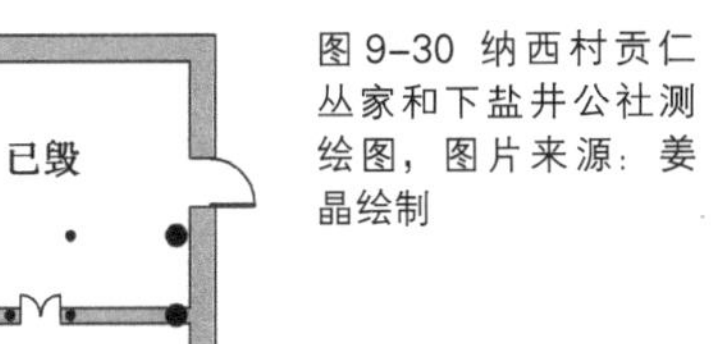

图 9-30 纳西村贡仁丛家和下盐井公社测绘图，图片来源：姜晶绘制

雨水会从天井倒灌，导致住户家里积水，所以天井这种形式现在已经被取消。

② 纳西村现废弃住宅两处

在纳西村偏南靠近澜沧江边的位置，有两处年代也颇为久远的老宅贡仁丛家和下盐井公社，现在都已经遭到毁坏，无人居住。

贡仁丛家为两层土木结构，北边是院落，以前是牲口圈，现在已经被毁。南边部分一层为仓库，二层为人居。二层东南角为井干式结构的布瓦房，功能上一般是经堂或者卧室。这种井干式结构和土木结构结合的民居在四川省的甘孜州地区比较多见。下盐井公社原来是民居，属于最原始最简易的藏式民居类型，只有一层，人畜同居（图 9-30）。

③ 盐井典型民居两处

一处为角龙村的邓增卓嘎家，一处为加

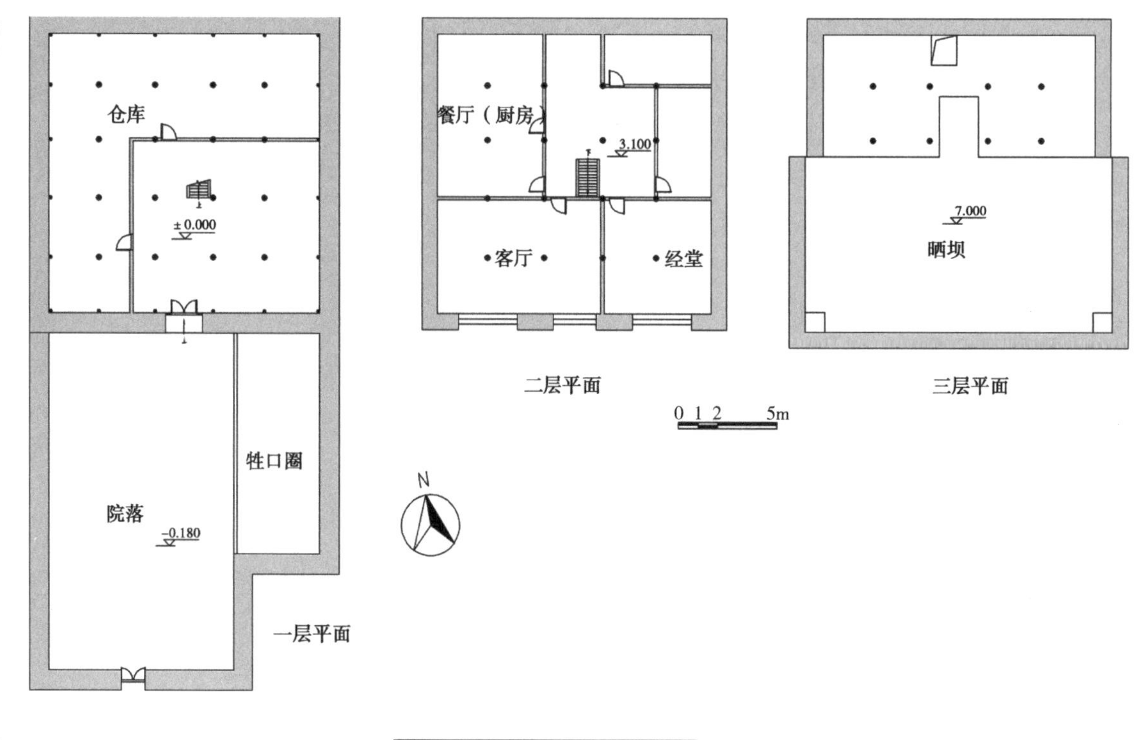

图 9-31 角龙村邓增卓嘎家测绘图，图片来源：姜晶绘制

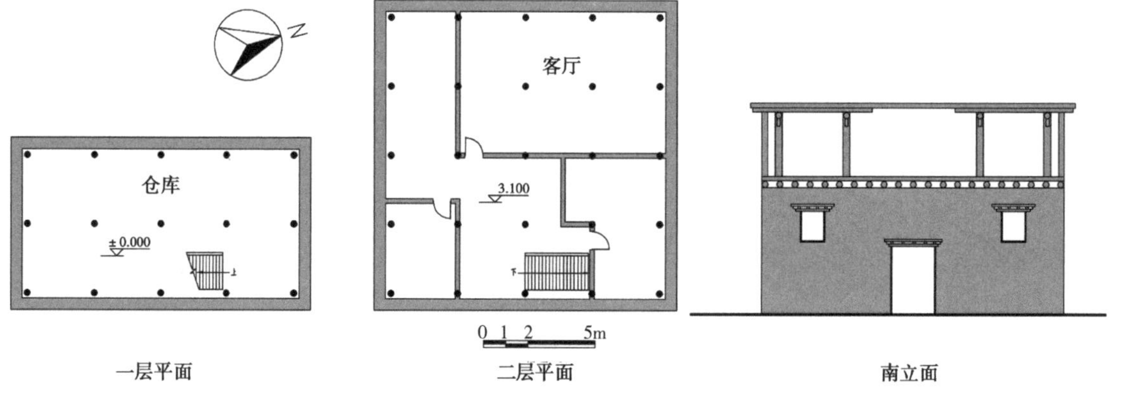

图 9-32 加达村尼玛江村家测绘图，图片来源：姜晶绘制

达村尼玛江村家。

建筑均为土木结构，两层局部三层；一层为仓库和牲口圈，二层为客厅、餐厅和卧室，三层为晒坝，“凹”字形屋顶（图 9-31）。

加达村尼玛江村家依山而建，二层建在一层屋顶和坡地上，所以面积比一层大。加达村由于地势并非像角龙村、纳西村、上盐井村那么平缓，高差较大，所以大多数住宅都是采用顺山势而建的手法（图 9-32）。

9.2 多宗教文化及其建筑载体

在我国的各民族文化中，宗教文化是其中最具有代表性的一部分。纳西族信奉古老的东巴教，汉族信仰印度传入的佛教，后结合儒、道两家的思想而形成大乘佛教，藏族信仰结合印度传入的佛教密宗与原始苯教相融合发展起来的藏传佛教。宗教文化最直接的物质载体就是宗教建筑，如同西方有教堂，在东方有寺庙。在盐井纳西民族乡，不仅仅有纳西族的东巴教，藏族的藏传佛教，更为特别的是，有从西方传入的天主教，以及其物化的具体形象——西藏唯一的教堂建筑——拉贡教堂。多宗教的文化在此地不单纯是表现为多民族文化差异，也表现出东西方文化差异。东西方文化从一开始的冲突抵制到现在的和谐共生，经历了一个曲折而漫长的过程。

图 9-33 a 东巴壁画中的祭司（左），图片来源：姜晶拍摄

图 9-33 b 东巴教生殖崇拜（右），图片来源：姜晶拍摄

盐井纳西民族乡的村民的宗教信仰非常独特，大部分藏族人信仰天主教，纳西族人反而更多地信仰藏传佛教，还有极少部分人信仰民间古老的苯波教与东巴教（表 9-1）。如今，盐井成为佛教、天主教、东巴教等不同宗教的相容之地，它既是一个多元民族社区，又是多元文化、多元宗教的汇聚地。盐井村的这种中西方宗教文化和谐共存的典型村落，引起了学术界极大的兴趣与广泛的关注。

表 9–1 盐井乡村民宗教信仰分布

村名	民族	宗教信仰	宗教活动中心
角龙村	藏族	藏传佛教	刚达寺新寺，刚达寺老寺
纳西村	纳西族、藏族	藏传佛教、少量东巴教	纳西村白塔，刚达寺；许继古
上盐井村	藏族	天主教、藏传佛教	拉贡教堂；刚达寺
加达村	藏族	藏传佛教、少量苯教	加达村新寺，拉贡寺

表格来源：自制

9.2.1 东巴教及其祭祀空间

1）东巴教概述

（1）东巴教背景介绍

东巴教是盛行于云南纳西族人的古老宗教，起源于原始巫教，是在纳西族处于氏族和部落联盟时期的信仰基础上发展起来的，东巴教同时具有原始巫教和宗教的特征。在纳西族中讲解经文之人被称作东巴祭司（图 9-33 a），“东巴”为纳西语译音，意为“智者”，是老师、先生的意思。该教属于原始神教，有祖先崇拜、鬼神崇拜和自然崇拜（图 9-33 b），东巴教没有寺庙和统一的组织，却有着丰富多彩的文字经典和宗教仪式，并多方面地影响着纳西人的生活。祭祀活动有祭天、丧葬仪式、驱鬼、禳灾、卜卦等内容。有学者认为，东巴教是西藏古代苯波教与纳西人原始信仰结合发展而成的[10]。

东巴祭司作为宗教职业者，在纳西族社会享有很高的地位，被视为人与神、鬼之间的媒介，他既能与神打交道，又能与鬼说话，且能迎福驱鬼，消除民间灾难，给人间带来安乐。正如藏传佛教以《大藏经》为本，东巴教则以《东巴经》为核心。《东巴经》卷帙浩繁，国内外现已收藏的东巴经书约两万余册，它包罗万象，内容涉及语言文字、宗教民俗、历史、文艺、天文历法、哲学等，被称为古代纳西族的“百科全书”。纳西族以信仰东巴教作为传承本族文化、凝聚民心的重要象征。东巴舞、东巴音乐都是在进行宗教祭祀活动中发展起来的。

（2）东巴教和苯教的内在联系

从 19 世纪末到 20 世纪 30 年代，人们开始对东巴教乃至这一宗教为主体的文字、经书、仪式、艺术等纳西古代文化进行研究，在现在形成研究热门。东巴教与藏族文化和藏族宗教苯波教有着密切的联系。有学者认为，“在敦煌古藏文遗书和东巴经这两种喜马拉雅周边地区的文化瑰宝之间有着某种神秘的联系。通过研究东巴经，可以揭开前者的不少难解之谜，探究在藏族聚居区早已消

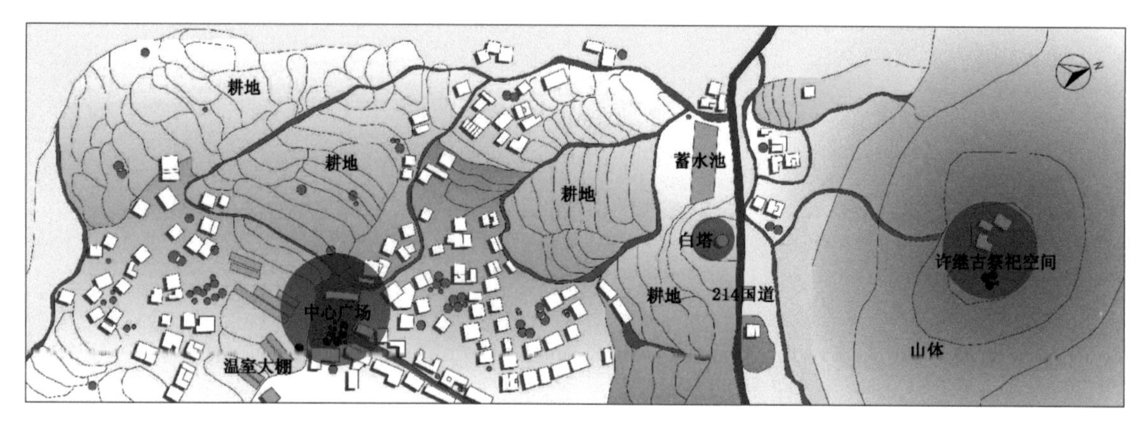

图 9-34 纳西村许继古祭祀空间和村落主体空间的关系，图片来源：姜晶绘制

逝的古老的苯教面目”[11]。关于苯教对东巴教的影响，可以表现在以下几个方面：

① 苯教祖师顿巴辛饶和东巴教祖师东巴什罗的生平故事有很多情节是相通的，所以说两者祖师源于同一个人，只是对于藏文“ston pa gshen rab”的音译不同。

② 东巴教经书中有大量藏文用语。东巴教借用了苯教和藏传佛教的许多宗教用语，明显带有以迪庆方言为主的康方言特征。

③ 东巴经中有专门用藏语念的经文，例如《星根统昌》《什罗忏悔经》等，《星根统昌》的藏语意为“忏悔书”。

④ 神系观念受到苯教的影响。有学者研究认为，东巴经文中谈到宇宙起源时的“卵生说”与藏族苯教的“卵生宇宙起源学说”有着密切的联系。

⑤ 民间传说反映出苯教的影响。[12]

东巴教和苯波教的内在联系直接说明了纳西文化和藏文化的内在联系，两者是密切相关的，把任何一种文化单独孤立出来研究都是片面的。

2）东巴教在盐井的发展

盐井地区的纳西族现在多数信仰藏传佛教，极少数信仰天主教，带有巫术色彩的自然崇拜意识已淡化。

在生产生活的一些特定场所、时期，依然留有万物有灵的东巴教特征。比如有些纳西人家在客厅供奉着纳西族全民信仰的战神——“三多神”，三多神是玉龙雪山的化身，是纳西族的保护神。又如纳西村民居在屋顶四角放置白石所表现出来的白石崇拜。執崇拜[13]和白石崇拜，两者都来源于东巴经，是东巴教的两大图腾支柱。

盐井的纳西族至今仍保留的比较完整的宗教仪式是每年新春的“祭天”活动，叫作那帕节。那帕节是纳西族社会历史最为悠久、规模最为隆重、文化内涵最为丰厚的传统仪式，是东巴宗教文化的重要构成。元代李京在《云南志略》[14]中即有记载：“麽些人（纳西人）登山祭天，极严洁，男女动百数，各执其手，团旋歌舞以为乐。”纳西人自称是天的子民，祭天是纳西文化的核心。祭天仪式对维系纳西族的心理和文化有着重要作用。

3）那帕节及其祭祀空间

那帕节在每年农历新年的初五举行，以宰猪杀鸡的形式来供奉神灵。“许继古”[15]即为那帕节举行祭祀活动的空间，原意是纳西古语中“烧香的地方”。“许继古”位于纳西村村东部 214 国道东侧的山顶上，地势为村中最高点，与村落居住空间的高差达到 500 m，与村落中心广场的直线距离大约 600 m。许继古空间视野开阔，可鸟瞰纳西村和上盐井村全景，与 214 国道西侧紧挨国道的小山头上的纳西村白塔遥相呼应（图 9-34）。祭祀区中间是一座用石头垒成的碉堡遗址，传说是木氏土司的纳西军队留下来的，现在观看厚度达到 2 m 的墙基仍可以想见当年的恢弘气势。一般来讲，藏族村落都会在村中海拔最高处建造寺庙，是全村的宗教中心。而纳西村有一东一西两个宗教中心，东巴教宗教中心是这个用于祭天的“许继古”，佛教宗教中心是白塔，分别位于214国道两侧地势较高处。

汉族殷商卜辞中亦有向天祈雨的原始祭祀活动的记载。但西周以后，随着“天命观”的动摇，以及人文思想的萌芽和发展，汉族的祭天礼仪逐渐走向衰微。而在由东巴象形文字保存下来的纳西古文化中却一直沿袭着完整、系统的祭天礼仪。目前盐井的纳西族仍延续这种传统，保持了远古祭天文化的原貌。

9.2.2 天主教及教堂

1）天主教在盐井的历史追溯

（1）盐井天主教历史背景

鸦片战争后，西方宗教伴随列强入侵又一次大规模进入中国。其间，有部分传播天主教的传教士冒险前往西藏探险和游历，巴黎外方传教会更是准备在藏边盐井村播撒天主教种子。据史料记载，首次打开盐井传教局面的是邓德亮和毕天荣两位神父，两人经过长途跋涉翻山越岭，来到现在盐井村附近的根拉村，在那里住了一段时间，其间有部分群众信教。1865年，传教士使用计谋从贡格喇嘛手中买下了上盐井的这块地皮，遂兴建了一座占地6 000多平方米的天主教堂。至此，天主教正式传入西藏。在当时上盐井村并没有多少户人家，很多地方还是未开垦之地。两位神父驻留上盐井，成为天主教进藏历史的一个重大转折点。在传教士的多年经营下，晚清至民国时已有部分藏族和纳西族民众改信了天主教。清末《盐井乡土记》记载：“今则盐井附近不过七十余户，而奉教者已居其二。”据说当时的教堂，墙体与当地民宅的厚墙结构相同，宽约1.5 m，高约15 m左右，顶部为拱形，正门顶部突出，为典型的罗马式建筑。教堂旁边是一栋3层建筑，面积约1 000 m^2，有22间小房，是传教士和修女的住所（图9-35）。1979年，教堂主建筑被拆毁。从1986年开始，各级政府先后拨款95 000元，教民自己集资7 000元，在原有教堂墙基上重新修筑了天主教堂——拉贡教堂，2002—2004年期间又再次对教堂进行了修复[16]。

（2）盐井天主教信徒

盐井乡当地的天主教徒大约有700人，主要集中在上盐井村。天主教徒除了信仰对象不同外，其余社会习俗同信仰藏传佛教的村民有很多相似之处。盐井天主教徒多为藏族，特别以上盐井村居多，因而带有明显的藏族色彩，同时也显示出传统的藏传佛教的深远影响。平常神父、修女与普通藏族群众一样，身着藏族服饰，信徒们会在圣母玛丽亚像前敬献哈达，诵读藏文版的圣经。教民一般都有天主教名字，如保罗、玛丽亚等，死后也是完全按照天主教的仪规进行土葬。在一般的信徒家庭中，往往佛像与十字架同

图9-35 上盐井村老天主教堂（“文革”中被毁），图片来源：百度照片

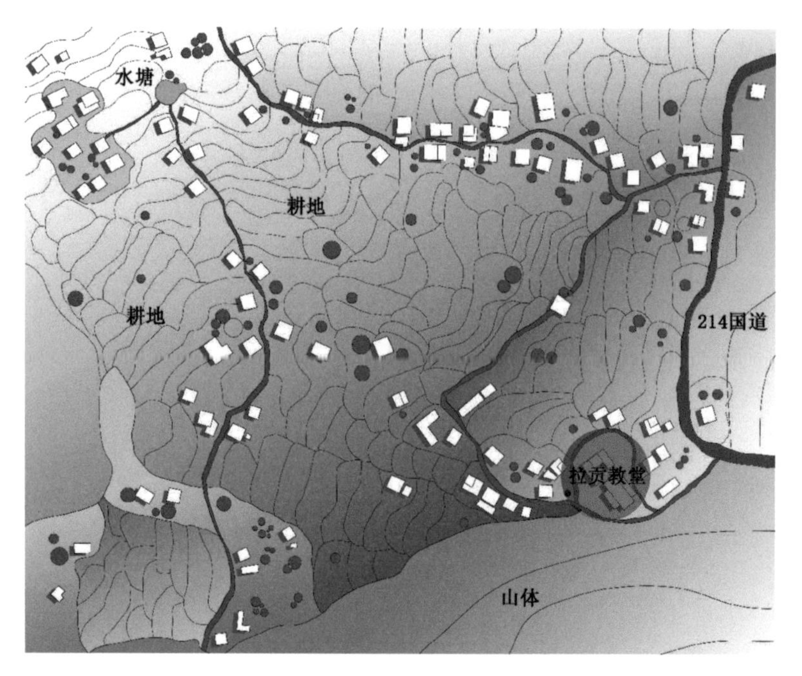

图9-36 上盐井村拉贡教堂选址，图片来源：姜晶绘制

时供养，体现出不同宗教间的相互渗透。在天主教传统节日里，盐井拉贡教堂会邀请附近教堂的教友，甚至刚达寺的住持以及村里的佛教徒前来观礼，最后还一同跳起典雅的藏族锅庄舞和豪放的弦子舞。而每年藏传佛教传统的“跳神节”到来时，神父与天主教信徒也会收到寺院的邀请，和佛教徒共同欣赏“神舞”，欢庆佛教节日。在上盐井藏族群众的心目中，佛祖和天主的关系并不是一真一伪的敌对关系，而是各自统治一方生灵的永恒的君主。因此无论是自己崇拜的神明，还是信仰另一种宗教的族人向所信仰的神明祈愿或举行宗教仪式，都是自然合理的选择，并无矛盾冲突之处。

图9-37 拉贡教堂外景，图片来源：汪永平摄

2）拉贡教堂

希腊文中，教堂的意思是“神的居所”，也是基督徒举行宗教活动的场所。拉贡教堂位于纳西民族乡上盐井村214国道旁的小山坡上，海拔2 543 m。占地6 000 m^2，建筑面积800多平方米。外部是典型的藏族民居风格，内部结构却采用了哥特式拱顶，体现了西方建筑与藏族艺术的结合。

（1）选址

拉贡教堂的选址不同于西藏的佛教寺庙的选址。佛教寺庙选址一般把寺庙建造在村落附近的人迹罕至连植被也相对稀少的山顶上，去参拜必定要经过一条朝圣的艰难道路，高海拔体现出寺庙的神圣和不可侵犯。而拉贡教堂建造在平缓的半山腰，紧靠着214国道，在村落中的民居和大面积耕地中间（图9-36）。

究其原因，要结合天主教进入藏族聚居区的历史事件来分析。教堂的始建年代由《盐井天主教史略》中初步推断为19世纪60年代，其具体时间，大致在1866—1869年期间[16]。天主教教堂所在的上盐井村曾系岗达寺佃户，传教士凭借雄厚的经济实力，以及较先进的医疗技术，通过给贫苦居民无偿修建房屋、免费看病送药等慈善手段收拢其教民。据说传教士使用了计谋才从贡格喇嘛手中得到了上盐井的这块土地：一是从岗达寺等僧俗头人处高价购买土地；二是以开荒为名占用土地；三是让僧俗头人以土地为抵押借贷其白银，然后将这些土地租给当地居民，使其既获得惊人的抵押金，又使播种其土地的居民渐渐地成为信徒以及教堂的佃户。既然说传教士收购的土地其实都是农业耕地，又要交通方便以便收拢教民，所以其地理位置也就不可能在荒凉的山顶。日久天长，拉贡教堂的势力越来越大，占用的土地也愈来愈多，形成今天教堂占地面积6 000多平方米的规模（图9-37）。

（2）平面布局和立面造型

拉贡教堂的平面由教堂主体殿堂、钟楼、两边的辅助用房，以及由建筑围合成的内院组成（图 9-38~ 图 9-41）。主体建筑东西向跨度为 24 m，南北向为 32 m。东西两侧的耳房层高约 4 m，中部的主要祷告区层高为 8~9 m。平面的形状为教堂建筑的典型“十字式”布局，之所以采取这样的布局可能和天主教对十字架的崇拜有关系。中央的大厅为主体，但大厅往四周各伸出一个“翼廊”，有一对翼廊相对较长一些，称为“拉丁十字”。中部层高拔高是为了创造令人敬畏的巨大内部空间，同时迎合“更加与上帝接近”的宗教思维。北面是讲台，后面是准备室。主体建筑东边是高度约 12 m 的钟楼，一共 3 层。教堂的钟楼在西方往往是一个城镇的制高点，除了指示时间的作用外，还同时承担了报警、宣告重大事件发生等向民众传递公共信息的作用，所以钟楼高度相对比较高。

主体建筑南边是两层的附属用房，功能为修女和神父的卧室、仓库等。主体建筑与南边附属用房之间有 3 m 多的高差，附属用房的山墙紧靠落差的地基而建，围合成院落。附属用房的平面有一圈回廊。拉贡教堂附属用房借鉴这种优雅通透的建筑形式，在回廊下营造宁静深邃、严肃神秘的宗教气氛。

拉贡教堂立面无论是墙面的颜色还是屋檐和窗户的装饰彩绘完全是藏式建筑的风格，唯一显示出天主教特点的就是屋顶上白色的巨大十字架，昭示着它的特殊身份。

（3）内部装饰

教堂主殿内的正面墙上高高悬挂着耶稣巨像及各式圣像，其下有十字架和圣水，以及成对点燃的蜡烛等供品，从其形式到内容类似于藏传佛教的佛殿或经堂。天花板上绘画着栩栩如生的信鸽，祭坛上陈列一对信鸽及点燃的蜡烛。教堂内两边墙上挂满耶稣在人世受难的图像，中间的几根木柱上也挂满

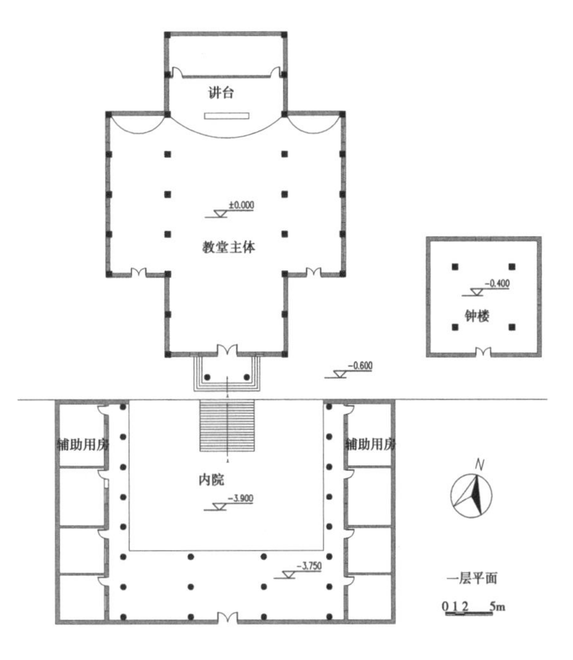

图 9-38 拉贡教堂平面图，图片来源：姜晶绘制

图 9-39 拉贡教堂立面，图片来源：姜晶摄

图 9-40 钟楼，图片来源：姜晶摄

图 9-41 配套用房，图片来源：姜晶摄

图9-42 教堂内拱券（左），图片来源：姜晶摄

图9-43 教堂内部装饰（右），图片来源：姜晶摄

圣母及耶稣的画像。

后期加建的吊顶和彩绘花窗显示了其西方教堂建筑的风格和特征。吊顶模仿了哥特拱券的形式，拱券作为一种建筑结构，它除了具有良好的承重特性外，还起着装饰美化的作用。半圆形的拱券为古罗马建筑的重要特征，尖形拱券则带有哥特式建筑的明显色彩。拉贡教堂内的拱券不起结构作用，仅仅是装饰性吊顶（图9-42）。色彩绚丽的彩绘玻璃窗也是模仿哥特式教堂中的玫瑰花窗，好似丰富多彩的舞台画面，使得教堂内部空间充满神幻感，增强装饰美感（图9-43）。

图9-44 钟楼内的法国大钟，图片来源：姜晶摄

主体建筑旁边的钟楼里悬挂3口铜铸大钟，这3口钟均从法国运来，每口重达两吨，敲响时声音雄浑，余音绕梁（图9-44）。

有着上百年历史的盐井天主教堂，是西藏目前唯一保存下来并持续在使用中的天主教建筑。它的存在，证明了不同宗教在西藏可以和谐相处。

9.2.3 藏传佛教及佛教建筑

1）藏传佛教与盐井

据史籍记载，过去盐井村隶属于西藏康巴地区，世居民族以藏族为主。在清代改土归流和天主教进入盐井前，这里的藏族群众信仰苯教或藏传佛教。苯教是藏族最原始的本土宗教信仰，早于佛教。当时包括盐井村在内的康巴地区是苯教活动的中心。自7世纪佛教分别自印度和汉地传入西藏后，经过数百年的佛苯争斗，佛教在吸收了苯教一些优秀成分后，于10世纪后半叶开始形成藏族聚居区本土化的佛教，即藏传佛教，成为藏族人民共同信仰的宗教。11世纪中叶后，藏传佛教开始形成各种教派。其中的噶举派、宁玛派、格鲁派的创立者，便有不少是康巴地区的藏人。盐井村的多数藏族群众在信仰藏传佛教时，主要尊崇格鲁派，周围的腊翁寺和刚达寺是其开展活动的主要场所。藏传佛教在盐井地区兴起后，尽管一段时期内仍有人信仰苯教，不过其形式和教义已经逐渐地融合了不少佛教的东西。到明清至民国时期，为捍卫本土宗教，腊翁寺和刚达寺僧人以及信佛教的藏族群众和土司曾常年与西方传教士发生冲突[17]。

在盐井乡，一年一度的跳神会是佛教信徒的最盛大的节日之一。刚达寺每年都要举行跳神大会。每年藏历的12月22日至29日，寺庙的全体喇嘛起身于鸡鸣时，集中于大殿之内，齐声诵读恭请护法神和地仙聚会于此，以清理过去一年的福祸吉凶，祈求诸神保佑来年幸福（图9-45）。27日做跳神准备，28日和29日全天跳神。

跳神开始时，头戴各种面具、身穿五彩服饰、手持降妖法器的众僧随着浑弘的长号声、嘹亮的唢呐声、明快的鼓钹声手舞足蹈地进场表演。其动作稳健有力，唱腔优美高亢，具有诱人的魅力。29日下午跳神后还要举行驱魔送祟仪式，几十名僧俗人员把“宁嘎”（宁嘎是用糌粑做成代表魔鬼的魔像）抬置于舞场中央，24位护法神用手中的法器对准宁嘎跳驱魔舞。然后，僧俗联手把宁嘎抬至寺庙外焚烧，以示妖魔被消灭，来年一定风调雨顺、六畜兴旺、安康吉祥。

跳神会期间，近村远乡的群众都要身着盛装前往寺庙观看跳神，并参加驱魔送鬼仪式，以祈免灾除祸，平安幸福。

研究藏传佛教和佛教建筑，首先要研究白塔和寺庙。在盐井乡，一共有5座寺庙，有的历史悠久，有的正在新建中。白塔共有19座，其中绝大多数分布在角龙村（表9-2）。上盐井村是个特例，只有教堂，没有白塔和寺庙。

图9-45 跳神会大殿的酥油花，图片来源：姜晶摄

表9-2　盐井乡白塔寺庙分布

村名	白塔	寺庙
角龙村	16座	2座：新刚达寺、老刚达寺
纳西村	1座	无
上盐井村	无	无
加达村	2座	3座：盐田边拉康、加达村新寺庙、老拉贡寺
合计	19座	5座

表格来源：姜晶制

2）白塔

塔，又名浮屠，在亚洲是一种常见的、有着特定形式和风格的传统建筑。起源于古印度，自唐代起随同佛教一起进入西藏。西藏的塔，造型独特，颜色洁白。在藏传佛教中，白色表示慈悲，白塔是佛祖灵魂所在。白塔

图9-46 角龙村某白塔，图片来源：姜晶摄

图 9-47 加达村江边白塔，图片来源：姜晶摄

图 9-48 纳西村白塔，图片来源：姜晶摄

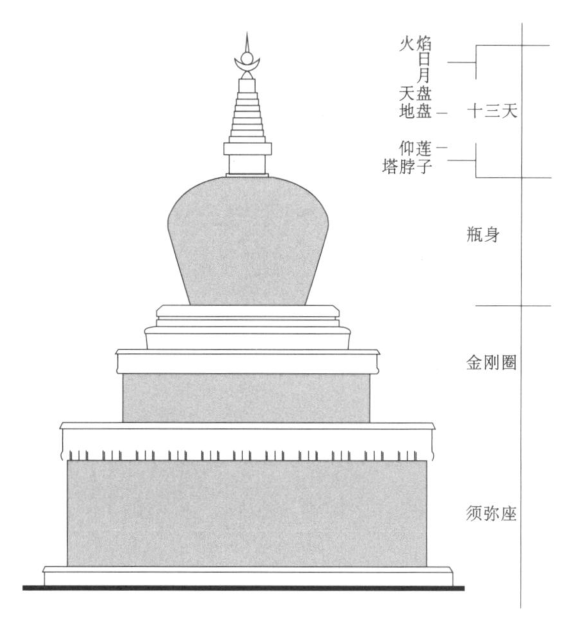

图 9-49 白塔立面，图片来源：姜晶绘制

象征着圣洁和佛法，它的作用大致有两种，一种是存放菩萨或高僧的舍利的灵塔，还有一种是存放佛教经文的。

盐井乡的角龙村以白塔多著称，全村有 16 座白塔（图 9-46）。角龙村位于角龙沟狭长的峡谷地带，所以村落分布也是窄长形，以风景秀丽著称，在曲折上行的道路旁侧出挑的岩石上修筑有白塔。佛教信徒终日绕佛塔顺时针旋转，手转转经筒，口念六字真言。除角龙村外，加达村有两座白塔，一座位于澜沧江边的“拉康”旁（图 9-47），一座位于村落中水车房旁；纳西村有 1 座白塔，位于 214 国道西侧（图 9-48）；上盐井村没有白塔。

整个盐井地区的白塔形式比较统一，都是藏式白塔。白塔由塔基、塔身、宝顶三部分组成。下部为方形白色塔基，内部存放经书等；中部塔肚为圆形，最大直径约 1.6 m 左右，一般有“眼光门”装饰以花纹和藏文的图案；上部为相轮，也叫“十三天”，是十三层凹凸相间的圆轮，状如瓶颈，自下向上收分；顶部为铜铸华盖顶，华盖由天盘、地盘、日、月、火焰五部分组成[18]（图 9-49）。

3）寺庙

根据《盐井县志》记录，清末民初盐井地区的最大规模的寺院是格鲁派的腊翁寺和刚达寺，前者有 300 多位僧侣，后者有 70 余位僧人。

腊翁寺（现称拉贡寺）坐落于澜沧江西岸的腊翁（拉贡）山上，修建于 1536 年，历史上澜沧江西岸的加达、达雪、木许、阿东、曲孜卡等村民为其信众，“文革”期间遭破坏，1991 年得以修复，现有 105 位僧人。腊翁寺地理位置特殊，海拔 4 000 m 左右，比江边的加达村高出近 2 000 m。所以该寺庙和其属民基本属于与世隔绝、独居一方的封闭状态。

刚达寺原寺庙位于澜沧江东岸距上盐井东北近 10 km 的山顶上，历史上东岸的上盐井、下盐井、角龙、拉觉秀，以及云南的必用功、巴美、纳古等村的藏族、纳西族群众为其信徒。刚达寺原寺庙有将近 400 年历史，早期角龙村共有 7 座各种小规模寺庙，后来有个名叫岗吉加勇桑布的喇嘛将其统一综合成老刚达寺。但由于老刚达寺路程较远，现新寺庙搬迁至角龙沟峡谷，于 1998 年建成。刚达寺新寺庙选址在 214 国道旁，角龙村村口处，扎古西峡谷的谷底地带（图 9-50、图 9-51）。

紧靠扎古西石刻和文成公主庙，形成一个小范围的宗教组群，交通便利，便于周围的信徒前来参观膜拜。

（1）老刚达寺

① 选址

在藏东地区，寺庙的选址一般来说受两个方面的影响：地理环境的影响和宗教文化的影响。昌都地区境内山脉纵横，河流蜿蜒，所以寺庙一般选择靠山面水、坐北朝南的山坡上。在古代风水观念的影响下，修建寺庙的理想之地应该是背靠大山，襟连小丘，靠近水源处。佛教自传入西藏以来，经历了长时间的佛苯斗争，逐渐发展成为藏族聚居区的主流教派。起初藏传佛教势力薄弱，寺庙的选址一般靠近村落处，因为人流量大，便于传教；后期随着势力逐渐壮大，寺庙开始选择在山顶修建，一方面便于修行，更主要的原因是，在西藏等级森严的环境中，高处即尊贵地，接近上天和神灵处。

刚达寺原寺庙就依照此原则修建于角龙村东侧的山顶上，海拔 3 218 m，和村庄民居聚集区的海拔相差 500 m 以上，和居住区基本脱离开来，显示出宗教的神圣和崇高。寺庙周围由于海拔的关系气温，比村中低 8℃左右，更显得凛冽而洁净。

② 平面布局

寺庙组群平面布置有主有次，并且大殿一般沿中轴线布置。刚达寺的大殿坐北朝南，处于中轴线上。大殿东侧原为僧人们用餐的食堂，现在已经荒废。大殿南面大面积的空地为院落。院落在藏传佛教寺庙中也是必不可少的部分，由单体建筑围合而成，功能主要用作聚众集会的空间，如辩经场或者跳神会的表演台等（图 9-52）。

老刚达寺寺庙，大殿保存完整，一层平面为矩形，二层由于大殿的屋顶采光为“回”字形（图 9-53）。一层的经堂为两层通高，这样在立面不开窗的情况下可以采光良好，而且凸显出经堂在整个寺庙中的重要作用，同时可以放置体型巨大的松赞干布神像（图 9-54）。一层周围是一圈廊柱的形式作为水平交通空间，用于信徒膜拜时顺时针参观，后面分隔出独立小间供奉佛像、经书等。

③ 立面形式

寺庙建筑外立面的色彩处理注重对

图 9-50 新、老刚达寺选址，图片来源：姜晶根据 Google Earth 绘制

图 9-51 新刚达寺大殿，图片来源：赵盈盈摄

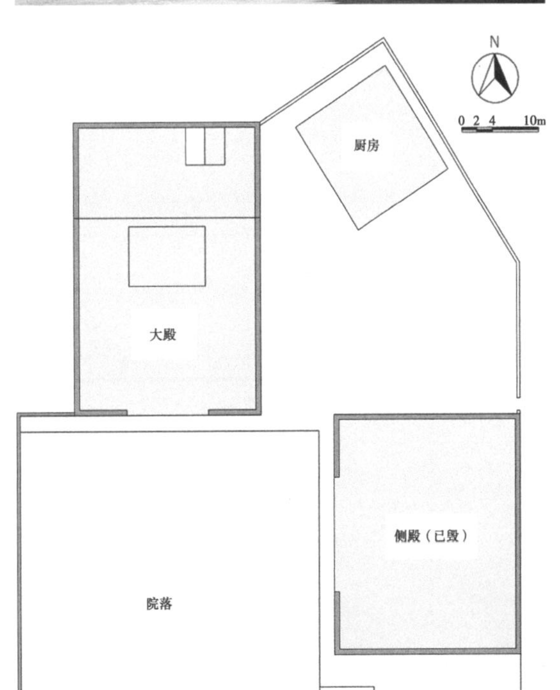

图 9-52 老刚达寺总平面，图片来源：姜晶绘制

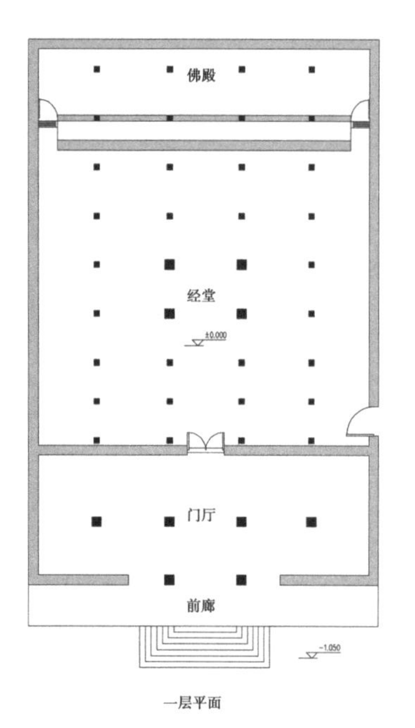

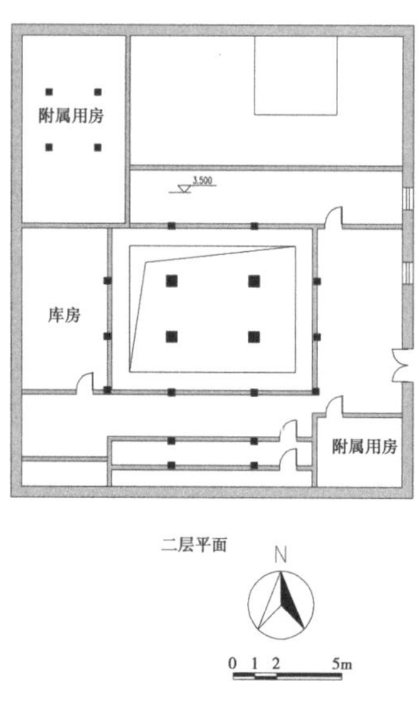

图 9-53 刚达寺大殿平面图（左），图片来源：姜晶绘制

图 9-54 藏王神像（右），图片来源：姜晶摄

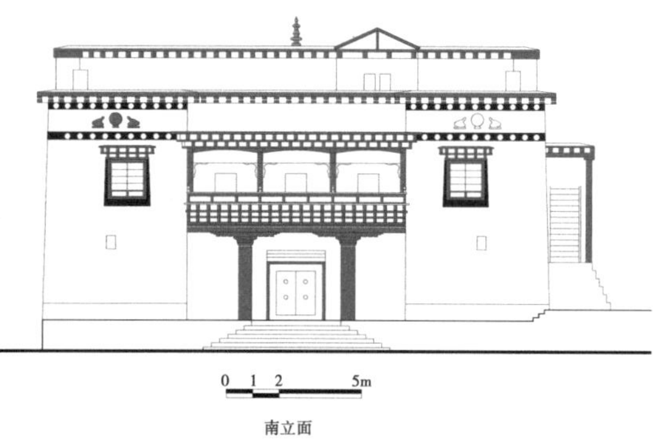

图 9-55 老刚达寺大殿南立面测绘图（左），图片来源：姜晶绘制

图 9-56 老刚达寺大殿立面（右），图片来源：姜晶摄

图 9-57 大殿边玛墙，图片来源：姜晶摄

比，建筑外墙色彩以白色为主体背景色（图 9-56），白色墙体上部有赭色的女儿墙（图 9-57），中部有黑色的窗框。从而使得整个建筑更显庄重。屋顶有经幢、五色经幡、宝瓶、祥麟法轮等（图 9-55）。

④ 细部装饰

梁、梁托、柱子在寺院殿堂中处于突出位置，这些位置的装饰至关重要。采用镏金彩绘装饰，素材有梵文、经文、各色花卉、鸟兽等，显得庄严堂皇、精美华丽。入口两侧有精美的彩画（图 9-58），门楣着重装饰，由挑梁、椽木面板和椽子重叠而成，华美精致（图 9-59）。

（2）加达村拉康

加达村在本村所属盐田范围南部有一个规模较小的拉康，位于澜沧江西岸。所谓拉康，即为神殿的意思。加达村拉康规模虽小，面积仅有 10 m^2，层高仅有一层约 3.6 m，但是装饰手法颇为隆重。门口设有一公一母两只石狮，公踩绣球，母踩幼狮（图 9-60）。和汉族的石狮不同，此石狮神态微笑憨厚，而且被上色彩绘。门厅有传统藏饰彩绘，由于年代久远，部分已经剥落。内部仅有一个巨大的转经筒。门框、梁板、柱头、四周墙壁上均绘有彩绘。

（3）加达村新寺庙

加达村新寺庙正在建设中，选址在加达村居住密集区的海拔最高处，便于村民膜拜。

平面和立面都是典型的藏东寺庙的建筑形式，整体建筑只有30柱，但仍保持着寺庙的传统形制。寺庙整体沿中轴对称，门口有门廊，一层为殿堂，佛像位于殿堂的后部。平面为“回”字形，其建筑形式为中部空间升高。在门廊的右手设置通往二层的交通空间，在二层我们可以清晰地看到升高的中部空间，上下空间连贯，升高部分开长窗，周围是一排走廊，而外一圈是二层的房间，主要功能布置僧舍和接待空间。主殿外墙是厚重高大夯土墙，呈梯形状。二层正立面中部开大窗，左右两个开间各开两扇相对较小的窗。外墙上部为边玛墙，丰富建筑立面层次。屋顶有铜制吉祥物宝瓶、法轮等，整个建筑典雅端庄，给人以威严神圣的感觉（图9-61）。

如今的盐井村，纳西族、藏族、汉族和睦相处，东巴教、藏传佛教和天主教和平共生，成为一个多民族多元文化汇聚之地。就总体上来看，天主教、东巴教在西藏地区的整个社会经济文化中没有任何强势的宗教影响力。不过，从多元文化是人类共同建构社会精神财富的层面上来看，无论是盐井天主教堂，还是盐井东巴古老文化，均在藏族聚居区历史文化舞台上扮演了各自不同的文化传播或宗教传承角色。这不仅反映了历史上个别藏族聚居区多元宗教共存的历史机缘，而且展示了当前藏族聚居区现实社会中蕴含着外来多种丰富文化的现状。从历史的视野重温藏族聚居区多元宗教现象，当初将各种不同的宗教文化、族群历史背景以及生活习俗等碰撞在一起，在一块狭小的区域聚拢碰撞，必然会造成因彼此间不了解而引起的误会、隔阂，甚至冲突。但是，又随着时间的推演、磨合及交流，由相互沟通、理解而彼此尊重、

图9-58 入口彩画，图片来源：姜晶摄

图9-59 柱头和椽木装饰，图片来源：姜晶摄

图9-60 门口石狮，图片来源：姜晶摄

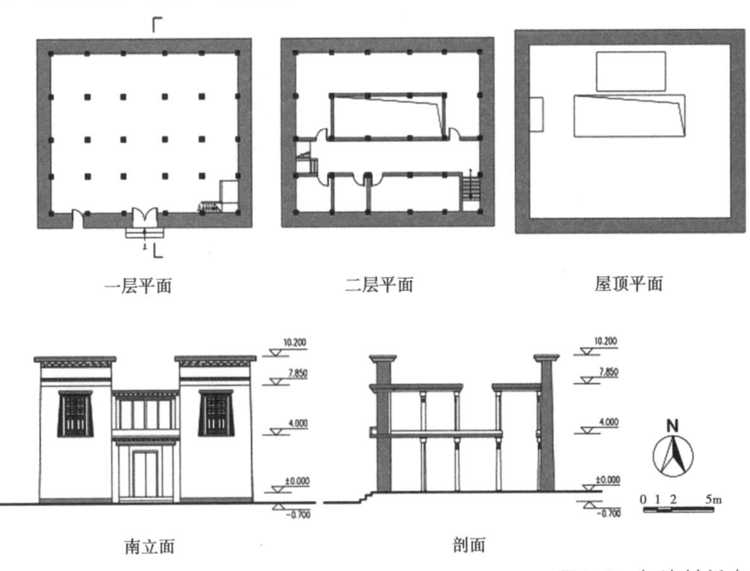

图9-61 加达村新寺庙测绘图，图片来源：姜晶绘制

求同存异，进而互相理解和融合。在多种文化的影响下，盐井乡的每一栋建筑都带有和谐美丽的色彩，每一位村民脸上都浮现平和善良的神态。

9.3 盐文化与古盐田

盐业文化自古就有。在中国远古时代盐就被当作调味品，用来配制美味的羹汤，宋朝大文学家苏轼有诗句曰："岂是闻韶解忘味，尔来三月食无盐。"《尚书 · 说命》也有"苦作和羹，尔惟盐梅"的记载，说明在商代人们就已经知道用盐来调味。《周礼 · 天官宰》中有"以咸养脉"的记载，这是周代人对盐的医疗功效的新认识。除此之外，盐还是一种珍贵的财产，它可以用来等价交换，或者直接当作货币使用。

中国古代最早发现和利用自然盐是在洪荒时代，与动物对岩盐、盐水的舐饮一样，是出自生理本能。中国古代流传的"白鹿饮泉""牛舐地出盐"，以及北美的弗吉尼亚的康纳瓦舐盐地，都说明了这一点。随后随着时间的推移，人们已不再满足于仅仅依靠大自然的恩赐，开始摸索从海水、盐湖水、盐岩、盐土中制取盐。中国关于食盐制作的最早的记载便是海盐制作[19]。

工业化大生产之前整个藏族聚居区都有人工产盐的记载，藏族聚居区的产盐方式大致分为三类：池盐、岩盐和井盐。池盐以藏北羌塘为主要产区，尤以纳木错产量最大；岩盐以后藏乌兰达布逊山所产的紫色石盐最具特色；而生产方式最独特、最具技术含量的就是芒康县盐井地区的盐田晒盐法。勤劳智慧的盐井人民很早以前就通过整修泉口开挖盐井，生产出质纯味美的食盐，至今仍保留有古老的传统盐业生产方式。

盐业是盐井乡的主要经济来源，井口和盐田全分布在境内澜沧江两岸。过去当地人称盐井为"察卡洛"，是纳西语的地名称谓。"察"的意思是食盐，"卡洛"是"洞眼"的意思，翻成汉语即"盐井"。

9.3.1 盐井镇盐业的历史沿革

盐井纳西民族乡自古就是藏东的盐务重镇，其井盐生产业在西藏特别是藏东南、滇西北和康巴等地区都非常有名。这里的盐业生产历史悠久，据说有近千年，也有认为有几百年的历史，但"盐井"的汉文地名早在1721 年前就已经出现[20]。清康熙六十年（1721年）六月，清云贵总督的幕僚杜丁昌从云南德钦县进入盐井境内，谈到了这里的"盐井"地名。另据纳西学者的研究认为，盐井地区产盐的历史最早可以追溯到明正统七年(1442年)，即是第五代木氏土司木嵚得到了明王朝的大力扶持，率部沿茶马古道向金沙江以北扩充时，就将纳西的制盐技术带到这里，开发盐泉，设置盐官。《盐井乡土志 · 盐田》中有记载："盐田之式，土人于大江两岸层层架木，界以町畦，俨若内地水田，又掘盐池于旁，平时注卤其中，以备夏秋井口淹没时之倾晒。计东岸产盐二区曰蒲丁、曰牙喀，西岸一区曰加打。东岸盐质净白。西岸盐质微红，故滇边谓之桃花盐，较白盐尤易运销，以助茶色也。通计盐田二千七百六十有三。卤池六百八十有九。井五十有二。常年产盐约一万八千余驮，驮重百四十斤。如将来讲求穿井之法，岁出尚不止此。然只宜倾晒，不宜煎熬。盖一经煎熬，成本过重，即有碍行销矣。此厂岸之情形宜审也。"

因为盐的重要性和盐利的丰厚，盐自古就是重要的战略物资，盐井也成了各方势力的必争之地。清光绪三十二年（1906 年），清政府与腊翁寺间发生了长达数月的战乱；光绪三十四年（1908 年）西藏出兵数千，要用武力夺回盐井；其主要目的都在于争夺盐。著名的藏族史诗《格萨尔王传》中讲述的"姜岭大战”的目的也是为了争夺盐利。“从历史上看，这里出产的盐及盐税对补充边防的供给和经费，促进汉、藏间的了解和团结以及支持四川铸银元、铜币在西藏的流通，维护中国在这一地区金融领域的主权地位都起到了十分重要的作用”[21]。

9.3.2 盐井镇的传统制盐工艺

在盐井的4个行政村中3个产盐，规模最大的为加达村，上盐井村和纳西村的规模相差不大。历史上长期从事盐业生产的只有这3个村，角龙村因到山下的江岸为很陡峭的山壁，岸边几乎没有可凿盐井的平地，加之过去对盐卤资源的控制非常严格，所以历史上几乎不产盐（表9-3）。由于地质、土壤等的条件差异，盐井生产的盐以澜沧江为界，有很大的差别，江东的纳西村、上盐井村盐田出产白盐，江西加达村出产红盐。

表9-3 盐井乡耕地和盐田从属

村名	户数（户）	人数（人）	耕地面积（亩）	盐田数（块）	盐种类
角龙村	172	1 108	1 248.546	无	—
纳西村	227	1 334	783.31	767	白盐
上盐井村	134	786	522.728	587	白盐
加达村	191	1 191	581.19	1 895	红盐
合计	724	4 419	34 135.774	3 249	—

表格来源：根据盐井乡政府提供资料自制

现在的盐井乡有盐民300余人，制盐是以家庭为单位的作坊式生产，以妇女为主，男人最多只负责运盐。除加达村的部分盐民住在盐田附近外，其余大都住在山上或山腰的缓坡上。由于盐业生产的技术性不强、要求不高，因此没有固定的工种，每个生产者都参加运卤、筑盐田、晒盐的所有工序。一户盐民年产盐多的四五千斤，少的两三千斤。盐井乡地处高山峡谷，河谷狭窄，河滩面积小。当地盐民利用自然条件和地形，在江边开凿盐井，采取依山势架设盐田的办法，创造并完善了一套适合当地自然条件和环境的运卤、晒盐方法。

制盐流程大致如下：

（1）凿井

盐井地区山高谷深，沿江两岸三叠纪红色沙砾层有盐泉，据盐井乡乡政府相关资料介绍，其含盐量高达30.7 g/L。两岸群众用锄头和十字镐等工具整修扩大江岸泉口或稍加挖掘、扩大，就成了卤水井。卤水井多靠江边，距离近的仅几十厘米，远的10 m左右。井口较低的几乎与江面相平，井口较高的距江面有3 m左右的高差。由于极易被江水淹没，因此在不产盐的季节，就用木板遮盖井口，以隔绝江水。因开凿容易，所以凿井所花费的时间都不长，一般一天以内即可完成。通常在冬季选择凿井位置并开凿盐井，实际操作过程中需要请有经验的人在江边河床滩地一带仔细观察，选择有卤水渗出的地方凿井。当地有规定井中所出的卤水只归开凿者使用。

除了公共使用的规模较大的卤水井呈圆形外，其他井的形状一般都不规则，随意挖凿。井径大的有2~3 m，小的仅几十厘米，深度一般不超过4 m。从属于上盐井村的区域是盐井分布最密集的地段，在长100

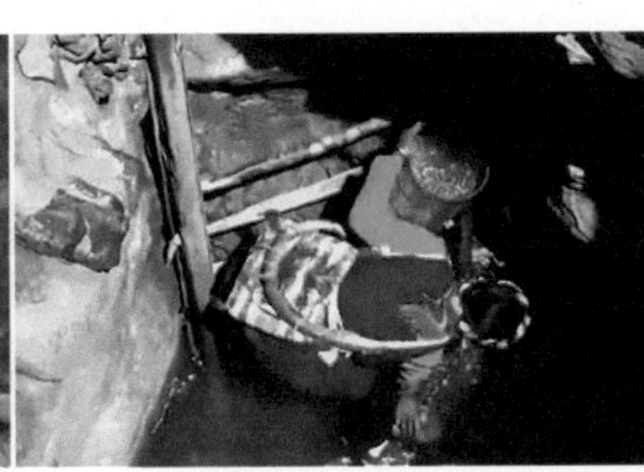

图9-62 从卤水井取卤水，图片来源：百度图片

图 9-63 卤水池，图片来源：姜晶摄

图9-64 a 晒盐图一，图片来源：赵盈盈摄

图9-64 b 晒盐图二，图片来源：赵盈盈摄

图9-64 c 晒盐图三，图片来源：赵盈盈摄

余米、宽 20 余米的范围内就有大大小小的盐井 50 余口。

（2）取卤水

从井中取卤水过去多采用人力背、挑的方式，现在也有用水泵抽取的。盐民进入井内，从井中提取卤水（图 9-62），沿陡峭山坡将盐水运到卤水池贮存（图 9-63），经过风吹日晒的自然浓缩，大约 10 余天后，再将浓缩后的盐水运到盐田。运盐水的桶均为自制，制作方法为刮下树皮后，用盐浸泡，然后用竹篾或者铁丝箍成圆柱体，内径约 30 cm、高度 60 cm 左右。

（3）晒盐

智慧的盐井人民创造了依山势架设盐田的独具特色的晒盐方法。盐井乡处在江边，两岸是陡峭的高山，没有平地可供晒盐，如果像沿海一带那样修晒坝，显然是不可能的。当地盐民根据地形，别出心裁地制作了晒盐用的晒盐田。盐田晒盐之法由来已久，早在《盐井县考》中就有了记载：“此间既无煤矿，又乏柴薪，蛮民摊晒之法，构木为架，平面以柴花密铺如台，上涂以泥，中间微凹，注水寸许，全仗风日，山势甚峭，其宽窄长短，依山之高下为之，重叠而上，栉比鳞次，仿佛町畦，呼为盐厢，又名盐田。”另有：“其取盐之法，不藉火力，江两岸岩峻若壁，夷民缘岩构楼，上覆以泥，边高底平，注水于中，日暄风燥，干则成盐，扫贮楼下以待。夷名其盐田。”现场考察正如书中所言，沿着澜沧江从南向北近 2 km 的范围内遍布大量晒盐田。

晒盐的主要特点是人工将经浓缩的盐水从卤水池背至盐田，直接在用泥土铺成的晒盐田上晒制，任由风吹日晒，自然成盐（图 9-64）。

晒盐只能靠天，依赖风力和阳光。生产时间依季节天气而定，一般常年生产，但有淡旺两季。产盐季节为 11 月至次年的 6 月，这段时间由于澜沧江水退落盐井全部露出，且雨水较少，适宜盐业生产。生产的旺季在每年的 3—5 月，这时风大、光照强、雨水少，不仅成盐快，而且色较白，盐质更好。每年 6—10 月雨季期间，波涛汹涌，江水暴涨近 10 m，江两岸的卤水井大部分被洪水淹没，洪水较

图 9-65 收盐，图片来源：赵盈盈摄

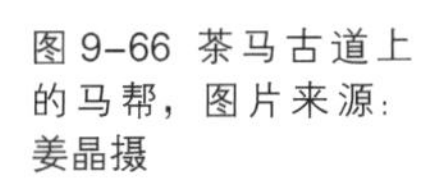

图 9-66 茶马古道上的马帮，图片来源：姜晶摄

大时，架设在较高处的晒盐田，也有被冲垮的危险。这时只能靠贮卤池里的卤水维持生产，并且此段时间又值农忙，只能少量生产或不生产。

（4）收盐

收盐时间一般在下午。收盐前，需要先在早上把结晶的盐刮成一道道弧形，以便充分晾晒脱水（图 9-65）。盐粒经不断翻晒变干燥后，用工具轻轻地刮入编织袋中，是为第一道盐。此盐洁白而略带红色，又因产于 3—5 月间开桃花的季节，故也将它称为桃花盐；由于桃花盐杂质少、色较白，其品质最优，主要供当地人食用。第一次收盐后，因为泥土中还含有较多的盐，还要继续用力将泥土中的盐刮出，同时不停地拍打晒盐田，这样做，既可将泥土中的盐拍打出来，也可将被刮松后容易漏水的盐田打平、夯实，使其尽量不漏水，还可起到修复的作用。此次刮盐时，由于泥土和盐混在一起，品相不好，质量较差，是为二道盐，主要供牲畜食用。

收盐的周期因季节和天气而定，温度高、光照强、风力大时，一天即可成盐。若温度低、光照不足、风力小，则成盐的时间较长，通常是三五天收一次盐。一块晒盐田多的一次可收盐 50 余斤，少的只有 10 多斤，一般为 30~50 斤不等。东岸晒盐田所处位置高、风力较大、光照更强，有利于成盐，成盐时间更短，产量更高，盐质也更好，一块晒盐田一般 3 天能收 500 斤左右。

9.3.3 盐业运输与销售

“盐井盐”被藏族同胞称为“藏盐巴”，据当地人介绍，它有两大优点：第一，用它打的酥油茶不仅色泽好，而且味道特别香，所以成为藏族人民打酥油茶的必备之品，深受藏族聚居区广大人民的喜爱；第二，当地村民养有大量的牛羊等牲畜，牲畜吃了藏盐巴后身上就不长虱子或虱子消除。藏盐巴除供当地村民使用以外，还销往西藏的左贡、察雅、察隅，以及四川的巴塘、理塘，云南的德钦、中甸等地的藏族聚居区。

长久以来，成品盐主要靠马、骡和毛驴长途贩运，如今多用骡马先驮往临时仓库或盐民家中，再用汽车、拖拉机或骡马运往外地。人民公社时期，收好的盐一般交给公社，由公社统一外销。现在，上盐井盐民通常用驴或骡将收好的盐从盐田的临时盐仓驮回家里，等候商人上门收购。下盐井的盐民一般从盐田收盐后包装成袋直接卖给商人。

盐户自己向外销盐的运输线路主要有 3 条：一条往南运往云南德钦；一条往北运往徐中乡；一条为翻过堆拉山运往察隅县或左贡县。运往云南德钦的盐现用汽车运输，运往察隅、左贡的还要依靠骡马（图 9-66）。盐井由于独特的地理位置和盐业生产，自古以来都是“茶马古道”上的要冲，据当地人介绍，过去达赖喇嘛规定“茶马互市”只能有 3 条途径，盐井即其中之一，成为商品集散地，周边 18 个地方的人都来此地做买卖。芒康有约 20 位族长到这里买盐，运往拉萨，

图 9-67 联系澜沧江两岸村落的加达吊桥，图片来源：汪永平摄

巴塘、理塘的人过去要去拉萨时必须从盐井经过，因此，盐井被看作为风水宝地。现在每天还有来自察瓦弄[22]的大群马帮到此买货，每次来的马匹约 100 多匹。

旧时外销盐多为以物易物，价好时 1 斗盐可换 1 斗青稞，便宜时 3 斗盐换 1 斗青稞，还可换大米、酥油、马等。近年多以货币交易，上盐井的白盐或红盐按照质量分为 3 种价格：三月份出产的上好白盐（桃花盐）100 斤 100 元，一般的红盐 100 斤 55 元，稍差的红盐 100 斤 35 元。同等的盐价也会因年份月份不同而有较大起伏。

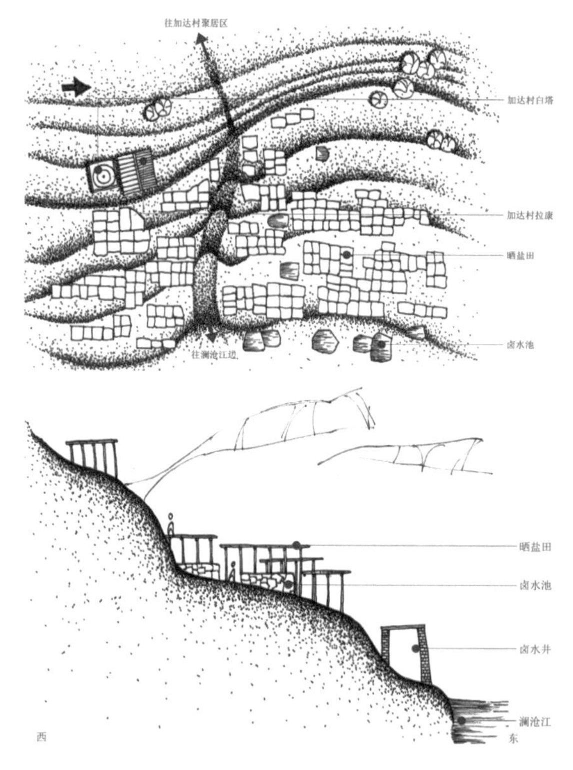

图 9-68 加达村盐田平面，图片来源：姜晶绘制

图 9-69 加达村盐田剖面，图片来源：姜晶绘制

9.3.4 盐井镇盐田的现状调查

1）盐田的分布范围

盐井盐田位于西藏自治区昌都地区芒康县纳西乡境内的澜沧江两岸。沿江两岸山体呈南北走向，绝大部分地段山高、坡陡、谷深，呈“V”形河谷地貌。有少量台地及冲积扇分布于高山峡谷间，村落及耕地位于这些台地与冲积扇形成的平缓坡地上。

盐井乡的盐田呈 3 组区域集中分布，分别为加达村盐田、上盐井盐田、纳西村盐田。其中，加达村盐田位于加达村北部澜沧江西岸，出产红盐；纳西村盐田和上盐井盐田位于澜沧江东岸，出产白盐，盐田和各自从属的村落由小路联系。位于江两岸的村落和盐田通过加达吊桥连接（图 9-67）。以下分别介绍 3 组盐田，试分析盐田和村落的关系。

（1）加达村盐田

该盐田隶属于纳西乡加达村，位于澜沧江西岸，海拔 2 315~2 328 m。东临澜沧江，西侧有一条简易土公路通往加达吊桥，北部为陡坡地，南临加达村白塔，隔一条大冲沟与加达村相望。总面积约 35 000 m^2，南北长 445 m，东西最宽处约 95 m。其海拔最高处距江边约 95 m，高出江面约 30 m。盐田沿澜沧江岸边顺山势走向高低错落而建。由卤水井、卤水池和晒盐田 3 种构筑物组成，其间以自然形成的曲折小道连接。加达村盐田坡度缓（图 9-68，图 9-69），卤水井密集，盐田分布也相对密集，与村落距离近，作业十分方便。

（2）上盐井村盐田

该盐田隶属于纳西乡上盐井村，位于澜沧江东岸，海拔 2 305~2 346 m。西临澜沧江，东靠山坡或陡崖，南部隔一条冲沟与纳西村盐田相望。总面积约 28 000 m^2，南北长 364 m，东西宽最宽处约77 m，最上层距江边约120 m，上下高差达40 m左右。盐田沿澜沧江岸边顺山势而建，高低错落有致。上盐井盐田由一条土路和上盐井村相连，由于整体高差较大，从江对岸看过去蔚为壮观（图9-70、图9-71）。

（3）纳西村盐田

位于澜沧江东岸，隶属于纳西乡纳西村，海拔2 315~2 329 m。西临澜沧江，东靠山坡或陡崖，南侧有一条简易公路通往加达吊桥和纳西村，北部隔一条冲沟与上盐井盐田相望。总面积约30 000 m²，南北长474 m，东西最宽处约115 m，上下高差50 m。盐田沿澜沧江岸边顺山势走向而建，高低错落。其中，南侧盐田因主要分布于缓坡地，其最宽处超过110 m；北侧盐田则建于陡峭的崖边，东西向跨度仅20~50 m。最上层盐田距江边约120 m，高出江面约90 m。纳西村盐田由于与纳西村之间有山体阻隔，单程步行需要1小时左右，交通不便，因为缺乏管理，最为萧条。

2）盐田和村落的关系

（1）村落选址

盐井纳西民族乡自古就是因有盐泉资源发展起来的。凿井制盐，人口聚集，逐渐发展成为村落。如今，盐井乡4个行政村中的3个村集中分布在盐井地周围，属于以自然资源为引导的村落选址方式（图9-72）。另外，村落选址一般要求平原广阔、水源丰富、气候温和、交通方便、资源丰盈。盐井乡的村落选址完全符合这几个方面：①居住密度大的区域都是位于冲击河滩或者是平缓的半山腰；②村落靠近澜沧江，另有雪山化雪的山泉水，水源丰富；③平均2 200 m的海拔使得该地冬暖夏凉，四季常温，旱季和雨季明显；④地理位置位于古代茶马古道的滇藏交界的节点位置，交通发达便利；⑤而且靠近盐泉，盐业资源丰富，完全是不需要成本的大自然的馈赠。

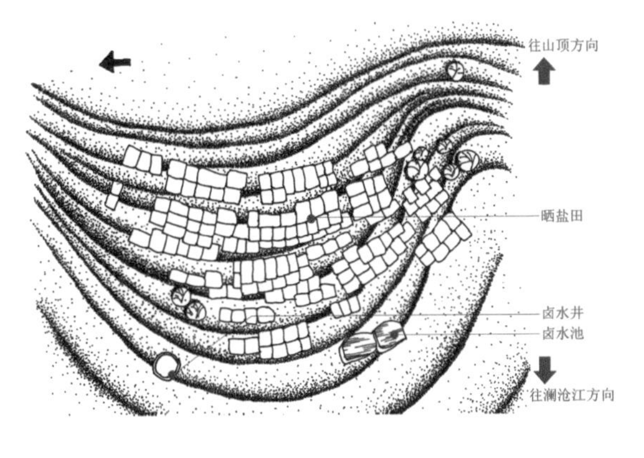

图9-70 上盐井村盐田平面，图片来源：姜晶绘制

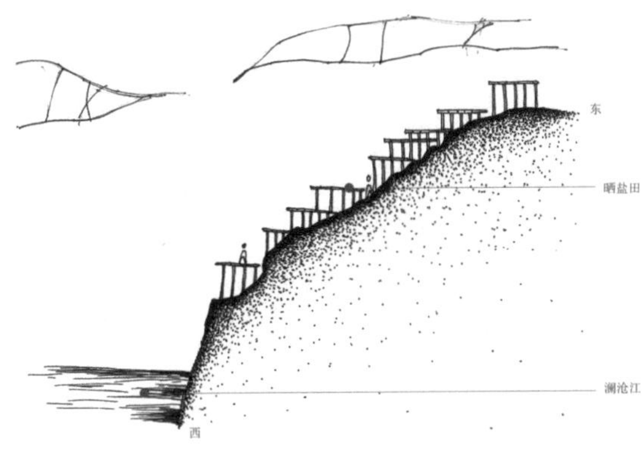

图9-71 上盐井村盐田剖面，图片来源：姜晶绘制

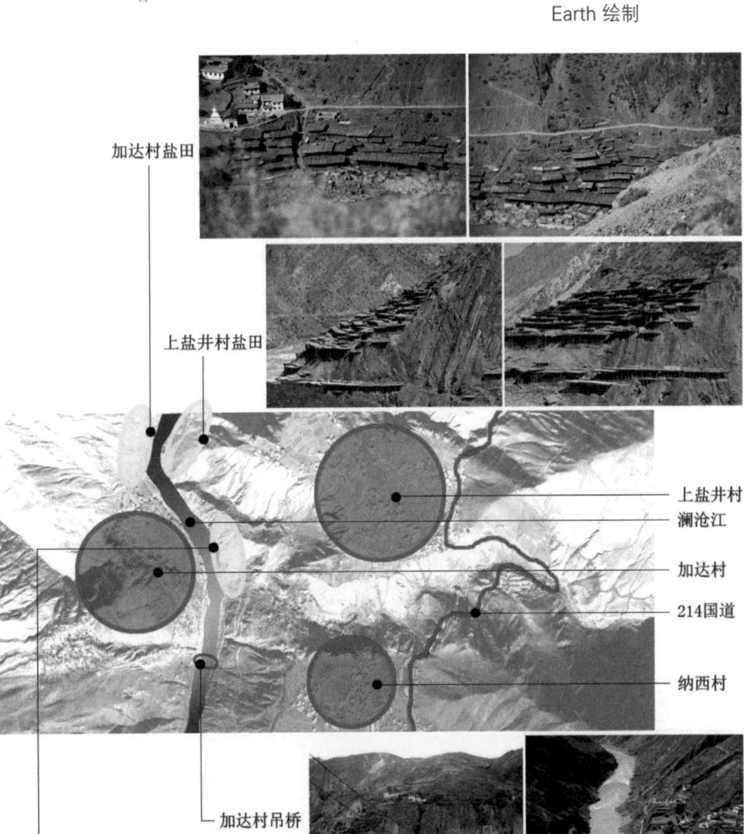

图9-72 盐田和村落分布关系，图片来源：姜晶根据Google Earth绘制

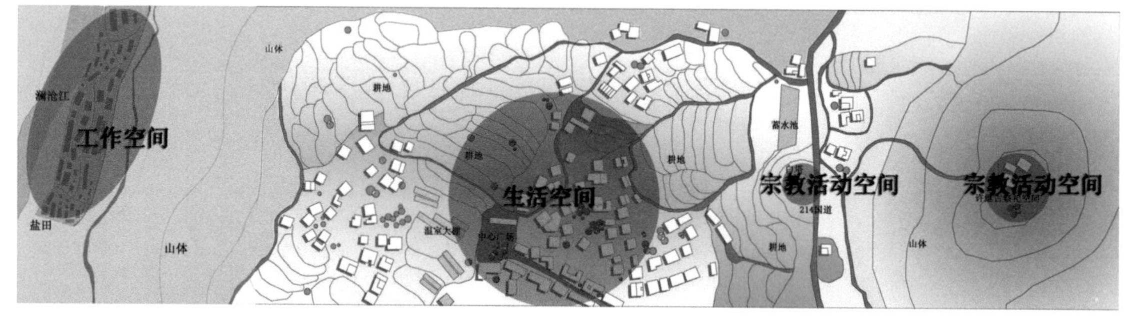

图 9-73 纳西村村落空间分析图，图片来源：姜晶绘制

图 9-74 纳西村盐田江边卤水井，图片来源：赵盈盈摄

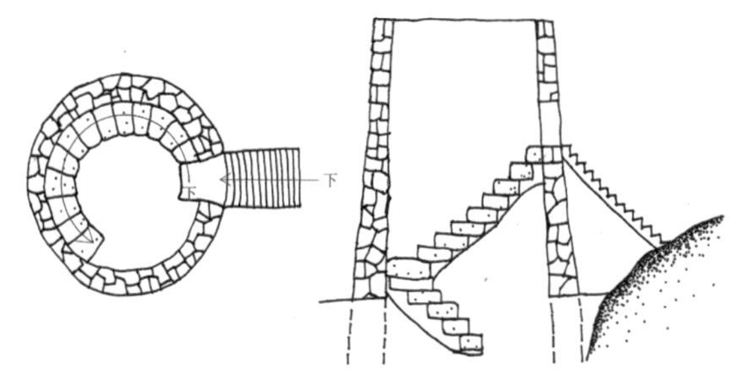

图 9-75 卤水井平面和剖面，图片来源：姜晶绘制

（2）村落各功能区布局

以纳西村为例，村落布局关系从西到东分别为工作区、生活区、宗教活动区，生活区又包括围绕在中心广场周围的集中住宅区和围绕住宅区的耕地区（图 9-73）。几个部分之间层次分明，分工明确，既有联系又互不干扰。盐田到村落有供车行的土路和供人行抄近道的乡间小路。收盐旺季村里妇女每天早晨起来步行到盐田开始打卤水、晾盐、晒盐，下午由村里的男子负责用骡马来把收成的盐驮运回家。收盐淡季大部分时间在耕地种植蔬菜和水果或者喂养牲畜。平时的非工作时间在自家或者 214 国道西侧的白塔周围进行宗教活动，重要的宗教节日或者纪念日藏传佛教信徒在角龙村的刚达寺，东巴教信徒在 214 国道东侧的“许继古”进行宗教活动。

3）盐田的建造形式

（1）卤水井

卤水井即盐井（图 9-74），以石砌为主，有方有圆，其形状大小与出卤水量无关，主要取决于人为加工，具有随意性。澜沧江两岸的卤水井包括公共井和私有井，一共约 70 余口。常见的较大规模的盐井形式呈圆筒状，上小下大，井口直径约 3 m，上部为石块和水泥砌筑，厚度一般 0.6 m 左右，中段微外鼓，约高 2~5 m 不等；之下为凿井部分，最深的卤水井能深达 6 m，井壁不规整。上部砌筑部分的底部开门以入井，内有石砌台阶通往井下（图 9-75）。另有多数未经过加工的自然岩穴，卤水从石壁上渗出。盐井大多位于江边的位置，冬季时江水回落，盐井全部出露；夏季则多半没入水中。

（2）晒盐田和卤水池

单组晒盐田和卤水池即为晒盐作业区，可分为两种形式。

① 石筑卤水池和土木结构晒盐田

这种形式最为常见。卤水池位于盐田下部，数量为 1~3 个，用不规则石块垒砌而成。卤水池平面形状为圆角长方形或椭圆形，斜弧壁，平底。一般长度为 4~8 m，宽度为 2~5 m 不等（图 9-76）。

晒盐田（图 9-77）为土木结构，位于卤水池上部。依顺山势走向竖立 3~5 排直径 0.1~0.16 m 的木柱，柱间距 0.5~1 m 不等，木柱长短视地表高低不同而各不相同。个别晒盐田为了稳固而增加木柱数量。柱脚或置于卤水池内，或置于卤水池间。前

图 9-76 石筑卤水池和土木结构晒盐田，图片来源：赵盈盈拍摄

部两排木柱上一般直接承托纵向圆木，后部一排或两排木柱上往往另加有横向圆木一层或两层。圆木上布置 2~3 层纵横交错的细木棍，上层横铺木椽，间距 5~10 cm 不等。木椽上再纵向密铺若干层细小圆木或薄木板，最上面加工平整，铺以泥土并拍打严实（图 9-78）。单块盐田四边或连排盐田之间以泥土或者混有碎石子的泥土堆砌高约 10 cm 的两面坡式隔梁，以阻止卤水外流。单组盐田视面积大小不同，通常由 10 块以下的单块盐田组成。

以纳西村盐田为例，晒盐作业区由若干单组盐田组成，位于澜沧江东岸坡地或陡崖，依山势层层修建，最多达 10 层，一共包括私有卤水池 483 个，盐田 639 块。每个晒盐作业区间均以小道间隔，一方面可以区分不同作业区的隶属关系，另一方面便于进行晒盐作业。

② 石筑卤水池和石筑晒盐田

卤水池和盐田相对位置较为随意，或左

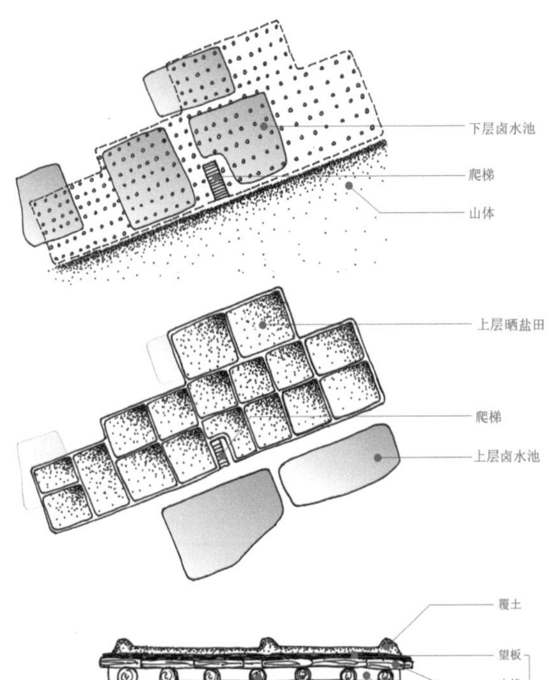

图 9-77 晒盐田、卤水池平面，图片来源：姜晶绘制

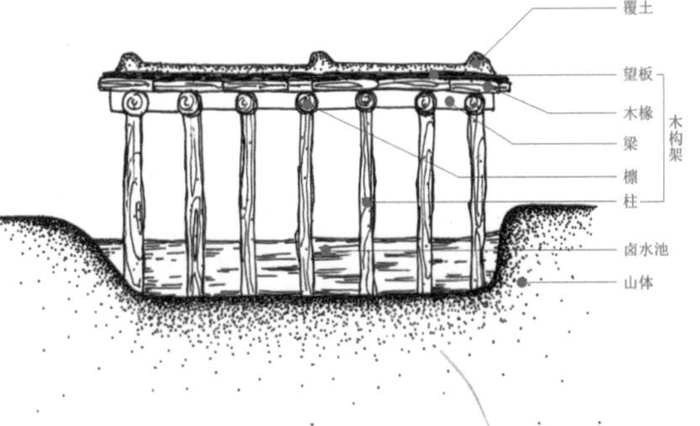

图 9-78 晒盐田、卤水池剖面，图片来源：姜晶绘制

图 9-79 石筑卤水池和石筑晒盐田，图片来源：赵盈盈摄

图9-80 专用盐仓(上)，图片来源：姜晶摄

图 9-81 加达村盐仓第一组(中)，图片来源：姜晶摄

图 9-82 加达村盐仓第二组(下)，图片来源：姜晶摄

或右，或前或后，视地形而定。私有卤水池用不规则石块垒砌而成，平面形状有圆角长方形、圆角三角形、椭圆形、圆形等。斜弧壁，平底，长宽尺寸不一。盐田大小不一，通常2~10 块为一组(图 9-79)。

以上两种形式的晒盐作业区中，第一种形式数量最多，第二种次之。

4)盐仓

盐仓有两类，第一种为专用盐库，功能只用于储盐，一般分布在盐田旁土路的路侧。加达村盐田沿澜沧江西岸土路自北向南一共发现有四处，纳西村盐田在通往加达吊桥的土路边发现五处。以加达村格桑旺姆家的盐仓为例，南北宽 4.3 m，东西宽 3.9 m，高 2.2 m。石墙木顶，出檐的椽头与墙体顶部之间均留孔，内外通透(图 9-80)。

第二种为盐民住宅兼盐仓，以加达村四组盐民旧居为代表。这四组建筑均为藏式平顶建筑，一般一层，局部两层。一层储盐兼做畜圈，二层为居室。现已无人居住，有些已废弃，有些只作为盐仓以及牲口圈使用。

第一组位于加达村东南部近路边处。一层石砌墙体，储盐；二层木构，住人，木柱用烟熏以防潮(图 9-81)。第二组位于第一组的南部，一层储盐，二层住人，或有储盐仓(图 9-82)。第三组位于第二组的南部，一层为畜圈，二层居住和存放盐或者干草(图 9-83)。这前三组民居据当地老人回忆，距今已有百余年。第四组位于第一组北部，最早为曲孜卡乡拉贡寺的一个下属拉康，为僧人学经处，距今约 150 年。石砌墙基，土木结构，三层藏式平顶建筑，一层东北部住人，其余为盐仓，二、三两层均住人(图 9-84，图 9-85)。

9.3.5 盐井纳西民族乡盐业的价值认识

盐井纳西民族乡是以井盐文化为依托萌生、发展起来的。可以说，没有井盐就没有今天的盐井乡。它的发展是盐业日益发达、商业交往日益频繁的结果，在西藏井盐文化史上占据着光辉的一页。它的历史和兴衰与该地区盐业生产的发展更是紧密地联系在一

图 9-83 加达村盐仓第三组，图片来源：姜晶摄

起，由盐业而带来的盐业经济始终是盐井乡发展的主要动力。

盐业经济的发展，使盐井乡成为西藏相当富庶的地区，当地的文化处处都留有盐业的投影，文化风俗也以盐业和民族特点为特征。盐井乡最繁华的时期大概是清中晚期至民国，当时，商人、马帮沿着茶马古道成群结队来到这里，马帮将盐井的盐运出去，将外地的生产和生活物资运回来，促使了盐井经济的兴盛。经济的发展带动了文化的兴盛，伴随着外来物资进入的是文化的传入，外来文化开始在这里扎根，本土文化也在经济开放中有了新的注解。就是这种文化碰撞的结果，使这里成为西藏地区经济文化较发达的地区之一。

盐业使得盐井纳西民族乡成为“茶马古道”上的要冲，平时附近芒康、巴塘、理塘的人到这里买盐，运往拉萨或者云南。旺季时大群马帮到此买盐，重现该地旧日繁荣。现如今马帮驮运井盐的场面，尤其是偏离现代公路的运盐场面颇具当年“茶马古道”的风姿，井盐的马帮驮运实际是茶马古道的缩影，也是“茶马古道”的“活化石”。

盐田晒盐一般广泛使用在沿海地区，但现今保存完好的并不多。主要是在地中海沿岸地区和东南亚沿海地区，例如，法国盖朗德(Guerande)盐田仍然保留了这种制盐方式，而且还在继续生产，构成卢瓦伊世界文化景观遗产的重要组成部分，不过该盐田出产的是海盐。唯一与芒康盐井乡盐田相似，生产井盐的盐田，是秘鲁的科斯科（Cuzco）附近的皮钦科托（Pichincoto）盐田，这是目前报道海拔最高（海拔约 4 000 m）的井盐盐田，也是科斯科遗产的重要组成部分。与盐井乡盐田不同的是，皮钦科托盐田的卤水不用人工背运，而是用管道自然引到盐田吹晒，盐田不用木料搭建，而是在山坡上直接修建土石梯田[23]。芒康盐井乡盐田无疑是中国早期井盐生产的民间工艺精华。

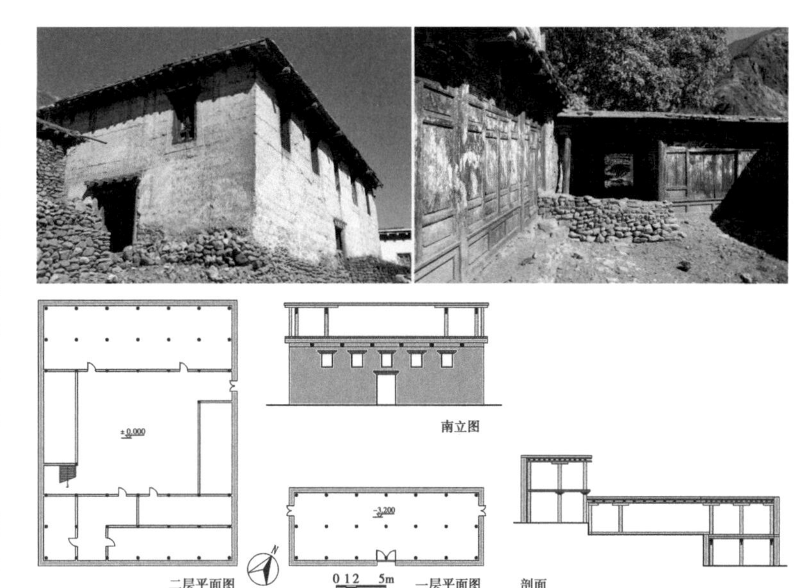

图 9-84 加达村盐仓第四组（上），图片来源：姜晶摄

图 9-85 加达村盐仓第四组测绘图（原拉贡寺下属拉康）（下），图片来源：姜晶绘制

盐井人民靠自己的聪明才智，在特定的自然和社会环境下，将人工晒盐所能使用的工艺、技巧发挥到了极至，最大限度地利用了当地的自然资源，创造、完善了一套独特且经济、适用的盐业生产工艺和生产工具，使其成为井盐生产科技发展链中不可或缺的重要一环。其宏伟、壮观的盐田成为人类利用自然、挑战自然的壮丽景观，成为盐井文化的最后遗存，是井盐生产科技史的活化石，不仅具有极高的文物和观赏价值，而且在中国盐业科技史上也写下了重重的一笔。

9.4 茶马古道文化线路的思考

9.4.1 研究茶马古道文化线路的意义

在相当长的时间里，各地区的“线路”被定型为传播当地历史、带动当地文化旅游的概念。在欧洲就有很多这样的线路，如卢瓦尔河谷和它的城堡、葡萄酒庄线路，及连接著名的巴洛克或哥特式教堂的线路。近几年来，在加入“文化线路”后，世界遗产名录中的保护领域进一步丰富，如通行于若干亚洲国家的丝绸之路、哈德良长城、分布于五个不同国家的古罗马边境墙等。国际建筑学术界对历史文化遗产的研究已经从“聚落、建筑”层面延伸到“文化线路”的层面，这种扩展进一步整合了广义建筑学的学术资源并开拓了此类研究的学术视野。

1）研究茶马古道的意义

对中国腹地人类生存和发展影响巨大的“茶马古道”历经千年发展，留下了灿烂的文化遗存。然而该区域隐藏深山，路途艰险，故在交通迅速发展的几十年间，茶马古道逐渐淡出人们的视野。从文化线路视角审视茶马古道以及古道上的重要节点（如西藏盐井地区）意义重大，刻不容缓。

茶马古道作为文化线路符合其四点判别基础。时间特征——只有使用达到一定时间，文化线路才可能对它所涉及的社区文化产生影响。空间特征——长度和空间上的多样性反映了文化线路所代表的交流是否广泛，其连接是否足够丰富多样。文化特征——即它是否包含跨文化因素或者是否产生了跨文化影响，指它在连接不同文化人群方面的贡献。角色和目的——它的功能方面的事实，例如曾对文化宗教或贸易的交流起到作用，并影响到特定社区的发展等等。[24]

笔者研究了盐井地区的聚落及建筑在多元文化影响下产生、发展和嬗变过程，这对探究聚落及建筑的本质具有重要方法论的意义，对茶马古道的聚落及民居保护具有重要的现实意义，对理性地开发利用旅游资源具有重要的意义。

于人类而言，盐是不可或缺的生活必需品。盐道的形成和畅通有着与“茶马古道”和“丝绸之路”同等，甚至更为重要的意义，因为“茶”和“丝绸”都是人类为追求更高层次享受的物质，而“盐”则是维持人类生命、生存的基本物质之一。另一方面，从云南至西藏的茶马古道，不仅是古人以茶换马的通道，更是运送川滇之盐到西藏的重要通道，因此很多学者亦认为这条古道更应是一条“盐马古道”。

2）国内对文化线路的研究动态

（1）国内对聚落和传统建筑的研究

我国对聚落与传统建筑的研究历程从20世纪初开始，至今不足百年，大体可以分为三个阶段：

第一阶段是20世纪30年代至80年代的研究工作以传统建筑的调查、实地测绘为中心，可以称为建筑考据法时期。第二阶段是20世纪80年代至90年代中期从历史学、民俗学、美学等角度展开以民居为对象的研究，可以称为建筑文化法时期，这一阶段的研究在方法论上采取人类学的方法，重视和强调民居的社会文化意义及民居建筑史料的建立。第三阶段为20世纪90年代中期至今，从单一的民居研究开始转向更大范围的民居赖以生存的环境状况以及聚落的研究，强调方法论的多元化对理论研究的促进作用，注重跨学科与历史的综合研究方法。这一时期的研究按思维取向采用社会学、人文地理学、传播学、生态学等学科与乡土建筑进行交叉研究，注重民居聚落的结构形态，以及它们背后的社会组织和生活圈的诠释。

进入21世纪，在世界遗产保护组织开始强调从更大的区域范围即“文化线路”角度对传统建筑群落进行系统保护的背景下，中国也开始积极展开文化线路的保护工作，如大运河文化线路、丝绸之路等等。

（2）国内对盐文化的研究动态

在我国盐业研究方面，主要有四川大学李小波教授主持的国家社会科学基金项目“长江上游古代盐业开发与城镇景观变迁”；1976年创刊的学术型刊物《盐业史研究》；1985年四川省社会科学院出版社出版的彭久松、陈然主编的《四川井盐史论丛》；1990年宋良曦、钟长永著《川盐史论》；2008年东南大学出版社出版的赵逵教授主编的

《川盐古道：文化线路视野中的聚落与建筑》等等。

9.4.2 研究茶马古道文化线路的目的和方法

1）建立以“茶马古道”为线索的时间空间维度的坐标

① 时间：“茶马古道”的历史几乎纵贯该地区人类的发展史。

茶马古道距今有1300多年的历史。它源于古代西南边疆的茶马互市，兴于唐宋，盛于明清，二战中后期最为兴盛（表9-4）。

② 空间：“茶马古道”是连接不同地域、不同民族文化的纽带。

表9-4 茶马古道历史演变

时间	茶马古道历史演变
公元7世纪前	昌都沟通外地的人畜小道，是由人畜长期行走自然形成的
唐初	吐蕃南下，在中甸境内金沙江上架设铁桥，打通了滇藏往来的通道
宋代	“关陕尽失，无法交易”，茶马互市的主要市场转移到西南
元代	大力开辟驿路、设置驿站
明朝	继续加强驿道建设
清朝	西藏的邮驿机构被改称“塘”，对塘站的管理更加严格细致
清末民初	茶商大增
二战中后期	茶马古道成为大西南后方主要的国际商业通道
1950年至今	昌都成为藏东的商贸中心，茶马古道被214、317、318国道取代

表格来源：姜晶制

“茶马古道”是一个有着特定含义的历史概念，它是指唐宋以来至民国时期汉族、藏族之间进行茶马交换而形成的一条交通要道。具体说来，茶马古道主要分南、北两条道，即滇藏道和川藏道。滇藏道起自云南西部洱海一带产茶区，经丽江、中甸、德钦、芒康、察雅至昌都，再由昌都通往卫藏地区，盐井纳西民族乡处于这条线路上，滇藏交界处。川藏道则以今四川雅安一带产茶区为起点，首先进入康定，自康定起，川藏道又分成南、北两条支线：北线是从康定向北，经道孚、炉霍、甘孜、德格、江达、抵达昌都（即今川藏公路的北线），再由昌都通往卫藏地区；南线则是从康定向南，经雅江、理塘、巴塘、芒康、左贡至昌都（即今川藏公路的南线），再由昌都通向卫藏地区。有的学者认为历史上的“唐蕃古道”（即今青藏线）也应包括在茶马古道范围内。

事实上，历史上的茶马古道并不止一条，而是一个庞大的交通网络。它是以川藏道、滇藏道与青藏道3条大道为主线，辅以众多的支线、附线构成的道路系统。地跨川、滇、青、藏，向外延伸至南亚、西亚、中亚和东南亚，远达欧洲。

茶马古道还是佛教东传之路，是世界文明的主要通道，在茶马古道上，多元文化开始融合。商品承载着文化，茶马古道同时也是一条宗教道路，教徒与商人相伴而行，为这些区域带来了不同的信仰。比如通过藏传佛教在滇西北的传播，进一步促进了纳西族、白族和藏族的经济及文化交流。

2）保护和发展“茶马古道”上的民居聚落

随着近几十年来国家经济技术的飞速发展，这条千年来马帮行走的道路逐步被废弃，被新建的国道一一取代，渐渐淡出历史舞台。再加上目前我国的城市化进程的迅猛发展，迫使古道边的村寨在消亡，老街被废弃，古道上的重镇被蚕食，古道上的对中国历史文化有着重要研究价值的驿站、盐田、寺庙等古迹也在逐渐消亡。

（1）保护传统村落的空间形态

盐井纳西乡传统村落作为一种不可再生性遗产，它的性质决定了必须把保护放在第一位，而且必须遵循整体性和综合性的原则。以整体保护为前提，对村落资源进行系统的、综合的利用，同时保护村寨聚落已形成的空间形态。针对盐井乡传统村落的特点，要重点保护聚落的内部空间，即由点（古民居、院落）、线（巷道、水系）、面（建筑组群、村落空间）所构成的空间形态及功能布局。要合理控制村落内的人口密度，既要避免空心村现象，又要避免环境超负荷。

对于需要保护的古建筑以及传统民居对象实施普查登记造册，建立完善的档案资料库。与保护的古建筑的拥有人签订自我保护责任书，明确保护责任人，切实落实古建筑和传统民居保护的各项措施。地方政府应当对古建筑和传统民居制定保护法规，加强政策性保护工作的力度与强度。当地政府应建立专项资金用于保护工作，制定维护和整治计划，开展日常维护工作。凡对保护对象进行整治时，必须提交完整的设计图纸和文件，并经过文物部门的审批。被保护古建筑和传统民居的法人不得对古建筑进行随意拆除和改造。

（2）建立健全保护机制

光靠少数人的苦心经营是无法满足传统聚落的保护和利用要求的，必须推行保护的社会化和保护的市场化，加大宣传力度，确立一套行之有效的行政管理体系、公众参与体系、监督体系和资金保障体系，加大宣传力度，提高政府、地方和个人的保护意识，下放部分经营权，调动多方力量支持传统村落的发展。另外，由政府主导获得政策、资金、人才等方面的倾斜，更利于村落的保护和利用；专家规划和社会征求意见防止盲目的开发与破坏性的建设，有利于村落的持续发展。

3）为合理利用旅游资源提供思路

（1）生态旅游的内涵

生态旅游（Ecotourism）最早是由国际自然保护联盟特别顾问谢贝洛斯·拉斯科瑞（Ceballas Lascurain）于1983年首次提出。当时就生态旅游给出了两个要点，一是生态旅游的对象是自然景物；二是生态旅游的对象不应受到损害。1993年，国际生态旅游协会把生态旅游定义为：具有保护自然环境和维护当地人民生活双重责任的旅游活动。生态旅游的内涵更强调的是对自然景观的保护，是集约型的可持续发展的旅游经济。

（2）结合茶马古道的旅游

茶马古道是中国历史上内地农业地区和边疆游牧业地区之间进行茶马贸易所形成的古代交通线路。茶马贸易在形成伊始就不仅是茶与马贸易的一种形式，而是包含着相当丰富的内容，诸如民间手工艺、科技成就，乃至思想观念等。茶马古道主要有3条线路：即青藏线（唐蕃古道）、滇藏线和川藏线，穿过川、滇、甘、青、藏之间的民族走廊地带，是多民族休养生息的地方，更是多民族演绎历史悲喜剧的大舞台。茶马古道的旅游倡导回归自然之旅，是人与自然和谐之旅，是都市人的精神之旅，也是探索和发现之旅。

盐井纳西乡是茶马古道滇藏线上的重要节点，被茶马古道这一线索串联起来的美丽珍珠中的一颗，要在茶马古道旅游的大背景下做好旅游规划。首先做好基础设施建设，诸如交通运输、医疗住宿等硬件，把握“多民族文化”“多宗教文化”“盐业文化”3个要点，把该地区的建筑艺术、民俗风情、舞蹈绘画等具体内容纳入其中，形成自己的特色，成为茶马古道上一个亮点，奉献给旅游者一道丰富的文化盛宴（图9-86）。

（3）旅游业影响下的地方经济

旅游业是综合性很强的经济产业，由满足旅游者的游览、饮食、居住、旅行、购买等多类别行业构成的。发展旅游业需要与其相关联的很多产业来扶持，所以发展古村落旅游业实际上是要发展以旅游业为龙头的各类别产业经济。旅游业的发展必将影响古村落产业经济的发展走向。

针对盐井纳西乡现有的情况，我们总结了以下几点。

① 发展农家乐服务

利用当地民居作为家庭式住宿和餐饮来保留古村落特色。这一点纳西乡已经开始开展，但是发展得还不够。纳西乡的农家乐即提供藏式的住宿及餐饮，利用原有的修建好的民居建筑，提供酥油茶、糌粑、青稞酒、当地特制的葡萄酒等富有藏族特色的餐饮，让游客感受当地独特的建筑特色和饮食文化，体验纯正的藏家风采。

② 可开发的旅游项目

上盐井天主教堂旅游项目：盐井天主教堂是西藏唯一的天主教堂，建筑风格兼具汉藏之长，融东方与西方格调于一体，信徒的生活方式与习俗藏族化，在同一家庭中不同信仰的教派亦能相处融洽，形成特殊的宗教面貌。需要进行的工作主要有维修和装饰教堂外观；适当增加接待游客的服务设施，如餐厅、厕所、停车场等。

盐田旅游项目：参观古朴原始的千年古盐田，了解传统制盐工艺。沿澜沧江两岸近 300 m 的狭长地带，绵延分布着从江边排列到山腰的数千块盐田。高处俯瞰，盐井热气腾腾，盐田银光闪烁，与奔腾的澜沧江和漫山遍野的花草树木相互映衬，美不胜收。

节庆表演项目：刚达寺跳神会和加达村婚姻节，包括纳西村每个周末晚上的锅庄舞会都是可以开发参观的旅游项目。游客可以参与其中，体验民风民俗，与村民或者僧人互动，受到少数民族文化或者宗教文化的洗礼，形成最直观的感受。

③ 各个景点的串联

曲孜卡温泉（位于紧靠盐井乡北部的曲孜卡乡）—天主教堂—扎古西石刻—古盐田—农家乐构成了一条较好的旅游线路，可以发展为茶马古道旅游的初期雏形的一个片段。但是目前道路交通是最主要的问题，由于天气原因，214 国道芒康段经常会出现塌方，而且从国道到温泉有 3 km，国道到扎古西有 5 km 的道路路况都不理想，可以考虑整治扩建。从村落到盐田的道路可以改建为步行参观道，组建供游客骑马游览的马夫队伍，以体验茶马古道马帮运输。

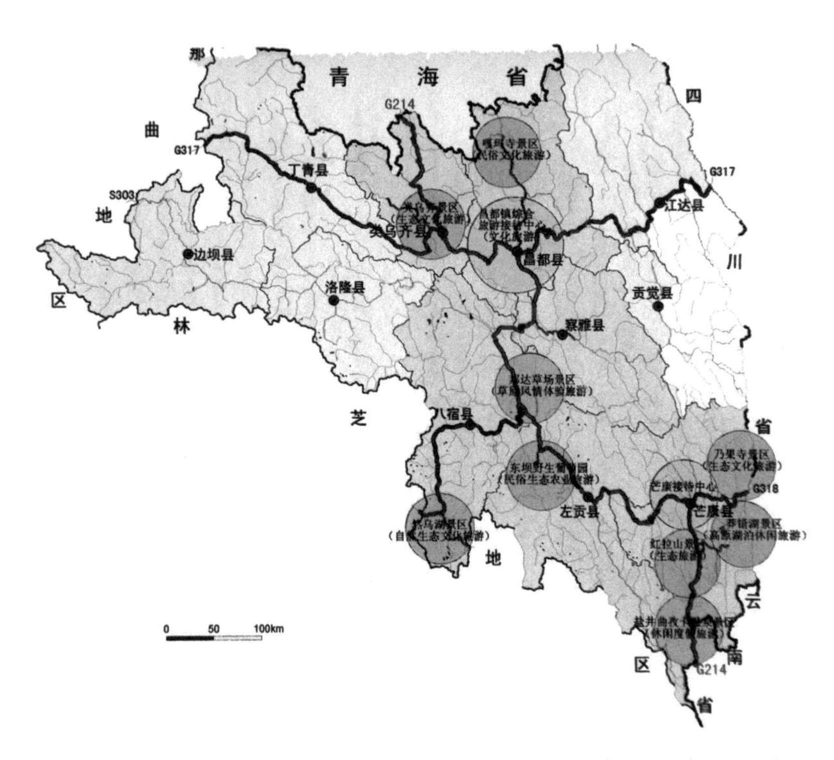

图 9-86 茶马古道昌都部分旅游节点，图片来源：《茶马古道旅游开发可行性研究报告》

小结

文化是个多层次的概念，不仅在非物质方面表现，例如语言、节日、歌舞、家庭构成等，也在物质方面表现，例如服饰、饮食、建筑与村落形态等。而不同的民族文化如何在不同的建筑形式这一物质载体上得以体现，各种文化的交融又导致各种建筑风格、建筑形式的融合，正是本章想要阐述的中心。

盐井纳西民族乡及其衍生而来的整个茶马古道，悠久历史的文明在此交汇碰撞。文化线路的研究带来的古村落的保护，使得中国乃至世界学者和游客的注意力都关注到这里。争取实现盐井乡文化遗产、茶马古道文化遗产的保护与利用的良性互动，有效保护遗产的可持续再利用，通过旅游业的可持续腾飞带动西南滇藏地区其他产业的连锁发展。

注释：

1 “在桂西少数民族地区，宋王朝平侬智高起义后，派狄青部下和加封土酋为土官，成立许多土州，县，洞。这些土州县洞，社会经济，政治组织，文化制度以及民情风俗等都与流官的州县不同，故称为土司。司者主管其事，或官署之称。”（参考黄现璠著《壮族通史》）

丽江纳西族木氏土司，曾经元、明、清三朝，传世22代，历470年。与蒙化、元江并称为云南三大土府之一，以知诗书、好礼守义著称。

2 每一个举行祭天的“群落”，都有专门的祭天场地。这个“群落”一般是由一个“崇窝”（纳西语，意为“根骨”，指一个共同远祖后裔组成的家族）之下的几个近亲家支组成，它与特定的氏族、血缘群体及其繁衍分支有着密切的关系。即是文中所讲的祭天家族。

3 东巴意译为智者，是纳西族最高级的知识分子，他们多数集歌、舞、经、书、史、画、医为一身。祭司，是指在宗教活动或祭祀活动中，为了祭拜或崇敬所信仰的神，主持祭典，在祭台上为辅祭或主祭的人员。

4 根据盐井乡纳西村村政府提供资料整理。

5 高京辰．纳西民居访[J]. 中国房地信息，1999 (06):40-41

6 陈建彬．西藏的石刻艺术[A]. 转见邓侃．西藏的魅力[M]. 拉萨：西藏人民出版社，1994：381

7 自从藏王朗达玛于841年灭佛以后，经过一百多年，卫藏等地都没有出家的僧伽。到宋代初年，才有卢梅等往西康学佛法，回藏重集僧伽，弘扬佛教。此后直到现在约一千年，西藏佛教从未中断。这一期的佛教，对前弘期而言，名为“西藏后弘期佛教”。

8 土呷．昌都地区建筑发展小史[J]. 中国藏学，2003(01):90-101

9 刘赞廷，清末川滇边务兼驻藏大臣，著有《刘赞廷藏稿》等

10 房建昌．东巴教创始人丁巴什罗及其生平[J]. 思想战线，1988(2):75-76

11 杨福泉．论唐代吐蕃本教对东巴教的影响[J]. 思想战绩，2002(2):56-60

12 冯智．东巴教与滇西北苯教流行史迹试探[J]. 中国藏学，2008(03):39-43

13 孰是自然的意思，也译作龙。东巴经中讲，孰与人类是同父异母的两兄弟，后来分管宇宙，人类只管农耕和畜牧，其他由孰类掌管。

14 《云南志略》(简称《云南志》，又名《乌撒志略》)是元代建立云南行省后的第一部云南省志。该书虽然流传至今已残缺不全，但仍具有较高的学术价值，是研究云南史地情况的基本史料之一。

15 “许继古”原意为纳西古语中“烧香的地方”，现在是指纳西族于那帕节举行宗教活动的祭祀空间。

16 保罗，泽勇．盐井天主教史略[J]. 西藏研究，2000(3):51-62

17 颜小华．关于藏边盐井村的宗教与现状考察[J]. 中国藏学，2009(4):43-48

18 程万里．北京白塔的建筑构造与修缮施工[J]. 建筑技术，1980(7):62-66

19 参见《世本》，相传为战国时赵国史官所作，记载山东海边的“宿沙作煮盐”。

20 根据盐井纳西乡乡政府提供资料整理。

21 陶宏．茶马古道上的盐务重镇——盐井乡[J]. 中国文化遗产，2005(5):70-76

22 察瓦弄属于西藏察隅县，位于云南、西藏、缅甸、印度交叉地带，是“茶马古道”上著名的马帮繁盛之地，至今马帮仍然十分兴旺。

23 田有前，张建林，姚军，等．西藏自治区昌都地区芒康县盐井盐田调查报告[J]. 南方文物，2010(1):92-103

24 赵逵．川盐古道上的传统聚落与建筑研究[J]. 华中科技大学，2007(05):168

附录一　东坝民居调研统计

东坝民居测绘、摄影与调研人员：汪永平、王璇、沈蔚、侯志翔、石沛然，调研于2009年。

一、嘎松朗加

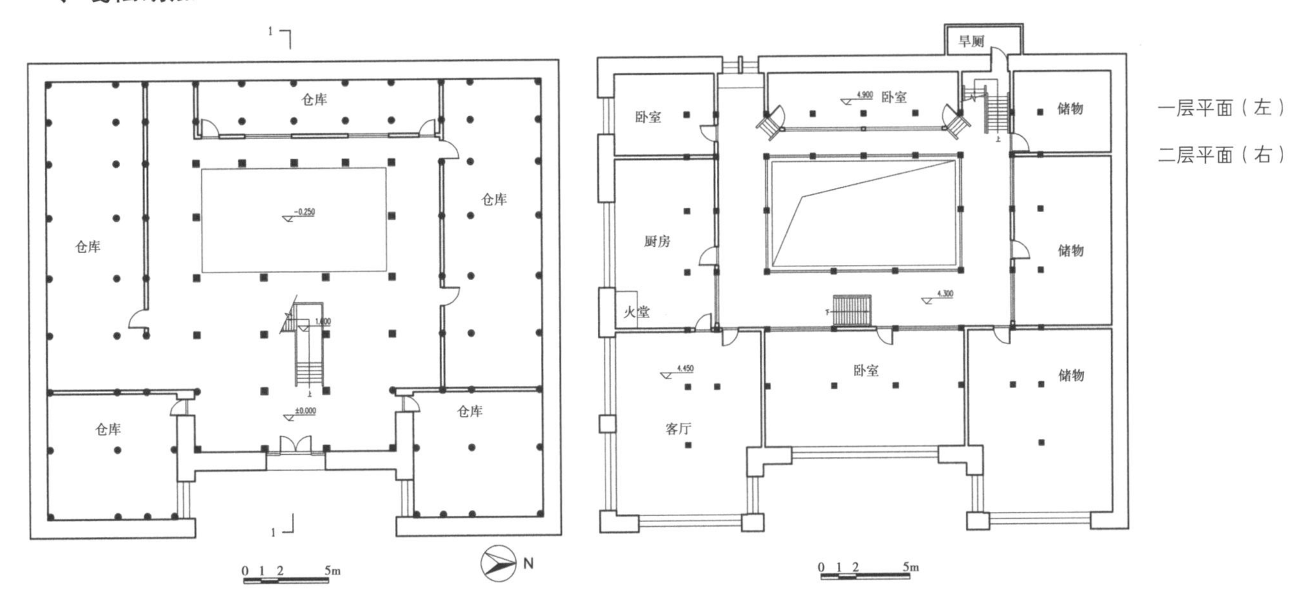

一层平面（左）

二层平面（右）

该建筑位于军拥行政村，修建了13~14年，仍未修建完。是东坝乡最大的民居，被当地人称为“藏东第一家”，共12口人。

内部彩绘雕刻（左上）

栏杆（左下）

立面（右）

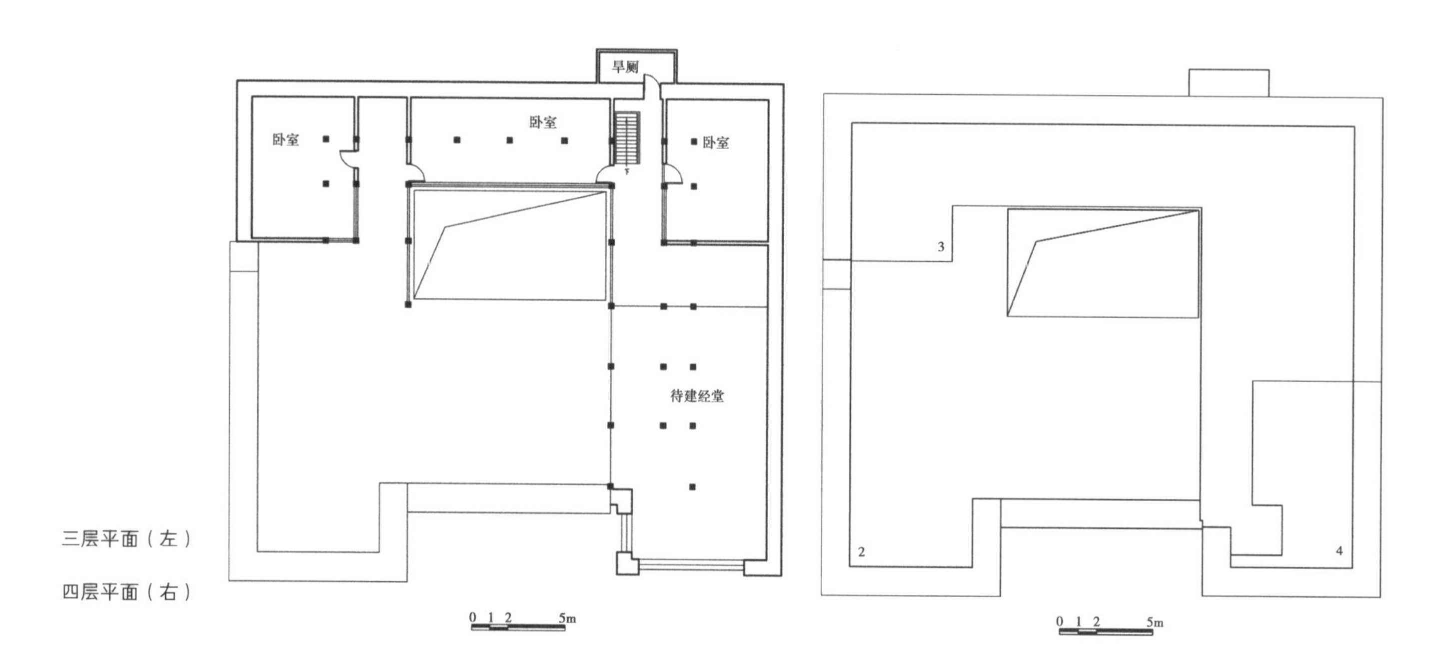

三层平面（左）

四层平面（右）

建筑内门（左）

立面（右）

从云南运来的柱础（左）

入户大门（右）

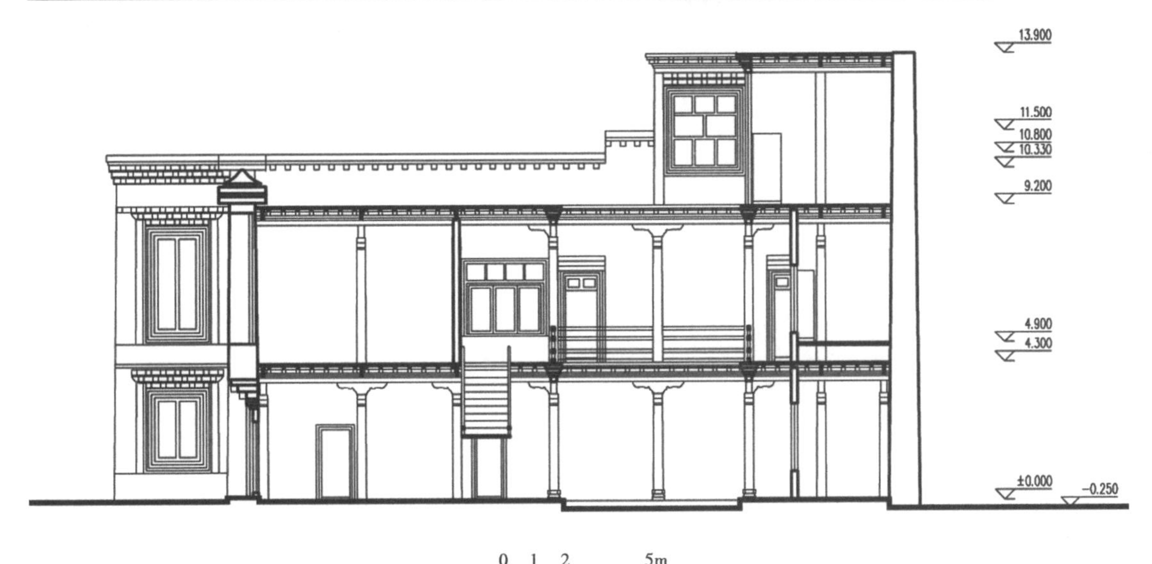

剖面图

在建经堂

二、嘎松尼玛

该建筑位于军拥行政村，始建于民国初年，是东坝乡最老的民居，被当地人直接称作“茶马古道”。老宅是当时主人从云南雇了4位汉族工匠修建的，现任主人已是第四代。

东坝乡老宅（左）

二层房间内部设小仓库（右）

经堂的门雕较为复杂（左）

一层平面（右）

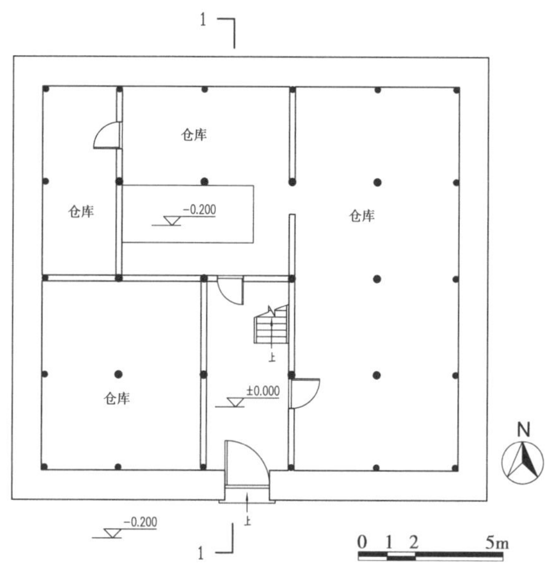

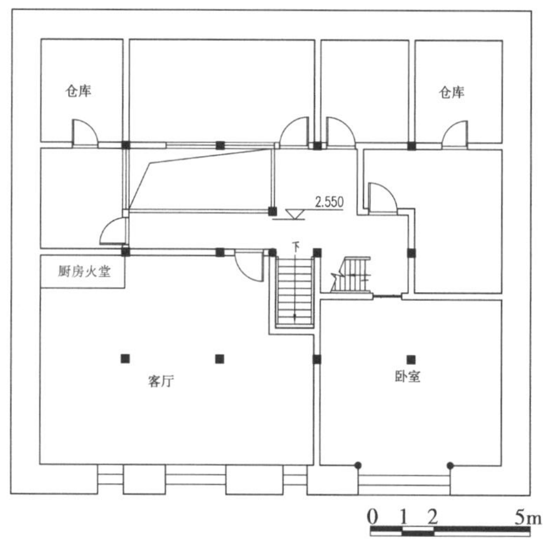

二层平面

三层房间布局（左）

客厅中简单雕刻的柱（右）

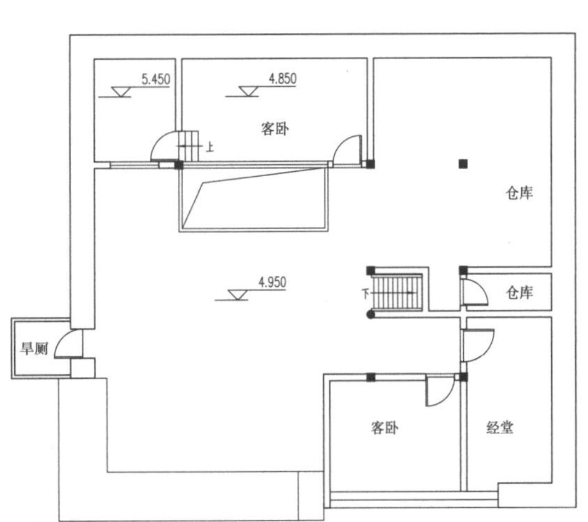

天井（左）

三层平面（右）

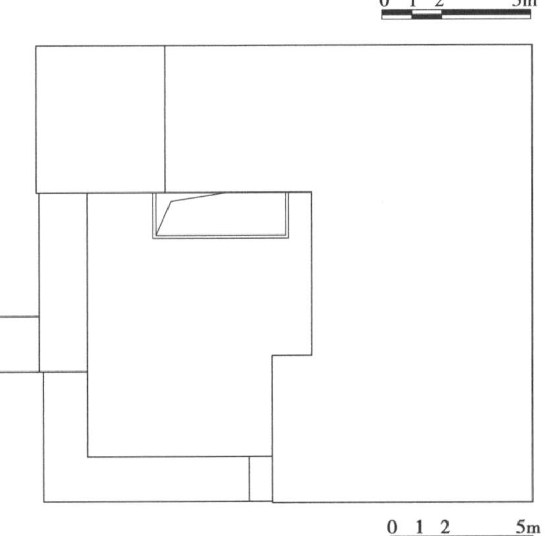

屋顶平面

天井边窗（左）

入户大门（右）

剖面图

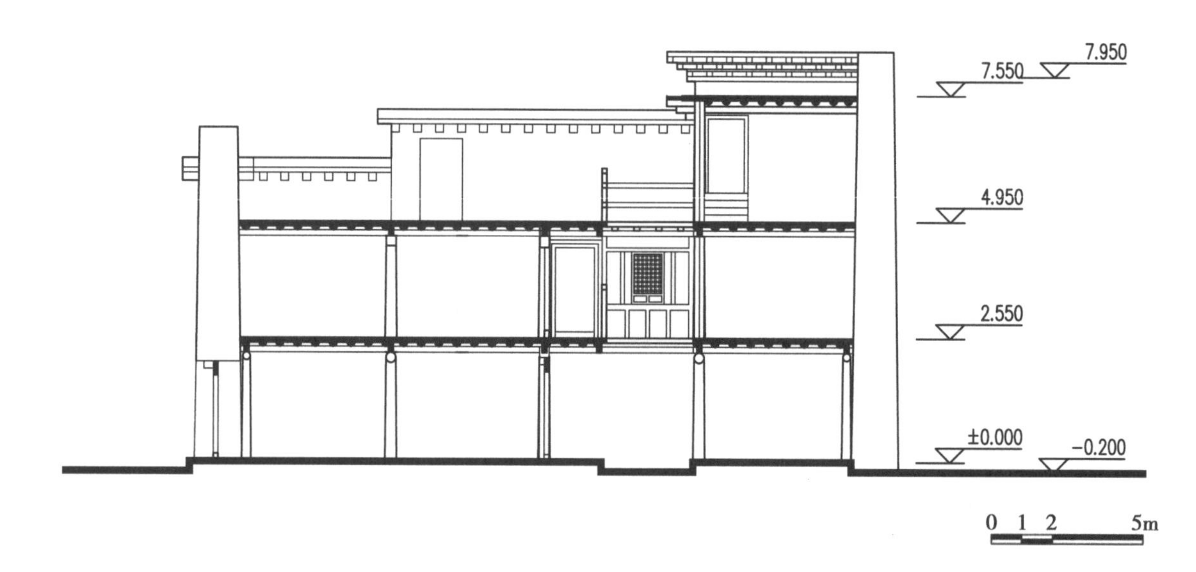

立面图

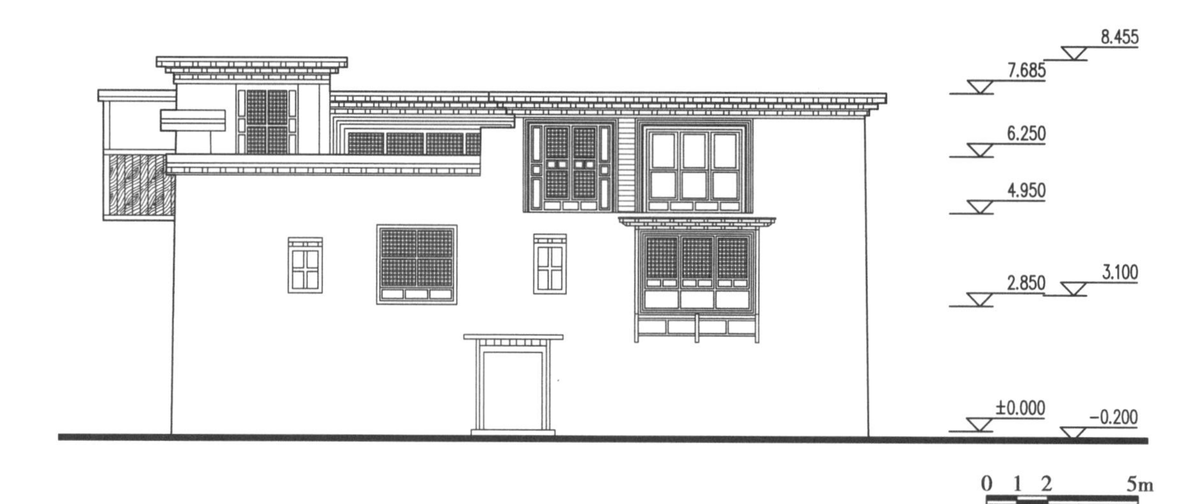

三、仁青拉珍

该建筑位于军拥行政村，房子有七八十年的历史，是东坝乡年代第二久远的老宅。家中有 7 口人。

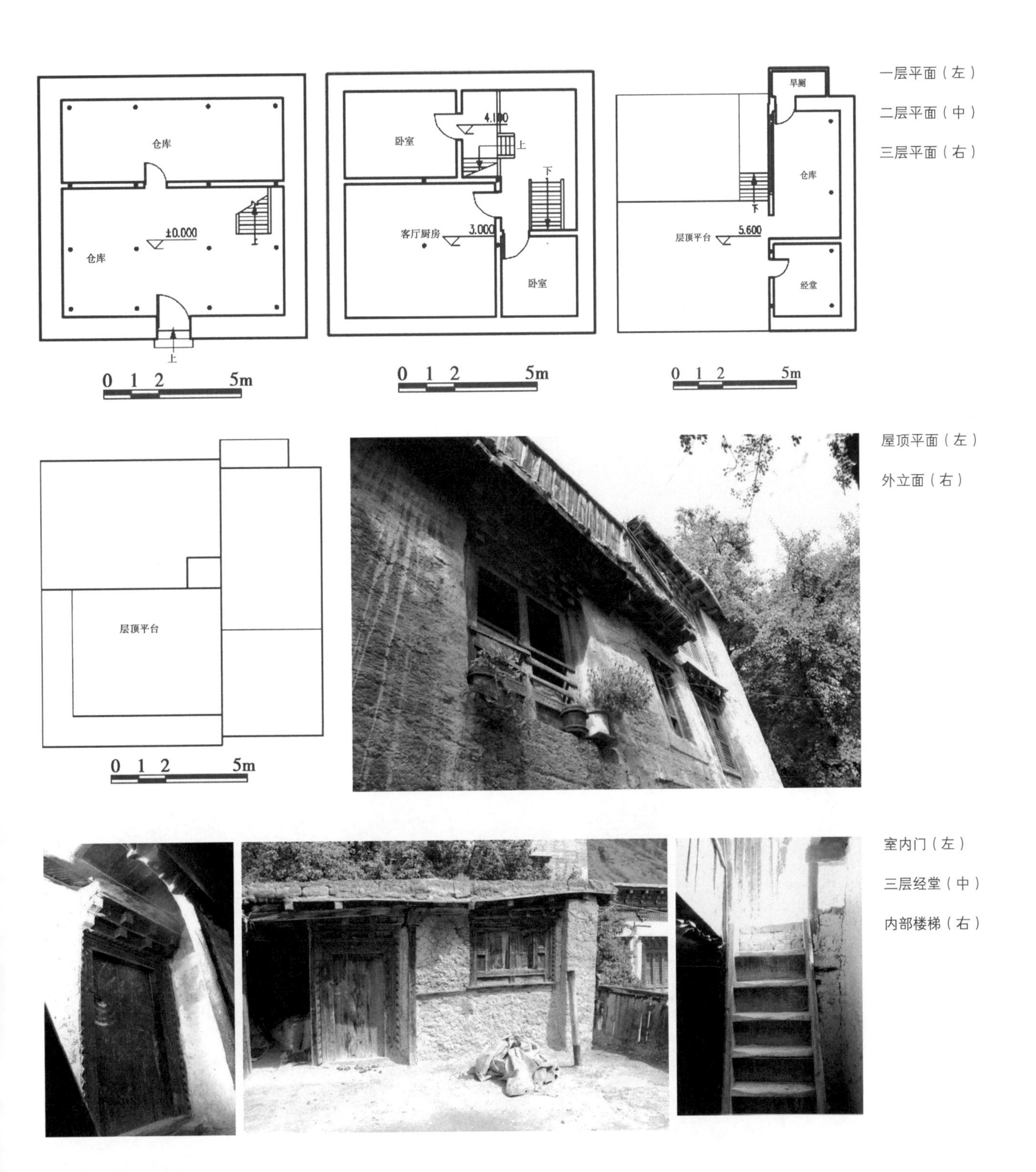

一层平面（左）

二层平面（中）

三层平面（右）

屋顶平面（左）

外立面（右）

室内门（左）

三层经堂（中）

内部楼梯（右）

四、雍珠巴珍

该建筑位于军拥行政村，房子由国家资助修建。房主为孤寡老人，国家每年补贴部分生活费。

一层平面

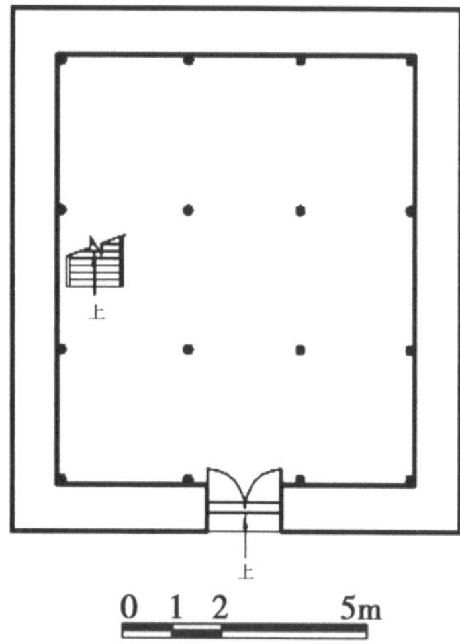

正在装修的客厅（右）

二层平面（左）

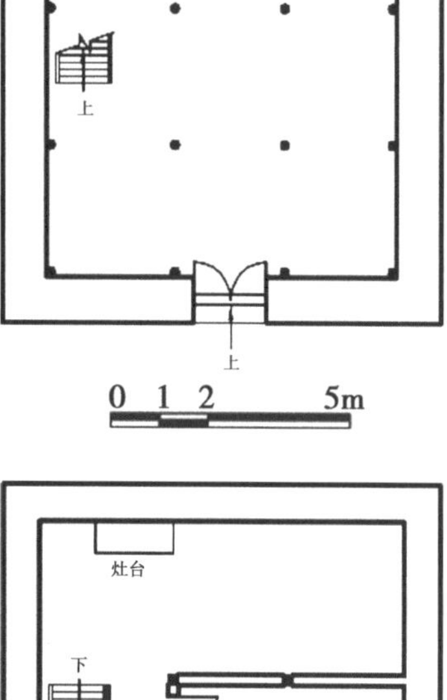

雍珠巴珍家外观

五、长部

该建筑位于格瓦行政村，房屋修建了15年，第三层还未修建完成，我们调研时正在进行彩绘，彩绘师傅是在邦达、丁青、昌都学习的绘画技术。彩绘时主要采用模板，然后一层一层上颜料。家中有13口人。

立面

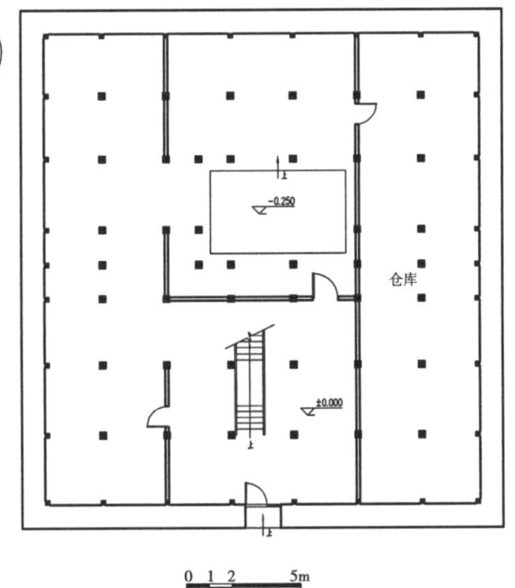

一层平面（左）

入户门（右）

天井边的窗

雕刻（左）

二层平面（右）

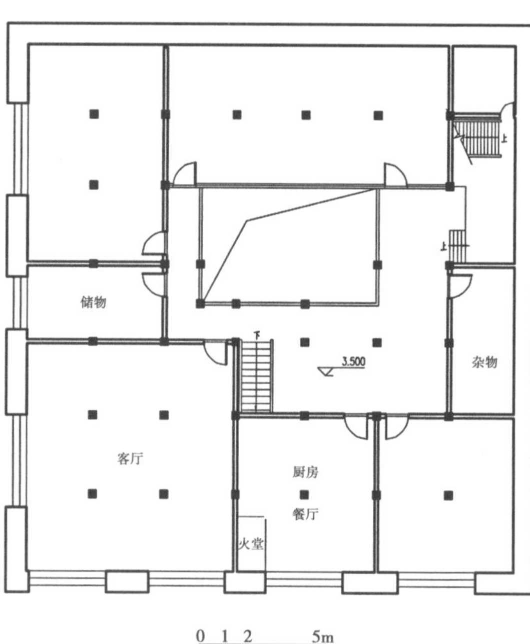

彩绘颜料

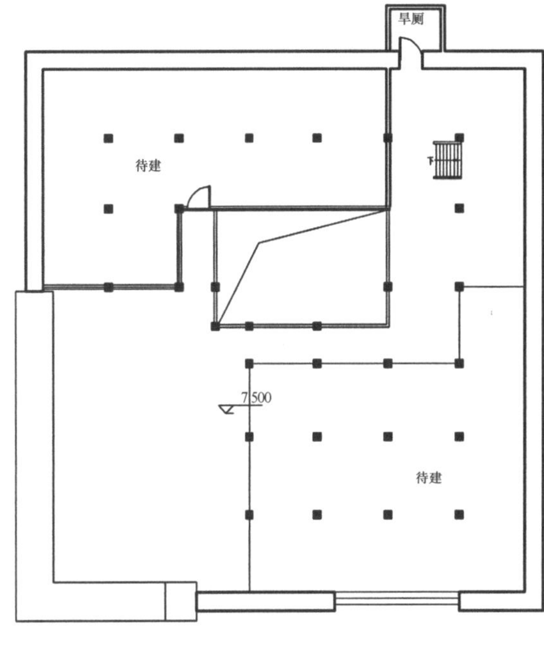

修建中的第三层(上左)

三层平面（上右）

室内门

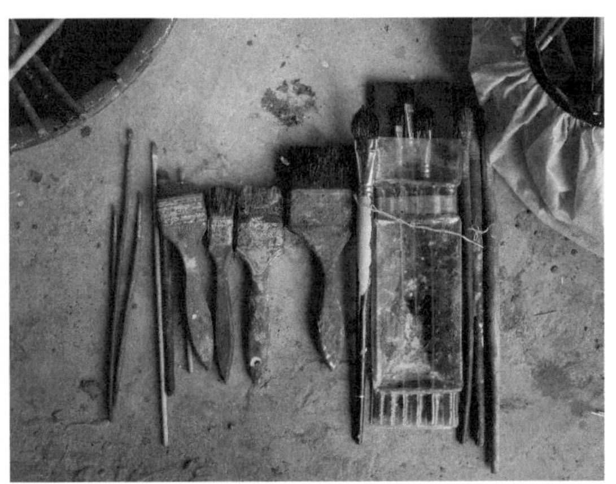

彩绘工具

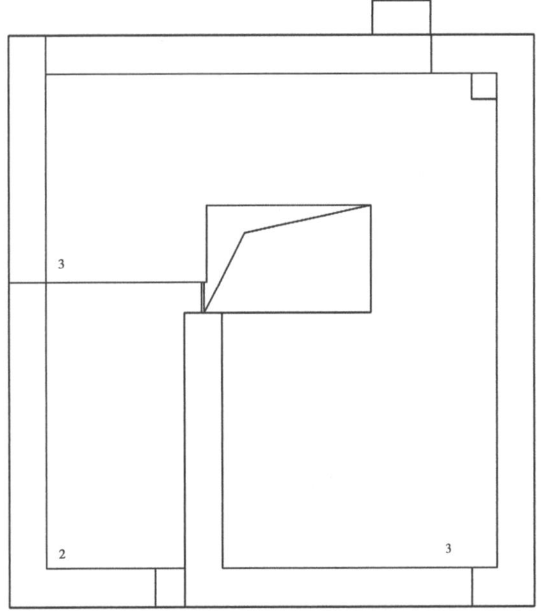

屋顶平面

六、次城益西

该建筑位于格瓦行政村，房屋是2000年开始修建的，至今还未修完，彩绘还未进行。

次城益西家

一层平面（左）

客厅（中上）

人畜分离的入口（中下）

二层平面（右）

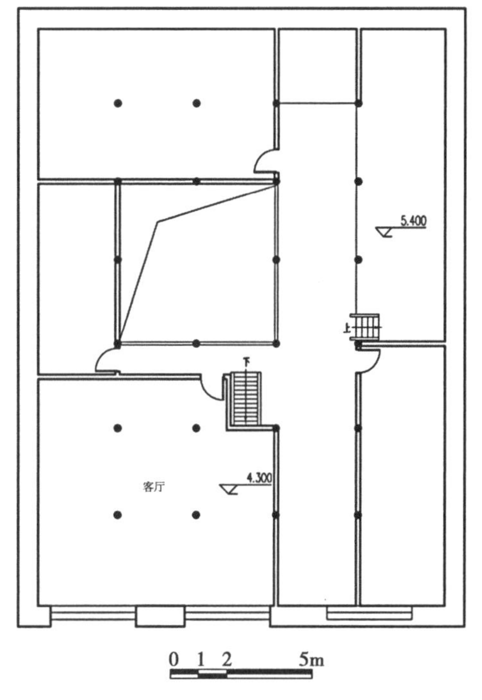

通往三层的交通空间（左上）

房屋内部（左中）

三层平面（右上）

未修建完成的三层（左下）

四层平面（右下）

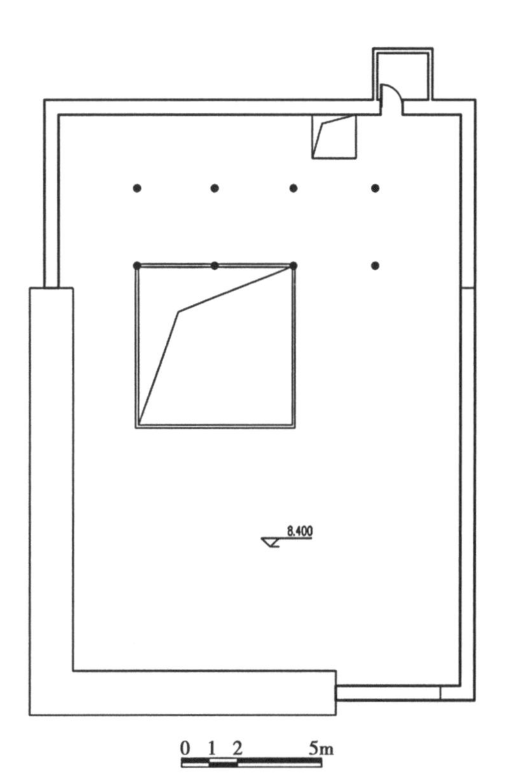

七、次城永邓

该建筑位于格瓦行政村，房屋年代比较久远，大概修建了50多年，家中有7口人。

一层平面（左一）

二层平面（左二）

三层平面（左三）

屋顶平面（左四）

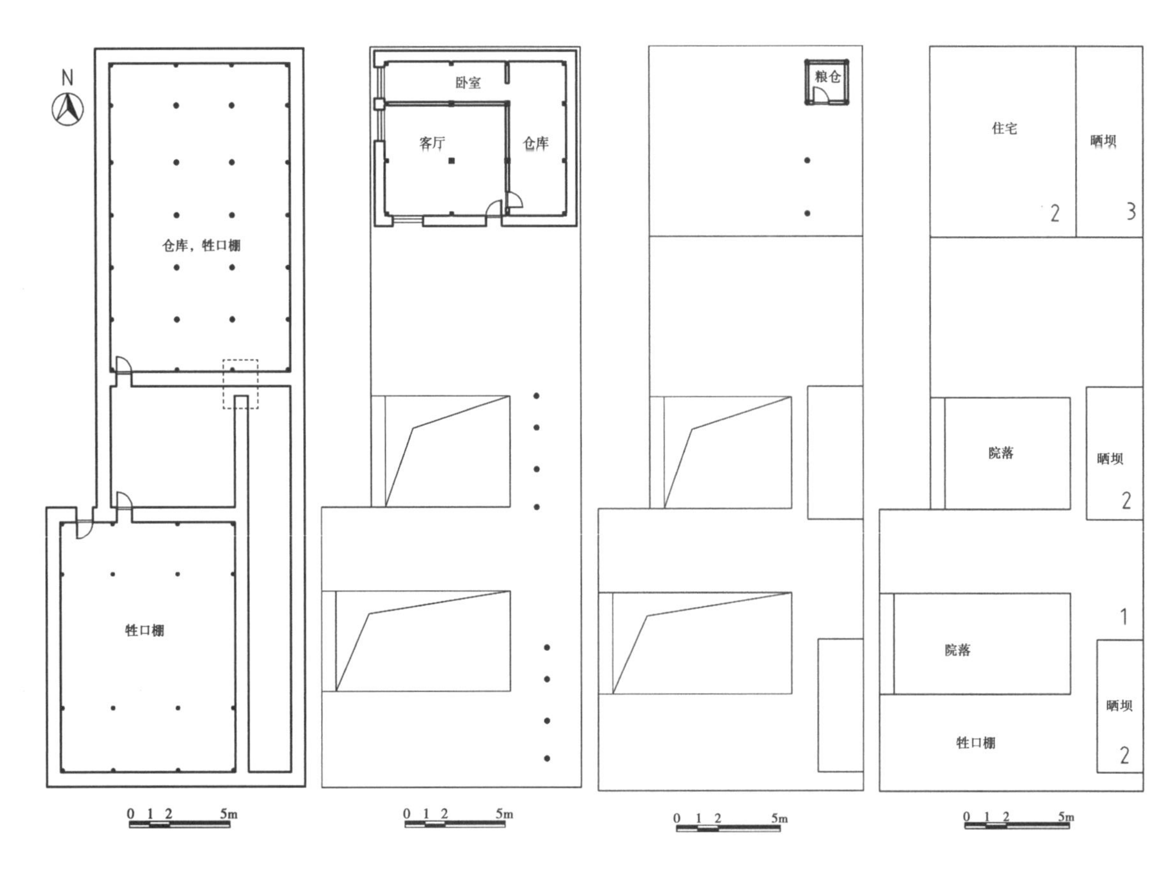

次城永邓家（左）

牲口棚（右）

次城永邓家（左）

晒坝（右）

八、格瓦

该建筑位于普卡行政村，房屋修建时间为 1992—1994 年。

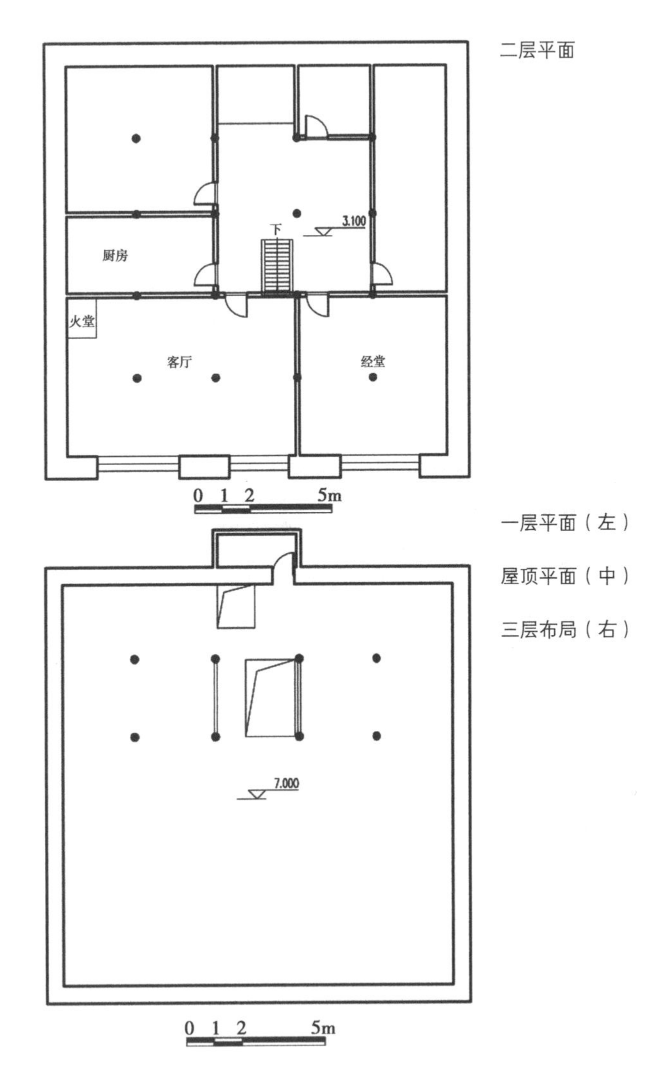

二层平面

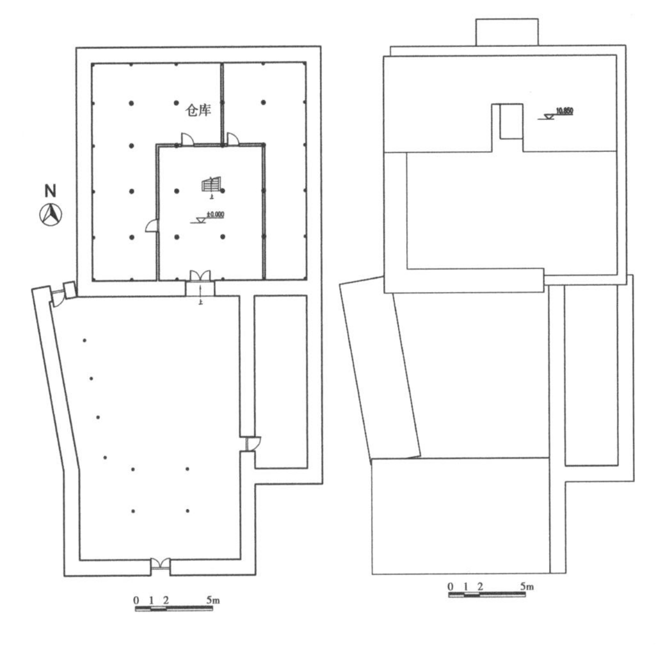

一层平面（左）

屋顶平面（中）

三层布局（右）

院落（左）

立面（右）

客厅（左）

三层布局（右）

九、平措索巴

该建筑位于普卡行政村，房屋修建于 1989 年，家中有 9 口人。

院落

立面（下左）

一层平面（下中）

二层平面（下右）

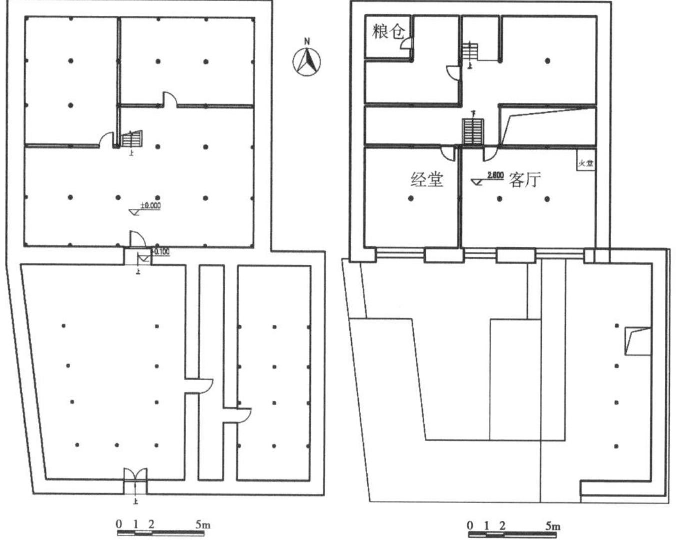

十、拉达次

该建筑位于巴雪行政村，房屋修建于 2002 年，家中有 7 口人。

立面窗

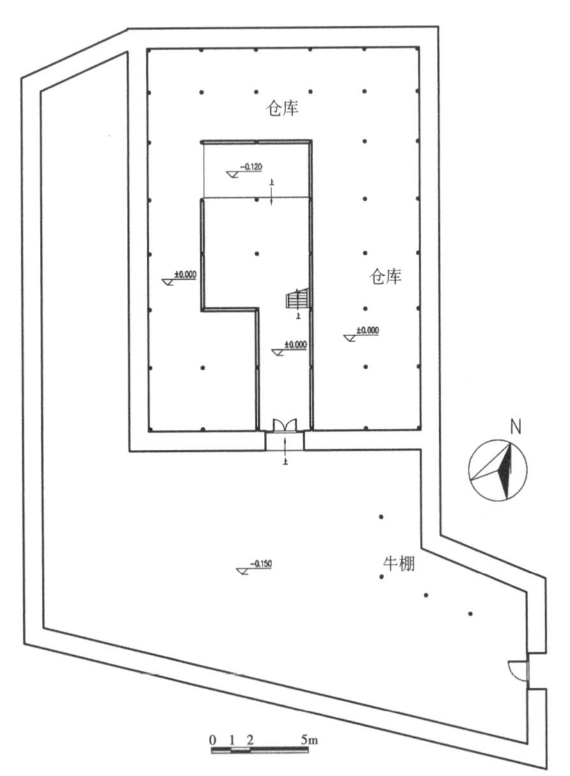

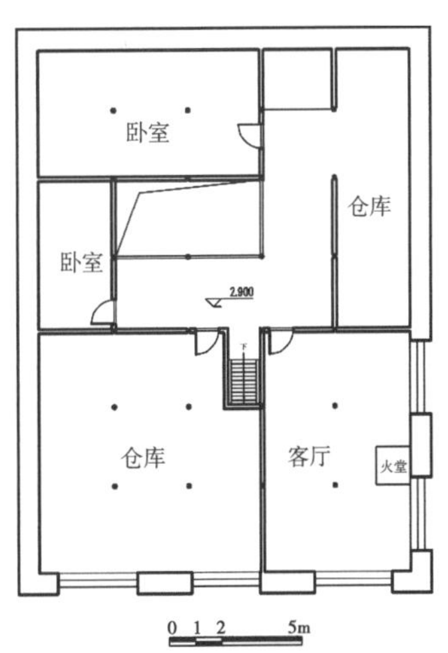

一层平面（左）

二层平面（右）

三层平面（左）

四层平面（右）

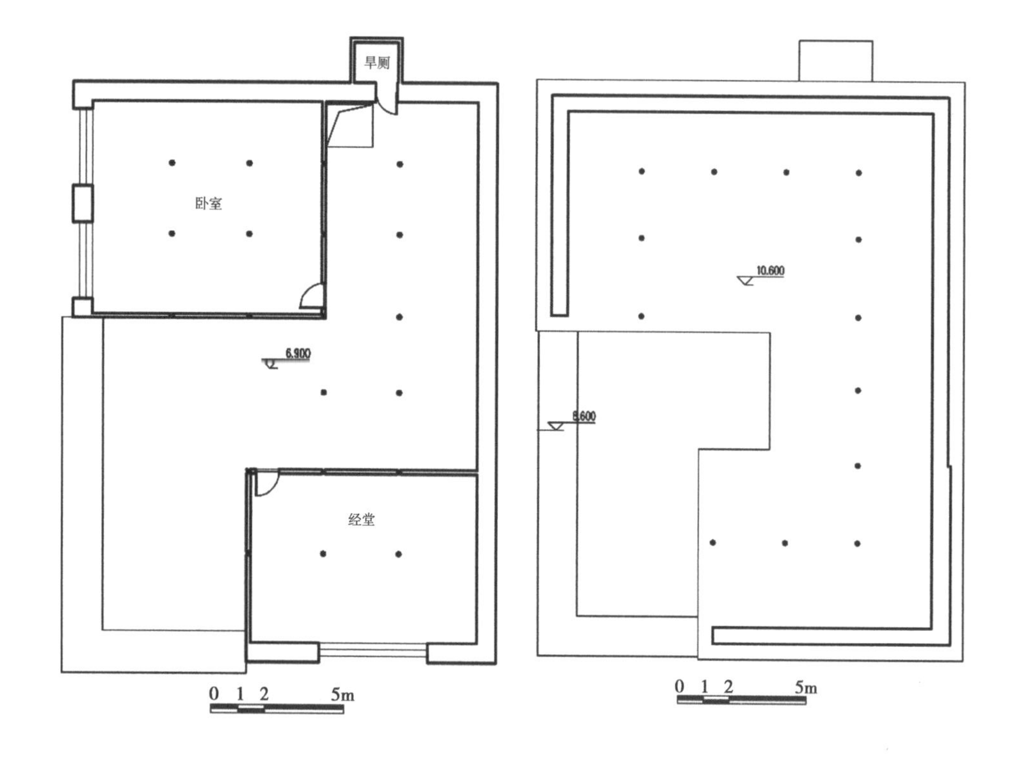

室内（左）

屋顶平面（右）

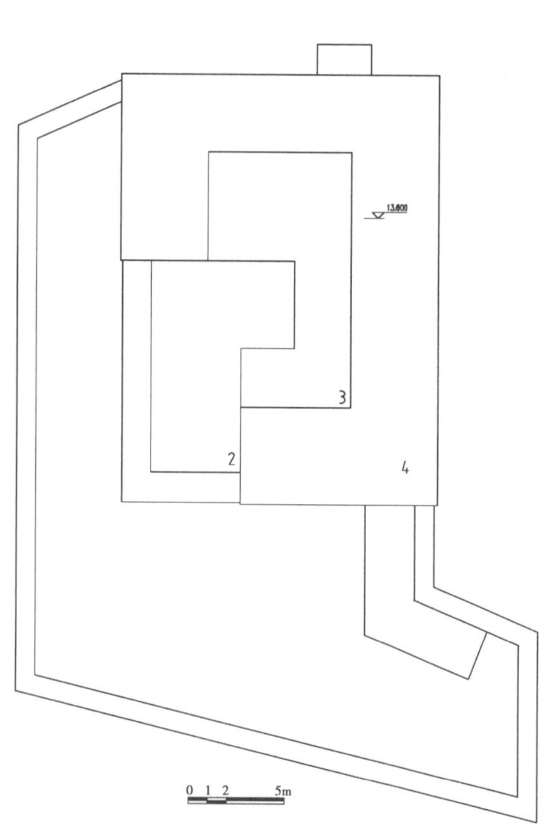

屋顶

十一、洛吃

该建筑位于巴雪行政村，房屋修建于 1995 年，家中有 7 口人。

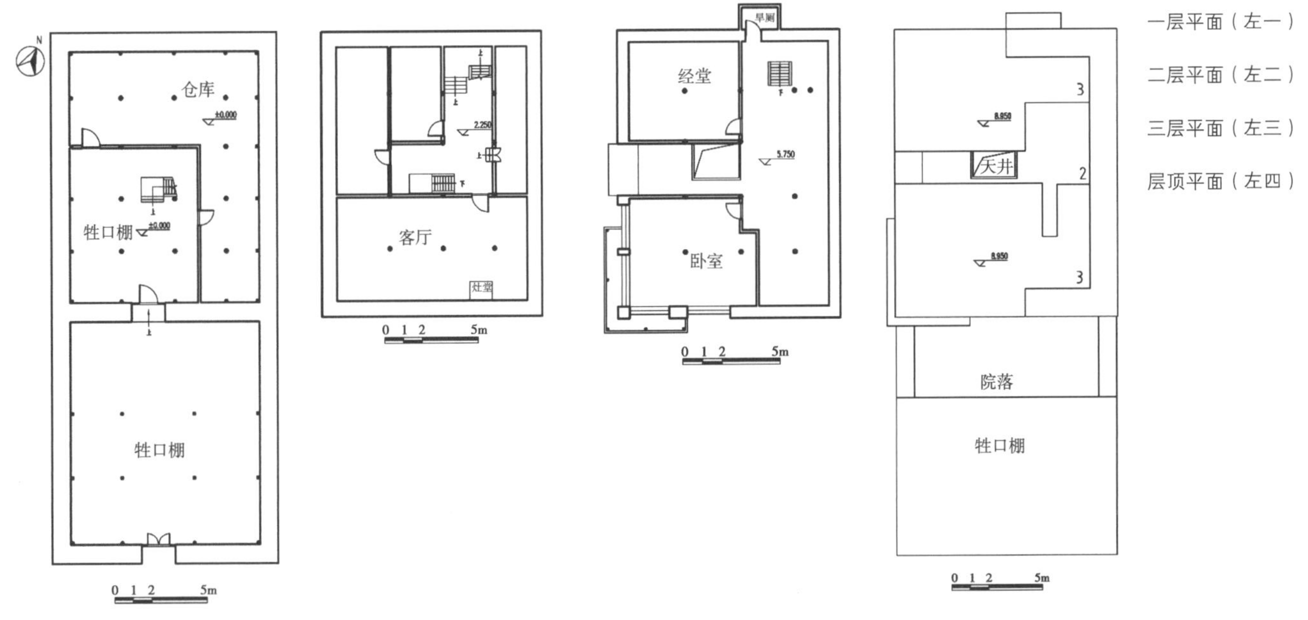

一层平面（左一）

二层平面（左二）

三层平面（左三）

层顶平面（左四）

洛吃家外观（左）

室内门（右）

经堂布置（左）

屋顶挑檐（右）

十二、萨拉寺

该寺庙位于军拥行政村，始建年份不详，于20世纪80年代重新修建，寺内有僧人11人，目前只有1人在寺内，其余的基本外出读书。

立面

入口（左）

一层平面（右）

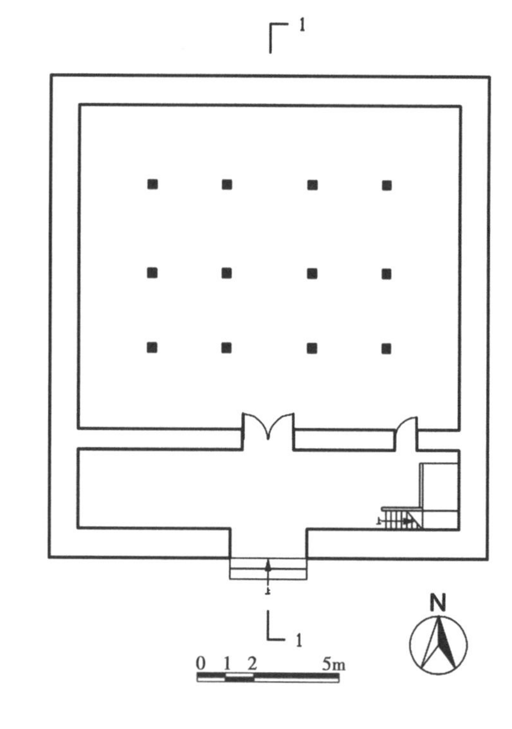

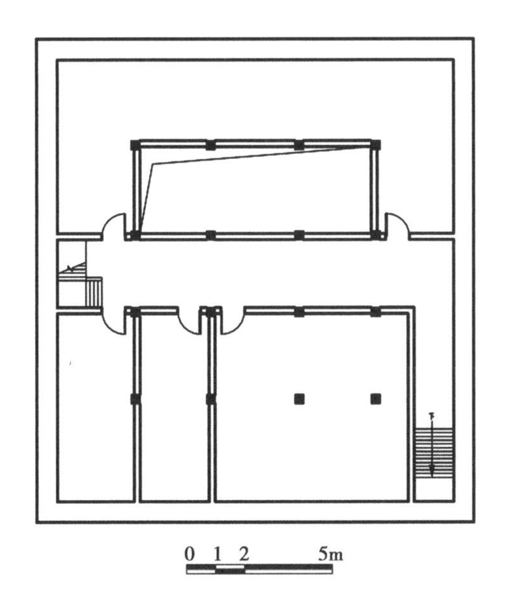

二层平面（左）

立面（右）

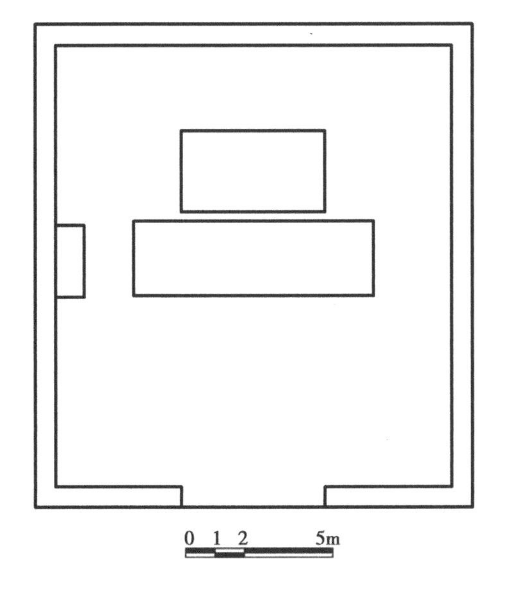

屋顶平面（左）

二层（右）

剖面（下左）

立层（下右）

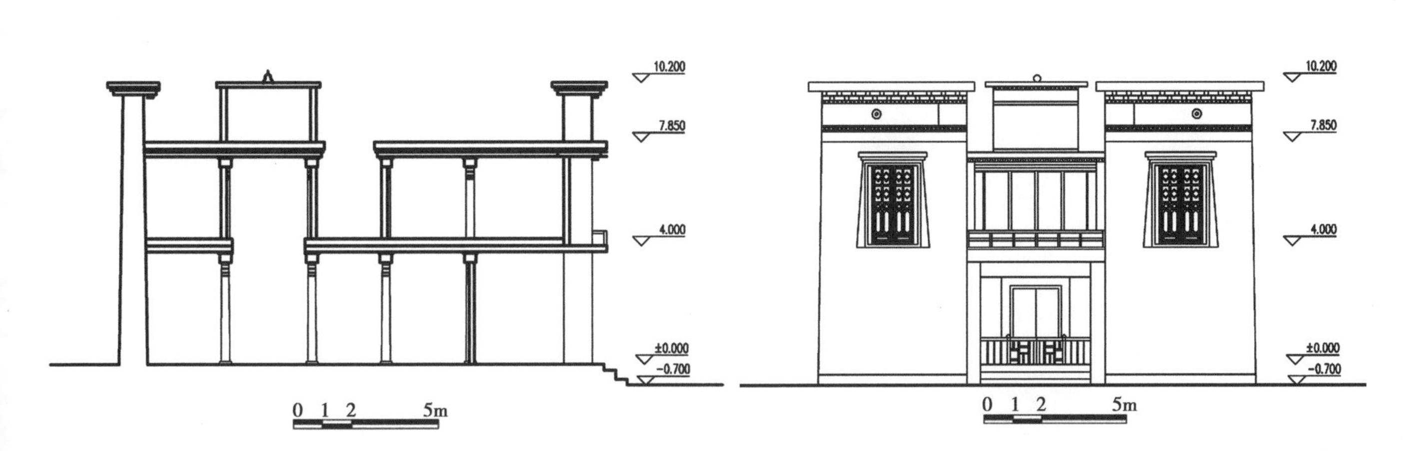

附录二　三岩村落调研统计

三岩村落测绘、摄影与调研人员：汪永平、沈飞、侯志翔、王璇、樊欣、吴临珊。

三岩六乡村落分布总图

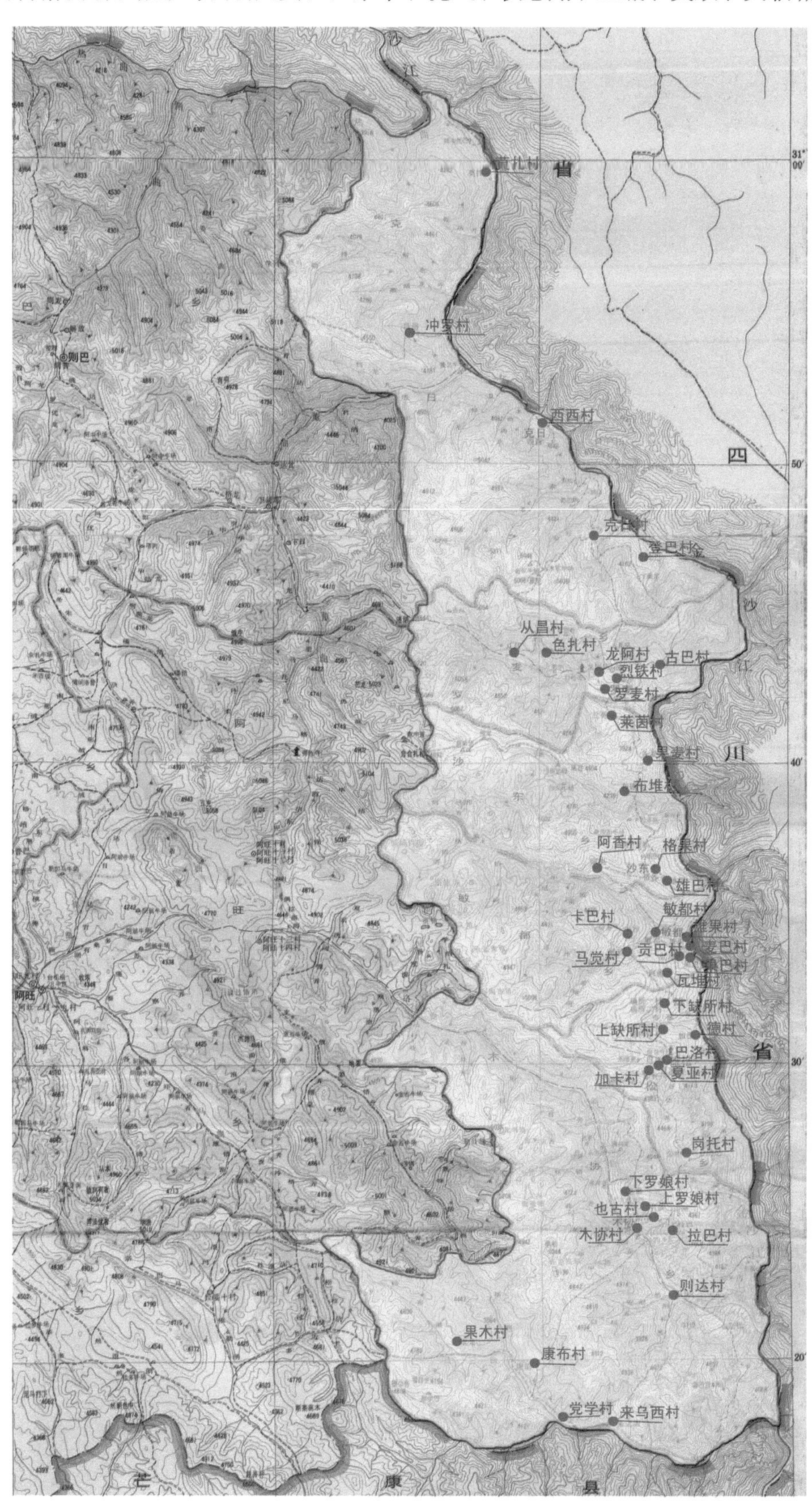

三岩六乡村落调研情况统计总表

乡名称	行政村名称	本次调研情况
木协乡	木协、上罗娘、下罗娘、也古、拉巴、则达、来乌西、党学、康布、果木	来乌西、党学、康布、果木四村未调研
雄松乡	巴洛、夏亚、加卡、德村、上缺所、下缺所、岗托	全部调研
敏都乡	敏都、雄果、卡巴、马觉、瓦堆、果巴、麦巴、贡巴	全部调研
沙东乡	格果、雄巴、阿香、果麦、布堆、莱茵	布堆村未调研
罗麦乡	罗麦、烈特、龙阿、古巴、色扎、从昌	色扎村未调研
克日乡	西西、克日、莫扎、冲罗、登巴	西西、克日、莫扎、冲罗、登巴五村未调研

一、上罗娘

上罗娘村位于木协乡政府所在地后面的山顶上，共43户村民。几个自然村之间有点距离，但是村内的民居还是比较集中的，从村落的测绘图来看，村内的民居主要有三片，大片的民居主要集中在靠近山顶处的一个坡面上。

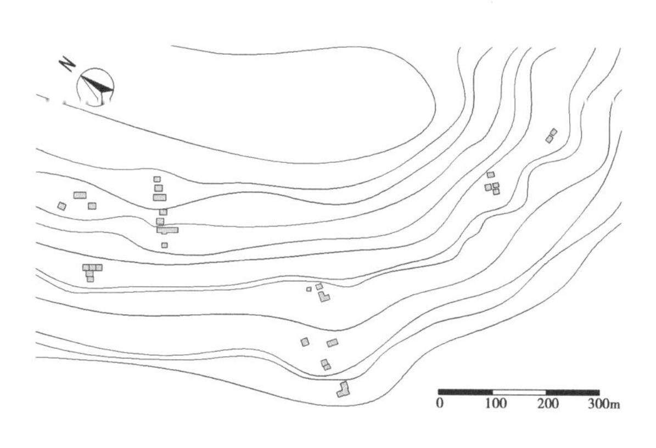

二、下罗娘

下罗娘村距离木协乡政府驻地有 1 个多小时的步行距离，共 34 户村民。村子位于回县城公路的边上。村内的几个自然村之间的距离都比较远，但是各自然村内的民居还是比较集中的，保持着三岩民居的传统布局。

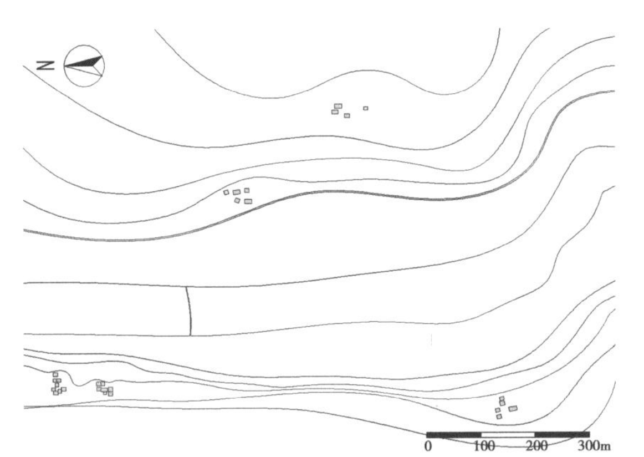

三、拉巴

拉巴村距离木协乡政府驻地比较远，从乡政府有公路直接到达村内。拉巴村因为生态搬迁的原因,居民大多都搬到林芝地区了，目前仅剩下16户,村内也有许多的民居空着。整个村内的民居布局还是比较集中的，除了儿户比较远，大多的民居都集中分布在山腰处地势相对平坦的一个缓坡上。

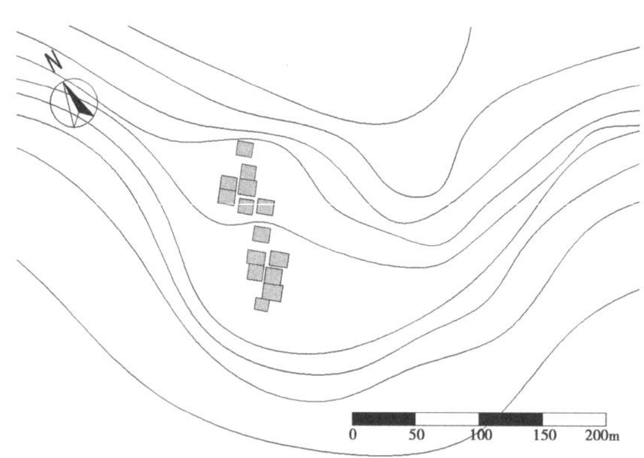

四、则达

则达村的海拔比较低，距离木协乡政府也比较远，沿着公路可以一直走到则达村内。则达村主要有 20 户，村内的民居分布也比较集中，主要集中分布在靠近山脚的一个缓坡上。因为海拔比较低，因此村内的气候相对湿润，农作物生长条件也相对较好。

五、木协

木协村共29户村民，就在木协乡政府驻地的边上，村内的几个自然村之间的距离比较大，因此在总体布局上有点分散，民居主要有4片。尽管如此，但是各自然村内的民居分布依然保持着三岩民居的分布特色，以帕措为单位的民居布局显得非常清晰。

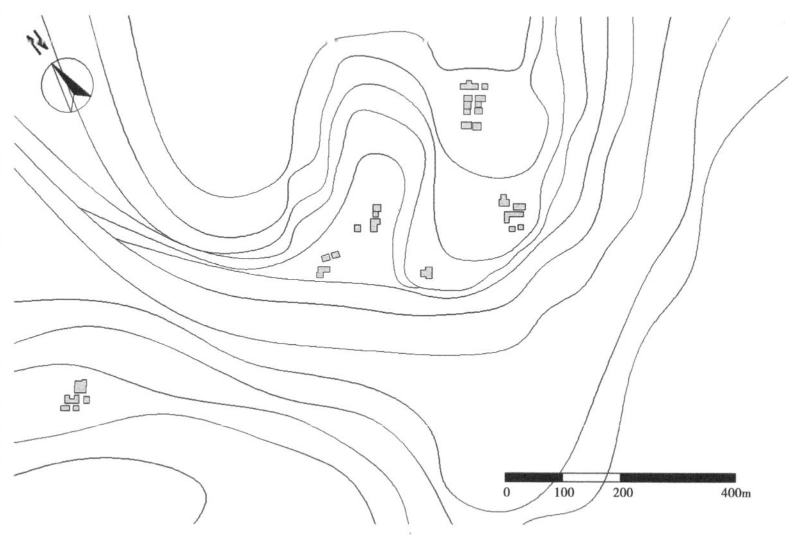

六、巴洛

巴洛村共 56 户村民，位于雄松乡政府下坡度相对平缓的一个山坡上，巴洛村是三岩地区比较早的一个村落，村落比较大，但是因为村内居民同属于巴洛帕措，故村内民居的分布尤为集中，而且每栋碉楼之间的距离都非常小，有的甚至连在一起，有的则共用墙体。

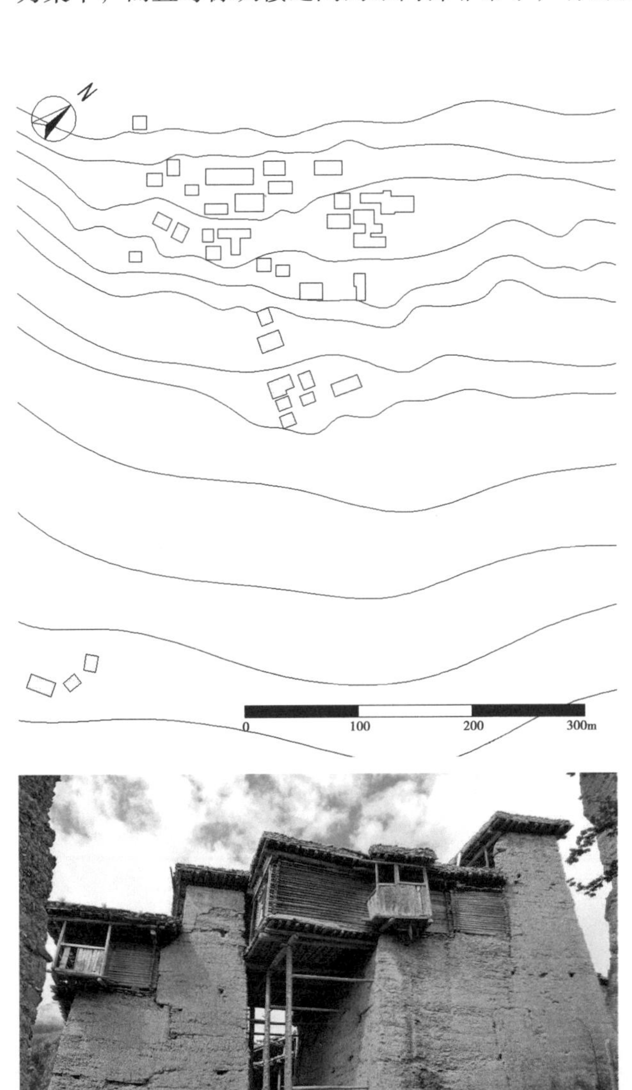

七、夏亚

夏亚村距离雄松乡政府很近，紧挨着巴洛村，跟巴洛村一样也是三岩地区比较早的村落，共41户村民。尽管村内不像巴洛村那样仅有巴洛一个帕措，但是因为村落中除了巴洛以外的其余帕措跟巴洛帕措之间有着特殊的隶属关系，故村内的民居分布同样非常集中。

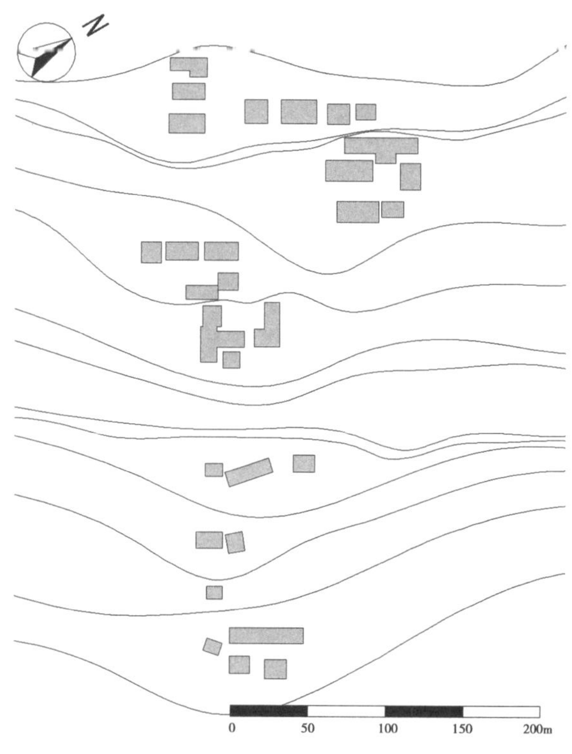

八、加卡

加卡村和巴洛村以及夏亚村属于三岩地区比较早的村落，跟巴洛村和夏亚村内帕措之间有特殊关系，夏亚村距离这两个村比较近。该村共32户村民，因为特殊的帕措制度关系，加卡村内的民居布局也非常集中，除了几栋碉楼相对较远，其余的碉楼民居几乎都是挨在一起的。

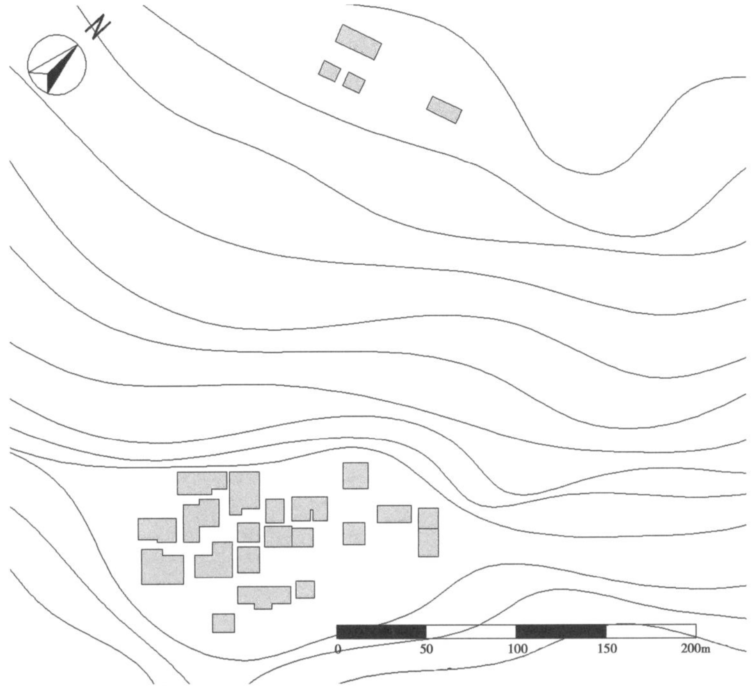

九、德村

德村距离雄松乡政府比较远，整个村落位于去敏都乡的公路边上。村内的民居布局非常分散，顺着公路下面的山坡，自上而下自由分布。该村共 36 户村民，尽管民居的分布相对比较分散，但是三岩民居以帕措为单位的布局方式，在村内依然随处可见。

十、上缺所与下缺所

上缺所村位于去敏都乡的公路上面的山坡上，该村共 34 户村民，村内的民居分布极具三岩传统民居布局的风格。村内的民居除了几栋坐落在比较高的山顶上，其余的都集中分布在一个半山坡上面。

下缺所村跟上缺所村之间被公路分开，下缺所村位于公路下面的山坡上。下缺所共 41 户村民，相对于上缺所村，村内的民居布局更加集中。三江源之一的金沙江就在村落所处山坡的脚下，在村内可以非常清晰地看到金沙江。

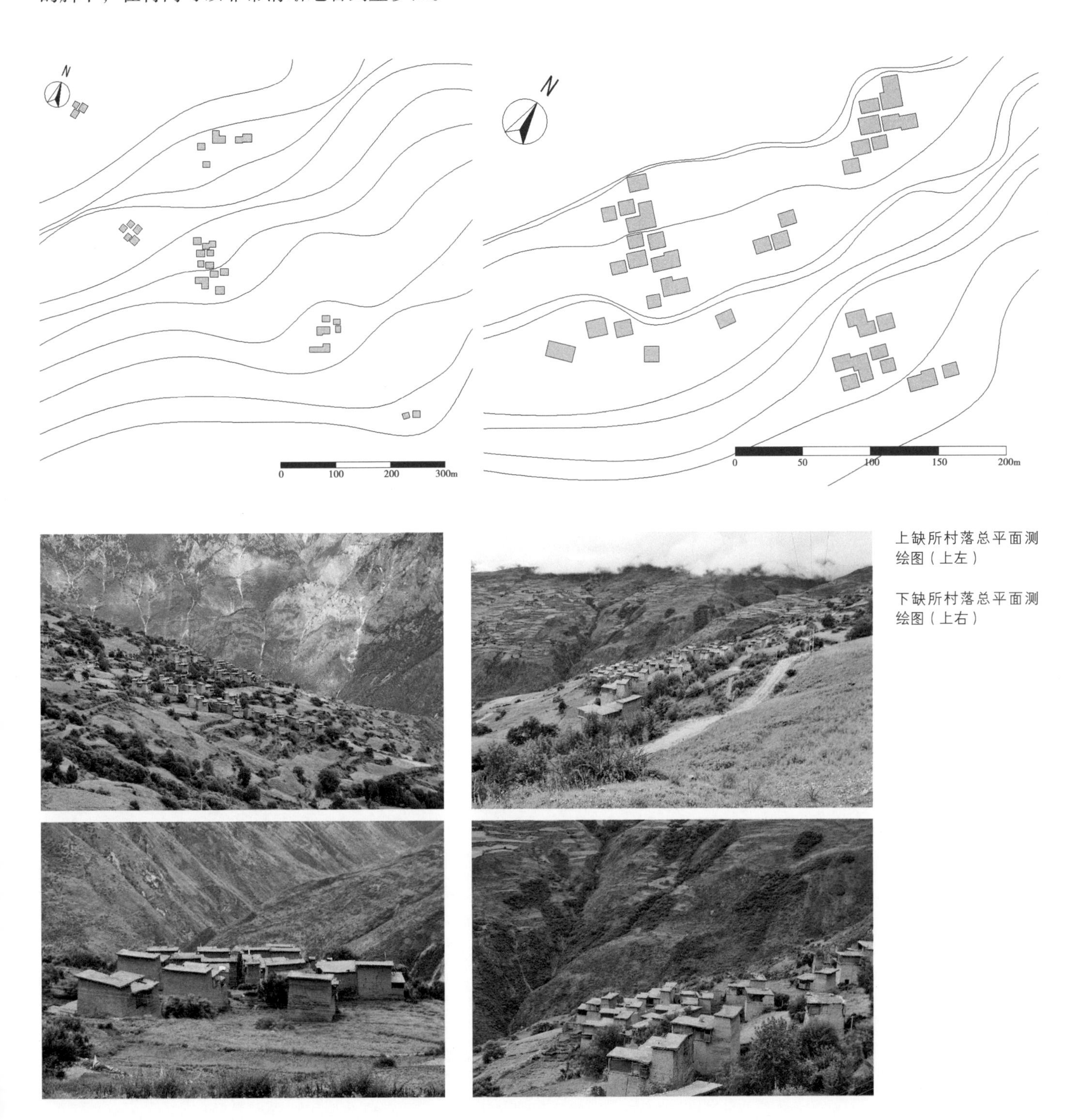

上缺所村落总平面测绘图（上左）

下缺所村落总平面测绘图（上右）

十一、阿尼四村

瓦堆村全村位于一个坡度较大的山坡上，村内的民居分布相对集中，共25户村民，主要有三片民居群。贡觉三岩地区规模最大的宁玛派寺庙——台西寺就位于瓦堆村上面的山坡上。

果巴村的海拔比较低，村内居民比较少，共11户村民，民居相对集中。村子位于靠近金沙江边上地势相对平缓的坡地上，村内最低点的民居已经靠到了金沙江的边上。

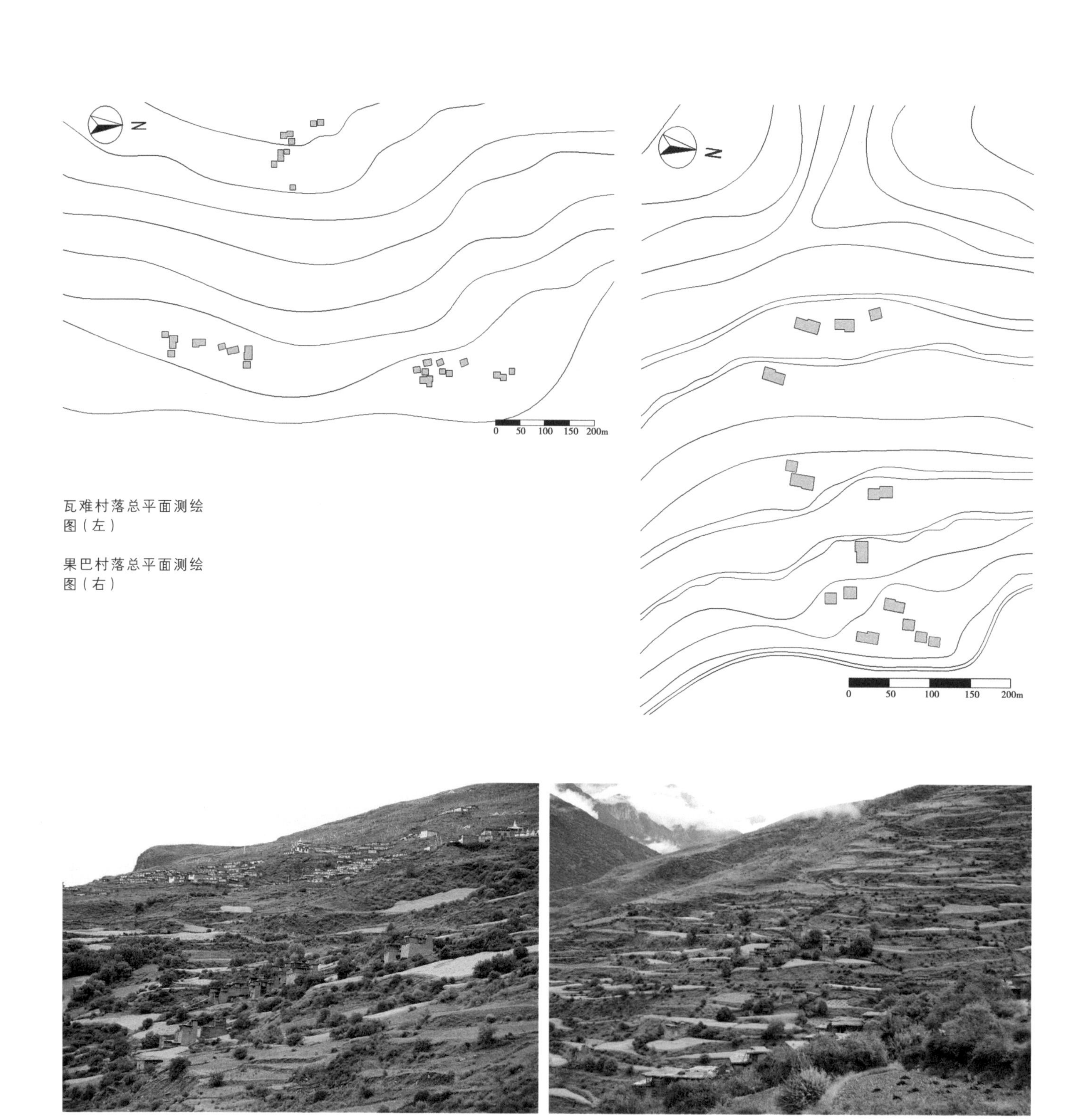

瓦堆村落总平面测绘图（左）

果巴村落总平面测绘图（右）

麦巴村的海拔比较低,村内的民居不多,但是分布比较集中，主要有两片民居群。麦巴村也接近金沙江边，顺着村内的小路一直往下走，便可以走到三岩地区非常著名的阿尼吊桥。通过阿尼吊桥便可以到达对面的四川白玉县。

贡巴村位于果巴村和麦巴村中间，和瓦堆村一起统称为三岩地区的阿尼四村。阿尼四村不管是在贡觉三岩还是在江对面的四川山岩都是比较出名的。贡巴村内共26户村民，民居分布比较集中，三岩传统民居的布局风格在村内同样可以看到。

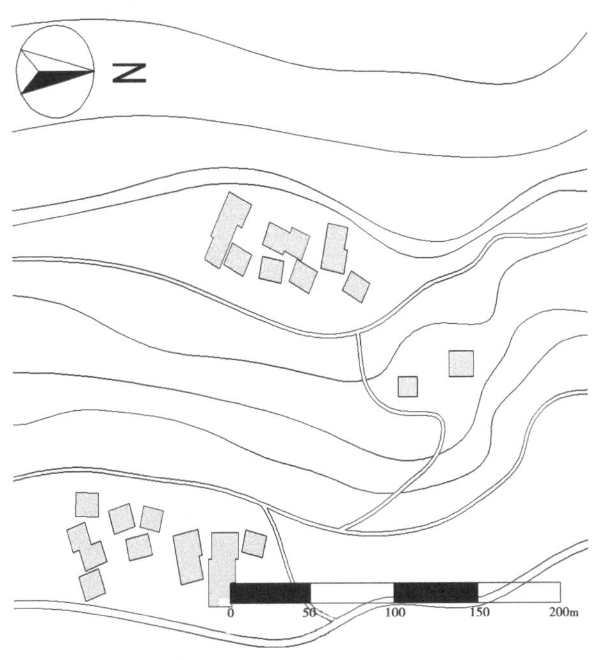

麦巴村落总平面测绘图

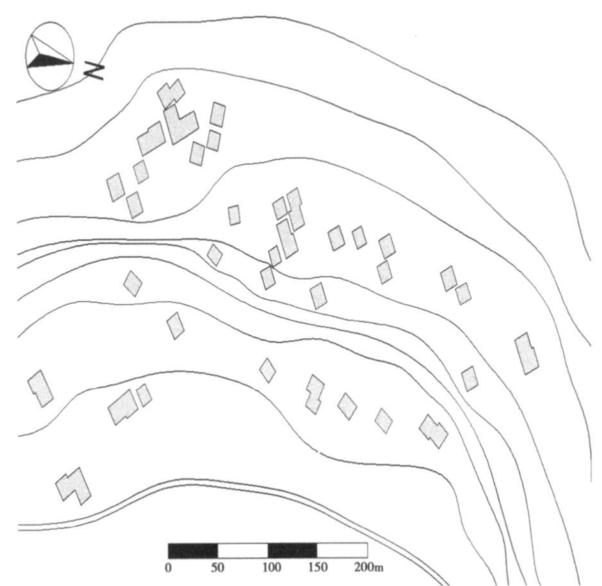

贡巴村落总平面测绘图

十二、马觉

马觉村距离敏都乡政府比较远，位于敏都乡与沙东乡之间公路的边上。村内民居的分布非常集中，共28户村民，除了几栋碉楼距离较远，主要的民居群顺着公路下面的山坡，非常集中地分布在山坡上地势比较平缓的一块空地上。村内有山泉经过，可供直接耕作的土地资源也比较丰富。

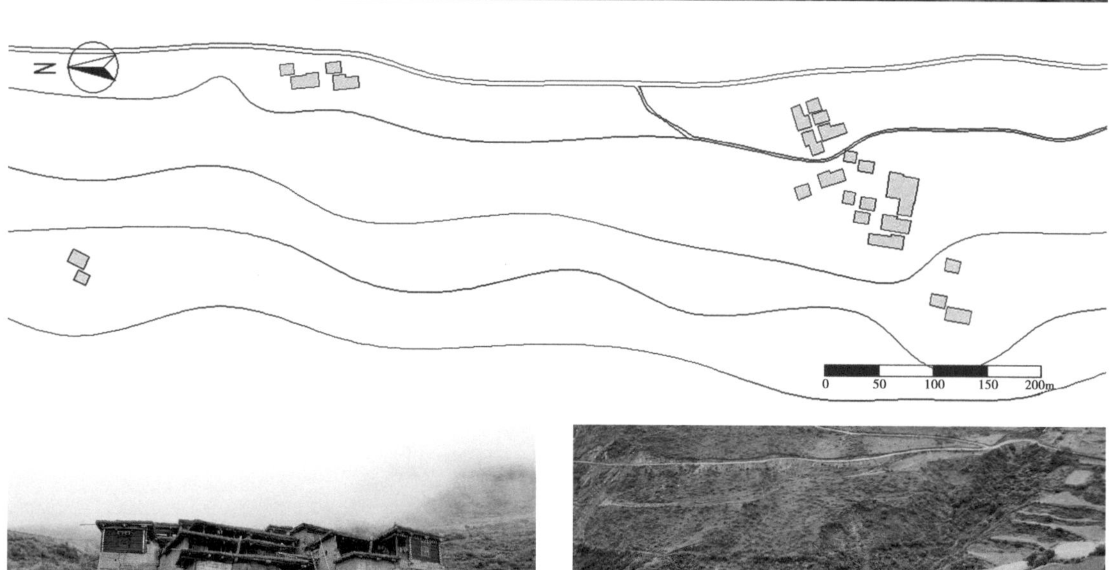

十三、卡巴

卡巴村位于马觉村上面的山坡上，村落选址的山坡坡度比较大，村内的民居不是很多，共 14 户村民，分布比较集中。村内有宁玛派寺庙——根沙寺，位于村子上面接近山顶的一块平地上。

十四、雄果

雄果村距离敏都乡政府比较近，共 24 户村民，顺着小路一直往金沙江边的方向走，差不多半个小时的步行路程便可以到达村边。雄果村的海拔也比较低，整个村落接近金沙江边上。村内的民居分布比较集中，顺着山势沿着金沙江的流向分布。村内的耕地资源充足，果树很多。

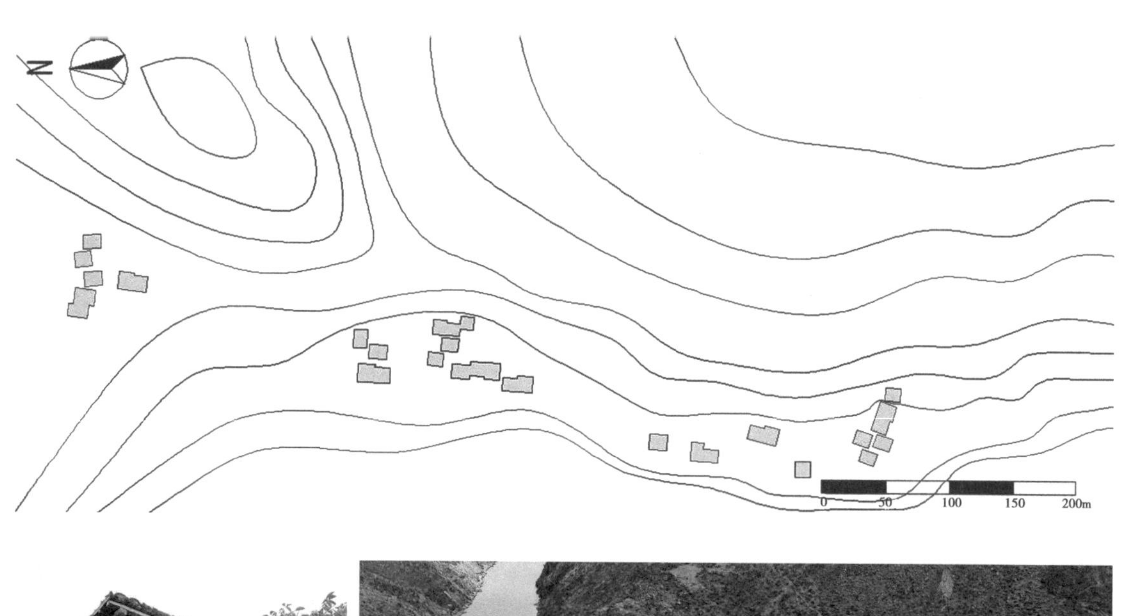

十五、敏都

敏都村是敏都乡政府驻地。村内的民居分布比较集中，主要有4片大的民居群，共53户村民，民居群自然村彼此之间有点距离，但是各民居群内的民居布局非常集中，围绕着乡政府依次分布。

十六、格果

格果村距离沙东乡政府所在地比较近，沿着乡小学边上的小道一直往下走不久就可以到达村子里面。格果村的规模不是很大，共 42 户村民，民居也相对集中，主要是两片民居群，一部分在乡政府后面的山坡上，一片在乡政府正对面的山坡下面。

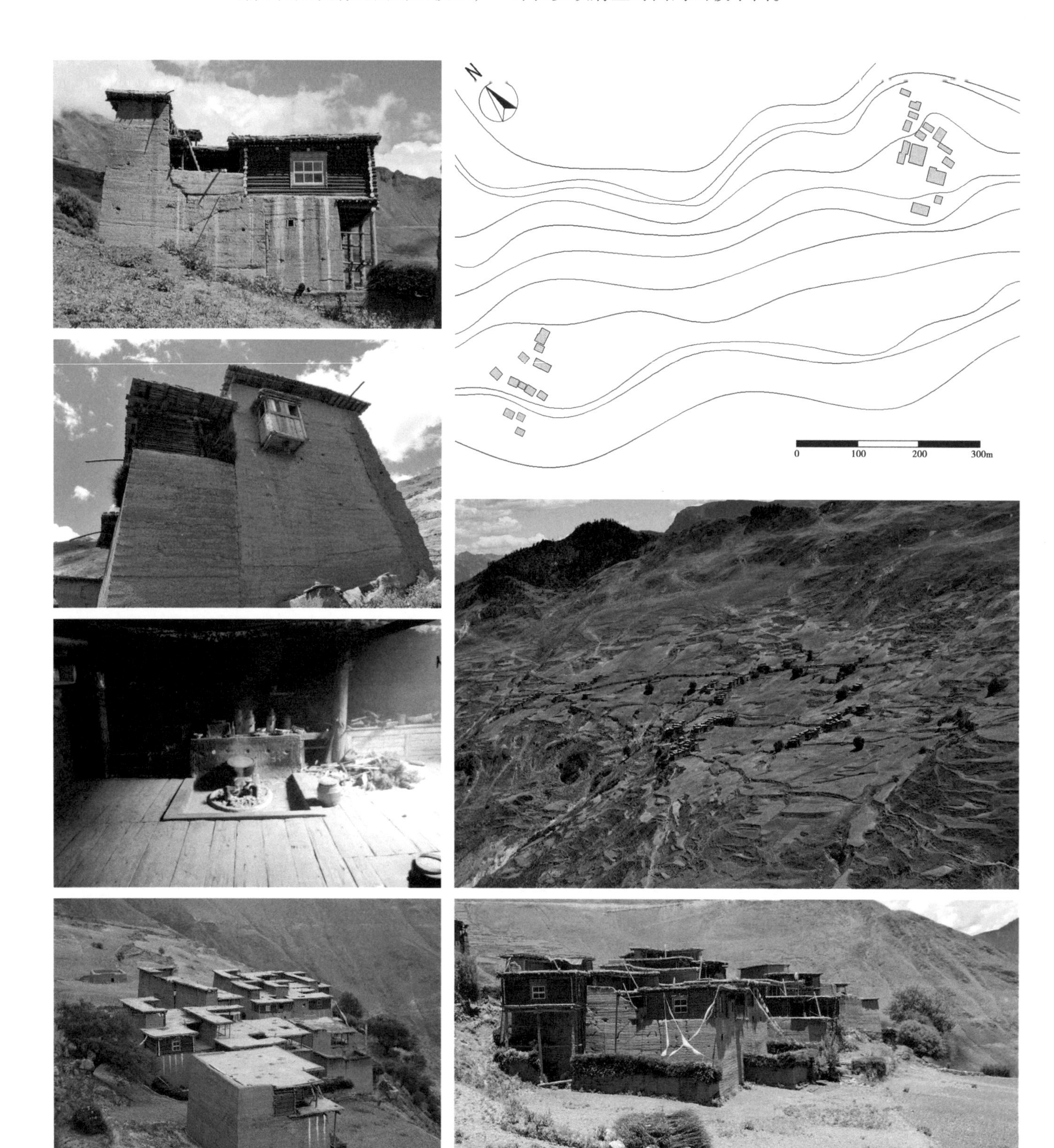

十七、雄巴

雄巴村紧挨着格果村，村内的民居也比较集中，整体规模相对于格果村要大了很多，共有 73 户村民，主要有 3 片比较集中的片区，顺着山势依次分布。村内的民居在布局方式上非常严格地遵守帕措制度。

十八、阿香

阿香村位于县城与三岩主要交通道路的边上，海拔比沙东乡其他几个村子要高，距离乡政府 8 km 左右。全村共 53 户村民，民居呈现既集中又分散的分布状态，主要有 4 个片区，其中两处规模较大。

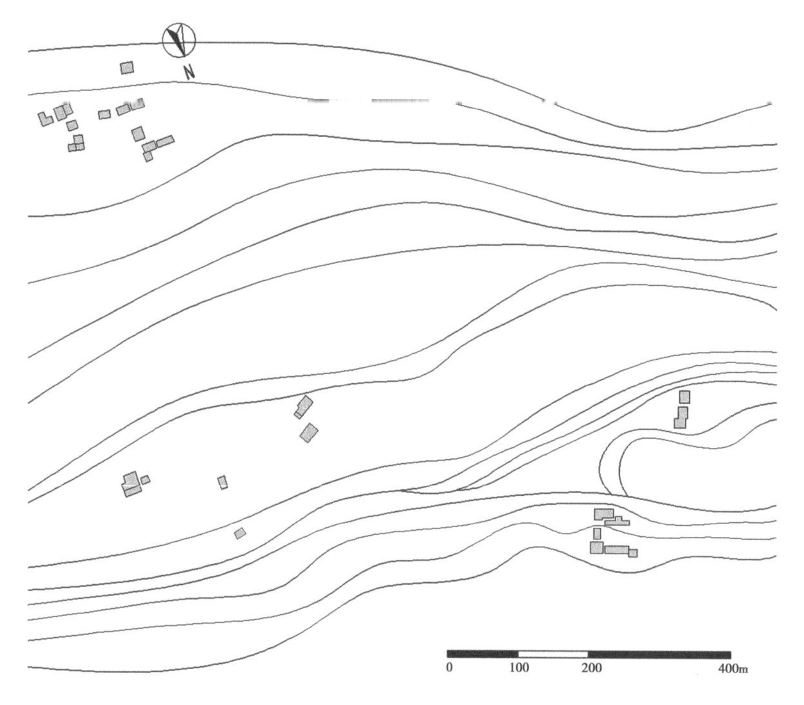

十九、果麦

果麦村位于沙东乡政府和阿香村之间，村子不是特别大，却非常集中，全村的民居集中在半山坡一个比较平坦的平台上面。村内共 69 户村民，民居分布的非常整齐，民居的朝向因为帕措的不同而有着严格的区分。

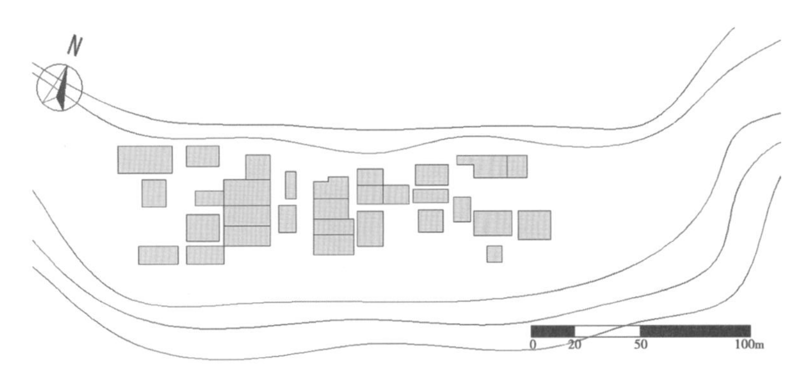

二十、莱茵

莱茵村距离沙东乡政府所在地最远，位于沙东乡去罗麦乡的道路边上，共41户村民，在莱茵村可以看到对面的罗麦乡。莱茵村的民居分布与村落构成是最典型的三岩村落分布与构成方式，民居顺着山势由上至下依次布局，寺庙位于村内最高的山坡上。

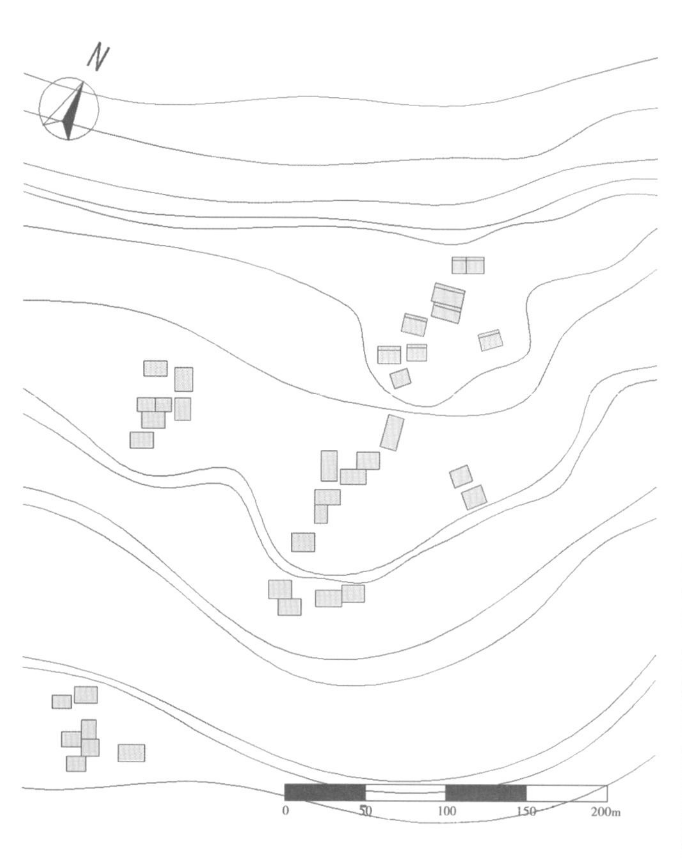

二十一、罗麦

罗麦村是罗麦乡政府驻地，也是全乡最大的一个村子，共有 56 户，500 人。村内的民居相对比较集中，主要有 4 片民居群，从山上到山下，再到山上，主要集中在两个小山坡上，具有三岩民居的分布特点。

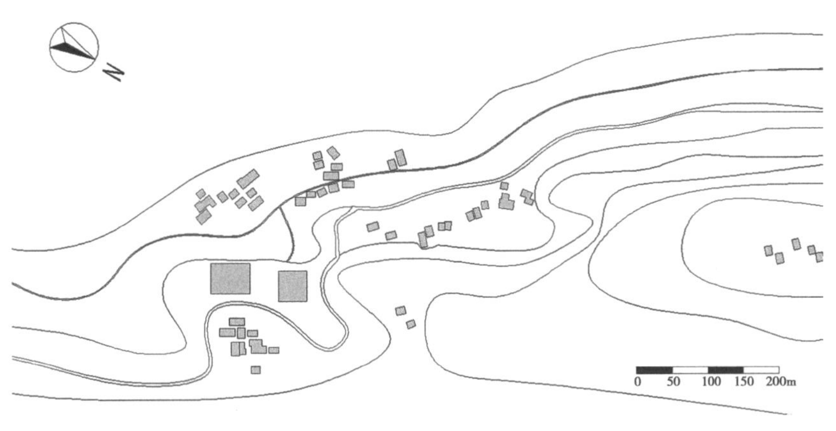

二十二、烈特

烈特村距离罗麦村不远，村落选址在罗麦村上面的山坡上，村内的民居不多，共13户村民，而且分布分散，基本上都在路边。村内的碉楼民居基本上都是单独一户存在的，只有一处有四栋碉楼聚在一起。

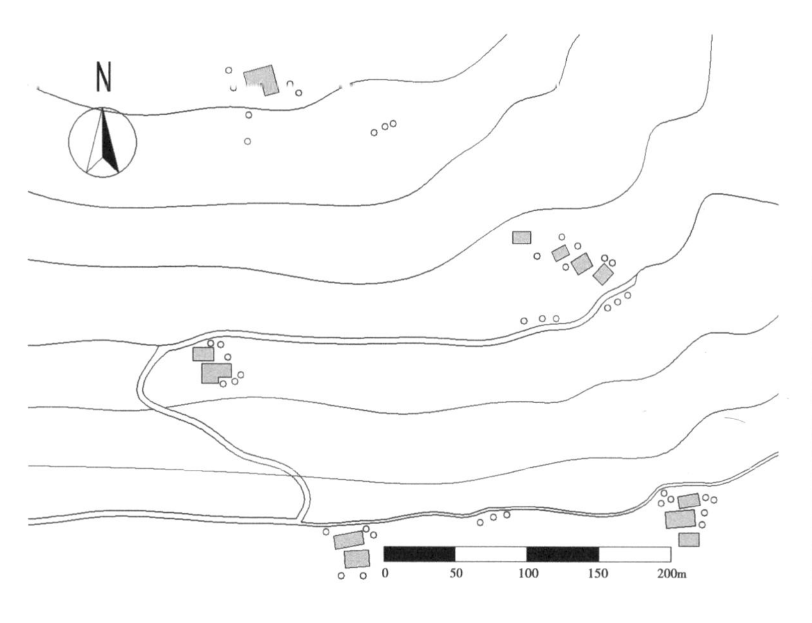

二十三、龙阿与嘎达

龙阿村和嘎达村现在已经合并成一个村——龙阿村。整个村子三面环山，共有55户村民，主要分为3部分，一部分相对比较集中，分布在山谷的平地上，还有一部分分散在四周的山坡上，最后一部分比较集中的是山头平地上的噶达村。村里有座宁玛派的寺庙——达松寺，规模不算大，坐落在村边的一个山头上。

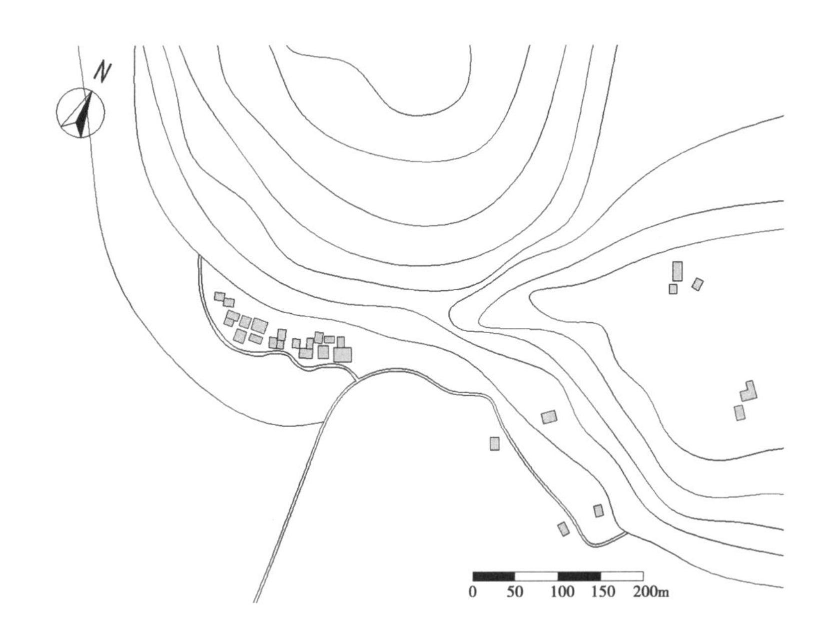

二十四、古巴

古巴村距离罗麦乡政府比较远，位于全乡的北部，共 33 户村民。村内的几个自然村之间的距离比较远，但是各自村内的民居分布还是比较集中的。整体的民居分布主要有两片，中间隔着一个很深的山谷。村内有座宁玛派寺庙——果根寺，位于村落上部地势相对平缓的一块平地上。

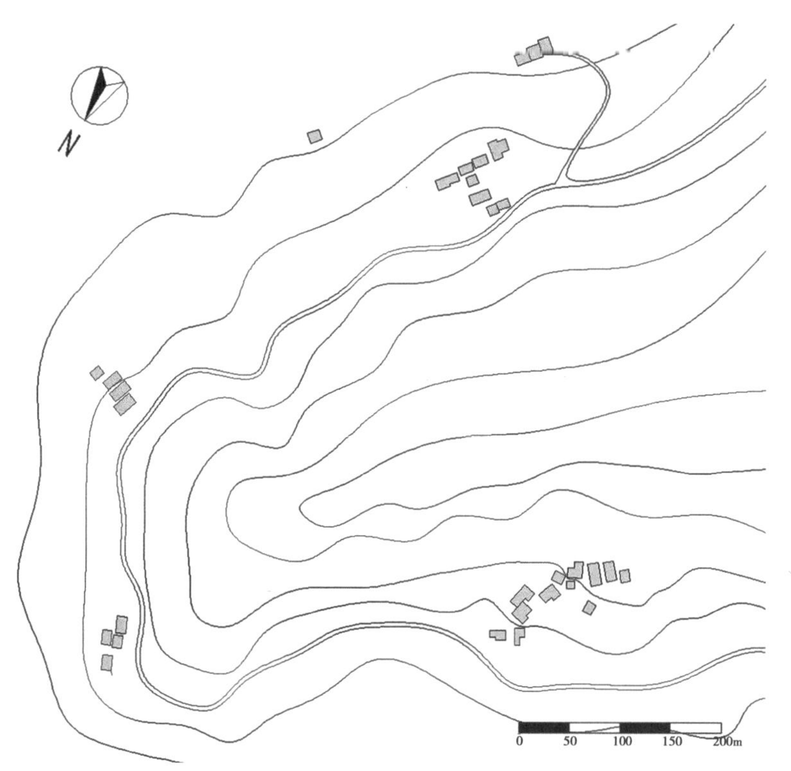

二十五、从昌

从昌村位于罗拉山脚下，在去县城的道路边上，村内共 26 户村民，民居分布比较集中，顺着山势自上而下自由分布。因为紧临道路，村内的交通相对便捷，耕地资源比较充足。

附录三　藏东手工艺术之乡——噶玛乡

一、村镇历史

噶玛乡位于昌都县北面扎曲河西岸，距昌都 113 km，属于农业乡镇，位置偏僻，交通不便。东、南与柴维乡、约巴乡相邻，西部、北部与青海省襄谦县和西藏类乌齐县相接，扎曲河流经该乡约 50 km，去青海玉树的公路沿扎曲河溯流而上，经过面达乡后到青海境内。噶玛乡是西藏自治区的民族手工业之乡，其下辖 12 个行政村，43 个自然村 487 户，3023 人。噶玛乡平均海拔 3500 m 左右，因乡境内有著名的藏传佛教噶玛噶举派祖寺——噶玛寺而得名。噶玛寺在 1984 年被列为西藏自治区重点文物保护单位并正式开放，前来朝圣、观光的国内外人士络绎不绝。由于噶玛寺坐落此地，此地代代流传下来的专为寺院绘制唐卡画、制作佛像、制作金银器的匠人、传

从高处看噶玛乡老村

依山而建的村落

人有 300 多人。

噶玛乡是远近闻名的工艺乡。乡内的传统手工艺有以打制佩饰为主的银铜工艺，有唐卡绘制工艺、铜佛像打制工艺、石刻工艺等。其中从事银铜工艺的工匠（银铜匠）人数最多。由于其传统工艺历史悠久、技艺丰富，2002 年噶玛乡被西藏自治区文化厅命名为“民族民间手工艺术之乡”。噶玛乡的艺人分布于全乡各村，其中瓦寨村和里土村的银铜匠分布最为集中。手工艺人不仅传承了工艺，还为家庭带来了一定收入。

二、村镇形态

在噶玛乡这片土地上，一座座文化内涵丰富且拥有独特手工艺的村落，犹如一颗颗璀璨的珍珠，闪烁在扎曲河沿岸，串联成闻名遐迩的“民族民间手工艺术之乡”。瓦寨村（行政村）分为 5 个村民小组（自然村），共 45 户人家。以瓦孜组为中心，组与组之间相距较远，最远的肖那组距瓦孜组有五六千米，最近的那也组距瓦孜组也有 3 km 左右，在噶玛乡每一个村落便是一处手工业的基地，每一个家庭就是一个手工业作坊，每一个匠人都有一段继承与创新的历史。瓦孜村以金银器手工艺品为主，如藏式服装腰带或者打火器。

位于噶玛乡白西山麓下的噶玛寺建于 1185 年，据说七世噶玛巴（1454—1506 年）维修扩建噶玛寺时，从尼泊尔请来打造佛像的工匠，完工后就定居在瓦寨村了，至今有 500 多年了，村落的形成与尼泊尔的工匠有很大的关系。沿扎曲河流域有大片待开发的土地，生态资源丰富，1998 年 11 月“昌都县噶玛农业综合开放区”被列为西藏自治区重点开发建设项目。噶玛乡成为昌都县重要的粮食生产基地和生态平衡基地。

精美的手工制品

三、文化遗产

（1）传统银铜工艺

昌都噶玛乡一带的银铜工艺以打制佩饰和宗教用品为主，十分有名。在原料、工具等技术层面上有一般银铜工艺的共性，但在器物种类、造型、图案等方面又有鲜明的地方特色。这里的银铜工艺传承久远，是一种重要的家庭手工业，改革开放后银铜工艺得到了恢复和发展，工艺传统和地方特色得以保持，不仅有大型铜佛像打制工艺，还有打制佩饰和小件宗教用品等的银铜工艺。尽管村里很多人外出打工，走出去承接业务，但是主要的工匠和工艺传统仍然保留在村内。

制作的佛头

在噶玛乡有金属工艺传习所，学徒在这里可以学习打造佛像。噶玛金属工艺制作技艺是西藏自治区区级非物质文化遗产，该项目正在申请国家级非物质文化遗产。

（2）噶玛嘎赤画派

“噶玛嘎赤画派”是唐卡的一个流派，流传在西藏昌都的噶玛乡，2008 年 6 月入选第一批国家级非物质文化遗产扩展项目名录。噶玛嘎赤画派第十代杰出传人、著名唐卡老艺人噶玛德勒就住在噶玛乡。西藏昌都职业技术学校开设唐卡绘画课程，邀请“噶玛嘎赤画派”唐卡的传承人来学校授课，以使这项技艺得到传承。

（3）噶玛噶举派的祖寺建筑

噶玛寺位于昌都县噶玛乡白西山麓下，由噶举派高僧噶噶玛·堆松钦巴于宋淳熙十二年（1185 年）创建。该寺是噶玛噶举派的祖寺，是藏传佛教历史上开创活佛转世系统的第一寺。噶玛寺面积为 5936 m^2，坐东朝西，建筑大体沿东、南、西三个方向分布，形成放射状。建筑由大佛殿（大经堂）、灵塔、辩经场、护法神殿、僧舍等 5 部分组成。殿内供奉的一座 17m 高的泥塑弥乐佛，堪称古

噶玛大殿侧面和琉璃屋面

井干式建筑

代泥塑精品。噶玛噶举派因建该寺而得名，是继萨迦派后最早与元朝建立密切关系的教派。噶玛寺活佛与西藏自治区外其他地区的频繁政治交往和传教活动，促进了西藏与其他地区的文化交流。

噶玛寺的建筑风格具有藏族、汉族、纳西族3个民族的特点，其狮爪形、龙爪形、象鼻形屋檐和琉璃屋顶造型新颖、风格独特，充分体现了藏族、汉族、纳西族工匠的聪明才智和高超技艺，反映了藏族、汉族、纳西族民族文化交流、团结协助的历史面貌。其中措钦大殿建筑面积为2240 m^2，为噶玛寺的主殿。扎仓占地面积1620 m^2，位于措钦大殿右侧。3座灵塔殿，第一座灵塔殿有灵塔3座，高10 m，内供第一世噶玛·堆松钦巴活佛和司徒仁青活佛、克巴旺结多杰活佛法塔；第二座灵塔殿有灵塔1座，高13 m，内供第二世噶玛·拔希曲吉活佛塔；第三座灵塔殿有吉色班登活佛塔1座，高11 m。

措钦大殿，高3层，屋顶覆以歇山式琉璃瓦，屋檐有斗拱承托。屋檐正中是藏式工匠设计建造的狮爪形飞檐；左边为汉族工匠建造的龙爪形飞檐；右边为纳西族工匠建造的象鼻形飞檐，集藏族、汉族、纳西族建筑风格于一体，殿内面积180 m^2，大殿正中以12根长柱支撑天窗。大殿四周以释迦牟尼的传记壁画为主，大殿左侧内供有泥塑弥乐佛，系第二世噶玛·拔希曲吉喇嘛时塑造。右侧是喇嘛拉康殿，内供历代噶玛活佛像。正中主供噶玛噶举派的创始人噶玛·堆松钦巴的合金像，两侧为二至十五世噶玛活佛的镏金铜像，四周壁画为塔布拉杰和噶玛噶举黑、红帽系的活佛画像。大殿三楼顶部为藏式平顶，正中饰以镏金铜法轮，两边为孔雀，这种屋顶装饰在西藏极为少见。

噶玛寺现藏有大量唐卡和佛像，寺内珍藏有明朝使者来噶玛寺时赠送的万岁牌、丝绸锦缎、刺绣品、贝叶经和瓷器等，至今在大殿内保存有一尊17 m高的弥勒佛（1998年因发生火灾受到局部破坏，后进行了修复），是昌都地区唯一留下来的最大泥塑像，堪称西藏古代泥塑的精品。在大殿之外还有相传为噶玛·拔希曲吉从内地带来的柳树，至今根深叶茂。

（4）独具特色的木楞房民居

昌都地区民居按承重结构和使用材料的不同，大体可分为3类。第一类为柱梁承重，石头砌外墙，即所谓的碉房。第二类为墙柱混合承重，夯土或石砌为墙，如具有军事防御的碉楼。第三类为墙体承重与外围护合一的木楞房，即我国古代木结构类型中的井干式建筑，井干式结构在汉代常用于皇家或贵族的棺椁式墓葬，西藏木楞房建筑的雏形可追溯到新石器时代的卡若遗址。木楞房的基本结构为将原木横向平置，十字交叉相互扣接，圆形向外，平面向内，转角的交接处挖成凹槽，相互搭接，上下层层叠垒后形成井字形或箱形结构的建筑，还可以根据需要放在版筑的楼层或墙体上，由于它的密封性能好，防潮、防盗及抗震力极强，常被用作藏东地区富裕人家的粮食仓库。这也是藏东人民在实践中摸索出来的具有藏族特点的抗震房。噶玛乡处处可以见到木楞房民居，与自然结合成为亮丽的风景。

灵塔殿

附录四　茶马古道上的交通驿站——香堆镇

一、村镇历史

从山下看香堆镇

香堆镇地处西藏自治区察雅县境内东南部，距县城约 80 km，全镇区域面积 960 km^2，与宗沙、阿孜、巴日、荣周等乡毗邻，北部则与贡觉县相邻。四面环山，麦曲河由东向西从村前通过。

古代，自唐朝茶马古道通商互市开始之初，香堆就是茶马古道上的重要交通驿站，现在香堆镇所处的区域附近便是往来马帮的休息之地。这里南邻麦曲河，北依旺宗山，山河之间为大片的平坦地势，便于大面积搭建帐篷，麦曲河为马帮的马骡提供了充足的饮用水，起初商人利用帐篷建立流动驿站，时间长了就建造房屋形成固定的驿站接待来往的马帮，这便是香堆早期村落的雏形。明代是香堆发展的高峰期，自明朝政府建立之初，川藏茶马古道的南线便是西藏各个封建主向明朝政府进贡的专业路线，此后被明朝政府定为贡道。这一时代新建的房屋大多集中在旺宗山脚下，新房屋结合原先建造的商铺、民居组合出了较为规整的方格网形村落，山脚下的村落中心位置商铺林立，民居则分布在村落的边缘区域，村落中户与户之间有道路相通。

二、村镇形态

香堆镇坐落于群山环绕之中，北枕旺宗山，南有麦曲河自东向西流过。全镇地理位置最高处坐落着当地的藏医学院宗教建筑群，自藏医学院至山脚下的区域，沿等高线依次分布着香堆寺、香堆寺分院和地主庄园。整个山坡上的建筑群以香堆寺大殿为中心，呈放射形分布在旺宗山南坡，自上而下铺展开来，整体布局呈扇形。藏医学院、香堆寺、香堆寺分院和地主庄园分别布置在该扇形区域内的四个环形地带中，其间通过小道相互连接。

旺宗山山脚下地势平坦，向康大殿坐落在香堆寺正下方的山脚边，它是全镇的第二个中心点。地势平坦区域的民居和商铺都围绕向康大殿而修建。大殿四周有东西、南北走向道路各两条，其中南北向道路中一条通往现在的香堆镇镇政府，另一条是通往香堆寺的上山道路。东西向道路较长，一直延伸至全镇的东西两头，这两条道路作为全镇的主要干道使用。东西向干道的两边建造有成排民居，民居门前有小道引到各家各户至主干道，这些小道基本平行于向康大殿外的南北向道路。整个香堆镇通过两条东西向主干道和多条门前小道连接成一个方格网状的村落布局形态。

香堆镇民居

三、文化遗产

（1）扎西庄园

扎西庄园由原来香堆镇最有权势和经济实力的大地主扎西平措建造，庄园始建于1870年，整个建筑建造历时3年，于1873年修建完毕，距今已经有140余年的历史了。

扎西庄园建筑主要平面呈长方形，北侧凸出地块，建筑面宽17.05m，进深21.5 m，总建筑面积1100 m^2，属于当地的大体量民居建筑。一层空间内共有99根柱径为20 cm的柱子，柱子采用纵11、横9均匀布置，纵向柱距1.9 m，横向柱距2.0 m。

二层空间中央位置上方开设长7.8 m、宽3.52 m的天井，各种功能用房围绕天井布置。从楼梯上到二层，正对的便是客厅的入口，从客厅的规模来看，原来的主人在当地的地位相当显赫，时常要接待众多来自周边的地主、喇嘛，客厅是他们讨论事务的主要场所。客厅设有一个用于日常烧酥油茶的炉灶，室内没有设置排烟孔，全靠窗户自然排烟。

三层是家中主人的活动空间，分别布置了主人卧室、家人卧室、僧侣卧室、经堂和小花园。由二层厨房门前的楼梯上到三层，首先看到的是供僧侣居住的卧室。三层南侧中央布置经堂，经堂两侧布置是供僧侣居住的房间，由此可见原来的主人对佛教很重视，时常会请僧人来家中讲经说法。

扎西庄园（政府办公用房）（左）

扎西庄园层叠天井（右）

荣周之家内部天井及连廊（下）

（2）荣周之家

“荣周之家”原是香堆镇最大地主家的庄园，大约修建于1861年，距今已经有150多年的历史了，它是目前香堆镇现存最老的民居。“文革”期间房屋被政府没收，提供给当地无房的农民居住，类似福利院的建筑，这便是“荣周之家”名称的由来，除此之外镇中还有“左通大院”等。“文革”之中“荣周之家”遭到破坏，加上年久失修，整栋建筑中仅剩下8间房屋可用，3户人家计14人居住。

向康大殿建筑主立面

大殿内供奉强巴佛像

香堆寺遗址

"荣周之家"面南背北，建筑主要平面呈长方形，北侧凸出地块，建筑面宽18.9 m，进深达16.6 m，高8.5 m，总建筑面积940 m^2。一层空间内共有42根柱径20 cm的柱子，以3 m左右的柱距均匀布置，东西方向有柱贴墙设置，南北侧墙体不设柱。

（3）向康大殿

向康大殿是香堆镇现在最古老、保存最完整的宗教建筑。距今已经有1200年的历史，现在的向康大殿建造于公元13世纪后半叶，公元1275年时自元大都返回萨迦的法王八思巴途经香堆，碰巧赶上强巴佛像出土。八思巴将强巴佛像供奉在今向康大殿所在位置的寺庙中，并将自己的外袍披在了佛像身上，从此香堆开始被外人知晓，后来多位高僧都曾慕名来此朝拜。清乾隆皇帝赐"阇黎净地"匾额予向康寺。

向康大殿长21.2 m，宽13.4 m，建筑仅有1层，最高处是供有强巴佛的主殿，有5.2 m高。向康大殿的建筑设计方式与其他寺庙大殿截然不同，建筑中既没有采用大型"回"字形空间，也没有设置满堂柱式，建筑空间贴近于常人尺度。

（4）香堆寺大殿遗址

从现存的香堆寺大殿遗址残留的夯土墙体可以推断其原来采用了"回"字形平面布局，殿内殿外空间均可供僧侣和信徒念经或转寺。一层大殿采用满堂柱式，纵横皆10排，总计100根柱子。其中位于中部的42根柱子直接升到二层屋顶平面，为底层室内争取了较多采光和通风。

附录五　梅里雪山的北坡——碧土乡

一、村镇历史

美丽的玉曲河山川风光

碧土乡位于左贡县城东南部，怒江、澜沧江流域之间，玉曲河下游，距离县城135 km，平均海拔3000 m。东与云南接壤，南与察隅县毗邻，西与扎玉镇相连，北与芒康县交界，行政区域面积1025.6 km^2，目前辖8个行政村19个自然村。相传，很久以前，一团羊毛从遥远的地方飘来，挂在一棵树上。此时恰好有一位云游四海的神仙经过，见此情景，认定这是块宝地，于是在这里修建一座寺庙，取名“碧土寺”，这片土地也由此被称为“碧土”。作为茶马古道主线上的重要中转地碧土，在过去的地图上，碧土都是用县级的标志标出的，不知情的人会一直把它当作西藏的一个县，如今它只是一个乡。

走在崎岖乡道上的马帮

碧土乡气候温暖湿润，水源灌溉便利、区域环境优异、森林资源丰富，大多数乡村被森林覆盖，原始森林覆盖率达到80%以上，降雨量相当充沛。该乡是左贡县农业经济较为发达的乡镇，由于气候优越，盛产各类水果、干果，各类天然资源特别丰富。

二、村镇形态

碧土乡的村落分布比较散，基本上呈带状布局，8个村落沿碧土乡唯一的一条乡道由北向南展开，村落选址在依山傍水、地势平缓处，建筑坐北朝南。乡道顺着玉曲河蜿蜒展开，四周是连绵的群山，最南面是著名的梅里雪山。藏族乡村由于尚未供应自来水，所以居民取水均来自人工开凿的水渠。碧土乡的住宅院落形式大多依山而建，院落错落有致，依地形而建的住宅形成高低错落的景观，玉曲河蜿蜒流过碧土乡，茶马古道伴河而行，这里的人们长期以来遵循着“室外桃园”般的生活模式，自给自足。房屋依山而上，村子就顺应着玉曲河依山势排开，把本来就不多的农田留来耕种，长期以往，形成了现有的村落形态。

碧土村由于位置特殊，商业发展得比较好，在乡政府门口形成了一个商业中心，有多家商店、饭店和旅社，村里的集会大多选择在此，不过由于碧土乡是带状布局，民居分布散落，围合性欠佳，相比而言这块的凝聚力远不如左贡县东坝村的强。

碧土村鸟瞰

三、自然文化遗产

（1）碧土自然风光景区

发源于昌都类乌齐县的玉曲河穿县而过，长约200 km，经过长途跋涉后，在碧土乡境内连续3个急转弯流入怒江，鬼斧神工的天然杰作形成了这一片区域奇特的自然景观。在此处山高谷深，拐弯处水流湍急，河面宽20~80 m不等，时而飞流直下，时而静若处子，集长江之蜿蜒、黄河之雄壮、雅鲁藏布江之奇美于一身。河流两岸悬崖峭壁、古木参天，山顶绿草如茵、繁花似锦，山下鸟儿啾啾；猿声不断，是漂流历险、观光览胜的好去处。碧土寺、梅里雪山、洞窟、岩画等美景，以及其他一些当地的民俗、歌舞丰富，当地著名的荞麦饼等美食也很丰盛。

（2）茶马古道

茶马古道滇藏主线为云南中甸—德钦

县—左贡碧土乡（梅里雪山北坡）—扎玉镇（帕巴拉神湖）—县城—邦达机场—昌都（或者是拉萨）。茶马古道滇藏主线地处横断山脉，东西依山傍势，北高南低，平均海拔 3800 m。沿线森林覆盖率达 60%，怒江、澜沧江、玉曲河贯穿左贡县南北，河流湖泊、冰川汇聚，水资源丰富。此地气候适宜，粮食和水果物产丰富。茶马古道纵贯左贡县境内 200 km 有余，古道沿途留下众多的遗迹遗俗，如马帮文化、商贾经济、盐茶贸易、多彩民居等，都是其他藏族聚居区所罕见的。

（3）梅里雪山

梅里雪山以及周围的遗迹及其秀丽雄伟的自然风光和神话般的传说吸引着众多游人和信徒。

“梅里”，藏语意为“药山”，因梅里雪山周围盛产虫草、松茸等药材故得名。梅里雪山号称“西南第一神山”。其中的卡瓦格博峰海拔 6740 m，集惊、险、奇、美于一身，至今尚未被人征服，充满了神秘色彩。其地处左贡县碧土乡一侧，原始森林覆盖率达到 85% 以上，世界高原的物种应有尽有。世界上濒危树种红豆杉就生长在此处，瑶花琪草点缀其间，金丝猴、小熊猫等国家级重点保护动物穿梭林间，林海莽莽、郁郁葱葱，清风徐来，松涛阵阵。冰川圣湖繁多，让人如临仙境，美不胜收。

由于梅里是藏族聚居区著名的“神山”，所以到这里朝拜的信徒络绎不绝。转山道有内外两道，其中外道行程需要一个月或者二十天，内道行程一般为三四天，主要路线是礼拜台—飞来寺—太子殿—雨崩瀑布，左贡境内的龙西也是必经之地。一般先转内后转外，每年进行一次。尤其是藏历羊年转山的信徒最多，甚至尼泊尔、不丹、印度等国的信徒也赶来朝拜，因为梅里雪山的主神卡瓦格博属羊。

随着左贡最南端碧土乡龙西村与察隅县的察瓦龙和云南贡山公路的开通，梅里雪山与外界的联系更加便利。这个著名“神山”的北坡的旅游人数逐年增加。梅里雪山生态观光旅游线路：左贡县城—扎玉镇—碧土乡—陇西村—梅里雪山北坡。观峡谷、神山、野生动物、原始森林、温泉、湖泊、矿泉、冰瀑布、经文石、茶马古道遗迹、独特的民风民俗、民居、玉曲河的沿途美景等。

远眺梅里雪山

碧土寺大殿立面

正在维修中的碧土寺底层经堂

精美的窗扇

精美的木门雕刻

（4）碧土寺

碧土乡的唯一寺庙是位于乡政府西侧的碧土寺，在西藏解放前夕碧土寺的活佛离寺出走，去向不明，之后碧土寺日渐没落。现在的碧土寺已经没有了僧侣，缺少了往日的活力，从碧土寺周边遗址的规模来看，碧土寺曾位于茶马古道，经历过少有的繁荣和辉煌。寺庙保存了藏式大殿1座，外观体量较大。穿过高高的门廊是多柱的木结构经堂，门廊上空的二层是宽大的前廊，汉式的门窗和雕刻保存完整，做工精致，门镶有双钱、人物图案的雕刻格扇。

（5）碧土民居

碧土乡建筑融合了传统的藏式碉楼和纳西民居的建筑形式，建筑体量和建筑形象秉承了传统藏式建筑的高大壮美，墙厚而有明显的收分，多为土、石、木结构，布局秉承了藏式建筑的一贯特点，把神圣的经堂设置在最高处。住宅类型分合院式和外廊式，结合藏式和纳西天井式住宅的特点，内外空间融合，增加了室内空间的实用和舒适。外廊式受到外来文化的影响，有了现代建筑的感觉。碧土民居吸取各家所长，既保存了原有本土藏文化的豪放、粗犷，又增添了云南文化的细腻和精致，建筑装饰与云南纳西民居可以媲美。

室内梁柱、门窗、墙体的彩绘和雕刻，继承了传统藏式碉楼建筑的艺术特色。柱子、门楣、窗檐、梁架、天花都绘制了精致的图案，有的还进行了细致的雕琢。在传统藏式建筑中只有寺庙才有如此奢华的室内装饰，随着云南民居室内雕刻技术的传入，碧土乡当地工匠采用汉藏结合的宗教神灵和藏文化中代表吉祥的图案进行彩绘雕刻，大受地方民众的欢迎，开创了碧土乡建筑室内外装饰的先河。

附录六　活佛庄园——拉孜乡达孜村

一、村镇历史

拉孜乡位于边坝县城东，距县城 70 km。面积 830.9 km^2。边坝县地处西藏东北部，昌都地区西部，平均海拔为 3500 m，距昌都 400 km 有余，距拉萨市多于 800 km。拉孜乡辖拉孜、岗水、珠、绕、门贡、过查、达孜、雄日、根巴、若、生卡、普故 12 个村委会，属半农半牧乡，种植青稞、小麦、油菜，牧养牦牛、黄牛、山羊、绵羊。达孜村隶属于拉孜乡，毗连若村、普故村、拉孜村、根巴村，历史悠久，人杰地灵。从拉孜乡政府向北乡道约 10 km，便来到达孜村，这里有座闻名的达孜庄园，位于一座山包上，庄园曾经是边坝寺活佛的私人庄园，西藏解放后曾用作拉孜区政府的办公地点，是政府机构的办公楼。自拉孜乡政府搬到达孜，这里便冷落下来，闲置多年，年久失修，目前作为文物保护单位被保存下来。

远眺拉孜庄园

边坝，藏语意为“吉祥光辉、祥焰”。公元 1265 年，元朝第一任国师八思巴为进一步加强对西藏地方的管理，从大都返回西藏，途经夏河湾（今夏林村）时，把一火把插在村旁土里，嘱在此修建一座寺庙，取火炬之意，得名边坝。元代始建的边坝寺历史上规模很大，在藏东知名度很高，今天保留的一座大殿仍在使用，成为文物保护单位。西藏的庄园多数为贵族庄园，达孜庄园为边坝寺活佛拥有，寺庙中有自己庄园的还不多见。

二、村落形态

达孜庄园有庄园建筑和村民住宅，村落因庄园而起，因庄园而兴，村民住宅环庄园布置。和西藏的其他庄园布局相同，如典型的江孜帕拉庄园、山南朗赛林庄园都是这样的布局方式。但达孜庄园处于河谷的山地，它的选址有自己的考虑。元代的战事频繁，寺庙建筑、庄园建筑的选址首先要考虑抵御外敌的入侵，萨迦寺大师八思巴驻锡的萨迦南寺在建设上就充分体现了防卫的意识，寺庙像一座城堡，不仅有城墙，还有四角的碉楼和突出城墙的马面和外壕。达孜庄园选址在河谷中的一座山包上，周边是陡峭的山崖，庄园建在山顶的一块平地上，视野开阔，可以鸟瞰周边的河谷和盆地，其选址和布局与欧洲中世纪阿尔卑斯山的城堡、西班牙的城堡十分类似，有异曲同工之妙。我们来到达孜庄园正值夏秋之交，周边庄稼地一片金黄，蓝天白云下的村民在田野里收割青稞，一派田园风光，让人不觉惊叹当年边坝寺活佛的精妙选址。旧时藏族群众建房，在开工前依例要请当地的喇嘛或活佛选址、确定方位，还要开槽验土，类似于汉地建房的看风水中“相土尝水”的做法。

进出庄园和村落是同一条路，从庄园的东侧，沿山脊的道路向西来到村寨的大门，门外是玛尼堆，这也是藏族村落的一大特点。庄园是村里最高、最突兀的建筑，有鹤立鸡群的感觉，显示了庄园的地位。村子里的十几栋建筑拱卫庄园布置，都是一二层的藏式碉房。庄园主体的西侧空地，建起 1 座小学校舍，是拉孜乡的达孜村办学点，3 个教室，1 个办公室，1~3 年级的学生在这里上课。村中还有 1 处玛尼堆，村西头有 1 座塔。各家门口和院落的围墙都搭了木构的晒架，收下的庄稼晾晒在木架上，干燥后再脱粒装仓。

村庄扩大以后，山头面积不够，村民遂在山下沿河建房，一些新住宅陆续建了起来，改善了村民的居住条件，达孜庄园的环境也得到改善，较好地保存了古村落的风貌。

小学校舍

从庄园屋顶俯视，南向是通往边坝寺和外界的公路

三、文化遗产

（1）达孜庄园

庄园是一栋3层高的院落式建筑。大门向西，底层的中间是一个采光和通风的天井。南面是厨房，北面是粮食仓库，井干式构造。西北角一部大楼梯直通二层。二层是活佛生活起居室和经堂，围绕天井布置房间，西南角的房间里放了138块石刻，雕刻精致。三层朝南是屋顶平台，可以晾晒庄稼和衣物，这里视野极佳，可以看到远处的河谷和进村的道路，利于观察周边的动静。建筑用夯土筑成，墙体很厚，底层的外墙出于防卫和安全考虑不对外开窗，二层和三层对外的窗户也很小。围绕天井有回廊，依四面布置房间。室内用木材装修，如木地板、木楼梯、木隔断、木门窗、木栏杆。

（2）清代石刻群

西藏昌都地区边坝县拉孜乡达孜村发现清朝时期石刻群，总数达140余件。石刻为独立单件品，刻于岩石或卵石之上，展现了佛、菩萨、护法神等多种佛教图像。其中最大石刻高85 cm，宽64 cm，规模较小的石刻较多，直径约为三四十厘米。石刻具有显著彩绘痕迹，细节刻画深刻，形态栩栩如生。经有关专家初步鉴定，达孜石刻群为清代所刻。

这些有雕刻的石头都不是当地出产，不知当年的活佛从哪里收集而来，这些佛教造像精品皆出自高手工匠，比起室外玛尼堆上的石刻水平要高出许多。可以看出当年的活佛是一位有艺术品位的大师，由于他的细心，这一大批的雕刻精品才被妥善地保存下来，为世人所知晓。

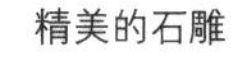

精美的石雕

附录七　川藏要道上的重镇——硕督镇

一、村镇历史

硕督镇位于昌都市洛隆县，位于昌都地区西部。东与八宿县隔江相望，南靠波密县，西邻边坝县，北接丁青、类乌齐两县，平均海拔 3200 m，距离昌都镇 302 km，距离拉萨市 1206 km。硕督镇位于县城西，距县城 25 km，驱车约 30 min 便可到达。面积 579 km^2，人口约 0.4 万人，户数约 700 户。辖久嘎、格衣、拉衣、日许、硕督、达翁、荣雄、扎普卡 8 个村委会。属半农半牧乡，种植青稞、小麦、油菜，牧养牦牛、黄牛、山羊、绵羊。乡内有硕督寺、清代墓葬群等年代较远的建筑。边昌公路过境。

硕督在历史上也叫硕班（般）多，藏语意为“险岔口”。古时候，这里是茶马古道上的重要驿站，也是川藏要道上的重镇之一，旧西藏政府在这里设有硕督宗。元朝时期，这里就开设了粮店；清朝时期，这里建立起了硕督府。古时候，这里商贾云集，商业贸易十分发达，可以买到印度、拉萨等地的各类货物，本地最大的几家商人都有自己的马帮。常住人口达五六千人之多，茶馆、酒馆比比皆是。

据史料记载，“硕督”这个名字就是汉人取的。1913 年，川军将领尹昌衡率部队西征路过此地驻扎，见这里地势平坦，物产丰富，加之尹昌衡的别号中有一“硕”字，故而将此地取名为“硕督”。

硕督镇全貌

二、村镇形态

硕督镇自然环境宜人优美，有达翁河和日许河两河交汇并流经硕督镇，这里山泉淙淙而下，河水滔滔不绝，两河交汇自然、地势平坦开阔，气候温和湿润，森林茂密，土地肥沃。

连接村子与外界环境的道路是这里的唯一一条公路，该公路便是303省道。村内的主要公共建筑如学校、镇政府、卫生院、办公楼等均沿道路走向呈带状分布。建筑群体坐北朝南，南边是公路，北面邻山，沿山脊修建有防御用的宗堡建筑，据说该建筑是由清军修建。村内主要的建筑群以民居建筑为主，民居建筑具有明显的藏式建筑的风格特点，因硕督镇的居民大都以农耕为主，所以民居的结构形式可以分为泥木结构、石木结构、木结构以及现代的混合结构等。在建筑装饰上民居建筑主要满足圈养牲畜、居住及礼佛等基本功能，民居建筑一般分为两层，第一层一般多以仓储用房为主，第二层才是供人们休息用的居所，一二两层之间由藏式木楼梯所连接，在室内装饰上，是根据户主的经济能力来决定的，这些民居建筑外表看上去很淳朴，

从硕督宗遗址俯视硕督镇

硕督镇民居鸟瞰

硕督寺鸟瞰

硕督寺诵经大殿

三、文化遗产

（1）硕督寺

硕督寺位于整个村子的西北方向，寺庙选址地势平坦，沿主干道道路南侧布置，整个寺庙建筑由大殿及其他附属用房构成，围合成为一个中间休息广场。寺庙建筑是该村镇最为恢弘的建筑，从远处便可看到金灿灿的寺庙金顶在随着光线的变化而闪耀，凸显了寺庙建筑的地位。

寺庙大殿坐西朝东，整体二层局部三层，建筑一层为门廊与诵经大殿，诵经大殿内供奉有佛教寺庙的本尊神像及《甘珠尔》与《丹珠尔》经文典籍，从一层南边沿藏式楼梯拾级而上便来到了大殿的二层，二层主要以寺庙活佛的居室及僧舍建筑为主，在某些特殊的房间内放有僧人们跳神舞用的各种道具与

诵经大殿东立面

诵经大殿屋顶祥瑞法轮

法器。寺庙三层为神殿，只有寺里的高僧才可以入内修行与诵经，普通僧人和民众是不可以进入的。三层东面为二层的屋面部分，沿屋面四周筑有西藏寺庙特有的边玛草墙，高度约为 1.2 m。

因为寺庙用地范围较小，没有修建供信徒转经用的转经殿，故沿诵经大殿墙壁四周修建有一圈黄颜色的转经筒，满足信徒们日常转经需要。

（2）硕督宗遗址

硕督宗便是沿镇南面山脊所修建的一圈防御性建筑，该建筑是由夯土墙与碎石修建的，建筑所处地势绝佳，易守难攻。

硕督宗建筑的修建手法采用藏式夯土墙的建筑风格，夯土墙的高度较高，为 1.8m 左右。沿城墙的外围还有料敌塔，起到驻扎、防御与预警的效果，料敌塔的高度比墙体要高，其内有宽度仅为 0.8 m 的连廊，硕督宗遗址墙体厚度平均约 1.5 m，其中料敌塔的外层墙体厚度为 2 m 多。在墙体与料敌塔四周开有三角形的窗洞洞口，用来还击来犯。

（3）清代汉墓群

宣统二年（1910 年），四川总督赵尔丰在川边实行“改土归流”。当赵尔丰的部队征战至现在的那曲时，四川发生内乱，赵尔丰被清政府召回四川。他的部下受命退回到

寺院僧舍

硕督宗政府所在地，在当地形成了与本地居民隔河（达翁河）而居、互通婚姻的格局，并繁衍生息，世代杂居，直至终老。他们的后代遵照他们的遗愿将其安葬在一处，从而形成了今天如此大规模的墓葬群。该墓葬群为南北方向，东西长约150 m，南北宽约80 m。现有墓葬169座，中央发现墓碑39块，多系扁平砾石刻制，一般高0.3~0.5 m，宽0.2~0.3 m，碑文均为右起竖写。从现场遗留的有点风化的墓碑来看，这些清代汉墓的年代大致从清代道光年间延续至民国三十三年，具有一百多年的历史。

修建在镇区的佛塔

硕督宗碉楼遗迹

附录八　查杰玛大殿之乡——类乌齐镇

一、村镇历史

类乌齐镇位于西藏昌都地区类乌齐县境中部，南距县城28km，214国道通过镇区，将西藏昌都和青海玉树连接起来。类乌齐镇位于南来北往的交通要道上，东到四川甘孜、阿坝，西达藏北那曲，北通青海玉树，南抵云南迪庆，自古过往的商旅行人众多。

类乌齐全镇人口约0.5万人，均为藏族，辖16个村委会，36个自然村。镇政府驻地达果村，海拔高度3928m。类乌齐藏语意为“大山”，唐代属吐蕃领地。县府原驻地在类乌齐镇，1972年迁至桑多镇。镇内有类乌齐寺，“查杰玛”大殿为国家重点文物保护单位。公元1276年，类乌齐寺第一代法台高僧桑吉温在这里建寺，认定大殿北面的甲日山为神山，类乌齐因此得名。

类乌齐镇经济以牧业为主，农业为辅，牧业饲养牦牛、绵羊、山羊，农业种植青稞、小麦、油菜。类乌齐镇林木资源、矿产资源、药材资源等十分丰富，其中虫草收入是类乌齐镇家庭经济的重要收入来源。

类乌齐寺是康区影响最大的寺庙之一，该寺作为下部达隆的主寺，拥有属寺58座，分布在昌都、青海、四川和云南等地，信徒众多，曾住僧侣万人，到20世纪中叶亦有两千人。他的政教地位特殊，受到中央王朝的重视。相传，元朝泰定帝在位时，玛卡太后前往藏地朝圣路过该寺，她将自己的一半财产作为该寺的供养；明朝洪武年间，朱元璋曾封类乌齐寺第三世法台杰哇坚赞为国师，并赐封册、印信和衣帽。

优美的类乌齐风景

二、村镇形态

类乌齐县风景秀丽，景色宜人，被人誉为西藏的小瑞士。境内有温泉、“神山”，紫曲（河）贯穿全县，在滨达乡转向东南，进入昌都县，叫色曲（河），最终汇入澜沧江。类乌齐镇位于紫曲河谷北侧中的一块平川，藏族称为坝上，河水从镇区南面流过，镇区的北面是甲日神山，镇区北靠大山，南临河流，所谓背山面水或负阴抱阳，镇区建设向东西方向延伸。

公元1276年，类乌齐寺第一代法台高僧桑吉温在这里选址建寺，奠定了寺院的基础，后来乌坚贡布法台于1326年建成独具特色的“查杰玛”大殿，形成了完整的建筑组群。这里依托寺庙朝圣活动聚集了人气，并带来商机，逐渐发展形成村落，寺庙成为村镇的中心。类乌齐镇是一种以寺庙为中心的西藏村落类型。村落的发展与寺庙的建设相联系，村落已有700多年的历史了。

类乌齐镇靠近林区，木材是天然的建设材料，村民用砍伐下的木料建房，用木料围起院落，用木料搭起晒架。旧时镇区的建筑较为简陋，以一层的木棚为主，有钱的地主或商人才能盖起两层院落式建筑。镇里留存至今最好的建筑还是寺庙的大殿和附属建筑，寺庙通过募捐不断维修古老的大殿，修建新的寺院建筑。站在大殿屋顶的天台上，视野开阔，周围的田地河谷、青山绿水一览无余，镇中缕缕炊烟，悠悠升起。

进入21世纪后，地方政府加快了旧城改造和新区建设。穿镇而过的214国道两侧的白色安居房一字排开，村民从简陋的木棚房里搬入新居，大大地改善了居住条件和周边环境。过去村民上县城要走半天的山路，现在开车最多只需半小时。生活在查杰玛大殿周围的人们，切实感受着时代的变化。

俯视村镇

群山环抱的村落

三、文化遗产

（1）查杰玛大殿

查杰玛大殿最初为扬贡寺，由出生于贡觉卡斯家族的高僧桑吉翁于公元1276年创建。大殿坐西朝东，高三层，规模宏大。该建筑具有尼泊尔、藏、汉建筑风格，系达隆噶举派的主寺之一。是迄今西藏最大的拉康之一。该寺第二任法台吴金贡布（1293—1366年）于公元1326年修建了查杰玛大殿，创立了著名的“仲确节”。查杰玛大殿至今有690多年的历史，是西藏最具特色

类乌齐镇西路边的塔群

类乌齐镇区的老建筑

查杰玛大殿东立面

寺庙收藏的青铜佛像

的古代建筑之一，在藏传佛教的发展史上占有极为突出的地位，对西藏的历史和社会文化产生过重要的影响。

查杰玛大殿以雄伟的气势，以及珍藏众多的佛像、经典而闻名于世。大殿高48.15m，面积3334.64㎡。平面呈四方形，底层边长53m，中层边长40.30m，上层边长12m。大殿内耸立了180根柱子，其中64根柱子高约15m，俩人合抱才能对接。林立的柱子将殿中的天窗托起，形成中庭，较好地解决了采光和通风。

查杰玛大殿的第一层为厚约1.6m的夯土墙，高约13m，外墙涂红、白、黑三色竖形条纹，色彩对比强烈；第二层为砌筑的石墙，外墙涂红色；第三层为柳枝编成的木骨泥墙，外墙涂白色。整个外墙面呈上白、中红、下花的色彩变化，藏族群众称之为查杰玛，意为条花殿。屋檐下汉式斗拱层层托起，屋顶盖有琉璃瓦，四角攒尖的屋顶正中竖立着巨型铜质镀金的宝瑞，戗脊四角饰以套兽。殿内色彩艳丽，壁画精致，风格独特。经堂布置庄严肃穆，增加了宗教的氛围。在二层红殿的两面巨大的墙上绘有噶举派历代祖师和高僧大德，形象地再现了噶举派产生、发展和兴盛的历史。

从入镇口远远望去，查杰玛大殿主体在纳依塘平坝上，巍然屹立。整个大殿雄伟壮观，结构严谨，就单体建筑的面积和规模，尤其是第一层高约15 m的空间，查杰玛大殿堪称西藏第一大殿。1996年4月16日经西藏自治区人民政府批准，列为西藏自治区文物保护单位。2006年5月25日经国务院批准，列入全国重点文物保护单位。

该寺现保存有各类佛像、佛塔3000尊、唐卡52幅、经书3万余帙。三层白殿内则珍藏着寺庙的镇寺之宝：有相传为桑吉翁在建寺时从上部达隆带来的释迦牟尼佛像，据说佛像内藏有佛祖的舍利和一节指骨。有元、明、清时代的唐卡精品54幅，其中历经千年的有12幅，还有2幅大型丝绣唐卡。有用金汁、银汁书写的经书，其中

巨大的查杰玛大殿大门（左）

查杰玛大殿金顶（右）

有900多年历史的在靛青纸上用纯金汁抄写的佛经5部。此外，还有许多珍贵的文物，这些珍宝一般不轻易示人。

近年来，在寺庙僧人与当地政府的努力下，类乌齐寺加快了建设步伐，先后重建了纪念在类乌齐逝世的元朝玛卡太后的时轮佛塔，新建了佛陀脚印庙、佛学院学生宿舍楼、伙房等。

（2）仲确节

查杰玛大殿转经回廊

仲确节是一个和查杰玛大殿一样古老的节日。浓郁的宗教氛围，得天独厚的交通优势，使仲确节历经600年而不衰，并逐步发展成为藏东最盛大的节庆之一。类乌齐寺每年夏季固定的跳神时间为：第一天跳“玛尔羌姆”；第二天跳戴面具的众本尊法舞，第三天跳护法神舞。届时还要举行赛马、表演马术等娱乐活动，热闹非凡。仲确节不仅热闹好玩，更是给当地群众带来了极大的便利和经济收益。规模越办越大，不仅举办了赛马、赛车、拔河、抱沙袋等各类比赛，还从临近的丁青县请来了著名的热巴舞表演团体进行演出，而当地群众则跳起卓舞和羌姆舞，舞伴歌行，增加了节日的气氛。

参考文献

中文专著

[1] 陈耀东 . 中国藏族建筑 [M]. 北京：中国建筑工业出版社，2007

[2] 汪永平 . 拉萨建筑文化遗产 [M]. 南京：东南大学出版社，2005

[3] 西藏昌都地区地方志编纂委员会 . 昌都地区志 [M]. 北京：方志出版社，2005

[4] 木雅・曲吉建才 . 中国民居建筑丛书：西藏民居 [M]. 北京：中国建筑工业出版社，2009

[5] 赵心愚，秦和平 . 康区藏族社会历史调查资料辑要 [M]. 四川：四川民族出版社，2004

[6] 昌都旅游局 . 茶马古道旅游指南 [M]. 内部资料，2004

[7] 王森 . 西藏佛教发展史略 [M]. 北京：中国社会科学出版社，1997

[8] 尕藏才旦 . 藏传佛教文化概览 [M]. 兰州：甘肃民族出版社，2002

[9] 尕藏加 . 雪域的宗教 [M]. 北京：宗教文化出版社，2003

[10] 丹珠昂奔 . 藏族文化发展史（上下册）[M]. 兰州：甘肃教育出版社，2001

[11] 次旦扎西 . 西藏地方古代史 [M]. 拉萨：西藏人民出版社，2004

[12] 昌都地区寺教办 . 昌都地区宗教活动场所简介 [M]. 内部发行，2000

[13] 成都地图出版社 . 西藏自治区地图册 [M]. 成都：成都地图出版社，2005

[14] 徐宗威 . 西藏传统建筑导则 [M]. 北京：中国建筑工业出版社，2002

[15] 恰白・次旦平措，诺章・吴坚，平措次仁 . 西藏通史简编 [M]. 北京：五洲传播出版社，2000

[16] 王川 . 西藏昌都近代社会研究 [M]. 四川：四川人民出版社，2006

[17] 俞孔坚，王建，黄国平，等 . 曼陀罗的世界——藏东乡土景观阅读与城市设计案例 [M]. 北京：中国建筑工业出版社，2004

[18] 李光文，杨松，格勒 . 西藏昌都——历史・传统・现代化 [M]. 重庆：重庆出版社，2000

[19] 泽波，格勒 . 横断山民族文化走廊——康巴文化名人论坛文集 [M]. 北京：中国藏学出版社，2004

[20] 石硕 . 西藏文明向东发展史 [M]. 成都：四川人民出版社，1994

[21] 石硕 . 藏东古文明与藏族起源 [M]. 成都：四川人民出版社，2001

[22] 陈庆英，高淑芬 . 西藏通史 [M]. 郑州：中州古籍出版社，2003

[23] 宿白 . 藏传佛教寺院考古 [M]. 北京：文物出版社，1996

[24] 杨嘉铭，赵心愚，杨环 . 西藏建筑的历史文化 [M]. 西宁：青海人民出版社，2003

[25] 张天锁 . 西藏古代科技简史 [M]. 拉萨：西藏人民出版社，1999

[26] 中国土木建筑百科辞典 [M]. 北京：中国建筑工业出版社，1999

[27] 杨昌鸣 . 东南亚与中国西南少数民族建筑文化探析 [M]. 天津：天津大学出版社，2004

[28] 孙大章 . 中国古代建筑史（第五卷）[M]. 北京：中国建筑工业出版社，2002

[29] 侯幼彬 . 中国建筑美学 [M]. 哈尔滨：黑龙江科学出版社，1997

[30] 陈立明，曹晓燕 . 西藏民俗文化 [M]. 北京：中国藏学出版社，2003

[31] 南文渊 . 高原藏族生态文化 [M]. 兰州：甘肃民族出版社，2002

[32] 拉普普 . 住屋形式与文化 [M]. 台北：境与象出版社，1991

[33] 王其均 . 图解中国古建筑丛书：民间住宅 [M]. 北京：中国水利水电出版社，2005

外文译著

[1] [法] 海瑟・噶尔美 . 早期汉藏艺术 [M]. 熊文彬，译 . 石家庄：河北教育出版社，2001

[2] [法] 石泰安 . 西藏的文明 [M]. 耿昇，译 . 北京：中国藏学出版社，2005

[3] [意]G. 杜齐 . 西藏考古 [M]. 向红笳，译 . 拉萨：西藏人民出版社，2004（此参考文献作者名“杜齐”采用出版图书译文，与本书中“图齐”为同一人）

[4] [意] 图齐 . 西藏宗教之旅 [M]. 耿昇，译 . 北京：中国藏学出版社，2005

[5] [美] 凯文・林奇 . 城市意象 [M]. 何晓军，译 . 北京：华夏出版社，2001

[6] [法] 海瑟・噶尔美 . 早期汉藏艺术 [M]. 熊文彬，译 . 石家庄：河北教育出版社，2001

[7] [英]爱德华・B.泰勒.人类学:人及其文化研究[M].桂林:广西师范大学出版社，2004

学术论文与期刊

[1] 土呷 . 吐蕃时期昌都社会历史初探 [J]. 西藏研究，2002(03):94–100

[2] 西藏文物管理委员会文物普查队 . 西藏小恩达新石器时代遗址试掘简报 [J]. 考古与文物，1990(1)

[3] 土呷 . 昌都地区建筑发展小史 [J]. 中国藏学，2003(01):90–101

[4] 江道元 . 西藏卡若文化的居住建筑初探 [J]. 西藏研究，1982(03):105–128

[5] 周晶，李天 . 从历史文献记录中看藏传佛教建筑的选址要素与藏族建筑环境观念 [J]. 建筑学报，2010(S1):78–81

[6] 牛婷婷 . 藏传佛教格鲁派寺庙建筑研究 [D]. 南京：南京工业大学，2011

[7] 马守春，张敏，邢震 . 西藏昌都地区旅游资源空间特征与区划评价 [J]. 西南林学院学报，2007(02):68–73

[8] 石硕 . 茶马古道及其历史文化价值 [J]. 西藏研究，2002(04):55–63

[9] 柏景，陈珊，黄晓 . 甘、青、川、滇藏区藏传佛教寺院分布及建筑群布局特征的变异与发展 [J]. 建筑学报，2009(S1):44–49

[10] 康・巴杰罗卓，泽勇 . 从藏东康区住宅形式谈藏族住宅建筑艺术的沿革 [J]. 拉萨：西藏大学学报，1995(04):36–41

[11] 王及宏，张兴国 . 康巴藏区木框架承重式碉房的类型研究 [J]. 重庆：重庆建筑大学学报，2008(06):20–24

[12] 土呷 . 康区昌都传统文化艺术精解 [J]. 西藏艺术研究，

2001(04):44-53
[13] 朱军 . 浅论康巴文化的继承和发展 [J]. 康定民族师范高等专科学校学报，2000(03):73-74
[14] 郑曦 . 丽江大研古镇传统聚落初探 [D]. 重庆: 重庆大学，2006
[15] 向洁 . 藏南河谷传统聚落景观研究 [D]. 成都：西南交通大学，2005
[16] 金伟 . 从建筑形态到村落形态的空间解析 [D]. 合肥：合肥工业大学，2007
[17] 库金杰 . 鄂东南地区乡土建筑研究 [D]. 武汉：武汉理工大学，2008
[18] 吕昌林 . 浅论昌都地区一夫多妻、一夫多妻婚姻陋习的现状、成因及对策 [J]. 西藏研究，1999(04):54-58
[19] 黄晶晶 . 甘南藏区藏式建筑适应性研究 [D]. 西安：西安建筑科技大学，2009
[20] 贡桑尼玛 . 拉萨古建筑装饰与色彩在环境艺术中的应用 [D]. 成都：西南交通大学，2004
[21] 葛少恩 . 丽江传统民居营造艺术及其现代启示 [D]. 大连：大连理工大学，2007
[22] 张美利 . 西藏地区藏传佛教建筑装饰设计初探 [D]. 珠洲：湖南工业大学，2008
[23] 项瑾斐 . 布达拉宫雪城的建筑装饰 [J]. 华中建筑，2006(11):213-216
[24] 杨斌 . 藏式建筑特色及其他 [J]. 小城镇建设，2005(1):66-67
[25] 藏族传统民居建筑装饰 [J]. 西藏旅游，2006(4)
[26] 桑吉才让 . 甘南藏族民居建筑述略 [J]. 西北民族学院学报，1999(4):78-83
[27] 陈炜 . 简单的生活——西藏民居建筑研究 [J]. 装饰，2006(11):127
[28] 曾怡园 . 论康定地区的藏式民居建筑色彩 [J]. 乐山师范学院学报，2009 (7):112-114

南京工业大学参加“西藏藏东乡土建筑”调研并测绘的师生

1. 2007年：汪永平、孙菲、潘如亚、王子鹏、何峰、马如翠、邵科鑫
2. 2008年：汪永平、沈飞、吴临珊、王璇、马如翠、樊欣、姜晶、马竹君
3. 2009年；汪永平、沈飞、侯志翔、王璇、沈蔚、石沛然、姜晶、赵盈盈
4. 2010年：侯志翔、戚瀚文、石沛然、梁威、姜晶、赵盈盈、孟英

南京工业大学硕士博士生参加“西藏藏东乡土建筑”调研并完成的学位论文

1. 2010年：王璇《东坝民居》
2. 2010年：沈尉《藏东左贡县文化遗产保护与利用研究》
3. 2010年：沈飞《贡觉县三岩地区村落与民居研究》
4. 2010年：马如翠《藏东贡觉县文化遗产保护与利用研究》
5. 2011年：姜晶《多元文化影响下的古镇盐井研究》
6. 2011年：侯志翔《藏东民居形式及营造技术研究》
7. 2012年：梁威《藏东藏传佛教建筑研究》
8. 2012年：赵盈盈《藏东民居建筑装饰艺术研究》
9. 2012年：戚瀚文《西藏丁青县苯教寺庙研究——以孜珠寺为例》